车载充电与驱动一体化系统

刘陵顺 闫红广 葛宝川 李永恒 顾鸿赟 著

電子工業出版社
Publishing House of Electronics Industry
北京 · BEIJING

内 容 简 介

本书论述了基于六相永磁同步电机（Permanent Magent Synchronous Motor，PMSM）的车载充电与驱动一体化系统，包括基于双 Y 移 30° PMSM 的单相集成车载充电器及解耦控制、单相集成车载充电器充电电流不平衡及减弱二次谐波影响的解耦控制、基于九开关变换器的双 Y 移 30° PMSM 三相集成车载充电器 SVPWM 技术、基于优化预测型直接功率控制的充电系统、基于电压电流双环滑模变结构控制的充电系统、基于无源性控制的充电系统、基于九开关变换器的六相 PMSM 的 PWM 算法、基于自适应趋近律的六相 PMSM 调速系统、基于改进非奇异终端滑模的六相 PMSM 无位置传感器控制和六相 PMSM 逆变器开路故障诊断方法。

本书可供高等院校电力电子与电力传动专业的师生阅读，也可供科研院所从事 PMSM 控制研究的相关技术人员参考。

图书在版编目（CIP）数据

车载充电与驱动一体化系统 / 刘陵顺等著. -- 北京 : 电子工业出版社，2024. 8. -- ISBN 978-7-121-48643-2

Ⅰ. U469.72

中国国家版本馆 CIP 数据核字第 202451UW68 号

责任编辑：杜　军
印　　刷：北京虎彩文化传播有限公司
装　　订：北京虎彩文化传播有限公司
出版发行：电子工业出版社
　　　　　北京市海淀区万寿路 173 信箱　　邮编：100036
开　　本：787×1092　1/16　印张：14　字数：367 千字
版　　次：2024 年 8 月第 1 版
印　　次：2024 年 8 月第 1 次印刷
定　　价：85.00 元

凡所购买电子工业出版社图书有缺损问题，请向购买书店调换。若书店售缺，请与本社发行部联系，联系及邮购电话：（010）88254888，88258888。

质量投诉请发邮件至 zlts@phei.com.cn，盗版侵权举报请发邮件到 dbqq@phei.com.cn。

本书咨询联系方式：dujun@phei.com.cn。

前　　言

近年来，能源短缺和环境污染问题备受重视，电能因具有清洁、高效、便捷等优点成为取代化石燃料的重要方式。以电能为主要驱动能量的军事装备及新能源汽车快速发展，而蓄电池作为电能的储存单元，不能像化石燃料一样快速补充能量，现有的充电方式又存在便利性较差、充电时间长等问题，制约了相关产业的发展。与非车载充电器相比，车载充电器的基础建设成本低、使用方便，不仅有利于新能源汽车的推广，而且适用于环境多变、条件设施简陋的战场。面对汽车空间有限、定点充电站建造昂贵等问题，试图将蓄电池充电和电机驱动复用共同的功率变换器和无源元件，有助于减小电力功率变换装置的体积、质量和降低成本，如何实现电动汽车驱动器和充电器的高度集成化，已成为当前研究的热点之一。多相电机相对于传统三相交流电机具有以下优点：①使用低压功率元件实现低压大功率输出；②转矩脉动和噪声更小；③具有多自由度、良好的冗余和容错控制能力。本书以充电模块与驱动模块一体化为切入点，研究新型的基于六相永磁同步电机（PMSM）车载充电与驱动集成化拓扑结构，并对该拓扑结构下的充电和驱动控制策略展开较为深入的研究。

本书共 12 章。第 1 章绪论，介绍研究背景及意义、研究现状；第 2 章介绍多相 PMSM 的数学建模；第 3 章介绍基于双 Y 移 30° PMSM 的单相集成车载充电器及解耦控制；第 4 章介绍单相集成车载充电器充电电流不平衡及减弱二次谐波影响的解耦控制；第 5 章介绍基于九开关变换器的双 Y 移 30° PMSM 三相集成车载充电器 SVPWM 技术；第 6 章介绍基于优化预测型直接功率控制的充电系统，包括直接功率控制理论、优化的预测型直接功率控制策略设计、优化的预测型直接功率控制策略仿真验证；第 7 章介绍基于电压电流双环滑模变结构控制的充电系统，包括滑模变结构控制概述、电压电流双环滑模变结构控制策略设计、电压电流双环滑模变结构控制策略的仿真验证；第 8 章介绍基于无源性控制的充电系统，包括集成车载充电器的无源性、无源性控制策略设计、无源性控制策略的仿真验证；第 9 章介绍基于九开关变换器的六相 PMSM 的 PWM 算法，包括基于十二开关变换器的四矢量 SVPWM 算法、基于九开关变换器的双 Y 移 30° PMSM 四矢量 SVPWM 算法、基于九开关变换器的对称六相 PMSM 三矢量 SVPWM 算法；第 10 章介绍基于自适应趋近律的六相 PMSM 调速系统，包括自适应趋近律控制性能分析、基于自适应趋近律的对称六相 PMSM 调速控制器设计；第 11 章介绍基于改进非奇异终端滑模的六相 PMSM 无位置传感器控制，包括基于传统滑模观测方法的无位置传感器设计、改进非奇异终端滑模控制、基于改进非奇异终端滑模控制的无位置传感器设计；第 12 章介绍六相 PMSM 逆变器开路故障诊断方法，包括混杂系统与逻辑动态模型、双 Y 移 30° PMSM 逆变器开路故障诊断方法、对称六相 PMSM 逆变器开路故障诊断方法。

本书内容来自著者所带研究生团队近几年最新的研究成果，也是著者主持的国家自然科学基金项目及国家博士后特别资助等项目后续衍生的研究内容，内容体系和理论依据一脉相承。本书研究内容可为电动汽车车载充电与驱动一体化系统的推广应用提供参考。

由于著者学识和能力有限，书中内容难免有疏漏和不足之处，敬请读者批评指正。

目　　录

第 1 章　绪论

1.1　研究背景及意义

在当今时代，能源是全世界人类生存和发展的重要基础，是现代经济发展和社会进步不可或缺的动力。人类自进入工业化以来，一直以化石燃料为重要能量来源。但是化石燃料的储量是有限的，而且化石燃料在使用过程中会产生硫化物、氮化物等污染气体，对环境和人类的身体健康造成严重影响。统计资料表明，每年汽车燃油消耗大约占据化石燃料石油消耗的 75%，汽车燃油消耗是石油短缺的重要原因，也是导致大气污染和温室效应的重要因素。研究发现，汽车排放的尾气中包含 150～200 种化合物，其中对人体危害最大的是 CO、HC、NO_x、PM 及其他颗粒物[1-2]。有害气体排放到大气中，是导致城市空气污染的主要原因。据统计，汽车尾气在 PM2.5 中的占比达到 22%，在氮氧化物排放中的占比达到 30%，汽车尾气造成的空气污染占城市空气污染总量的 60%，严重的甚至达到 90%[3-5]。为了解决能源危机和减少大气污染，亟待寻找一种节能减排、低碳环保的可持续发展之路。在 2014 年新能源材料高峰论坛上，中国汽车领域的相关专家表示，中国汽车领域面临着严重的节能减排任务，因此必须加快发展节能、低污染的电动汽车。电动汽车已成为汽车工业实现节能减排最重要的手段。得益于国家的节能环保政策，资源节约型、环境友好型的新能源汽车已成为未来汽车工业的发展趋势[6-7]。

2021 年的前三季度，中国内地市场在汽车销量总体下滑的情况下，新能源汽车销售 216 万辆，同比增长 1.9 倍。在《新能源汽车产业发展规划（2021—2035 年）》中提出：“到 2025 年，新能源汽车市场竞争力明显提高，动力电池、驱动电机、车载操作系统等关键技术取得重大突破。”与传统的燃料动力汽车相比，以电能为主要驱动能量的新能源汽车不仅具有能量利用率高、性价比高的优点，还能有效提高空气质量、保护环境，受到了世界各国的追捧，我国也把发展新能源汽车产业作为实现碳中和目标的重要措施之一[8-11]。但是，新能源汽车的发展面临着一些技术难题，其中，如何实现高效便捷的充电、换电成为重中之重。由于电能无法像化石燃料一样，做到随用随补，因此给用户带来了“里程忧虑”：人们总得在电量不足前规划去充电的路线，并且充电等待时间较长。充电问题是人们购买电动汽车的主要顾虑。

目前，就充电器（机）而言，根据安装位置的不同，可将电动汽车的充电器分为车载充电器（On-Board Charger）和非车载充电器（Off-Board Charger）两种。非车载充电器一般用于停车场或大型充电站，固定于地面上，交流电转换成直流电输出。非车载充电器功能完善，能够提供品质高的电能，减少充电时间，但使用地点受限，无法随时随地为电池补充能量，并且基础建设需要投入大量资金。车载充电器位于车体内部，充电时，外界只需提供交流电源，但因为车内空间有限，车载充电器的体积、质量受到了限制，输出功率远小于非车载充电器，多数仅能对蓄电池进行慢速充电，充电时间相对较长，并且车载工作环境较为复杂，这就要求车载充电器必须具有较高的充电性能、良好的冷却效果、很好的抗震性、较高的安全等级[12]。

相对于充电站，车载充电器的基础建设成本低、使用方便，更符合电动汽车用户的充电需求，更适用于环境多变、条件设施简陋的战场，可以及时为以电能为驱动能量的武器装备、应急蓄电池补充电能。因此，研发高效的车载充电器，解决“里程忧虑”问题，可以推动以电能为驱动能量的电动汽车的推广。研发高性能的车载充电器需要解决以下问题。

一是如何减小车载充电器的体积、质量。由于车身质量直接影响续航能力，以装配70kW·h 容量电池的汽车为例，小型轿车的续航在 500 公里左右，而 SUV 汽车的续航在 400 公里左右。据实验统计，车身质量减少 1%[13-14]，续航能力提升约 0.5%。并且车内空间非常有限，将体积、质量庞大的直流充电器安装在车体内显然是不现实的，但要提升充电器的功率，难免要用到大容量的半导体电力电子元件，这无疑会占用车体内的空间，增大车体的质量。因此，如何减少半导体电力电子元件的数量，提高其利用率，是车载充电器向小型化、集成化、模块化发展的关键。

二是如何提高车载充电器的充电品质。由于车载充电器对电网而言属于非线性负载，将产生污染电网及危害其他用电设备的谐波，因此会导致网测的功率因数下降、无功损耗增加。车载充电器作为大功率用电设备，特别是在多个充电器同时接入电网时，若充电品质不够高，则必然会对电网产生不利影响，甚至威胁到其他用电设备的用电安全[15-17]。因此，如何优化车载充电器的控制策略，提高功率因数，增强抗扰性、鲁棒性，提高充电品质和安全系数，也是车载充电器发展的难点。

根据已取得的研究成果，一些学者利用电池充电系统和电机驱动系统不同时工作的特点，提出了驱动/充电一体化的概念[18-23]，即电池充电和电机驱动共用一套变换器，在不同的工作模式下采用对应的驱动/充电控制策略。这样，节省了大电容、大电感等半导体电力电子元件，也就减小了车体的质量，减少了车内空间的浪费。

综上所述，研究以电池充电系统和电机驱动系统一体化为基础的集成车载充电器对解决“里程忧虑”问题具有非常重要的意义，也是未来车载充电器发展的重要方向。不断优化车载充电器的硬件结构，最大限度地节省车内空间，减小车载充电器的质量。同时，合理设计控制策略，提高电能转换率，降低谐波污染，提高充电品质。不断提高车载充电器的综合性能，使快速充电技术更具有适应性和优越性，推动军用电动武器装备、民用新型电动汽车能够更快、更健康地发展。

1.2 研究现状

针对电动汽车产业涉及的动力方案、充电技术和电机控制策略，分别介绍电动汽车的电能来源、车载充电技术和电机驱动控制的技术现状或研究现状。

1.2.1 电动汽车的分类

电动汽车是指以电源为驱动能量，以电机驱动汽车行驶，符合道路交通、安全法规各项要求的车辆。电动汽车使用的电能来源非常广泛，可以来自传统的化石燃料，也可以来自可再生的太阳能、风能、水能等清洁能源。依据电动汽车电源的不同，可以将电动汽车分为混合动力汽车、燃料电池汽车、纯电动汽车。

1. 混合动力汽车

混合动力汽车是指能够至少从燃料、电能或储能装置中的两种能量中获取动力的汽车。根据动力系统结构的不同，可以将混合动力汽车分为串联式、并联式和混联式三种。

1）串联式混合动力汽车

串联式混合动力汽车的组成结构如图 1-1 所示，其结构特点是，发动机带动发电机发电，一部分电力供给蓄电池，另一部分电力通过逆变器输入电动机，电动机带动驱动轴，驱使汽车行驶。除此之外，蓄电池中储存的电能也能够独立驱动汽车。串联式混合动力汽车的结构简单、运行效率高、污染比燃油汽车低，但是其组件较多，会使汽车的外形和质量都偏大，因此适用于大型电动客车、货车[24]等。

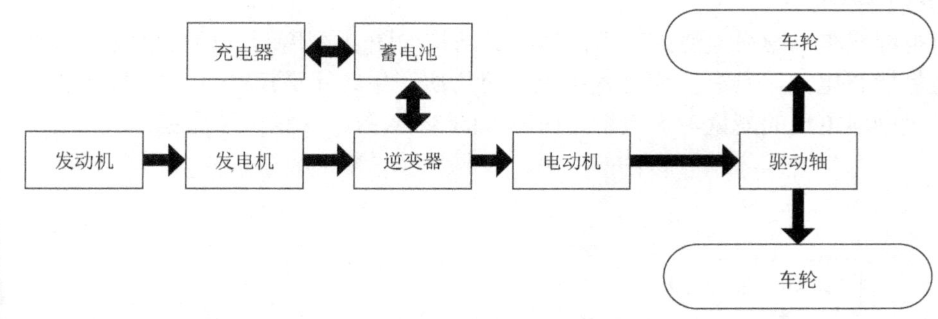

图 1-1　串联式混合动力汽车的组成结构

2）并联式混合动力汽车

并联式混合动力汽车的组成结构如图 1-2 所示，其结构特点是，汽车可以由电动机、发动机单独或同时驱动，并且蓄电池中储存的电能也能独立驱动汽车。并联式混合动力汽车的外形和质量都相对较小，价格低廉，因此适用于小型混合动力汽车。

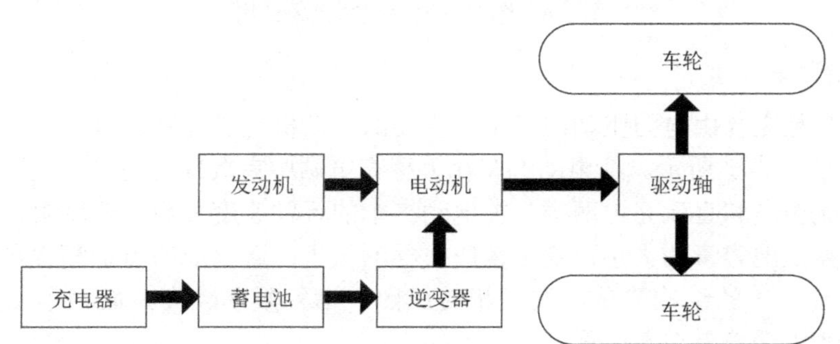

图 1-2　并联式混合动力汽车的组成结构

3）混联式混合动力汽车

混联式混合动力汽车是指同时具有串联式、并联式两种结构的混合动力汽车，其组成结构如图 1-3 所示。其结构特点是，可以在串联式下行驶，也可以在并联式下行驶，因此其同时适用于串联式混合动力汽车和并联式混合动力汽车的工作场所。

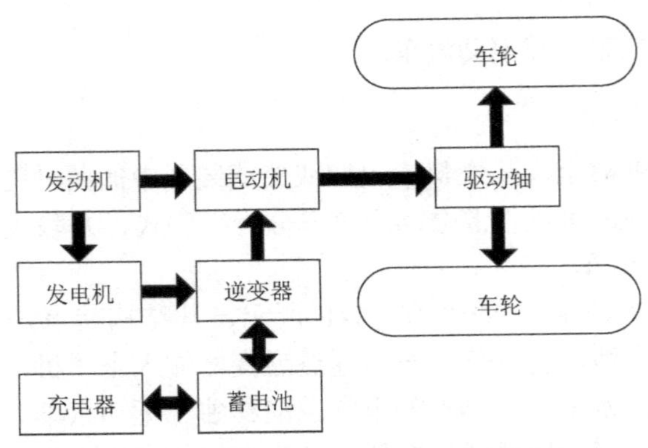

图 1-3　混联式混合动力汽车的组成结构

2. 燃料电池汽车

燃料电池汽车以燃料电池为动力，其组成结构如图 1-4 所示。燃料电池汽车的燃料电池一般都是氢燃料电池，具有反应过程中无有害物质产生、无噪声产生、氢燃料来源广泛等优点，而且氢燃料电池的能量转换效率是内燃机的 3～4 倍，性能非常优越。

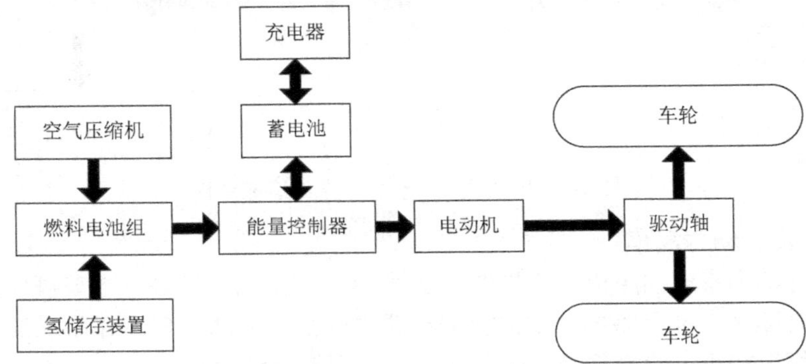

图 1-4　燃料电池汽车的组成结构

3. 纯电动汽车

纯电动汽车是完全由电力驱动的汽车，主要由电动机、逆变器、蓄电池和车载充电器四个组件组成，如图 1-5 所示。纯电动汽车在大型充电站中完成快速充电，按照充电方式的不同，可分为交流充电和直流充电两类。纯电动汽车的行驶速度和启动速度由驱动电机的功率和性能决定；蓄电池容量的大小决定了续航里程的长短；蓄电池的质量和容量与蓄电池的种类有关。纯电动汽车的结构简单、技术相对成熟、运行效率较高，而且车型大都是小型轿车，因此特别适用于城市交通运输。

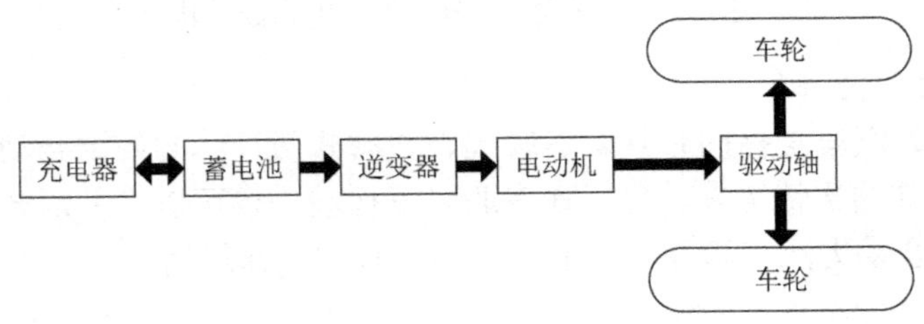

图 1-5　纯电动汽车的组成结构

综上所述，混合动力汽车的结构较为复杂，组件较多，而且部分能源来自化石燃料，依然存在大量污染，所以混合动力汽车只是电动汽车的过渡；相较于现有的纯电动汽车和燃油汽车，尽管燃料电池汽车对环境更为友好，但其结构复杂，成本较高，性能的进一步提高较为困难；纯电动汽车的结构简单、技术成熟、运行效率高，其性能可以随着电动机和控制技术的进步而提高，而且纯电动汽车充电与驱动过程的集成可以进一步提高电动汽车的性能，所以纯电动汽车是电动汽车的未来。

1.2.2 车载充电器的研究现状

车载充电器是指安装于汽车内部，用于对电动汽车电池充电的电力转换装置。根据车载充电器供电方式的不同，可将其分为交流充电器和直流充电器。目前，市面上的车企多使用常见的 220V 单相交流电为车载充电器供电。为了满足大功率要求，也有部分车载充电器使用线电压为 380V 的三相交流电供电。为保证车体与电源之间安全有效连接，一般都使用为车载充电器专门设计和制造的充电电缆和插头。由于车内空间有限，功率等级和输出的充电电流均较小，因此绝大多数车载充电器只能对电池组进行慢速充电，充电时间较长[25-26]。另外，车载充电器的使用环境多变，充电环境无法与设施相对完备的充电站相比，需要考虑车辆安全和人身安全，同时满足充电性能的硬性要求，所以在设计车载充电器时，需要保证该充电器能够承受很高的电压，确保绝对安全可靠，并且为了减少充电时间，还需要满足高效率的要求。车载充电器通常采用电压、电流反馈的方法达到恒定电流、恒定电压充电的要求，在充电过程中需要监测与控制各类电气参数。

目前，国内常见的车载充电器功率主要有 3.3kW、6.6kW，部分造价较高的车载充电器功率可达 20kW、40kW。随着汽车续航能力的提升（例如，比亚迪汉 EV 的续航能力已提升至近 600km，其动力电池电能达到 77kW • h。），以往小功率的车载充电器已跟不上发展的需要，急需提升车载充电器功率以满足大容量电池组的充电需求[27]。研发大功率、高效率的车载充电器，提升电池组的续航能力，是未来重要的发展趋势。

1. 驱动/充电集成车载充电器的基本原理

驱动/充电集成车载充电器设计的基本思路是，对原有驱动系统的拓扑结构进行合理配置，制定合适的控制策略，利用驱动系统中的电力电子元件完成充电功能，实现驱动系统和充电系统一体化。驱动/充电集成车载充电器可由单相交流电源或三相交流电源供电，一般情况下，由三相交流电源供电的车载充电器的输出功率比单相交流电源大。系统中的交流电机根据定子绕组的相数，可分为常见的三相电机和需要功率变换器将电能二次变换驱动的多相（相数>3）电机。图 1-6 给出了驱动/充电一体化结构的方案[28-30]。

由图 1-6 可知，在结构方面，变换器包含 DC-DC 变换器、DC-AC 变换器和 AC-DC 变换器。系统工作在充电模式下，电池需要直流电充电，电源只能提供交流电，变换器完成交流到直流的电能转换；系统工作在驱动模式下，驱动电机需要交流电，电池只能提供直流电，变换器完成直流到交流的电能转换。DC-AC 变换器和 AC-DC 变换器结构相似，可以整合成双向变换器，从而节省电力电子元件。在控制方面，充电系统和驱动系统都有独立的控制策略，根据不同的工作状态，切换相应的控制策略。这两种方案的不同点是，方案 A 将交流电源直接与变换器相连，在变换器中应选择合适的滤波电感；方案 B 将交流电机置于交流电源和变换器之间，当系统工作在充电模式下时，交流电机的定子绕组可以作为充电滤波电感，这样的结构可以节省一部分电力电子元件。

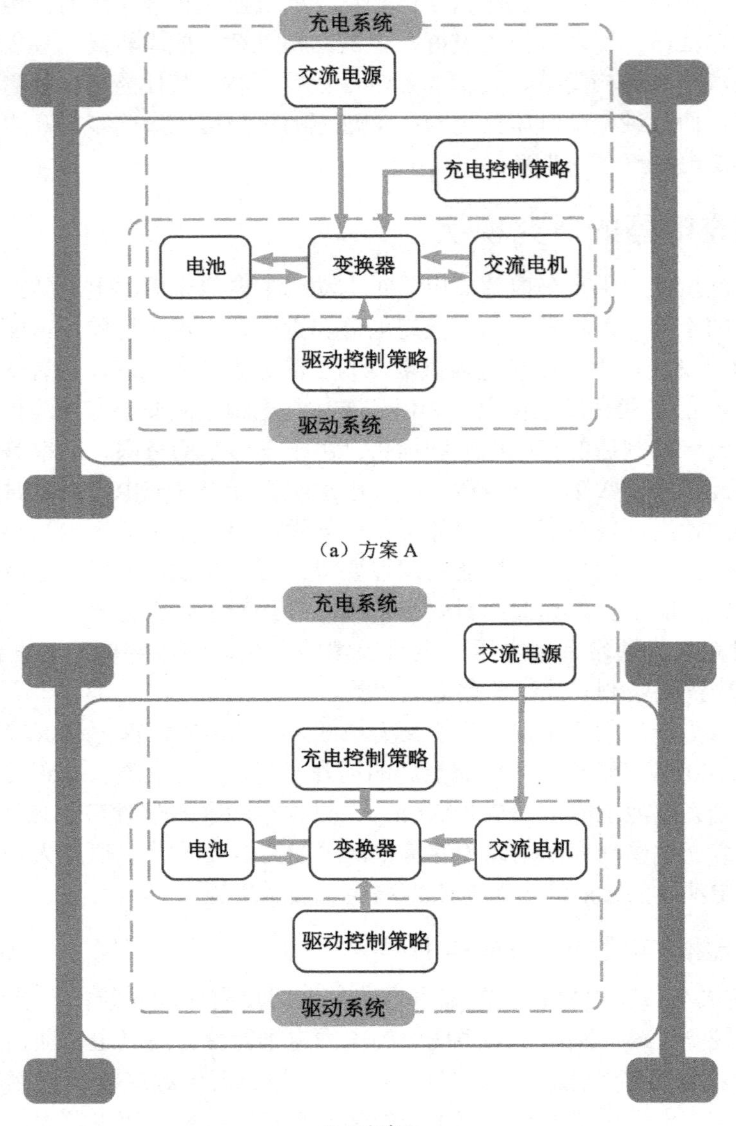

（a）方案 A

（b）方案 B

图 1-6　驱动/充电一体化结构的方案

本书主要研究将电机集成到充电过程中的驱动/充电集成车载充电器及其充电控制策略，即图 1-6 中的方案 B。

2．驱动/充电集成车载充电器的拓扑结构

由 Duan Z 等人的研究可知，将电机集成到充电过程中时，会在电机中产生一些使电机转动的转矩。对于集成电机绕组的集成车载充电器，在充电过程中，为保证电机静止不转，主要有三种方式，即机械锁定方式、中点输入方式和中性点输入方式。

（1）机械锁定方式。

Cocconi A G 提出了一种集成感应电机绕组的集成车载充电器，并在美国申请了专利[31-32]，

如图 1-7 所示。当开关 S_1、S_2 断开，S_3 闭合时，该充电器处于驱动过程；当开关 S_1、S_2 闭合，S_3 断开时，该充电器处于充电过程。当有交流电流通过集成感应电机时，该电机转子上就会产生转矩，导致额外的机械损耗和噪声，为保证充电时的效率，加入机械装置对电机进行锁定。机械锁定方式保证了电机在充电过程中静止不转，但是电机绕组中的能量损耗没有减少，而且锁定过程中会对电机造成损伤。

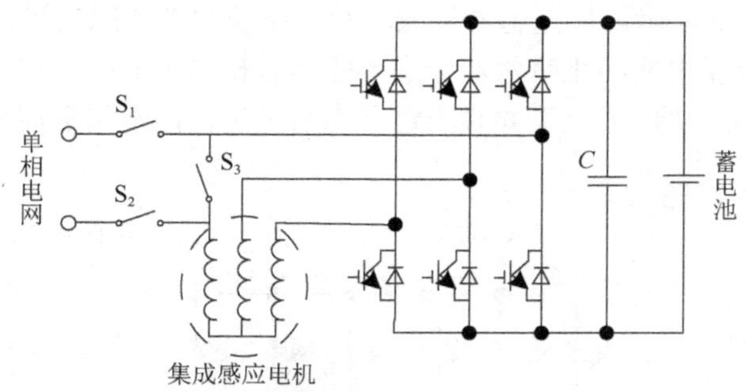

图 1-7　集成感应电机绕组的集成车载充电器

（2）中点输入方式。

De Sousa L 提出了一种基于三相电机的大功率集成车载充电器[33-34]，如图 1-8 所示。该充电器集成了驱动系统的三相逆变器作为充电过程中的 AC-DC 变换器。由图 1-8 可知，电机各相绕组的中点都会连接出一条导线，在充电过程中，电流通过导线输入充电系统，因此电机的每相绕组都作为两个并联的滤波电感使用，这种方式称为中点输入方式。中点输入方式所使用的电机是特殊设计的，主要是在制造过程中在电机绕组的中点引出一条导线。当电机绕组进入充电系统时，将引出的导线连接到三相电网，交流电源中的各相电流通过导线进入电机绕组，此时流过电机各绕组的电流都是大小相等、方向相反的，所以每个绕组所受到的电磁力都是大小相等、方向相反的，因此能够保证电机在充电过程中静止不转。但是中点输入方式需要特制的电机，成本较高，而且从绕组的中点引出导线可能会对电机造成影响。

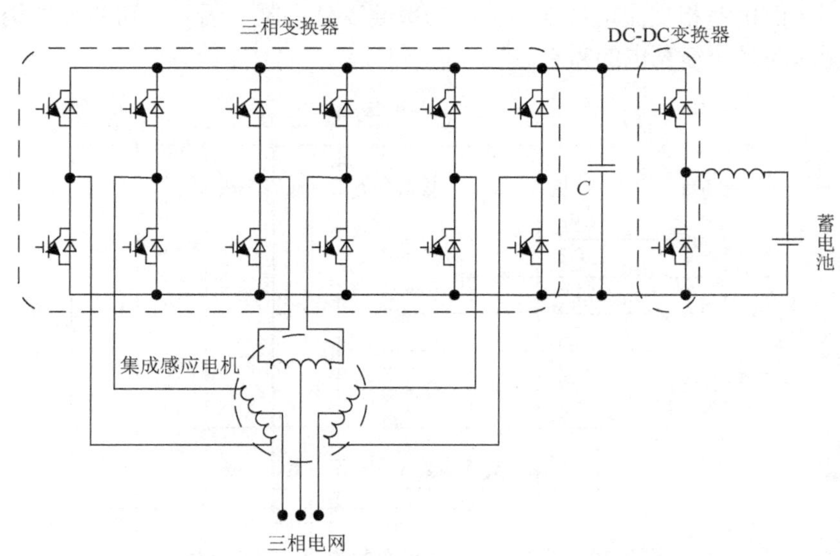

图 1-8　基于三相电机的大功率集成车载充电器

（3）中性点输入方式。

中性点输入方式利用多相电机的额外自由度，对集成车载充电器的拓扑结构进行合理配置，采用相应的控制策略使电机静止不转。

三相电网的分布非常广泛，但是依然有些地方没有三相电网，只有单相电网。为了满足单相电网充电的要求，Ivan Subotic 等人提出了一种基于多相电机的单相集成车载充电器[35-38]，以五相电机为例，如图 1-9 所示。该充电器集成了驱动系统的 DC-DC 变换器、AC-DC 变换器和电机进入充电系统，单相电网的正负两端分别连接到五相电机的两个中性点上，由于五相电机在结构中不对称，在图 1-9 中，上下并联的定子绕组不对称，不利于控制电路性能，因此应用很少。

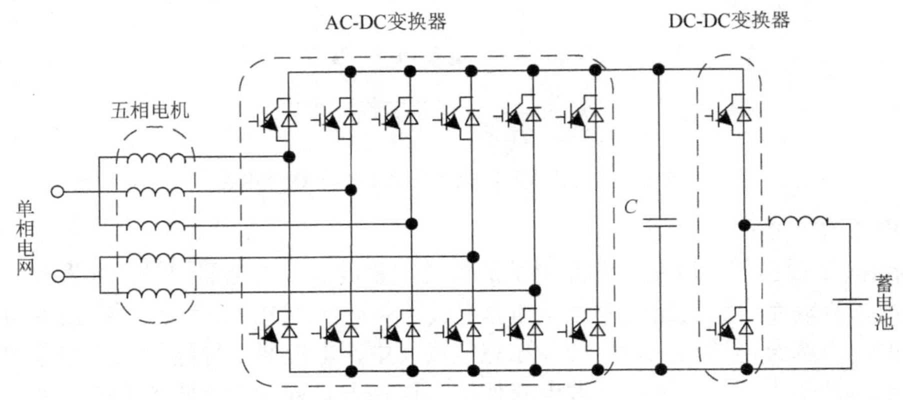

图 1-9　基于五相电机的单相集成车载充电器

图 1-10 所示为基于六相（对称/不对称）电机的单相集成车载充电器，单相电网两端与六相电机两套定子绕组的中性点相连，每三个绕组并联，这种连接方式使得每条支路的电流为总电流的三分之一，减小了支路的负载电流，六相变换器中的 ABC 支路为一组，DEF 支路为一组，每组支路中开关管的开关时间和顺序相同。单相交流电无法产生旋转磁场，因此电机转子不转。而由单相交流电供电的输出功率会受到限制，因此，这两种结构适用于电池慢速充电，无法满足快速充电的需求。

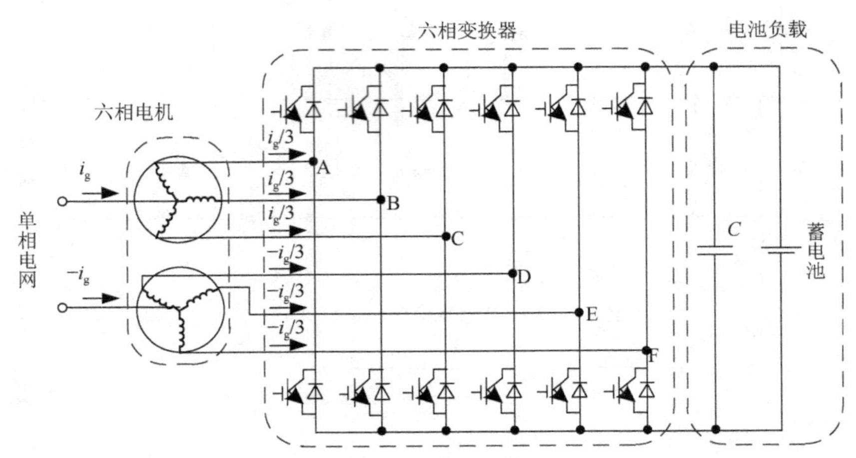

图 1-10　基于六相电机的单相集成车载充电器

Subotic 等人提出了一种基于六相电机和二次侧双绕组变压器的三相集成车载充电器[39]，

如图 1-11 所示。变压器的二次侧分别为星形绕组和三角形绕组，如此，可实现两个三相绕组之间的 30°电源相移（选择适当的二次绕组的匝数使电压相同）。同时，电机绕组与二次变压器的连接顺序发生改变（二次变压器 b1 接绕组 C 相，c1 接 B 相，a2 接 E 相，b2 接 D 相），通过解耦运算可知（有关多相电机的解耦运算详见文献[40]），在这种连接顺序下，电机不会产生转矩，转子保持静止不转。此外，采用三相电源的供电方式，可以提升车载充电器的输出功率。但这种结构由于有二次侧双绕组变压器，车载充电器的体积、质量将会增大。

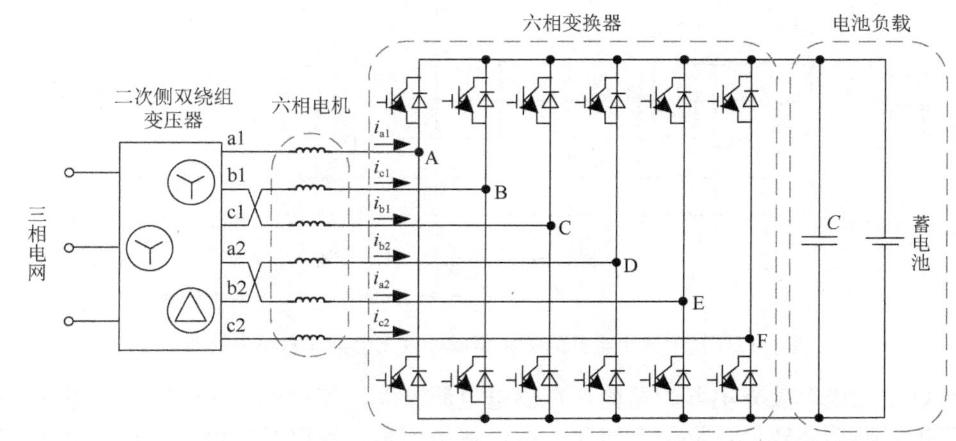

图 1-11 基于六相电机的三相集成车载充电器（二次侧双绕组变压器）

Nandor Bodo 等人提出了基于九相电机的三相集成车载充电器[11,37,41-43]，如图 1-12 所示。与图 1-10 的结构相似，交流电源都与电机每套定子绕组的中性点连接，每三个绕组并联。该结构采用三相电源供电，输出功率可以进一步提升。但由于采用九相电机，相应的功率变换器也得使用九相变换器，相比其他结构，九相变换器中的开关管数量增多，不利于减小车载充电器的体积、质量。

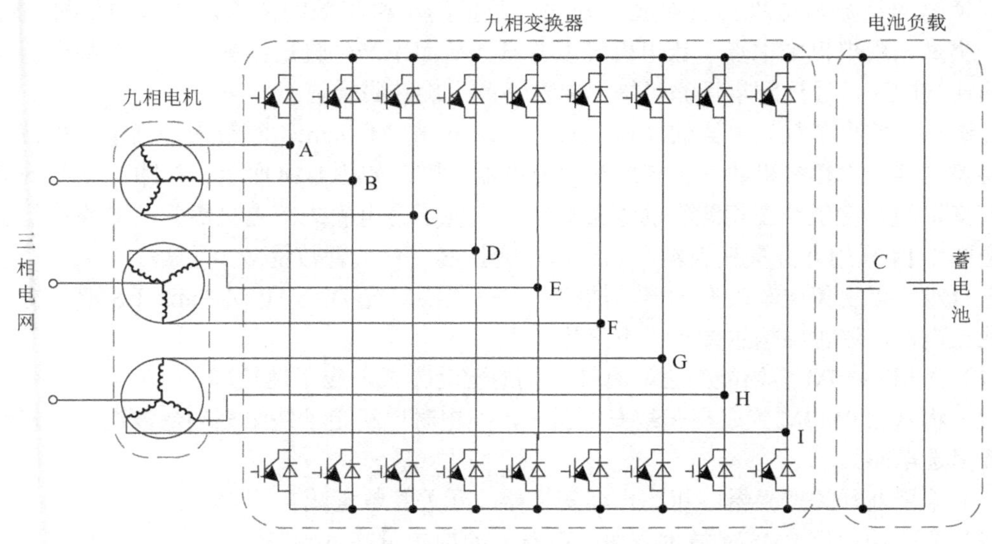

图 1-12 基于九相电机的三相集成车载充电器

Nandor Bodo 等人提出了一种带有六相变换器的基于六相电机的三相集成车载充电器[39,44-50]，如图 1-13 所示。这种结构使用改变三相电源与电机连接顺序的方法，达到充电模式下电机零驱动的静止状态，对应使用六相变换器。六相变换器在开关管数量上与电机相数成正比（开关管数量=电机相数×2），无法进一步减少开关管数量。

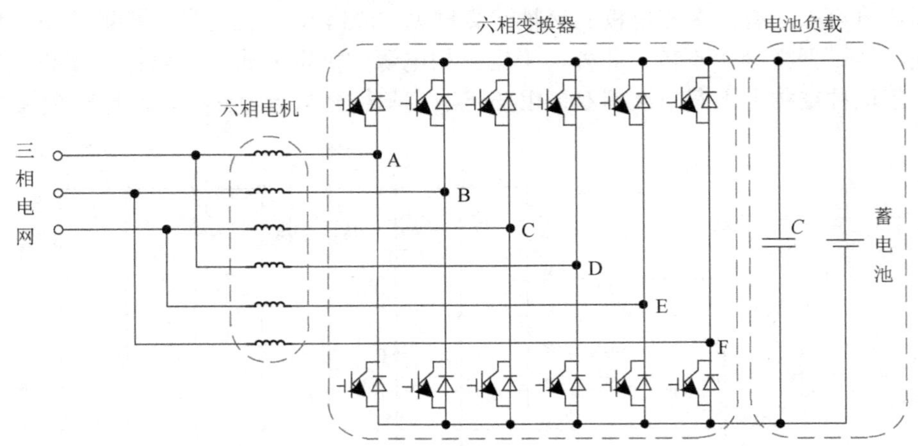

图 1-13　基于六相电机的三相集成车载充电器（六相变换器）

总结以上集成车载充电器的结构，在供电电源方面，使用单相交流电源供电的车载充电器结构简单，但功率较低，只适合慢速充电。使用三相交流电源供电的车载充电器更适合大功率、高效率的发展趋势，实现快速充电。在电机方面，均采用多相电机（五相、六相、九相），其中六相电机应用更为广泛。在变换器方面，要想提高车载充电器的充电品质，关键在于控制策略的设计，理想车载充电器的控制策略应具有以下优点：①快速的电压、电流响应速度；②较小的跟踪误差；③较小的超调量；④较低的谐波畸变率；⑤较高的功率因数；⑥较强的抗扰性；⑦较简单的算法，便于硬件实现。本书所设计的车载充电器的控制策略也将从这些方面进行评价，现将常见的、用于研究车载充电器的控制策略简介如下。

变换器的相数与电机相数对应，开关管数量为电机相数的两倍。电源与电机的连接方式，一类是利用电机中性点，让电机绕组并联，从而不产生转矩；另一类是调整电源与定子绕组的连接顺序，经过解耦运算可知，电机不产生旋转磁场。

为进一步减小车载充电器的体积、质量，Diab 和 Mohamed S 等人提出了一种带有九开关变换器的基于六相电机的三相集成车载充电器[51-54]，如图 1-14 所示。与图 1-13 相同的是，后者改变了两套绕组和三相绕组的连接顺序，实现了充电模式下电机零驱动的静止状态，不同的是图 1-14 采用九开关变换器，相比六相变换器，开关管数量减少了三个。

综合对比以上集成车载充电器的结构，本书主要研究 Diab 和 Mohamed S 等人提出的集成车载充电器。这种结构主要有以下优势。

（1）六相 PMSM 容错能力强，有较成熟的驱动方式，应用性较广。

（2）将六相 PMSM 集成在车载充电器内，充电时电机定子绕组充当滤波电感，整流过程不需要另选电感。

（3）采用九开关变换器，相比六相变换器，开关管数量减少了 25%。

（4）在驱动六相 PMSM 技术方面，有对应的控制策略可借鉴。

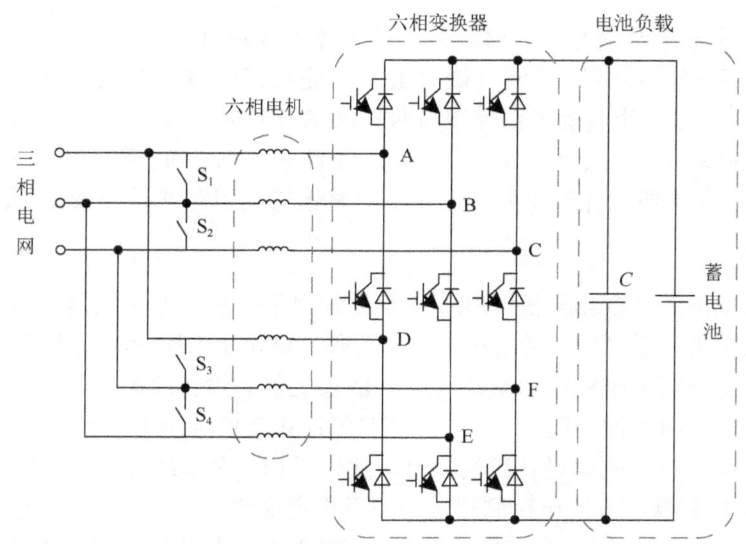

图 1-14 基于六相电机的三相集成车载充电器（九开关变换器）

1.2.3 多相电机控制策略的研究

为了提高车载充电器的充电品质和多相电机运行性能，关键在于控制策略的设计，多相电机控制策略包括驱动系统的空间矢量脉冲宽度调制（Space Vector Pulse Width Modulation，SVPWM）控制，调速系统的 PID 控制、滑模变结构控制等。下面依次进行介绍。

1. SVPWM 控制

SVPWM 控制是三相电机常用的一种 PWM 算法。多相电机相数较多，供电逆变器数量相应较多，给 SVPWM 控制的应用提供了可能[55-60]。文献[61]提出了一种基于矢量空间解耦的双三相电机空间矢量调制方法，可满足系统对大功率、高可靠性电机的需求。所提方法的关键在于设计两组电压矢量，用于对 $\alpha\beta$ 和 xy 子空间参考矢量的合成，且两组电压矢量彼此之间互不影响。利用变换后的冗余小电压矢量和零序电压矢量，减小直流通路的电压振荡，抑制双三相绕组的零序电流分量。仿真和实验表明，该方法不仅可以跟踪 $\alpha\beta$ 子空间的转矩分量，还可以抑制 xy 子空间的电流谐波分量。文献[62]以四个三相电压源逆变器驱动的双 Y 移 30°PMSM 为研究对象，提出了一种以三个变量为自由度的磁场定向方法。每对三相电压源逆变器都采用三矢量 SVPWM 控制作为六相电机的多电平输出电压发生器。利用傅里叶变换分析各子空间的电流谐波分量，数值仿真证实了该方法的有效性。文献[63]提出了一种 SVPWM 算法，通过采用开关管最佳导通次序，有效降低两电平六相电压逆变器谐波。仿真结果表明，该算法在较宽调速范围内具有良好的可控性。文献[64]提出了两种双 Y 移 30°PMSM 的 SVPWM 控制，并给出了电压矢量的选择和计算方法。根据矢量空间解耦变换，将谐波电流映射至三个子空间。通过控制子空间电压矢量，有效克服传统正弦 PWM 算法谐波电流过大的缺点。文献[65]提出了一种间接空间矢量调制方法，能够提高变换器的最大调制指数，并将其应用于五相 PMSM。仿真结果表明，电机运行时具有较低的转矩脉动、正弦输入/输出电流谐波，以及接近单位功率因数的良好性能。

哈尔滨工业大学的学者们对双 Y 移 30°PMSM 的 SVPWM 控制研究颇深[66-67]。文献[68]在双 Y 移 30°PMSM 模型的基础上，针对传统电压矢量选择方法 PWM 波形不对称的问题，提出了一种非正弦电压调制方法。通过将双零序注入 PWM 波形，根据电压、电流类型，将调制区域分为不同线性调制区域，最大限度地提高直流母线的电压利用率。文献[69]在文献[68]的基础上，进一步明确了双零序与四矢量 SVPWM 控制之间的关联。双零序相当于将六相电机分割成两个三相电机，三相电机各自采用独立的零序注入方法，而四矢量 SVPWM 控制将六相电机当作一个整体，在电机整体的基础上进行 PWM 波形优化。

2. PID 控制

无论是三相电机还是多相电机，PID 控制经常用于电机调速控制器和电流控制器，且在这两种电机中的应用并无区别。随着电力电子元件、DSP 控制技术的不断发展，鲁棒性、自适应等算法已成功应用于电机控制系统，但 PID 控制具有设计简单、易于实现等优点，仍然是电机控制系统最常用的控制策略之一。文献[70]将 PID 控制应用于 PMSM 驱动的机器人机械臂位置调节。该 PID 控制器设计较为简单，通过添加三个非线性项，使用非线性 PID 控制器替代经典 PID 控制器，并给出控制器全局渐近稳定证明。文献[71]针对传统 PID 参数难以达到最优的缺点，采用遗传算法 NSGA-II 优化 PID 参数。相比聚合函数方法，该方法为 PID 参数的优化提供了更多的理论依据。

PID 控制往往结合模糊控制一起作用于电机控制系统。通过模糊控制策略，对 PID 参数进行在线自适应调节[72-74]。文献[75]针对传统 PID 控制器电机转速控制性能不足的缺点，提出了一种改进模糊 PID 控制。通过模糊控制调节 PID 参数，获得比传统 PID 控制器更好的控制性能。文献[76]将模糊 PID 控制器应用于 PMSM 位置的观测。通过模糊控制策略，自适应调节控制器比例、积分参数，有效提高观测器对转子位置的跟踪精度。通过对一台额定功率为 4kW 的 PMSM 进行仿真和实验验证，证实了该方法的有效性。

相比传统的整数阶电机系统，分数阶能够更加准确和全面地描述系统状态。随着分数阶电子器件的不断发展，给分数阶 PID 应用于电机控制系统提供了可能[77-78]。文献[79]将 PMSM 励磁系统转化为分数阶系统，通过使用粒子群算法优化分数阶 PID 参数。粒子群算法通过集群之间的选择，具有较强的收敛特性和鲁棒性。分数阶 PID 参数相比传统 PID 参数略显复杂，通过粒子群算法调节分数阶 PID 参数，可较好地满足电机控制系统对高性能智能算法的要求。文献[80]研究了一种能够用于感应电机的分数阶 PID 调速控制器。通过感应电机数学模型推导出分数阶模型，分析感应电机的各种动态特性。针对感应电机的分数阶不确定系统，给出了该方法的数值模拟结果，证实了该方法的有效性。

3. 滑模变结构控制

滑模变结构控制器对系统内部参数变化和外部扰动不敏感，具有较好的动态性能和极强的鲁棒性，非常适合电机调速系统。对于滑模变结构控制器，系统状态轨迹分为两个阶段：第一个阶段是到达阶段，即系统状态从初始状态运行到滑模面；第二个阶段是滑动阶段，即系统状态从滑模面运行到平衡点，如图 1-15 所示。

对于滑模变结构控制系统，选择合适的趋近律，不仅可以加快系统趋近速度，缩短到达时间，而且可以减小到达滑模面后的抖振。高为炳先生最先提出趋近律的概念，并在文献[81]中提出了指数趋近律和幂次趋近律。指数趋近律可保证系统在有限时间内到达滑模面，但滑动阶段抖振较大，且最后无法收敛到平衡点，只能收敛到平衡点附近的领域。这会影响系统稳态收敛精度，造成较大抖振，甚至激发系统未建模部分，引发高频振荡。当系统状态距离滑模面较远时，幂次趋近律具有较快的趋近速度，但距离滑模面较近时，趋近速度放缓，导致到达时间过长，不利于控制器设计。文献[82]提出了变速趋近律，变速趋近律的滑模区域随着系统状态变量变化而变化，即随着系统状态变量减小，滑模区域的宽度逐渐减小，最后收敛到平衡点。但如果变速趋近律参数较大，系统状态到达滑模面时，状态变量较大，导致系统抖振相应变大；如果变速趋近律参数较小，则导致到达时间过长，这两种情况均不利于控制器设计。文献[83]在指数趋近律和变速趋近律的基础上，提出了一种改进的离散趋近律。离散趋近律通过引入神经网络中的 S 型函数，在保持系统趋近速度的同时，提高稳态精度。将离散趋近律应用于带外部干扰的不确定系统，证实该趋近律的强鲁棒性。

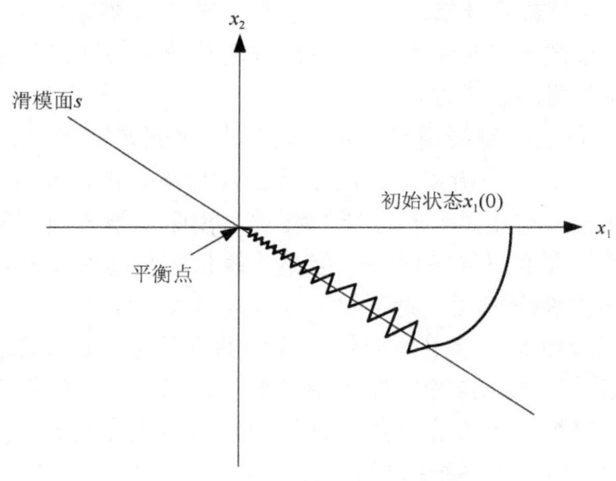

图 1-15　系统状态轨迹

针对幂次趋近律在滑模面附近趋近速度变缓的缺点，众多学者给出了解决方法。文献[84]率先提出了一种新的双幂次趋近律，通过将到达阶段以滑模面 s=1 为界，分割为两个阶段。在每个阶段中，双幂次趋近律均能保持较快的趋近速度，且到达滑模面时抖振较小，有效克服了幂次趋近律的缺点。文献[85]结合指数趋近律快速收敛，以及幂次趋近律到达滑模面平滑过渡的优点，提出了一种新趋近律。通过仿真试验，验证了所提出的新趋近律的有效性。但该趋近律本质上属于双幂次趋近律，创新性不强。文献[86]指出，系统采用双幂次趋近律，当系统出现有界外部干扰时，系统状态及其导数可快速收敛到平衡点附近的邻域，进一步阐明了双幂次趋近律的优势。文献[87]在双幂次趋近律的基础上，增加了幂次项和指数项，提出了一种多幂次趋近律。多幂次趋近律具备幂次趋近律和指数趋近律的优点，加快了系统到达阶段的趋近速度，而且当系统状态距离滑模面较近时，能够保证系统状态快速收敛到滑模面。

趋近律具有良好的动态性能和稳态精度，越来越多地应用于电机控制系统。文献[88]为提高异步电机的控制性能，提出了一种模糊趋近律。针对异步电机矢量控制，以及传统滑模控制系统的抖振问题，设计了一种模糊滑模控制器，显著减小了系统抖振。文献[89]针对 PMSM 矢量控制系统，在指数趋近律的基础上，提出了一种能够有效抑制传统滑模变结构控制固有抖振的新型趋近律。文献[90]在终端滑模的基础上，采用终端吸引趋近方式，提出了一种新型趋近律。将该趋近律应用于 PMSM 调速系统，通过系统状态变量自适应调节系统到达时间和转速超调量，有效提高了 PMSM 调速系统的动态品质。

对于滑模变结构控制算法，选择合适的滑模面是设计控制器至关重要的一步。合适的滑模面能够改善系统的动态品质和稳态精度。线性滑模面是滑模控制系统中最早出现的，也是应用最广的滑模面。但线性滑模面存在一大缺陷，即系统状态从滑模面运行到平衡点的过程是以指数形式收敛的，系统状态只能无限趋近于平衡点，无法真正到达平衡点。文献[91]以PMSM 转速为状态变量，设计了一种积分滑模控制器。采用饱和函数替代符号函数，进一步减小了系统抖振。同时，利用积分滑模面设计负载转矩观测器，消除了负载转矩变化对电机转速的影响。不足之处在于，负载转矩观测器设计的前提是负载转矩求导为零。但实际电机调速系统逆变器开关频率较高，采样周期非常小，单位时间内负载转矩变化量不为零。文献[92]设计了一种分数阶滑模面，用于分数阶混沌系统之间的同步，并给出了误差方程的稳定性判据。通过分数阶 Chen 系统（陈氏混沌系统）与新混沌系统之间的数值仿真，证明了所设计分数阶控制器的有效性。

相比线性滑模控制方法，终端滑模控制方法能够保证系统状态在有限时间内到达滑模面，继而在有限时间内收敛到平衡点，适用于非线性滑模系统。文献[93]针对终端滑模控制系统控制量无限大的问题，提出了一种非奇异终端滑模面。该滑模面与终端滑模面结构差异不大，能够解决终端滑模面的奇异性问题。但当系统状态到达滑模面，远离平衡点时，其收敛速度慢于相同参数的线性滑模面。针对这一不足，文献[94]提出了一种非奇异快速终端滑模面。相比非奇异终端滑模面，该滑模面拥有较快的收敛速度。文献[95]结合非奇异快速终端滑模面的优点，提出了一种混合非奇异终端滑模面。混合非奇异终端滑模面可根据系统状态，选择不同的滑模面参数。将该滑模面应用于PMSM调速控制器，实验结果表明，控制器在保持收敛速度的同时，减小了系统抖振。

4. 直接功率控制

直接功率控制由 Tokuo Ohnishi 提出，随后由 Toshihiko Noguchi 等人进一步发展，其核心思想关注输出功率的实时动态，将功率的实时值（瞬时功率）与要求的控制范围进行比对，若超出范围，则立即调整，及时将瞬时功率控制在要求之内，控制了瞬时功率，就间接控制了瞬时电流[96]。直接功率控制的主要结构包括两部分，一是直流电压外环控制，根据实际要求，计算电压控制量；二是功率内环控制，系统的测量单元会实时反馈输出功率，并以此为依据，在开关表中查询整流器调整电压相对应的开关量，调整输出直流电压，最终实现整流功能[97-99]，具有功率因数较高、谐波畸变率低、运行流畅、控制模块简单等优点[100-101]。但传统的直接功率控制有着开关周期不稳定、电压电流波动较大、谐波含量较高的问题，后期经过优化算法，学者提出了不同类型的预测型直接功率控制，应用于 PWM 整流器。

5. 无源性控制

无源性控制由 R. Ortega 与 M. Spong 提出，其核心思想是运用能量观点解决控制稳定性问题，即储存能量=供给能量+耗散能量[102-103]。在此之前，控制理论通常是在信号处理的观点上建立和发展起来的，而无源性控制将传统信号处理的角度转换到能力传递的角度，从单纯的控制系统结构扩展到物理知识，对控制行为也有很好的物理解释，物理概念明确，容易被人接受。这种控制设计思路可以处理系统的动态性能，不仅仅局限于稳定性，在机械系统、电力系统、机电系统中都有应用[104-105]。

6. 无位置传感器控制

对于电机调速系统，首要步骤就是获取电机转子位置和转速。通常来说，采用光电编码器等测量仪器可准确得到电机转子位置和转速，但测量仪器受外部环境影响，会出现精度下降等问题。无位置传感器受外部环境影响较小，无须测量仪器即可完成电机转子位置和转速的估计[106-110]。文献[111]通过在表贴式 PMSM 直轴磁路中注入谐波电流，定位转子初始位置。对磁极方向进行判别时，为避免二次注入信号，选用 PWM 高频信号，使电机在低速条件下启动运行。针对 PMSM 在低速运行时，测算的反电动势不能准确反映电机实际运行情况，文献[112]研究了电流半闭环控制下的启动策略，提出了一种反电动势估算方法。文献[113]在混合非奇异终端滑模面的基础上，提出了一种能准确估计电机转子位置和转速的二阶滑模观测器。该观测器能最大限度地减小系统抖振，提高电机转子位置和转速的估算精度。文献[114]通过研究 PMSM 在无位置传感器作用下无法零速启动的问题，在滑模控制器中引入时变项，实现电机调速系统的自控启动。

7. 故障诊断与容错控制

多相电机工作时，逆变器开关管或电机绕组故障，会导致电机转速不稳，甚至出现停转现象。当故障发生时，首先要对故障位置进行诊断、隔离，然后针对逆变器故障开关管或电机绕组进行容错控制，保证系统正常运行[115-120]。文献[121]在 PMSM 逻辑动态模型的基础上，提出了一种逆变器开路故障诊断方法。通过提取电机相电压中包含的故障信息，准确定位逆变器故障开关管的位置。文献[122]将 SVPWM 算法应用于 T 型逆变器开路故障诊断。通过分析 T 型逆变器开路故障后的输出电流，结合有源电力滤波器的特性，提出了垂直和水平桥臂的容错控制方法。文献[123]针对五相 PMSM 定子绕组开路故障，提出了一种电流容错控制方法。建立电机在一相绕组开路故障下的解耦空间方程，通过设置 z_1z_2 坐标系下的电流约束方程，实现电机绕组故障下的容错运行。文献[124]建立了六相感应电机缺相情况下的电压方程，通过 SVPWM 算法，提出了一种电机直接转矩容错控制方法，降低缺相情况下的定子电流谐波含量。

1.3 本章小结

本章介绍了车载充电与驱动一体化系统的研究背景：电动汽车分类、车载充电器的研究现状和多相电机控制策略的研究。在发展资源节约型、环境友好型新能源汽车产业的时代背景下，研究以电池充电系统和电机驱动系统一体化的车载充电与驱动集成技术具有重要意义。

参考文献

[1] 江浩，施佳峰．改善空气质量从治理汽车尾气开始[J]．科技创新导报，2010(21): 146．

[2] 王慧娟．汽车尾气的危害性及治理措施[J]．资源节约与环保，2016(2):192．

[3] 杨新兴，冯丽华，尉鹏．汽车尾气污染及其危害[J]．前沿科学，2012, 6(3):10-22．

[4] 王文林．试论中国灰霾天气的成因、危害及控制治理[J]．绿色科技，2013(4):153-154．

[5] 张秦赓，牛鲁燕，周永刚．新形势下对我国汽车尾气污染的思考[J]．环境科技，2011，24(s2):111-113．

[6] 林铮．我国汽车动力发展路线图的探讨[J]．能源与环境，2012(5):40-41．

[7] 李良．促进我国节能环保汽车消费的绿色税收政策研究[D]．重庆：西南大学，2013．

[8] 张栋善，谭涛．基于多电飞机概念下的飞机电气发展方向[J]．电子测试，2018(006): 124-125．

[9] 张书桥．电动汽车发展现状及前景分析[J]．电气时代，2019，456 (09): 7-10．

[10] KHALIGH A, D'ANTONIO M. Global Trends in High-Power On-Board Chargers for Electric Vehicles[J]．IEEE Transactions on Vehicular Technology, 2019, 68 (4): 306-324．

[11] SUBOTIC I, KATIC V, BODO N, et al. Overview of fast on-board integrated battery chargers for electric vehicles based on multiphase machines and power electronics[J]．IET Electric Power Applications, 2016, 10 (3): 217-229．

[12] 姜久春．电动汽车充电技术及系统[M]．北京：北京交通大学出版社，2017．

[13] GUPTA J, MAURYA R, ARYA S R. Improved Power Quality On-Board Integrated Charger With Reduced Switching Stress[J]．IEEE Transactions on Power Electronics, 2020, 35 (10): 810-820．

[14] 胡燕芬，李敦迈．纯电动汽车充电技术和电池材料的探究[J]．时代农机，2019，046 (005): 46-47．

[15] YONGSUG S, LIPO T A. Control scheme in hybrid synchronous stationary frame for PWM AC/DC converter under generalized unbalanced operating conditions[J]．IEEE Transactions on Industry Applications, 2006, 42 (3): 825-835．

[16] YILMAZ M, KREIN P T. Review of integrated charging methods for plug-in electric and hybrid vehicles[C]．IEEE International Conference on Vehicular Electronics & Safety, 2012．

[17] CZERNIEWSKI B, FORMENTINI A, DEWAR D, et al. Impact of Converters Interactions on Control Design in a Power Electronics Dense Network: Application to More Electric Aircraft[C]．2019 21st European Conference on Power Electronics and Applications (EPE '19 ECCE Europe), 2019．

[18] 王鹏，杨群，郭兴众．电动汽车“驱动-充电”一体化拓扑研究[J]．安徽工程大学学报，2019 (3): 33-39．

[19] 张厚升．电动汽车驱动与充电一体化系统关键控制技术研究[D]．天津：河北工业大学，2016．

[20] 高峰，谈韵，陶远鹏，等．电动汽车驱动充电一体化控制策略研究[J]．电力工程技术，2018，037 (002): 73-77．

[21] NA T, YUAN X, TANG J, et al. A Review of On-Board Integrated Charger for Electric Vehicles and A New Solution[C]．2019 IEEE 10th International Symposium on Power Electronics

for Distributed Generation Systems (PEDG), 2019.

[22] JIA G Z, LI Y C, QIAO G L. Research on Integrated Onboard Charger for Electric Vehicle[J]. Applied Mechanics and Materials, 2012, 192: 242-246.

[23] SUBOTIC I, LEVI E, JONES M, et al. Multiphase integrated on-board battery chargers for electrical vehicles[C]. European Conference on Power Electronics & Applications, 2013.

[24] 芮秀凤. 纯电动汽车蓄电池充电系统的研究[D]. 淮南：安徽理工大学，2012.

[25] KHALID M R, ALAM M S, SARWAR A, et al. A Comprehensive review on electric vehicles charging infrastructures and their impacts on power-quality of the utility grid[J]. eTransportation, 2019, 1: 106-110.

[26] YILMAZ M, KREIN P T. Review of Battery Charger Topologies, Charging Power Levels, and Infrastructure for Plug-In Electric and Hybrid Vehicles[J]. IEEE Transactions on Power Electronics, 2013, 28 (5): 2151-2169.

[27] 周志敏，纪爱华. 充电器（机）电路设计[M]. 北京：机械工业出版社，2020.

[28] SAKR N, SADARNAC D, GASCHER A. A review of on-board integrated chargers for electric vehicles[C]. European Conference on Power Electronics & Applications, 2014.

[29] SALEHIFAR M, BARRAS P, PUTRUS G. Analysis and comparison of conventional two-stage converter and single stage bridgeless AC-DC converter for off-road battery charger application[C]. 8th IET International Conference on Power Electronics, Machines and Drives (PEMD 2016), 2016.

[30] KAMBLE A S, SWAMI P S. On-Board Integrated Charger for Electric Vehicle Based on Split Three Phase Induction Motor[C]. 2018 International Conference on Emerging Trends and Innovations in Engineering and Technological Research (ICETIETR), 2018.

[31] LACRESSONNIERE F, CASSORET B. Converter used as a battery charger and a motor speed controller in an industrial truck[C]. European Conference on Power Electronics and Applications, 2005.

[32] COCCONI A G. Combined motor drive and battery recharge system: US 5341075 A[P]. 1994.

[33] BRUYÈRE A, SOUSA L D, BOUCHEZ B, et al. A multiphase traction/fast-battery-charger drive for electric or plug-in hybrid vehicles: Solutions for control in traction mode[C]. Vehicle Power and Propulsion Conference, 2013.

[34] SOUSA L D, SILVESTRE B, BOUCHEZ B. A combined multiphase electric drive and fast battery charger for Electric Vehicles[C]. Vehicle Power and Propulsion Conference, 2010.

[35] SUBOTIC I, BODO N, LEVI E. Single-Phase On-Board Integrated Battery Chargers for EVs Based on Multiphase Machines[J]. IEEE Transactions on Power Electronics, 2016:1-1.

[36] BODO N, SUBOTIC I, LEVI E, et al. Single-phase on-board integrated battery charger based on a nine-phase machine[C]. Industrial Electronics Society, IECON 2014, Conference of the IEEE, 2015.

[37] BODO N, LEVI E, SUBOTIC I, et al. Efficiency Evaluation of Fully Integrated On-Board

EV Battery Chargers with Nine-Phase Machines[J]. IEEE Transactions on Energy Conversion, 2016, (99):1-1.

[38] SUBOTIC I, LEVI E. A review of single-phase on-board integrated battery charging topologies for electric vehicles[C]. Electrical Machines Design, Control and Diagnosis, 2015.

[39] SUBOTIC I, LEVI E. An integrated battery charger for EVs based on a symmetrical six-phase machine[C]. 2014 IEEE 23rd International Symposium on Industrial Electronics (ISIE), 2014.

[40] LEVI E, BOJOI R, PROFUMO F, et al. Multiphase induction motor drives – a technology status review[J]. IET Electric Power Applications, 2007, 1 (4): 89-94.

[41] SUBOTIC I, BODO N, LEVI E, et al. Onboard Integrated Battery Charger for EVs Using an Asymmetrical Nine-Phase Machine[J]. IEEE Transactions on Industrial Electronics, 2015, 62 (5): 3285-3295.

[42] DE LUCA F, CALDERARO V, GALDI V. A Fuzzy Logic-Based Control Algorithm for the Recharge/V2G of a Nine-Phase Integrated On-Board Battery Charger[J]. Electronics, 2020, 9 (6):126-130.

[43] BODO N, LEVI E, SUBOTIC I, et al. An integrated on-board battery charger with a nine-phase PM machine[C]. IECON 2016 42nd Annual Conference of the IEEE Industrial Electronics Society, 2016.

[44] SUBOTIC I, LEVI E, BODO N. A Fast On-Board Integrated Battery Charger for EVs Using an Asymmetrical Six-Phase Machine[C]. 2014 IEEE Vehicle Power and Propulsion Conference (VPPC), 2015.

[45] SUBOTIC I, BODO N, LEVI E, et al. Isolated Chargers for EVs Incorporating Six-Phase Machines[J]. IEEE Transactions on Industrial Electronics, 2015, 63 (1): 653-664.

[46] ALI S Q, MASCARELLA D, JOOS G, et al. Torque Cancelation of Integrated Battery Charger Based on Six-Phase Permanent Magnet Synchronous Motor Drives for Electric Vehicles[J]. IEEE Transactions on Transportation Electrification, 2018, 4 (2): 1344-1354.

[47] DUVVURI S S. Modeling, Analysis and Simulation of Modified Six-phase Stator Winding Induction Motor[J]. Advances in Mathematics: Scientific Journal 9 (2020), 2020, 10: 8187-8195.

[48] XIAO Y, LIU C, YU F. An Effective Charging-Torque Elimination Method for Six-Phase Integrated On-Board EV Chargers[J]. IEEE Transactions on Power Electronics, 2020, 35 (3): 2776-2786.

[49] SHARMA S, AWARE M V, BHOWATE A. Symmetrical Six-Phase Induction Motor-Based Integrated Driveline of Electric Vehicle With Predictive Control[J]. IEEE Transactions on Transportation Electrification, 2020, 6 (2): 635-646.

[50] RAHERIMIHAJA H J, ZHANG Q, NA T, et al. A Three-Phase Integrated Battery Charger for EVs Based on Six-Phase Open-End Winding Machine[J]. IEEE Transactions on Power Electronics, 2020, 35 (11): 2122-2132.

[51] DIAB M S, ELSEROUGI A A, ABDEL-KHALIK A S, et al. A Nine-Switch-Converter-Based Integrated Motor Drive and Battery Charger System for EVs Using Symmetrical Six-Phase

Machines[J]. IEEE Transactions on Industrial Electronics, 2016, 63 (9): 5326-5335.

[52] PIRES V F, CORDEIRO A, FOITO D, et al. A Three-Phase On-Board Integrated Battery Charger for EVs with Six-Phase Machine and Nine Switch Converter[C]. 2019 IEEE 13th International Conference on Compatibility, Power Electronics and Power Engineering (CPE-POWERENG), 2019.

[53] 李永恒，刘陵顺．基于九开关变换器的对称六相永磁同步电机集成车载驱动系统研究[J]．电工技术学报，2019, 034 (0z1): 30-38.

[54] 刘陵顺，吕兴贺，雷娇，等．基于九开关变换器的集成车载充电器的研究[J]．电气自动化，2018，40(237): 19-23.

[55] OLESCHUK V, GRANDI G. Six-phase motor drive supplied by four voltage source inverters with synchronized space-vector PWM[J]. Archives of Electrical Engineering, 2011, 60(4): 445-458.

[56] KAMARI M, KERAMATZADEH M, KIANINEZHAD R. Space vector double frame field-oriented control of six phase induction motors[J]. World Scientific and Engineering Academy and Society (WSEAS) 2009, 4(3): 129-139.

[57] SATIAWAN I N W, CITARSA I B F, WIRYAJATI I K, et al. An analysis of voltage space vectors' utilization of various PWM schemes in dual-inverter fed five-phase open-end winding motor drives[J]. International Journal of Technology, 2015, 6(6): 1031.

[58] DURÁN M J, PRIETO J, BARRERO F. Space vector PWM with reduced common-mode voltage for five-phase induction motor drives operating in overmodulation zone[J]. IEEE Transactions on Industrial Electronics, 2013, 60(10): 4159-4168.

[59] LU S, CORZINE K. Direct torque control of five-phase induction motor using space vector modulation with harmonics elimination and optimal switching sequence[C] IEEE Applied Power Electronics Conference and Exposition, 2006.

[60] TONG M, HUA W, CHENG M. A novel space vector modulation strategy for a five-phase flux-switching permanent magnet motor drive system[C] International Conference on Electrical Machines and Systems, 2015.

[61] WANG Z, WANG Y, CHEN J, et al. Decoupled vector space decomposition based space vector modulation for dual three-phase three-level motor drives[J]. IEEE Transactions on Power Electronics, 2018, (99):1-11.

[62] SANJEEVIKUMAR P, GRANDI G, OJO O, et al. Direct vector controlled six-phase asymmetrical induction motor with power balanced space vector PWM multilevel operation[J]. International Journal of Power & Energy Conversion, 2016, 7(1): 57-83.

[63] LI J, WU T, ZHANG Y, et al. Cascade speed observer for six-phase pm synchronous motor using space vector modulation[J]. Advanced Science Letters, 2012, 12(1): 437-441.

[64] HUANG S D, WANG M, QIAN J, et al. Space vector control for dual Y shift 30 degree six-phase permanent-magnet synchronous motor[J]. Control Engineering of China, 2011, 18(2): 202-210.

[65] BADIEE-AZANDEHI A, YOUSEFI-TALOUKI A, Rezanejad M. Direct torque control space vector modulation of five-phase interior permanent magnet synchronous motor using matrix converter[J]. Australian Journal of Electrical & Electronics Engineering, 2015, 12(2): 113-124.

[66] 周长攀，杨贵杰，苏健勇．五桥臂逆变器驱动双三相永磁同步电机系统双零序电压注入 PWM 策略[J]．中国电机工程学报，2016，36(18): 5043-5052.

[67] 刘剑，杨贵杰，高宏伟，等．双三相永磁同步发电机的矢量控制与数字实现[J]．电机与控制学报，2013，17(4): 50-56.

[68] 杨金波，杨贵杰，李铁才．六相电压源逆变器 PWM 算法[J]．电工技术学报，2012，27(7): 205-211.

[69] 周长攀，苏健勇，杨贵杰，等．基于双零序电压注入 PWM 策略的双三相永磁同步电机矢量控制[J]．中国电机工程学报，2015，35(10): 2522-2533.

[70] HERNÁNDEZ-GUZMÁN V M, ORRANTE-SAKANASSI J. Global PID control of robot manipulators equipped with PMSMs[J]. Asian Journal of Control, 2018, 20(1): 236-249.

[71] XU Q, ZHANG C, ZHANG L. Multiobjective optimization of PID controller of PMSM[J]. Journal of Control Science and Engineering, 2014, 20(04): 487-490.

[72] EL-SHIMY M E, ZAID S A. Fuzzy PID controller for fast direct torque control of induction motor drives[J]. Journal of Electrical Systems, 2016, 12(4): 687-700.

[73] SONG S L, DING Y F, FAN Y F. Fuzzy adaptive PID control for three-phase asynchronous motor system[J]. Computer Systems & Applications, 2012.

[74] 崔家瑞，李擎，张波，等．永磁同步电机变论域自适应模糊 PID 控制[J]．中国电机工程学报，2013, 33(s1): 190-194.

[75] CHANDRA V, NAGESWARA K. Speed control for BLDC motor using PID and fuzzy PID controllers[J]. International Journal of Electrical and Electronics Engineering Research, 2015, (1): 75-85.

[76] 张洪帅，王平，韩邦成．基于模糊 PI 模型参考自适应的高速永磁同步电机转子位置检测[J]．中国电机工程学报，2014, 34(12): 1889-1896.

[77] KHUBALKAR S, JUNGHARE A, AWARE M, et al. Modeling and control of a permanent-magnet brushless DC motor drive using a fractional order proportional-integral-derivative controller[J]. Turkish Journal of Electrical Engineering & Computer Sciences, 2017, 25: 4223-4241.

[78] 王巍．基于分数阶 PID 控制的永磁直驱电机仿真研究[J]．电测与仪表，2016, 53(s1): 223-226.

[79] 姚舜才，潘宏侠．粒子群优化同步电机分数阶鲁棒励磁控制器[J]．中国电机工程学报，2010，30(21): 91-97.

[80] RAJAGOPAL K, LAAREM G, KARTHIKEYAN A, et al. FPGA implementation of adaptive sliding mode control and genetically optimized PID control for fractional-order induction motor system with uncertain load[J]. Advances in Difference Equations, 2017, 2017(1): 273.

[81] 高为炳．变结构控制的理论及设计方法[M]．北京：科学出版社，1996.

[82] 宋立忠，温洪，姚琼荟．离散变结构控制系统的变速趋近律[J]．海军工程大学学报，1999(3): 18-23．

[83] 高存臣，刘云龙，李云艳．不确定离散变结构控制系统的趋近律方法[J]．控制理论与应用，2009，26(7): 781-785．

[84] 梅红，王勇．快速收敛的机器人滑模变结构控制[J]．信息与控制，2009，38(5): 552-557．

[85] 姜君，陈庆伟，郭健，等．基于新型趋近律的动中通系统滑模稳定跟踪控制[J]．控制与决策，2011，26(12): 1904-1908．

[86] 李慧洁，蔡远利．基于双幂次趋近律的滑模控制方法[J]．控制与决策，2016(3): 498-502．

[87] 张瑶，马广富，郭延宁，等．一种多幂次滑模趋近律设计与分析[J]．自动化学报，2016，42(3): 466-472．

[88] HUANG Y. Fuzzy sliding mode variable structure control of asynchronous motor based on an improved reaching law[J]. Journal of Information & Computational Science, 2015, 12(10): 3855-3861.

[89] ZHU Q, ZHANG P. A novel reaching law based on integral sliding mode control of permanent magnet synchronous motors[C]. Control and Decision Conference, 2013.

[90] 张晓光，赵克，孙力，等．永磁同步电动机滑模变结构调速系统新型趋近率控制[J]．中国电机工程学报，2011，31(24): 77-82．

[91] 李政，胡广大，崔家瑞，等．永磁同步电机调速系统的积分型滑模变结构控制[J]．中国电机工程学报，2014，34(3): 431-437．

[92] SUN N, ZHANG H, WANG Z, et al. Fractional sliding mode surface controller for projective synchronization of fractional hyperchaotic systems[J]. Acta Physica Sinica, 2011, 60(5): 126-132.

[93] FENG Y, YU X H, MAN Z. Nonsingular terminal sliding mode control of rigid manipulators[J]. Automatica, 2002, 38(12): 2159-2167.

[94] YANG L, YANG J. Nonsingular fast terminal sliding mode control for nonlinear dynamical systems[J]. International Journal of Robust and Nonlinear control, 2011, 21(16): 1865-1879.

[95] 张晓光，赵克，孙力．永磁同步电动机混合非奇异终端滑模变结构控制[J]．中国电机工程学报，2011，31(27): 116-122．

[96] 杨兴武，姜建国．电压型 PWM 整流器预测直接功率控制[J]．中国电机工程学报，2011，31 (3): 34-39．

[97] 曾祥浩．具有PWM整流器的电力传动控制系统的研究[D]．沈阳：沈阳理工大学，2010．

[98] 王吉校，张瑞伟．三相 PWM 整流器模型预测的直接功率控制研究[J]．电源世界，2015(007): 25-27．

[99] 张帆，刘跃敏，范波，等．基于模型预测的三相 PWM 整流器直接功率控制[J]．电机与控制应用，2016 (7): 27-31．

[100] 黄晶晶，张爱民，陈晓菊，等．三相电压型 PWM 整流器双开关表直接功率控制策略[J]．电力系统自动化，2012 (18): 128-133．

[101] 罗德荣，姬小豪，黄晟，等．电压型 PWM 整流器模型预测直接功率控制[J]．电网技术，2014，38 (11): 3109-3114．

[102] 侯祖锋．无刷双馈风力发电系统的无源性控制研究[D]．广州：广东工业大学，2011．

[103] 王开行．具有不同负载 PWM 整流器的无源性控制[D]．青岛：青岛大学，2015．

[104] 乔树通，姜建国．三相 Boost 型 PWM 整流器输出误差无源性控制[J]．电工技术学报，2007，22 (002): 68-73．

[105] 杨跃．双馈异步发电机无源性功率智能控制技术研究[J]．电子设计工程，2019，027 (009): 6-9,16．

[106] SUNDEEP S, SINGH B. Robust position sensorless technique for PMBLDC motor[J]. IEEE Transactions on Power Electronics, 2017(99): 1-1.

[107] KUAI S Y, SHUAI Z, HENG F P, et al. Position sensorless technology of switched reluctance motor drives including mutual inductance[J]. Transactions of China Electrotechnical Society, 2017, 11(6): 1085-1094.

[108] SUMITA S, IWAJI Y. Position sensorless control of switched reluctance motor with mutual-inductance[C]. International Conference on Electrical Machines and Systems, 2017.

[109] CHEN Z, XUE X M. Rotor position detection method of sensorless permanent magnet synchronous motor for fans[J]. Small & Special Electrical Machines, 2016, 44(03): 58-61.

[110] VERRELLI C M, TOMEI P, LORENZANI E. Nonlinear adaptive control for position-sensorless permanent magnet synchronous motors with uncertainties[C]. Control Conference, 2017.

[111] 王子辉，叶云岳．反电势算法的永磁同步电机无位置传感器自启动过程[J]．电机与控制学报，2011，15(10): 36-42．

[112] 李洁，周波，刘兵，等．表贴式永磁同步电机无位置传感器起动新方法[J]．中国电机工程学报，2016，36(9): 2513-2520．

[113] 张晓光，孙力，陈小龙，等．基于二阶滑模观测器的永磁同步电机无位置传感器控制[J]．电力自动化设备，2013，33(8): 36-41．

[114] 陈思溢，皮佑国．基于滑模观测器与滑模控制器的永磁同步电机无位置传感器控制[J]．电工技术学报，2016，31(12): 108-117．

[115] 安群涛，孙力，孙立志，等．三相逆变器开关管故障诊断方法研究进展[J]．电工技术学报，2011，26(4): 135-144．

[116] HAN J, SONG J H, CHOI K H. Diagnosis of induction motor faults using inverter input current analysis[J]. The Korea Academia-Industrial cooperation Society，2016, 17(7): 492-498.

[117] RAJESWARAN N, SWARUPA M L, RAO T S, et al. Hybrid artificial intelligence based fault diagnosis of SVPWM voltage source inverters for induction motor[J]. Materials Today Proceedings, 2018, 5(1): 565-571.

[118] MEIRINHO C J, OLIVEIRA J D, CAVALCA M S M, et al. Fault tolerant control for permanent magnet synchronous motor[C]. Electric Machines and Drives Conference, 2017.

[119] CHEN Q, LIU G, ZHAO W, et al. Asymmetrical SVPWM fault-tolerant control of five-phase PM brushless motors[J]. IEEE Transactions on Energy Conversion, 2017, 32(1): 12-22.

[120] ZHOU Y, LIN X, CHENG M. A fault-tolerant direct torque control for six-phase permanent magnet synchronous motor with arbitrary two opened phases based on modified variables[J]. IEEE Transactions on Energy Conversion, 2016, 31(2): 549-556.

[121] 张晓光，李正熙．无电压传感器逆变器开路故障诊断方法[J]．电机与控制学报，2016，20(4): 84-92.

[122] 张建忠，耿治，徐帅．基于 T 型逆变器的 APF 故障诊断与容错控制[J]．中国电机工程学报，2018，29: 1-12.

[123] 高宏伟，杨贵杰，刘剑．五相永磁同步电机容错控制策略[J]．电机与控制学报，2014，18(6): 61-65.

[124] 耿乙文，鲍宇，王昊，等．六相感应电机直接转矩及容错控制[J]．中国电机工程学报，2016，36(21): 5947-5956.

第 2 章 多相 PMSM 的数学建模

2.1 引言

多相 PMSM 相对三相 PMSM 而言，特点在于绕组分布，它是定义多相 PMSM 相数的核心部件。多相 PMSM 的数学建模是研究多相 PMSM 稳态、动态性能及系统控制的基础，因此本章首先定义多相 PMSM 的相数，然后在自然坐标系下建立绕组正弦分布的多相 PMSM 数学模型，最后利用对称分量的概念建立对称分量变换下的多相 PMSM 数学模型。为了便于系统仿真和实时的控制需要，进一步推广 Clark 变换（又称 $\alpha\beta$ 变换，其反变换记为 iClark 变换）下的多相 PMSM 数学模型。在多相 PWM 逆变器驱动多相 PMSM 时，由于 PWM 波除基波外还含有一系列的时间谐波，因此会引起定子电流的畸变和电磁转矩脉动，增加电机损耗。此外，多相 PMSM 气隙中也会存在一定的空间谐波，产生电磁转矩脉动，因此需要分析时空谐波及其对电磁转矩的影响。

2.2 多相 PMSM 的相数定义

多相 PMSM 的相带数是指电机中的线圈数目，也就是各相位中的线圈数。例如，常见的三相 PMSM 的相带数为 3，五相 PMSM 的相带数为 5。多相 PMSM 的绕组相带角是指定子绕组中相邻两个绕组线圈之间的夹角。在多相 PMSM 中，相带角通常是 360°除以相带数。例如，三相 PMSM 的相带角为 120°，五相 PMSM 的相带角为 72°。

传统的根据定子绕组引出端数目的相数定义方式无法准确地描述多相绕组的结构特点，进而影响磁势的电磁关系分析。对于定子绕组引出端数目为 N 的多相 PMSM，相带数根据电角度的不同可分为两种：$360/N$ 和 $180/N$，电机的性能也不尽相同。根据相带数，定义电机相数为[1-2]

$$q = 180° / \beta \tag{2-1}$$

式中，β 为电角度表示的绕组相带角。电机相数可这样明确定义：对于每极相带数为 q 的电机，如果有 $2q$ 个定子绕组引出端，则电机相数为 $2q$，称为 $2q$ 相电机；如果有 q 个出线端子，则电机相数为 q，称为半 $2q$ 相电机。部分多相 PMSM 的相数定义如表 2-1 所示。

表 2-1 部分多相 PMSM 的相数定义

相数定义	相带角 β	每极相带数 q	定子绕组引出端数目 N
3 相	120°	1.5	3
半 6 相	60°	3	3
6 相	60°	6	6
9 相	40°	9	9
半 12 相	30°	6	6
12 相	30°	12	12

2.3　多相 PMSM 的数学模型

建立多相 PMSM 数学模型的假设条件如下。

（1）定子为 n 相绕组对称分布，忽略空间谐波磁场的影响，气隙磁场为正弦分布。

（2）忽略铁芯饱和、磁滞和涡流等影响，磁路为线性。

（3）定子、转子表面光滑，忽略齿槽和端部影响。

（4）永磁材料的电导率为零，磁导率与空气相同。

（5）不考虑转子的阻尼绕组，永磁体磁势恒定。

2.3.1　自然坐标系下的多相 PMSM 模型

（1）定子电压方程为

$$\boldsymbol{U}_{\mathrm{s}} = \boldsymbol{R}_{\mathrm{s}}\boldsymbol{I}_{\mathrm{s}} + \frac{\mathrm{d}\boldsymbol{\Psi}_{\mathrm{s}}}{\mathrm{d}t} \tag{2-2}$$

式中，$\boldsymbol{U}_{\mathrm{s}}$ 为定子电压矩阵，$\boldsymbol{U}_{\mathrm{s}} = [u_{1\mathrm{s}} \quad u_{2\mathrm{s}} \quad \cdots \quad u_{n\mathrm{s}}]^{\mathrm{T}}$；$\boldsymbol{I}_{\mathrm{s}}$ 为定子电流矩阵，$\boldsymbol{I}_{\mathrm{s}} = [i_{1\mathrm{s}} \quad i_{2\mathrm{s}} \quad \cdots \quad i_{n\mathrm{s}}]^{\mathrm{T}}$；$\boldsymbol{\Psi}_{\mathrm{s}}$ 为定子磁链矩阵，$\boldsymbol{\Psi}_{\mathrm{s}} = [\psi_{1\mathrm{s}} \quad \psi_{2\mathrm{s}} \quad \cdots \quad \psi_{n\mathrm{s}}]^{\mathrm{T}}$；$\boldsymbol{R}_{\mathrm{s}}$ 为定子电阻矩阵，$\boldsymbol{R}_{\mathrm{s}} = r_{\mathrm{s}}\boldsymbol{E}_{n\times n}$，$r_{\mathrm{s}}$ 为每相绕组电阻，$\boldsymbol{E}_{n\times n}$ 为 n 维单位矩阵。

定子磁链方程为

$$\boldsymbol{\Psi}_{\mathrm{s}} = \boldsymbol{L}_{\mathrm{s}}\boldsymbol{I}_{\mathrm{s}} + \boldsymbol{\Psi}_{\mathrm{r}} \tag{2-3}$$

式中，$\boldsymbol{L}_{\mathrm{s}}$ 为定子电感矩阵，对于对称绕组的面贴型 PMSM，电感为常值；对于插入式或嵌入式等凸极 PMSM，电感与转子位置有关：

$$\boldsymbol{L}_{\mathrm{s}} = \begin{bmatrix} L_{11} & L_{12} & \cdots & L_{1n} \\ L_{21} & L_{22} & \cdots & L_{2n} \\ \vdots & \vdots & & \vdots \\ L_{n1} & L_{n2} & \cdots & L_{nn} \end{bmatrix} \tag{2-4}$$

$\boldsymbol{\Psi}_{\mathrm{r}}$ 为转子永磁体磁场匝链到定子绕组的磁链，它与转子位置有关：

$$\begin{aligned}\boldsymbol{\Psi}_{\mathrm{r}} &= N_{\mathrm{s}}\boldsymbol{\Phi}_{\mathrm{sm}} \begin{bmatrix} \cos\theta_{\mathrm{r}} \\ \cos(\theta_{\mathrm{r}} - \dfrac{2\pi}{n}) \\ \vdots \\ \cos[\theta_{\mathrm{r}} - \dfrac{2\pi(n-1)}{n}] \end{bmatrix} \\ &= \Psi_{\mathrm{f}}\boldsymbol{F}(\theta_{\mathrm{r}})\end{aligned} \tag{2-5}$$

其中，N_{s}、$\boldsymbol{\Phi}_{\mathrm{sm}}$、$\Psi_{\mathrm{f}}$、$\theta_{\mathrm{r}}$ 分别为定子绕组匝数、永磁体磁路的主磁通、主磁链、转子磁场与定子第一相（A 相）轴线之间的夹角。

由式（2-2）、式（2-3）和式（2-5）可得

$$\boldsymbol{U}_{\mathrm{s}} = \boldsymbol{R}_{\mathrm{s}}\boldsymbol{I}_{\mathrm{s}} + \boldsymbol{L}_{\mathrm{s}}\frac{\mathrm{d}\boldsymbol{I}_{\mathrm{s}}}{\mathrm{d}t} + \frac{\mathrm{d}\boldsymbol{\Psi}_{\mathrm{r}}}{\mathrm{d}t} \tag{2-6}$$

（2）转矩方程。

根据磁共能求导的方法计算电磁转矩，磁路线性的电机磁共能可表示为

$$W_{\mathrm{m}}=p\left(\frac{1}{2}(\boldsymbol{I}_{\mathrm{s}})^{\mathrm{T}}\boldsymbol{L}_{\mathrm{s}}\boldsymbol{I}_{\mathrm{s}}+(\boldsymbol{I}_{\mathrm{s}})^{\mathrm{T}}\boldsymbol{\Psi}_{\mathrm{r}}\right) \tag{2-7}$$

式中，p 为转子磁极对数。

转矩公式为

$$\begin{aligned}T_{\mathrm{e}}&=\frac{\partial W_{\mathrm{m}}}{\partial\theta_{\mathrm{r}}}=p(\boldsymbol{I}_{\mathrm{s}})^{\mathrm{T}}\frac{\partial\boldsymbol{\Psi}_{\mathrm{r}}}{\partial\theta_{\mathrm{r}}}\\&=p\left[\frac{1}{2}(\boldsymbol{I}_{\mathrm{s}})^{\mathrm{T}}\frac{\partial\boldsymbol{L}_{s}}{\partial\theta_{\mathrm{r}}}\boldsymbol{I}_{\mathrm{s}}+(\boldsymbol{I}_{\mathrm{s}})^{\mathrm{T}}\frac{\partial\boldsymbol{\Psi}_{\mathrm{r}}}{\partial\theta_{\mathrm{r}}}\right]\end{aligned} \tag{2-8}$$

（3）运动方程为

$$\frac{J}{p}\frac{\mathrm{d}\omega_{\mathrm{r}}}{\mathrm{d}t}=T_{\mathrm{e}}-\frac{B\omega_{\mathrm{r}}}{p}-T_{\mathrm{L}} \tag{2-9}$$

式中，J 为电机的转动惯量；B 为与转速有关的阻转矩的阻尼系数；T_{L} 为外部负载；ω_{r} 为转子电角速度。

2.3.2 对称分量变换模型

1．对称分量变换

Fortecue 的对称分量变换是线性复变换，n 维向量 $\boldsymbol{X}^{\mathrm{S}}$ 满足线性复变换[3]，即

$$\boldsymbol{X}=\boldsymbol{\Gamma}\boldsymbol{X}^{\mathrm{S}} \tag{2-10}$$

式中，$\boldsymbol{X}^{\mathrm{S}}$ 是初始向量 $\boldsymbol{X}$ 的对称分量

$$\boldsymbol{\Gamma}=\sqrt{\frac{1}{n}}\begin{bmatrix}1&1&1&\cdots&1&1\\1&\delta^{-1}&\delta^{-2}&\cdots&\delta^{-(n-2)}&\delta^{-(n-1)}\\1&\delta^{-2}&\delta^{-4}&\cdots&\delta^{-2(n-2)}&\delta^{-2(n-1)}\\\vdots&\vdots&\vdots&&\vdots&\vdots\\1&\delta^{-(n-1)}&\delta^{-2(n-1)}&\cdots&\delta^{-(n-1)(n-2)}&\delta^{-(n-1)(n-1)}\end{bmatrix} \tag{2-11}$$

其中，$\delta=\mathrm{e}^{\mathrm{j}2\pi/n}$ 为 1 的第 n 个根，$2\pi/n$ 为特征角，位于第 i 行第 k 列的元素为 $\delta^{-(i-1)(k-1)}$；$\boldsymbol{X}$ 为初始向量，$\boldsymbol{X}=[x_0\ \ x_1\ \ x_2\ \ \cdots\ \ x_{n-1}]^{\mathrm{T}}$；$\boldsymbol{X}^{\mathrm{S}}$ 为对称分量，$\boldsymbol{X}^{\mathrm{S}}=[x_0^{\mathrm{S}}\ \ x_1^{\mathrm{S}}\ \ x_2^{\mathrm{S}}\ \ \cdots\ \ x_{n-1}^{\mathrm{S}}]^{\mathrm{T}}$，$x_0^{\mathrm{S}}$ 为零序分量，x_1^{S} 为正序分量，$x_2^{\mathrm{S}}\cdots x_{n-1}^{\mathrm{S}}$ 为广义零序分量。

用初始向量表达的反对称分量变换为

$$\boldsymbol{X}^{\mathrm{S}}=\boldsymbol{\Gamma}^{-1}\boldsymbol{X} \tag{2-12}$$

式中

$$\boldsymbol{\Gamma}^{-1}=\sqrt{\frac{1}{n}}\begin{bmatrix}1&1&1&\cdots&1&1\\1&\delta^{1}&\delta^{2}&\cdots&\delta^{(n-2)}&\delta^{(n-1)}\\1&\delta^{2}&\delta^{4}&\cdots&\delta^{2(n-2)}&\delta^{2(n-1)}\\\vdots&\vdots&\vdots&&\vdots&\vdots\\1&\delta^{(n-1)}&\delta^{2(n-1)}&\cdots&\delta^{(n-1)(n-2)}&\delta^{(n-1)(n-1)}\end{bmatrix}$$

对称分量变换矩阵满足

$$\boldsymbol{\Gamma}=((\boldsymbol{\Gamma}^{-1})^{\mathrm{T}})^{*} \tag{2-13}$$

$((\boldsymbol{\Gamma}^{-1})^{\mathrm{T}})^{*}$ 为 $\boldsymbol{\Gamma}$ 逆矩阵的转置矩阵的共轭矩阵。

如果把绕组中的电压、电流等变量通过傅里叶级数展开，那么正序分量为绕组变量中的第 $kn+1\,(k=0,1,2,\cdots)$ 次谐波分量，负序分量为第 $kn-1\,(k=1,2,3,\cdots)$ 次谐波分量，零序分量为第 $kn\,(k=1,2,3,\cdots)$ 次谐波分量，其他谐波分量可称为广义的零序分量。

$\boldsymbol{X}^{\mathrm{S}}$ 中的元素满足

$$x_k^{\mathrm{S}}=(x_{n-k}^{\mathrm{S}})^{*} \tag{2-14}$$

式中，$k=1,2,3,\cdots,n-1$，$k\neq 0,n/2$。

2．多相 PMSM 的对称分量数学模型

多相 PMSM 的对称分量变换为[4]

$$\begin{aligned}\boldsymbol{I}_{\mathrm{s}}&=\boldsymbol{\Gamma}\boldsymbol{I}_{\mathrm{s}}^{\mathrm{S}}\\ \boldsymbol{U}_{\mathrm{s}}&=\boldsymbol{\Gamma}\boldsymbol{U}_{\mathrm{s}}^{\mathrm{S}}\end{aligned} \tag{2-15}$$

结合式（2-6）可得

$$\boldsymbol{U}_{\mathrm{s}}^{\mathrm{S}}=\boldsymbol{\Gamma}^{-1}\boldsymbol{R}_{\mathrm{s}}\boldsymbol{\Gamma}+p(\boldsymbol{\Gamma}^{-1}\boldsymbol{L}_{\mathrm{s}}\boldsymbol{\Gamma})\boldsymbol{I}_{\mathrm{s}}^{\mathrm{S}}+p\boldsymbol{\Gamma}^{-1}\boldsymbol{\Psi}_{\mathrm{f}}\boldsymbol{F}(\theta_{\mathrm{r}}) \tag{2-16}$$

式中，$\boldsymbol{R}_{\mathrm{s}}^{\mathrm{s}}=\boldsymbol{\Gamma}^{-1}\boldsymbol{R}_{\mathrm{s}}\boldsymbol{\Gamma}=\boldsymbol{\Gamma}^{-1}r_{\mathrm{s}}\boldsymbol{E}_n\boldsymbol{\Gamma}=r_{\mathrm{s}}\boldsymbol{E}_n$。

自然坐标系下的定子电感矩阵具有对称循环的性质，因此，通过对称分量变换可以实现矩阵的对角化：

$$\begin{aligned}\boldsymbol{L}_{\mathrm{s}}^{\mathrm{S}}&=\boldsymbol{\Gamma}^{-1}\boldsymbol{L}_{\mathrm{s}}\boldsymbol{\Gamma}\\ &=\begin{bmatrix}L_{00}&&&&\\&L_{11}&&&\\&&L_{22}&&\\&&&\ddots&\\&&&&L_{(n-1)(n-1)}\end{bmatrix}\end{aligned} \tag{2-17}$$

式中，$L_{00}=\sum_{k=1}^{n}L_{1k}$；$L_{11}=\sum_{k=1}^{n}\alpha^{-(k-1)}L_{1k}$；$L_{22}=\sum_{k=1}^{n}\alpha^{-2(k-1)}L_{1k}$；$\cdots$；$L_{(n-1)(n-1)}=\sum_{k=1}^{n}\delta^{-(n-1)(k-1)}L_{1k}$。

由式（2-14）可得

$$L_{ii}^{\mathrm{S}}=(L_{(n-i)(n-i)}^{\mathrm{S}})^{*},\ i=0,1,2,\cdots,n-1 \tag{2-18}$$

上述变换是对变量的瞬时值进行变换，变换后的变量为共轭复数，简化了多相 PMSM 的数学模型，但是不便于仿真和实时控制，而且只对正弦波电机有效，即气隙磁链和定子电流为正弦分布。

2.3.3　推广 Clark 变换模型

1．推广 Clark 变换

如果式（2-10）中的初始向量 $\boldsymbol{X}$ 中的元素为实数，经过对称分量变换后，$\boldsymbol{X}^{\mathrm{S}}$ 中的 $x_i^{\mathrm{S}}+x_{n-i}^{\mathrm{S}}$ 是实数，x_0^{S} 和 $x_{n/2}^{\mathrm{S}}$ 总是实数，而且只有当相数 n 为偶数时，$x_{n/2}^{\mathrm{S}}$ 才存在[3]。

采用新的变换矩阵（j 为虚数单位）

$$B=\sqrt{\frac{1}{2}}\begin{bmatrix} \sqrt{2} & 0 & 0 & & & & & 0 & 0 \\ 0 & 1 & 0 & & & & & 0 & \mathrm{j} \\ & & 1 & & & & & \mathrm{j} & 0 \\ & & & 1 & & & \mathrm{j} & & \\ & & & & \ddots & \mathinner{\mkern1mu\raise1pt{.}\mkern2mu\raise4pt{.}\mkern2mu\raise7pt{.}} & & & \\ & & & & \sqrt{2} & & & & \\ & & & & \mathinner{\mkern1mu\raise1pt{.}\mkern2mu\raise4pt{.}\mkern2mu\raise7pt{.}} & \ddots & & & \\ & & & 1 & & & -\mathrm{j} & & \\ 0 & 0 & 1 & & & & & -\mathrm{j} & 0 \\ 0 & 1 & 0 & & & & & 0 & -\mathrm{j} \end{bmatrix} \tag{2-19}$$

对 $\boldsymbol{X}^{\mathrm{S}}$ 进行线性变换得

$$\boldsymbol{X}^{\mathrm{S}}=\boldsymbol{B}\boldsymbol{X}_{\alpha\beta}^{\mathrm{R}} \tag{2-20}$$

$$\boldsymbol{X}_{\alpha\beta}^{\mathrm{R}}=\boldsymbol{B}^{-1}\boldsymbol{X}^{\mathrm{S}} \tag{2-21}$$

则可以将 $\boldsymbol{X}^{\mathrm{S}}$ 中的复数变量变换为独立的实数变量，即实向量 $\boldsymbol{X}_{\alpha\beta}^{\mathrm{R}}=\begin{bmatrix}x_0 & x_{\alpha1} & x_{\alpha2} & \cdots & x_{n/2} & \cdots & x_{\beta2} & x_{\beta1}\end{bmatrix}^{\mathrm{T}}$。其中，位于式（2-19）矩阵中心的元素 $\sqrt{2}$ 只有当矩阵为偶数阶时才存在。

变换矩阵 $\boldsymbol{B}$ 满足

$$\boldsymbol{B}^{-1}=(\boldsymbol{B}^{*})^{\mathrm{T}} \tag{2-22}$$

结合式（2-10）、式（2-12）和式（2-20）可得

$$\begin{aligned}\boldsymbol{X}&=\boldsymbol{\Gamma}\boldsymbol{B}\boldsymbol{X}_{\alpha\beta}^{\mathrm{R}}\\&=\boldsymbol{T}^{-1}\boldsymbol{X}_{\alpha\beta}^{\mathrm{R}}\end{aligned} \tag{2-23}$$

或

$$\begin{aligned}\boldsymbol{X}_{\alpha\beta}^{\mathrm{R}}&=\boldsymbol{B}^{-1}\boldsymbol{\Gamma}^{-1}\boldsymbol{X}\\&=\boldsymbol{T}\boldsymbol{X}\end{aligned} \tag{2-24}$$

这样，多相 PMSM 中的 n 相绕组变量就由自然坐标系下的初始向量 $\boldsymbol{X}$ 转换为实向量 $\boldsymbol{X}_{\alpha\beta}^{\mathrm{R}}$。

偶数相（n 为偶数）和奇数相（n 为奇数）下推广 Clark 变换矩阵整理为

$$\boldsymbol{T}=(\boldsymbol{\Gamma}\boldsymbol{B})^{-1}$$

$$=\sqrt{\frac{2}{n}}\begin{bmatrix} 1 & \cos\alpha & \cos2\alpha & \cos3\alpha & \cdots & \cos2\alpha & \cos\alpha \\ 0 & \sin\alpha & \sin2\alpha & \sin3\alpha & \cdots & -\sin2\alpha & -\sin\alpha \\ 1 & \cos2\alpha & \cos4\alpha & \cos6\alpha & \cdots & \cos4\alpha & \cos2\alpha \\ 0 & \sin2\alpha & \sin4\alpha & \sin6\alpha & \cdots & -\sin4\alpha & -\sin2\alpha \\ \vdots & \vdots & \vdots & \vdots & & \vdots & \vdots \\ 1 & \cos(n/2-1)\alpha & \cos2(n/2-1)\alpha & \cos3(n/2-1)\alpha & \cdots & \cos2(n/2-1)\alpha & \cos(n/2-1)\alpha \\ 0 & \sin(n/2-1)\alpha & \sin2(n/2-1)\alpha & \sin3(n/2-1)\alpha & \cdots & -\sin2(n/2-1)\alpha & -\sin(n/2-1)\alpha \\ 1/\sqrt{2} & 1/\sqrt{2} & 1/\sqrt{2} & 1/\sqrt{2} & \cdots & 1/\sqrt{2} & 1/\sqrt{2} \\ 1/\sqrt{2} & -1/\sqrt{2} & 1/\sqrt{2} & -1/\sqrt{2} & \cdots & 1/\sqrt{2} & -1/\sqrt{2} \end{bmatrix} \tag{2-25}$$

$$
\boldsymbol{T}=\sqrt{\frac{2}{n}}\begin{bmatrix}
1 & \cos\alpha & \cos 2\alpha & \cos 3\alpha & \cdots & \cos 3\alpha & \cos 2\alpha & \cos\alpha \\
0 & \sin\alpha & \sin 2\alpha & \sin 3\alpha & \cdots & -\sin 3\alpha & -\sin 2\alpha & -\sin\alpha \\
1 & \cos 2\alpha & \cos 4\alpha & \cos 6\alpha & \cdots & \cos 6\alpha & \cos 4\alpha & \cos 2\alpha \\
0 & \sin 2\alpha & \sin 4\alpha & \sin 6\alpha & \cdots & -\sin 6\alpha & -\sin 4\alpha & -\sin 2\alpha \\
\vdots & \vdots & \vdots & \vdots & & \vdots & \vdots & \vdots \\
1 & \cos\left(\frac{n-1}{2}\right)\alpha & \cos 2\left(\frac{n-1}{2}\right)\alpha & \cos 3\left(\frac{n-1}{2}\right)\alpha & \cdots & \cos 3\left(\frac{n-1}{2}\right)\alpha & \cos 2\left(\frac{n-1}{2}\right)\alpha & \cos\left(\frac{n-1}{2}\right)\alpha \\
0 & \sin\left(\frac{n-1}{2}\right)\alpha & \sin 2\left(\frac{n-1}{2}\right)\alpha & \sin 3\left(\frac{n-1}{2}\right)\alpha & \cdots & -\sin 3\left(\frac{n-1}{2}\right)\alpha & -\sin 2\left(\frac{n-1}{2}\right)\alpha & -\sin\left(\frac{n-1}{2}\right)\alpha \\
1/\sqrt{2} & 1/\sqrt{2} & 1/\sqrt{2} & 1/\sqrt{2} & \cdots & 1/\sqrt{2} & 1/\sqrt{2} & 1/\sqrt{2}
\end{bmatrix}
$$

对应的 $\boldsymbol{X}_{\alpha\beta}^{\mathrm{R}}=\begin{bmatrix}x_{\alpha 1} & x_{\beta 1} & \cdots & x_{\alpha k} & x_{\beta k} & x_0 & x_{n/2}\end{bmatrix}^{\mathrm{T}}$，$\alpha=2\pi/n$，$k=\mathrm{INT}[(n-1)/2]$（INT 为取整函数）。

该变换将变量中的 $\pm(kn\pm1)$ $(k=0,1,2,\cdots)$ 次谐波分量映射到 $\alpha_1\beta_1$ 子空间，参与完成电机的机电能量转换，其他谐波分量映射到其余的 $(m-3)/2$ 个（n 为奇数）或 $(m-4)/2$ 个（n 为偶数）正交的子空间。如果绕组为正弦分布，则它们不参与机电能量转换，因此，电机的控制只需将被控量变换到 $\alpha_1\beta_1$ 子空间进行。

2. 多相 PMSM 的推广 Clark 变换下数学模型

$$\boldsymbol{I}_{\alpha\beta zs}=\boldsymbol{T}\boldsymbol{I}_{\mathrm{s}} \tag{2-26}$$

$$\boldsymbol{U}_{\alpha\beta zs}=\boldsymbol{T}\boldsymbol{U}_{\mathrm{s}} \tag{2-27}$$

式中，$\boldsymbol{I}_{\alpha\beta zs}$ 和 $\boldsymbol{U}_{\alpha\beta zs}$ 分别表示推广 Clark 变换后的电流和电压多维正交子空间。其中，$\alpha\beta$ 子空间为参与电机机电能量转换的二维子空间，zs 为不参与电机机电能量转换的零序子空间。

参考式（2-16）将式（2-27）展开得

$$\boldsymbol{U}_{\alpha\beta zs}=\boldsymbol{T}^{-1}\boldsymbol{R}_{\mathrm{s}}\boldsymbol{T}+p(\boldsymbol{T}^{-1}\boldsymbol{L}_{\mathrm{s}}\boldsymbol{T})\boldsymbol{I}_{\mathrm{s}}+p\boldsymbol{T}^{-1}\boldsymbol{\varPsi}_{\mathrm{f}}\boldsymbol{F}(\theta_{\mathrm{r}}) \tag{2-28}$$

式中，$\boldsymbol{R}_{\mathrm{s}}=\boldsymbol{T}^{-1}\boldsymbol{R}_{\mathrm{s}}\boldsymbol{T}=\boldsymbol{T}^{-1}r_{\mathrm{s}}\boldsymbol{E}_n\boldsymbol{T}=r_{\mathrm{s}}\boldsymbol{E}_n$。

2.4　多相 PMSM 的谐波及其效应分析

在多相逆变器的输出波形中，除基波外，还含有大量谐波，它们在电机中形成谐波磁势，进而形成谐波磁通，这加剧电机内部的铜耗、铁耗和温升，并影响电机运行的效率，这些谐波成分也将产生转矩脉动和振荡现象。定子绕组空间非正弦分布产生的空间谐波与 PWM 逆变器输出的电压时间谐波在定子绕组上产生的电流时间谐波相互作用，产生的时空谐波必将对电磁转矩产生影响。

2.4.1　多相 PMSM 的时空谐波分析

定子绕组电流通过傅里叶变换分解成基波电流和一系列高次谐波电流，根据 2.3.3 节的推广 Clark 变换模型可知，只有 $\alpha\beta$ 子空间的基波和高次谐波分量参与机电能量转换，这些正弦波的时间谐波将产生相应的空间谐波，形成时空谐波，引起转矩及其脉动。而其他子空间的谐波只在定子绕组中形成谐波电流，不参与机电能量转换，因而对转矩没有影响。

根据式（2-25），$\alpha\beta$ 子空间的基向量可写为[5]

$$\boldsymbol{\alpha}=\begin{bmatrix}1 & \cos\alpha & \cos 2\alpha & \cdots & \cos((n-1)\alpha)\end{bmatrix}^{\mathrm{T}}$$

$$\boldsymbol{\beta}=\begin{bmatrix}0 & \sin\alpha & \sin 2\alpha & \cdots & \sin((n-1)\alpha)\end{bmatrix}^{\mathrm{T}}$$

对于 $2q$ 相对称绕组电机，因为 $\alpha=2\pi/n$，对于 $\boldsymbol{\alpha}^{\mathrm{T}}$ 的第 $i(i=0,1,2,\cdots,n-1)$ 个元素，有

$$\cos[(nk\pm1)\cdot i\cdot\alpha]=\cos[(nk\pm1)\cdot i\cdot 2\pi/n]=\cos(i\cdot 2\pi/n)=\cos(i\cdot\alpha)$$

因此，$(nk\pm1)(k=0,1,2,\cdots,n-1)$ 次时间谐波共存于 $\alpha\beta$ 子空间。

对于半 $2q$ 相电机，$\alpha=\pi/n$，对于 $\boldsymbol{\alpha}^{\mathrm{T}}$ 的第 i（$i=0,1,2,\cdots,n-1$）个元素，有

$$\cos[(2nk\pm1)\cdot i\cdot\alpha]=\cos[(2nk\pm1)\cdot i\cdot\pi/n]=\cos(i\cdot\pi/n)=\cos(i\cdot\alpha)$$

因此，$(2nk\pm1)(k=0,1,2,\cdots,n-1)$ 次时间谐波共存于 $\alpha\beta$ 子空间。

如果 $2q$ 相对称绕组电机的 PWM 波形在各载波周期内对称，则其输出波形中偶次谐波自然消失。

考虑到半 $2q$ 相电机从电机内部看也是 $2q$ 相对称绕组，如果定义二者有相同的 n，则对于 n 相对称绕组电机，$\alpha\beta$ 子空间共存的谐波次数为 $nk\pm1(k=0,1,2,\cdots,n-1)$。

各次时间谐波产生的空间谐波如下。

n 相对称绕组电机通以 μ 次谐波电流，每相绕组产生的 ν 次谐波磁势为

$$F_{\mu k}=\frac{2}{\pi\nu p}k_{w\nu}Ni_{\mu k}\cos\nu\left[\theta-(k-1)\frac{2\pi}{n}\right] \tag{2-29}$$

式中，ν 为谐波次数，$\nu=1,2,\cdots$；N 为每相绕组串联匝数；$k_{w\nu}$ 为 ν 次谐波对应的绕组系数；$i_{\mu k}$ 为流经第 k 相的 μ 次谐波电流瞬时值；θ 为气隙圆周的空间坐标；p 为极对数。

每相电流在时间相位上互差 $(2\pi/n)$，因此

$$i_{\mu k}=\frac{\sqrt{2}I}{\mu}\sin\{\mu[\omega t-(k-1)\frac{2\pi}{n}]\} \tag{2-30}$$

代入式（2-29）可得 μ 次谐波电流流经 n 相对称绕组所产生的 (μ,ν) 次谐波为

$$\begin{aligned}F_{\mu\nu}&=\sum_{k=1}^{n}\frac{2\sqrt{2}}{\pi\mu\nu p}k_{w\nu}NI\sin[\mu(\omega t-(k-1)\frac{2\pi}{n})]\cos\nu[\theta-(k-1)\frac{2\pi}{n}]\\&=\frac{\sqrt{2}}{\pi\mu\nu p}k_{w\nu}NI[nk_{\mu\nu+}\sin(\omega t-\nu\theta)+nk_{\mu\nu-}\sin(\omega t+\nu\theta)]\\&=F_{\mu\nu+}+F_{\mu\nu-}\end{aligned} \tag{2-31}$$

式中，$k_{\mu\nu+}=\dfrac{\sin((\nu-\mu)\pi)}{n\sin(\frac{\nu-\mu}{n}\pi)}$；$k_{\mu\nu-}=\dfrac{\sin((\nu+\mu)\pi)}{n\sin(\frac{\nu+\mu}{n}\pi)}$。

所以，气隙合成磁势中的时空谐波次数为

$$\nu=\pm(nm\pm\mu),m=0,\pm1,\pm2,\cdots \tag{2-32}$$

同时取“+”或同时取“−”，若求得的结果为正值，则该次谐波转向与基波转向相同，反之，与基波转向相反。

例如，对于双 Y 移 30° PMSM，相数 $n=12$，其时空谐波次数为

$$\nu=\pm(12m\pm\mu),m=0,\pm1,\pm2,\cdots \tag{2-33}$$

由此可得，时间基波电流 μ=1 产生的高次空间谐波磁势次数为 11、13、23、25 等。其中，11、13 次磁势谐波的幅值最大，并产生附加转矩。

对于对称六相 PMSM，相数 $n=6$，其时空谐波次数为

$$v = \pm(6m \pm \mu),\ m = 0, \pm1, \pm2, \cdots \tag{2-34}$$

时间基波电流 $\mu=1$ 产生的高次空间谐波磁势次数为 5、7、11、13 等。其中，5、7 次谐波幅值最大，并产生附加转矩。

2.4.2 多相 PMSM 的时空谐波对电磁转矩的影响

在 $\alpha\beta$ 子空间内，基波电压和高次谐波电压并存，在气隙中产生谐波和旋转磁场。如果这些旋转磁场的转速相异，则它们相互作用所形成的平均电磁转矩为零，但由于各自不同的瞬时值引起电磁转矩的脉动，给电机的运行带来了噪声和低速不稳定等后果。其中，基波电压形成的基波磁场与高次谐波电压形成的高次谐波磁场相互作用产生的转矩脉动最大，基波和高次谐波磁势可表示为[5]

$$F_1 = F_{1n}\cos(\theta - \omega t - \phi_1) \tag{2-35}$$

$$F_i = F_{in}\cos(\theta \pm i\omega t - \phi_i) \tag{2-36}$$

式中，F_{in} 为 i 次谐波电压产生的磁势幅值，$F_{in} = \dfrac{n}{2}\times 0.9\dfrac{Nk_{wi}}{p}I_{ni}$，$I_{ni}$ 为谐波有效电流，k_{wi} 为 i 次谐波绕组系数。它们相互作用产生的瞬时转矩为

$$T_i \propto pF_1F_i\lambda\sin[(1\pm i)\omega t - \phi_1 - \phi_i] \tag{2-37}$$

则总的瞬时电磁转矩表达式为

$$T = \sum T_i \propto \sum\{pF_1F_i\lambda\sin[(1\pm i)\omega t - \phi_1 - \phi_i]\} \tag{2-38}$$

因此，总的瞬时电磁转矩与高次谐波磁势 F_i 的大小成正比，如果角速度 ω 不大，则低次谐波电压会引起较大的电磁转矩脉动，从而影响转速的平稳。最低转矩脉动频率次数为

$$f_n = 1 \pm i \tag{2-39}$$

式中，i 是空间磁场谐波的最低谐波次数。

空间磁场谐波的最低谐波次数随相数的增大而增大，谐波电流幅值和转矩脉动随之下降。

2.5 六相 PMSM 的数学模型

六相 PMSM 是实际应用中分布最广泛的多相 PMSM。六相 PMSM 由两套三相绕组组成，因两套三相绕组在空间上分布位置的不同，可以将六相 PMSM 分为非对称六相 PMSM 和对称六相 PMSM。非对称六相 PMSM 的相在空间上的分布是不对称的，两套三相绕组在空间上相差 30°，因此又被称为双 Y 移 30°PMSM；对称六相 PMSM 的两套三相绕组互差 60°，电机的六个相在空间上两两互差 60°。

PMSM 用永磁体替代绕线式励磁绕组，简化了电机的结构。根据永磁体在转子上位置的不同，PMSM 被分为三大类：表面式、嵌入式和内埋式[6]。表面式 PMSM 的永磁体在转子的表面，转子由导磁材料组成，永磁体和空气的磁导率近似相等，因此交轴和直轴上的电感也近似相等（$L_d = L_q$）；嵌入式 PMSM 的永磁体的槽开在转子铁芯的表面，交轴和直轴的电感不相等，且交轴电感大于直轴电感（$L_d < L_q$）；内埋式 PMSM 的永磁体位于转子铁芯内部。

双 Y 移 30°PMSM 根据两套三相绕组的中性点是否连接，可以分为中性点分离的双 Y 移 30°PMSM 和中性点不分离的双 Y 移 30°PMSM。为方便研究，定义表 2-1 中的六相 PMSM 为

对称六相 PMSM。由于半 12 相电机中每三相定子绕组相移 30°，故定义半 12 相电机为双 Y 移 30°PMSM，两种电机的定子绕组结构如图 2-1 所示。

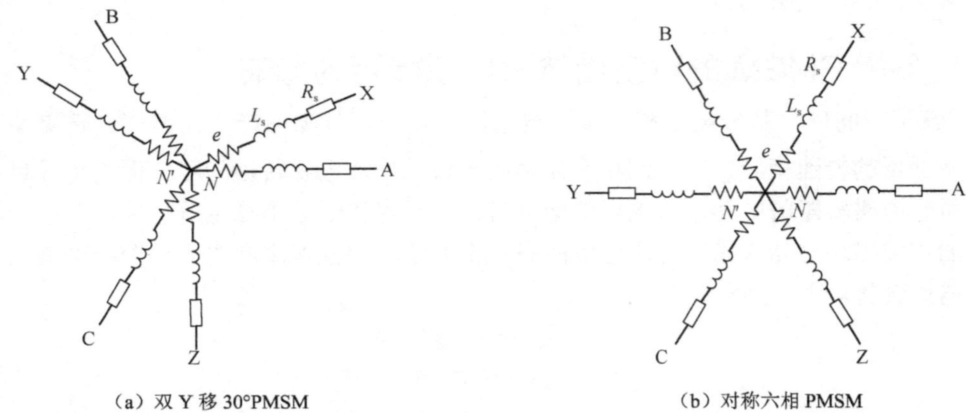

（a）双 Y 移 30°PMSM （b）对称六相 PMSM

图 2-1 两种电机的定子绕组结构

2.5.1 双 Y 移 30° PMSM 的数学模型

假设励磁磁场和电枢反应磁场在气隙中为正弦分布，不计磁滞损耗和涡流损耗，忽略定子和转子磁阻，转子无阻尼绕组。双 Y 移 30°PMSM 在自然坐标系下的数学模型为

$$\begin{cases} \boldsymbol{u}_s = \boldsymbol{R}_s \boldsymbol{i}_s + \dfrac{d\boldsymbol{\psi}_s}{dt} \\ \boldsymbol{\psi}_s = \boldsymbol{L}_s \boldsymbol{i}_s + \psi_f \boldsymbol{F}(\theta) \end{cases} \tag{2-40}$$

式中，$\boldsymbol{u}_s$ 为电机六相电压，$\boldsymbol{u}_s = [u_{AN} \quad u_{BN} \quad u_{CN} \quad u_{XN'} \quad u_{YN'} \quad u_{ZN'}]^T$；$\boldsymbol{i}_s$ 为电机六相电流，$\boldsymbol{i}_s = [i_A \quad i_B \quad i_C \quad i_X \quad i_Y \quad i_Z]^T$；$\boldsymbol{\psi}_s$ 为六相绕组磁链，$\boldsymbol{\psi}_s = [\psi_A \ \psi_B \quad \psi_C \quad \psi_X \quad \psi_Y \quad \psi_Z]^T$；$\boldsymbol{R}_s$ 为六相绕组电阻，$\boldsymbol{R}_s = \mathrm{diag}[R_s \quad R_s \quad R_s \quad R_s \quad R_s \quad R_s]$；$\boldsymbol{F}(\theta) = \left[\cos(\theta) \quad \cos(\theta - \frac{2}{3}\pi) \quad \cos(\theta + \frac{2}{3}\pi) \quad \cos(\theta - \frac{1}{6}\pi) \quad \cos(\theta - \frac{5}{6}\pi) \quad \cos(\theta + \frac{1}{2}\pi)\right]^T$

$$\boldsymbol{L}_s = \begin{bmatrix} \boldsymbol{L}_{11} & \boldsymbol{L}_{12} \\ \boldsymbol{L}_{21} & \boldsymbol{L}_{22} \end{bmatrix} = \left[\begin{array}{ccc|ccc} M_{AA} & M_{AB} & M_{AC} & M_{AX} & M_{AY} & M_{AZ} \\ M_{AB} & M_{BB} & M_{BC} & M_{BX} & M_{BY} & M_{BZ} \\ M_{AC} & M_{BC} & M_{CC} & M_{CX} & M_{CY} & M_{CZ} \\ \hline M_{AX} & M_{BX} & M_{CX} & M_{XX} & M_{XY} & M_{XZ} \\ M_{AY} & M_{BY} & M_{CY} & M_{XY} & M_{YY} & M_{YZ} \\ M_{AZ} & M_{BZ} & M_{CZ} & M_{XZ} & M_{YZ} & M_{ZZ} \end{array}\right]$$

ψ_f 为转子磁链，θ 为转子磁链与定子侧 A 相轴线的夹角，N 为定子 A、B、C 三相绕组的中性点，N'为定子 X、Y、Z 三相绕组的中性点。定子电感 $\boldsymbol{L}_s$ 是 6×6 矩阵，矩阵中各变量远比三相 PMSM 复杂。根据图 2-1 可知，$\boldsymbol{L}_{11}$ 为定子 A、B、C 三相绕组之间的自感和互感，$\boldsymbol{L}_{22}$ 为定子 X、Y、Z 三相绕组之间的自感和互感，$\boldsymbol{L}_{12}$ 和 $\boldsymbol{L}_{21}$ 为定子 A、B、C 三相绕组与 X、Y、Z 三相绕组之间的互感。

定子 A、B、C 三相绕组之间的自感和互感 $\boldsymbol{L}_{11}$ 的表达式为

$$\boldsymbol{L}_{11}=L_{\mathrm{aa1}}\boldsymbol{I}_3+L_0\begin{bmatrix}1 & -\frac{1}{2} & -\frac{1}{2}\\ -\frac{1}{2} & 1 & -\frac{1}{2}\\ -\frac{1}{2} & -\frac{1}{2} & 1\end{bmatrix}+L_2\begin{bmatrix}\cos 2\theta & \cos 2(\theta-\frac{\pi}{3}) & \cos 2(\theta+\frac{\pi}{3})\\ \cos 2(\theta-\frac{\pi}{3}) & \cos 2(\theta+\frac{\pi}{3}) & \cos 2\theta\\ \cos 2(\theta+\frac{\pi}{3}) & \cos 2\theta & \cos 2(\theta-\frac{\pi}{3})\end{bmatrix} \tag{2-41}$$

定子 X、Y、Z 三相绕组之间的自感和互感 $\boldsymbol{L}_{22}$ 的表达式为

$$\boldsymbol{L}_{22}=L_{\mathrm{aa1}}\boldsymbol{I}_3+L_0\begin{bmatrix}1 & -\frac{1}{2} & -\frac{1}{2}\\ -\frac{1}{2} & 1 & -\frac{1}{2}\\ -\frac{1}{2} & -\frac{1}{2} & 1\end{bmatrix}+L_2\begin{bmatrix}\cos 2(\theta-\frac{\pi}{6}) & \cos 2(\theta-\frac{\pi}{2}) & \cos 2(\theta+\frac{\pi}{6})\\ \cos 2(\theta-\frac{\pi}{2}) & \cos 2(\theta+\frac{\pi}{6}) & \cos 2(\theta-\frac{\pi}{6})\\ \cos 2(\theta+\frac{\pi}{6}) & \cos 2(\theta-\frac{\pi}{6}) & \cos 2(\theta-\frac{\pi}{2})\end{bmatrix} \tag{2-42}$$

定子 A、B、C 三相绕组与 X、Y、Z 三相绕组之间的互感 $\boldsymbol{L}_{12}$ 的表达式为

$$\boldsymbol{L}_{12}=L_{\mathrm{aa1}}\boldsymbol{I}_3+L_0\begin{bmatrix}\frac{\sqrt{3}}{2} & -\frac{\sqrt{3}}{2} & 0\\ 0 & \frac{\sqrt{3}}{2} & -\frac{\sqrt{3}}{2}\\ -\frac{\sqrt{3}}{2} & 0 & \frac{\sqrt{3}}{2}\end{bmatrix}+L_2\begin{bmatrix}\cos 2(\theta-\frac{\pi}{12}) & \cos 2(\theta-\frac{5\pi}{12}) & \cos 2(\theta+\frac{\pi}{4})\\ \cos 2(\theta-\frac{5\pi}{12}) & \cos 2(\theta+\frac{\pi}{4}) & \cos 2(\theta-\frac{\pi}{12})\\ \cos 2(\theta+\frac{\pi}{4}) & \cos 2(\theta-\frac{\pi}{12}) & \cos 2(\theta-\frac{5\pi}{12})\end{bmatrix} \tag{2-43}$$

在式（2-41）～式（2-43）中，L_{aa1} 代表定子绕组漏感；L_0 代表主电感的平均值；L_2 代表主电感的二次谐波幅值；$\boldsymbol{I}_3$ 代表 3 阶单位矩阵。其中，L_0 与 L_2 的表达式为

$$\begin{cases}L_0=\dfrac{1}{2}(L_{\mathrm{aad}}+L_{\mathrm{aaq}})\\ L_2=\dfrac{1}{2}(L_{\mathrm{aad}}-L_{\mathrm{aaq}})\end{cases} \tag{2-44}$$

式中，L_{aad} 与 L_{aaq} 为 d 轴与 q 轴的主电感。从式（2-44）中可以看出，L_2 与电机转子永磁体的安装方式有关。如果采用面装式安装，则 $L_{\mathrm{aad}}=L_{\mathrm{aaq}}$，推导出 $L_2=0$，定子电感 $\boldsymbol{L}_{\mathrm{s}}$ 中不含有 L_2。

2.5.2　对称六相 PMSM 的数学模型

在自然坐标系下，对称六相 PMSM 的磁链系数矩阵 $\boldsymbol{F}(\theta)$ 和定子电感 $\boldsymbol{L}_{\mathrm{s}}$ 不同于双 Y 移 30°PMSM，后者需要在自然坐标系下的数学模型中搭建电机仿真和实验模型，有必要给出数学模型的具体数据。

对称六相 PMSM 磁链系数矩阵 $\boldsymbol{F}(\theta)$ 为

$$\boldsymbol{F}(\theta)=\begin{bmatrix}\cos(\theta) & \cos(\theta-\frac{2}{3}\pi) & \cos(\theta+\frac{2}{3}\pi) & \cos(\theta-\frac{1}{3}\pi) & \cos(\theta-\pi) & \cos(\theta+\frac{1}{3}\pi)\end{bmatrix}^{\mathrm{T}} \tag{2-45}$$

定子电感 $\boldsymbol{L}_s$ 的表达式为

$$\boldsymbol{L}_s=\begin{bmatrix}\boldsymbol{L}_{11} & \boldsymbol{L}_{12}\\ \boldsymbol{L}_{21} & \boldsymbol{L}_{22}\end{bmatrix} \tag{2-46}$$

定子 A、B、C 三相绕组之间的自感和互感 $\boldsymbol{L}_{11}$ 的表达式同式（2-41）一样，定子 X、Y、Z 三相绕组之间的自感和互感 $\boldsymbol{L}_{22}$ 的表达式为

$$\boldsymbol{L}_{22}=L_{aa1}\boldsymbol{I}_3+L_0\begin{bmatrix}1 & -\frac{1}{2} & -\frac{1}{2}\\ -\frac{1}{2} & 1 & -\frac{1}{2}\\ -\frac{1}{2} & -\frac{1}{2} & 1\end{bmatrix}+L_2\begin{bmatrix}\cos 2(\theta-\frac{\pi}{3}) & \cos 2(\theta+\frac{\pi}{3}) & \cos 2\theta\\ \cos 2(\theta+\frac{\pi}{3}) & \cos 2\theta & \cos 2(\theta-\frac{\pi}{3})\\ \cos 2\theta & \cos 2(\theta-\frac{\pi}{3}) & \cos 2(\theta+\frac{\pi}{3})\end{bmatrix} \tag{2-47}$$

定子 A、B、C 三相绕组与 X、Y、Z 三相绕组之间的互感 $\boldsymbol{L}_{12}$ 的表达式为

$$\boldsymbol{L}_{12}=L_{aa1}\boldsymbol{I}_3+L_0\begin{bmatrix}\frac{1}{2} & -1 & \frac{1}{2}\\ \frac{1}{2} & \frac{1}{2} & -1\\ -1 & \frac{1}{2} & \frac{1}{2}\end{bmatrix}+L_2\begin{bmatrix}\cos 2(\theta-\frac{\pi}{6}) & \cos 2(\theta-\frac{\pi}{2}) & \cos 2(\theta+\frac{\pi}{6})\\ \cos 2(\theta-\frac{\pi}{2}) & \cos 2(\theta+\frac{\pi}{6}) & \cos 2(\theta-\frac{\pi}{6})\\ \cos 2(\theta+\frac{\pi}{6}) & \cos 2(\theta-\frac{\pi}{6}) & \cos 2(\theta-\frac{\pi}{2})\end{bmatrix} \tag{2-48}$$

2.6 基于矢量空间解耦变换的六相 PMSM 数学模型

2.6.1 基于矢量空间解耦变换的双 Y 移 30° PMSM 数学模型

双 Y 移 30°PMSM 具有两个不同的中性点 N、N'，双 d-q 变换方法相当于将电机变换为两个三相 PMSM，但这种变换方法没有考虑到电机内部的耦合关系。矢量空间解耦变换（Vector Space Decomposition，VSD）作为应用较广的一种变换方法，可以将与机电能量转换相关的谐波映射到一个二维子空间，将与机电能量转换无关的谐波映射到其他子空间。

对于六相 PMSM，矢量空间解耦变换矩阵表示为

$$\boldsymbol{T}_{6s}=\begin{bmatrix}\boldsymbol{\alpha} & \boldsymbol{\beta} & \boldsymbol{z}_1 & \boldsymbol{z}_2 & \boldsymbol{o}_1 & \boldsymbol{o}_2\end{bmatrix}^{\mathrm{T}} \tag{2-49}$$

式中，$\boldsymbol{\alpha}$、$\boldsymbol{\beta}$、$\boldsymbol{z}_1$、$\boldsymbol{z}_2$、$\boldsymbol{o}_1$、$\boldsymbol{o}_2$ 是构成变换矩阵的 6 个行向量。变换后的六维空间可以分为 3 个二维子空间，以相关行向量的组合将这 3 个二维子空间依次命名为 $\alpha\beta$ 子空间、z_1z_2 子空间和 o_1o_2 子空间。其中，$\alpha\beta$ 子空间是六相电机的机电能量转换空间，z_1z_2 子空间和 o_1o_2 子空间与机电能量转换无关。

式（2-49）变换矩阵中的各行向量满足

$$\begin{cases}\boldsymbol{\alpha}^{\mathrm{T}}\boldsymbol{\beta}=\boldsymbol{\alpha}^{\mathrm{T}}\boldsymbol{z}_1=\boldsymbol{\alpha}^{\mathrm{T}}\boldsymbol{z}_2=\boldsymbol{\alpha}^{\mathrm{T}}\boldsymbol{o}_1=\boldsymbol{\alpha}^{\mathrm{T}}\boldsymbol{o}_2=0\\ \boldsymbol{\beta}^{\mathrm{T}}\boldsymbol{z}_1=\boldsymbol{\beta}^{\mathrm{T}}\boldsymbol{z}_2=\boldsymbol{\beta}^{\mathrm{T}}\boldsymbol{o}_1=\boldsymbol{\beta}^{\mathrm{T}}\boldsymbol{o}_2=0\\ \boldsymbol{z}_1^{\mathrm{T}}\boldsymbol{z}_2=\boldsymbol{z}_1^{\mathrm{T}}\boldsymbol{o}_1=\boldsymbol{z}_1^{\mathrm{T}}\boldsymbol{o}_2=0\\ \boldsymbol{z}_2^{\mathrm{T}}\boldsymbol{o}_1=\boldsymbol{z}_2^{\mathrm{T}}\boldsymbol{o}_2=0\\ \boldsymbol{o}_1^{\mathrm{T}}\boldsymbol{o}_2=0\end{cases} \tag{2-50}$$

矩阵中的各向量相互正交。由 2.5 节分析可知，双 Y 移 30°PMSM 属于半 12 相电机，不

能用 Clark 变换得到矢量空间解耦变换矩阵。对称十二相 PMSM 在静止坐标系下的矢量空间解耦变换矩阵为

$$
\boldsymbol{T}_{12\mathrm{s}} = k_1 \begin{bmatrix}
1 & \cos\gamma & \cos 2\gamma & \cdots & \cos 10\gamma & \cos 11\gamma \\
0 & \sin\gamma & \sin 2\gamma & \cdots & \sin 10\gamma & \sin 11\gamma \\
1 & \cos 2\gamma & \cos 4\gamma & \cdots & \cos 20\gamma & \cos 22\gamma \\
0 & \sin 2\gamma & \sin 4\gamma & \cdots & \sin 20\gamma & \sin 22\gamma \\
\vdots & \vdots & \vdots & & \vdots & \vdots \\
1 & \cos 5\gamma & \cos 10\gamma & \cdots & \cos 50\gamma & \cos 55\gamma \\
0 & \sin 5\gamma & \sin 10\gamma & \cdots & \sin 50\gamma & \sin 55\gamma \\
1 & 1 & 1 & \cdots & 1 & 1 \\
1 & -1 & 1 & \cdots & 1 & -1
\end{bmatrix} \tag{2-51}
$$

式中，$\gamma = 30°$。如果满足幅值不变条件，则 k_1=1/6；如果满足功率不变条件，则 $k_1 = \sqrt{1/6}$。双 Y 移 30°PMSM 与对称十二相 PMSM 绕组的对应关系如图 2-2 所示。

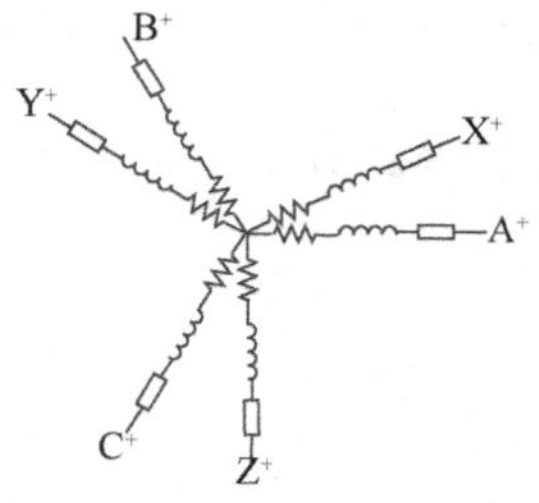

（a）双 Y 移 30°PMSM

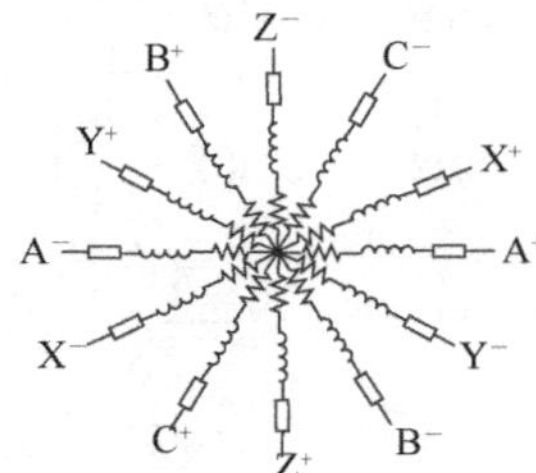

（b）对称十二相 PMSM

图 2-2　双 Y 移 30°PMSM 与对称十二相 PMSM 绕组的对应关系

从图 2-2 中可以看出，双 Y 移 30°PMSM 绕组相当于对称十二相 PMSM 绕组反向串联 180°。故对称十二相 PMSM 每相绕组电压与电流的对应关系为

$$
\begin{cases}
u_+ = -u_- = 0.5u \\
i_+ = -i_- = i
\end{cases} \tag{2-52}
$$

根据以上分析，将式（2-51）中的 2γ、4γ 及最后两行对应变量消去，仅剩 γ、3γ、5γ 行对应变量。根据图 2-2 中双 Y 移 30°PMSM 绕组的对应位置，选择第一列及 γ、4γ、5γ、8γ、9γ 列对应变量，可得双 Y 移 30°PMSM 矢量空间解耦变换矩阵为[7-8]

$$
\boldsymbol{T}_{6\mathrm{s}} = \frac{1}{3} \begin{bmatrix}
1 & -\dfrac{1}{2} & -\dfrac{1}{2} & \dfrac{\sqrt{3}}{2} & -\dfrac{\sqrt{3}}{2} & 0 \\
0 & \dfrac{\sqrt{3}}{2} & -\dfrac{\sqrt{3}}{2} & \dfrac{1}{2} & \dfrac{1}{2} & -1 \\
1 & -\dfrac{1}{2} & -\dfrac{1}{2} & -\dfrac{\sqrt{3}}{2} & \dfrac{\sqrt{3}}{2} & 0 \\
0 & -\dfrac{\sqrt{3}}{2} & \dfrac{\sqrt{3}}{2} & \dfrac{1}{2} & \dfrac{1}{2} & -1 \\
1 & 1 & 1 & 0 & 0 & 0 \\
0 & 0 & 0 & 1 & 1 & 1
\end{bmatrix} \tag{2-53}
$$

通过矢量空间解耦变换，可将电机各变量由自然坐标系映射到静止坐标系，该静止坐标系是由$\alpha\beta$、z_1z_2、o_1o_2组成的三个相互正交的子空间。此外，式（2-53）的逆矩阵也可以将静止坐标系下的相关变量映射到自然坐标系。

经过矢量空间解耦变换，与机电能量转换相关的基波和 $12k\pm1$ (k=1, 2, 3, …)次谐波被映射到 $\alpha\beta$ 子空间，与机电能量转换无关的 $6k\pm1$ (k=1, 2, 3, …)次谐波被映射到 z_1z_2 子空间。

由于 z_1z_2、o_1o_2 子空间中的各变量不参与机电能量转换，且 z_1z_2 子空间电流会增加定子铜损，因此没有必要对 z_1z_2、o_1o_2 子空间进行 dq 旋转坐标变换（又称 Park 变换，其反变换记为 iPark 变换）。由 $\alpha\beta$-z_1z_2-o_1o_2 子空间变换为 dq-z_1z_2-o_1o_2 子空间的矩阵为

$$\boldsymbol{T}_{6s/2r4s}=\frac{1}{3}\begin{bmatrix}\cos\theta & \sin\theta & \mathbf{0}\\ -\sin\theta & \cos\theta & \mathbf{0}\\ \mathbf{0} & \mathbf{0} & \boldsymbol{I}_4\end{bmatrix} \tag{2-54}$$

式中，$\boldsymbol{I}_4$为四阶单位矩阵。根据式（2-53）和式（2-54）求得由自然坐标系变换为旋转坐标系的矩阵为

$$\boldsymbol{T}_{2r4s}=\frac{1}{3}\begin{bmatrix}\cos\theta & \cos(\theta-\frac{2\pi}{3}) & \cos(\theta+\frac{2\pi}{3}) & -\cos(\theta-\frac{\pi}{6}) & \cos(\theta-\frac{5\pi}{6}) & \cos(\theta+\frac{\pi}{2})\\ -\sin\theta & -\sin(\theta-\frac{2\pi}{3}) & -\sin(\theta+\frac{2\pi}{3}) & -\sin(\theta-\frac{\pi}{6}) & -\sin(\theta-\frac{5\pi}{6}) & -\sin(\theta+\frac{\pi}{2})\\ 1 & -\frac{1}{2} & -\frac{1}{2} & -\frac{\sqrt{3}}{2} & \frac{\sqrt{3}}{2} & 0\\ 0 & -\frac{\sqrt{3}}{2} & \frac{\sqrt{3}}{2} & \frac{1}{2} & \frac{1}{2} & -1\\ 1 & 1 & 1 & 0 & 0 & 0\\ 0 & 0 & 0 & 1 & 1 & 1\end{bmatrix} \tag{2-55}$$

双 Y 移 30°PMSM 在旋转坐标系下的数学模型同三相 PMSM 一样。将矩阵 $\boldsymbol{T}_{2r4s}$ 乘以式（2-40）两端，求得

$$\begin{cases}\boldsymbol{T}_{2r4s}\boldsymbol{u}_s=\boldsymbol{T}_{2r4s}\boldsymbol{R}_s\boldsymbol{i}_s+\boldsymbol{T}_{2r4s}\dfrac{d\boldsymbol{\psi}_s}{dt}\\ \qquad =(\boldsymbol{T}_{2r4s}\boldsymbol{R}_s\boldsymbol{T}_{2r4s}{}^{-1})(\boldsymbol{T}_{2r4s}\boldsymbol{i}_s)+\dfrac{d(\boldsymbol{T}_{2r4s}\boldsymbol{\psi}_s)}{dt}-\left[\dfrac{d(\boldsymbol{T}_{2r4s})}{dt}\boldsymbol{T}_{2r4s}{}^{-1}\right](\boldsymbol{T}_{2r4s}\boldsymbol{\psi}_s)\\ \boldsymbol{T}_{2r4s}\boldsymbol{\psi}_s=(\boldsymbol{T}_{2r4s}\boldsymbol{L}_s\boldsymbol{T}_{2r4s}{}^{-1})(\boldsymbol{T}_{2r4s}\boldsymbol{i}_s)+\boldsymbol{T}_{2r4s}\psi_f\boldsymbol{F}(\boldsymbol{\theta})\end{cases} \tag{2-56}$$

式中，$\boldsymbol{T}_{2r4s}\boldsymbol{u}_s=\boldsymbol{u}_{dq}=\begin{bmatrix}u_d & u_q & u_{z1} & u_{z2} & u_{o1} & u_{o2}\end{bmatrix}^T$；$\boldsymbol{T}_{2r4s}\boldsymbol{i}_s=\boldsymbol{i}_{dq}=\begin{bmatrix}i_d & i_q & i_{z1} & i_{z2} & i_{o1} & i_{o2}\end{bmatrix}^T$；

$\boldsymbol{T}_{2r4s}\boldsymbol{\psi}_s=\boldsymbol{\psi}_{dq}=\begin{bmatrix}\psi_d & \psi_q & \psi_{z1} & \psi_{z2} & \psi_{o1} & \psi_{o2}\end{bmatrix}^T$；$\dfrac{d(\boldsymbol{T}_{2r4s})}{dt}\boldsymbol{T}_{2r4s}{}^{-1}=\omega_e\begin{bmatrix}0&1&0&0&0&0\\-1&0&0&0&0&0\\0&0&0&0&0&0\\0&0&0&0&0&0\\0&0&0&0&0&0\\0&0&0&0&0&0\end{bmatrix}$；

$$\boldsymbol{T}_{2r4s}\boldsymbol{L}_s\boldsymbol{T}_{2r4s}^{-1}=\begin{bmatrix} L_d & 0 & 0 & 0 & 0 & 0 \\ 0 & L_q & 0 & 0 & 0 & 0 \\ 0 & 0 & L_{aa1} & 0 & 0 & 0 \\ 0 & 0 & 0 & L_{aa1} & 0 & 0 \\ 0 & 0 & 0 & 0 & L_{aa1} & 0 \\ 0 & 0 & 0 & 0 & 0 & L_{aa1} \end{bmatrix}，\ L_d = L_{aa1}+3L_0+3L_2，\ L_q = L_{aa1}+3L_0-3L_2；$$

$\boldsymbol{T}_{2r4s}\psi_f\boldsymbol{F}(\boldsymbol{\theta})=\begin{bmatrix}\psi_f & 0 & 0 & 0 & 0 & 0\end{bmatrix}^{\mathrm{T}}$。

整理式（2-56）可得，电机在旋转坐标系下的电压方程为

$$\begin{bmatrix} u_d \\ u_q \\ u_{z1} \\ u_{z2} \end{bmatrix} = \boldsymbol{R}_s\begin{bmatrix} i_d \\ i_q \\ i_{z1} \\ i_{z2} \end{bmatrix} + \begin{bmatrix} L_d & 0 & 0 & 0 \\ 0 & L_q & 0 & 0 \\ 0 & 0 & L_{aa1} & 0 \\ 0 & 0 & 0 & L_{aa1} \end{bmatrix}\begin{bmatrix} \dot{i}_d \\ \dot{i}_q \\ \dot{i}_{z1} \\ \dot{i}_{z2} \end{bmatrix} + \omega_e\begin{bmatrix} -L_q i_q \\ L_d i_d + \psi_f \\ 0 \\ 0 \end{bmatrix} \tag{2-57}$$

o_1o_2 子空间的电压方程同 z_1z_2 子空间一样。从式（2-57）中可以看出，旋转坐标系下的电压方程完全解耦，dq 子空间的电压方程同三相 PMSM 一样。z_1z_2 子空间的电流由定子绕组电阻和漏感决定，而 z_1z_2 子空间的电阻和漏感通常很小，较小的电压会产生较大的电流，增加定子铜损。故在设计电机驱动系统时，要尽可能减小 z_1z_2 子空间的电压。

进行旋转坐标系变换后，电机电磁转矩表达式为

$$T_e = 3p(\psi_d i_q - \psi_q i_d) \tag{2-58}$$

2.6.2　基于矢量空间解耦变换的对称六相 PMSM 数学模型

对称六相 PMSM 的定子绕组结构不同于双 Y 移 30°PMSM，故其矢量空间解耦变换矩阵也不同，但旋转坐标系下的电压方程同双 Y 移 30°PMSM 一样。

对称六相 PMSM 的定子绕组在空间中呈对称分布，根据 Clark 变换得到矢量空间解耦变换矩阵为[9-10]

$$\boldsymbol{T}_{6s}=\frac{1}{3}\begin{bmatrix} 1 & -\frac{1}{2} & -\frac{1}{2} & \frac{1}{2} & -1 & \frac{1}{2} \\ 0 & \frac{\sqrt{3}}{2} & -\frac{\sqrt{3}}{2} & \frac{\sqrt{3}}{2} & 0 & -\frac{\sqrt{3}}{2} \\ 1 & -\frac{1}{2} & -\frac{1}{2} & -\frac{1}{2} & 1 & -\frac{1}{2} \\ 0 & -\frac{\sqrt{3}}{2} & \frac{\sqrt{3}}{2} & \frac{\sqrt{3}}{2} & 0 & -\frac{\sqrt{3}}{2} \\ 1 & 1 & 1 & 0 & 0 & 0 \\ 0 & 0 & 0 & 1 & 1 & 1 \end{bmatrix} \tag{2-59}$$

通过矢量空间解耦变换，将与机电能量转换相关的基波和 $12k\pm1$ (k=1, 2, 3, …)次谐波映射到 $\alpha\beta$ 子空间，将与机电能量转换无关的 $6k\pm1$ (k=1, 2, 3, …)次谐波映射到 z_1z_2 子空间。

根据式（2-54）和式（2-59），求得由六相静止坐标系变换为旋转坐标系的矩阵为

$$
\boldsymbol{T}_{2r4s}=\frac{1}{3}\begin{bmatrix}
\cos\theta & \cos(\theta-\frac{2\pi}{3}) & \cos(\theta+\frac{2\pi}{3}) & \cos(\theta-\frac{\pi}{3}) & \cos(\theta-\pi) & \cos(\theta+\frac{\pi}{3}) \\
-\sin\theta & -\sin(\theta-\frac{2\pi}{3}) & -\sin(\theta+\frac{2\pi}{3}) & -\sin(\theta-\frac{\pi}{3}) & -\sin(\theta-\pi) & -\sin(\theta+\frac{\pi}{3}) \\
1 & -\frac{1}{2} & -\frac{1}{2} & -\frac{1}{2} & 1 & -\frac{1}{2} \\
0 & -\frac{\sqrt{3}}{2} & \frac{\sqrt{3}}{2} & \frac{\sqrt{3}}{2} & 0 & -\frac{\sqrt{3}}{2} \\
1 & 1 & 1 & 0 & 0 & 0 \\
0 & 0 & 0 & 1 & 1 & 1
\end{bmatrix}
\tag{2-60}
$$

2.7 本章小结

本章建立了多相 PMSM 的数学模型。经过对称分量变换和推广 Clark 变换，多相 PMSM 的电压、电流变量可等效到一个与机电能量转换有关的 $\alpha\beta$ 子空间和若干与机电能量转换无关的广义零序子空间中。基于这种控制理论，任意 n 相 PMSM 的控制最终只需两个电压或电流变量——一个用于控制磁链，另一个用于控制转矩。

参考文献

[1] KLINGSHIRN E A . High phase order induction motors - part I - description and theoretical considerations[J]. IEEE Transactions on Power Apparatus & Systems, 1983, 102(1): 47-53.

[2] KLINGSHIRN E A . High phase order induction motors - part II - experimental results[J]. IEEE Transactions on Power Apparatus and Systems, 1983, 3(1): 54-59.

[3] White D C , Woodson H H. Electromechanical Energy Conversion[M]. New York: Wiley, 1959.

[4] 薛山．多相永磁同步电机驱动技术研究[D]．北京：中国科学院电工研究所，2005.

[5] 欧阳红林．多相永磁同步电动机调速系统控制方法研究[D]．长沙：湖南大学，2005.

[6] 胡育文，高瑾，杨建飞，等．永磁同步电机直接转矩控制系统[M]．北京：机械工业出版社，2015.

[7] ZHAO Y , LIPO T A . Space vector PWM control of dual three-phase induction machine using vector space decomposition[J]. IEEE Transactions on Industry Applications, 1994, 31(5): 1100-1109.

[8] BOJOI R , LAZZARI M , PROFUMO F , et al. Digital field-oriented control for dual three-phase induction motor drives[J]. IEEE transactions on Industry Applications, 2003, 39(3): 752-760.

[9] DUJIC D , IQBAL A , LEVI E . A space vector PWM technique for symmetrical six-phase voltage source inverters[J]. EPE Journal, 2007, 17(1): 24-32.

[10] ARIFF E , DORDEVIC O, JONES M. A space vector PWM technique for a three-level symmetrical six-phase drive[J]. IEEE Transactions on Industrial Electronics, 2017, 64(11): 8396-8405.

第 3 章 基于双 Y 移 30° PMSM 的单相集成车载充电器及解耦控制

基于双 Y 移 30°PMSM 的单相集成车载充电器实现了充电系统与驱动系统的集成，它将驱动系统的变流器、DC-DC 变换器和电机集成到充电系统，减少了三个电力电子元件的使用，极大地节省了成本，减小了充电系统和驱动系统的体积。

相比于电动汽车最常用的三相 PMSM，双 Y 移 30°PMSM 具有很多优越的性能[1-3]：①更高的转矩密度；②更高的效率；③可以降低转矩脉动；④很好的容错性能；⑤低噪声特性。

单相集成车载充电器的充电控制包含两部分内容，一是保证充电过程中电机静止不转，二是实现充电控制。由第 2 章电机电流的解耦变换可知，解耦后的电流由三个空间组成，分别为参与机电能量变换的子空间、谐波子空间和零序子空间。为了分析充电时电机的状态，计算并分析参与机电能量变换的子空间的电流。为了实现对充电过程功率因数的控制，本章首先理论分析充电过程中电机的状态；然后建立充电过程在旋转坐标系下的数学模型；接着介绍解耦控制策略的工作原理及其工作过程；最后仿真验证解耦控制策略的效果。

3.1 基于双 Y 移 30° PMSM 的单相集成车载充电器

基于双 Y 移 30°PMSM 的单相集成车载充电器[4]由单相电网、双 Y 移 30°PMSM、变流器、DC-DC 变换器和蓄电池组成，如图 3-1 所示。单相电网通过开关 S_1 和 S_2 连接到电机两个孤立的中性点上，电机由两套三相绕组组成，电机的六个相分别与变流器六对桥臂的中点相连，变流器的直流侧与 DC-DC 变换器相连，变换器先连接到滤波电感，再与蓄电池连接。

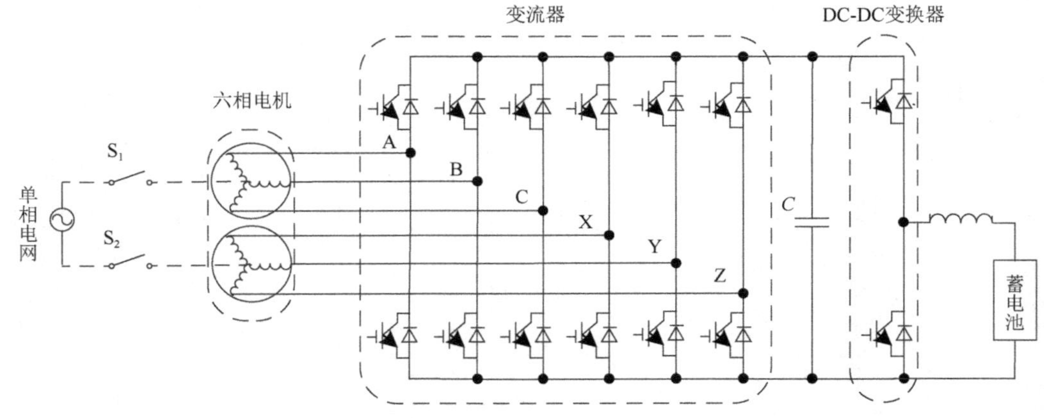

图 3-1 基于双 Y 移 30°PMSM 的单相集成车载充电器

在充电过程中，电机静止不转。原理分析如下：在电机绕组中，六对电阻和电感大小都相等。当单相电网通过中性点向电机输送电流时，电流在三相绕组内部被均等地分成三份，分别通过绕组的三个相，由于三个相中通过的电流大小、相位都相等，因此三相绕组内部不能形成旋转磁场。同理，另一套三相绕组中也不能形成旋转磁场。综上所述，单相电网通过中性点连接电机时，电机会在充电过程中静止不转。

单相集成车载充电器有两种工作模式，分别为充电模式和驱动模式。当开关 S_1 和 S_2 闭合时，充电器处于充电模式；当开关 S_1 和 S_2 断开时，充电器处于驱动模式。下面就充电器的这两种工作模式给予详细说明。

充电模式：在充电过程中，单相电网向充电器供电，电流通过三相绕组时滤除谐波，滤波后的交流电通过变流器被整流为直流电，电容起到稳定直流电压的作用，DC-DC 变换器对直流电进行变压，之后经过直流侧滤波电感滤波，向蓄电池供电。

驱动模式：在驱动过程中，蓄电池输出直流电，经过 DC-DC 变换器变换电压后，输送给变流器，变流器将直流电逆变为六相交流电，供给电机，驱动电机转动。

3.2　单相集成车载充电器的数学模型

3.2.1　基本假设

图 3-2 所示为单相集成车载充电器充电过程的简化电路图，假设如下。

（1）电网电动势为理想电动势，不考虑电网中的谐波。

（2）电机电感 L_s 为线性电感，不考虑电感中的电磁饱和情况。

（3）充电器中的全控型开关管是理想开关。

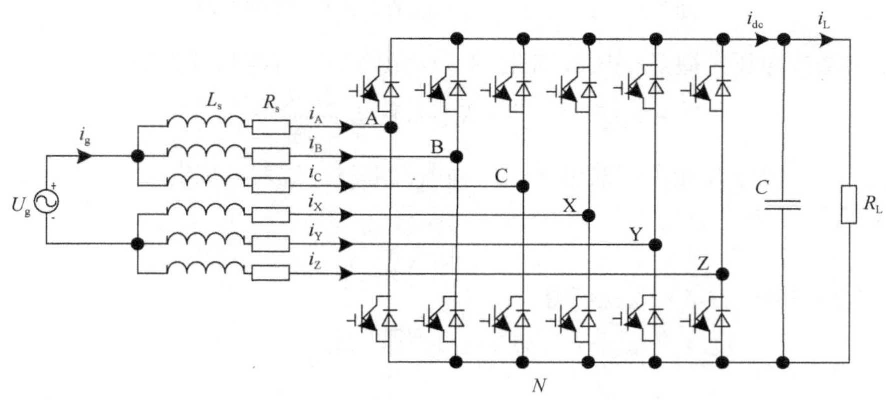

图 3-2　单相集成车载充电器充电过程的简化电路图

本章主要研究将交流电整流为特定电压直流电的控制策略，对直流电的变压和蓄电池的充电方式不做研究。为了简化单相集成车载充电器的数学模型，本章以电阻代替 DC-DC 变换器和蓄电池，如图 3-2 所示。由 3.1 节中对充电过程中电机运动状态的分析可知，电机静止不转时，只起到滤波电感的作用。

3.2.2　模型推导

单向电网的正端与三相绕组 ABC 的中性点相连，单向电网的负端与三相绕组 XYZ 的中性点相连。考虑到电机六相定子电阻 R_s 和定子电感 L_s 相等，所以有

$$\begin{cases} i_A = i_B = i_C = \dfrac{1}{3} i_g \\ i_X = i_Y = i_Z = -\dfrac{1}{3} i_g \end{cases} \tag{3-1}$$

根据电机数学模型的理想化对称假设和坐标变换理论可知，A、B、C 相的电动势相等，X、Y、Z 相的电动势也相等，即

$$U_{AX} = U_{BY} = U_{CZ} \tag{3-2}$$

将电机的六个相分为三组，分别为 A 相和 X 相、B 相和 Y 相、C 相和 Z 相，则这三个分组都可以看作三个独立的单相 PWM 整流器。例如，由 A 相和 X 相组成的单相 PWM 整流器如图 3-3 所示。

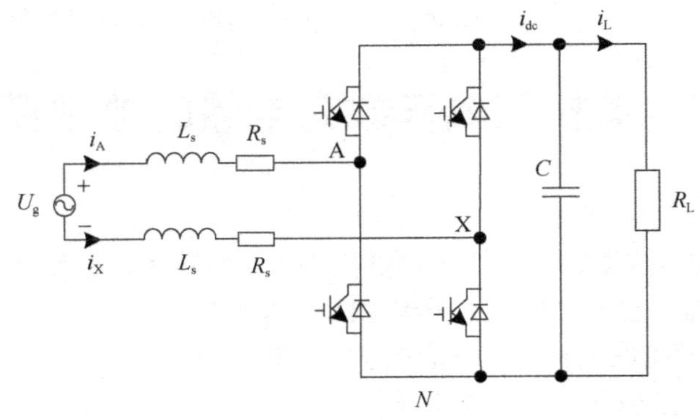

图 3-3　由 A 相和 X 相组成的单相 PWM 整流器

根据基尔霍夫电压定律（KVL），对图 3-3 中电路的交流侧列方程如下：

$$U_g - R_s i_A - L_s \frac{di_A}{dt} - R_s(-i_X) - L_s \frac{d(-i_X)}{dt} = u_{AX} \tag{3-3}$$

式中，u_{AX} 表示 A 相与 X 相之间的电压；R_s 为电机电阻；L_s 为电机电感。

由式（3-1）可知

$$i_A = -i_X \tag{3-4}$$

由式（3-3）和式（3-4）联立可得

$$U_g - 2R_s i_A - 2L_s \frac{di_A}{dt} = u_{AX} \tag{3-5}$$

同理可得，由 B 相和 Y 相、C 相和 Z 相组成的单相 PWM 整流器的 KVL 方程为

$$U_g - 2R_s i_B - 2L_s \frac{di_B}{dt} = u_{BY} \tag{3-6}$$

$$U_g - 2R_s i_C - 2L_s \frac{di_C}{dt} = u_{CZ} \tag{3-7}$$

式中，u_{BY}、u_{CZ} 分别表示 B 相和 Y 相、C 相和 Z 相之间的电压。

图 3-3 所示的单相 PWM 整流器的主电路为单相桥式电路，由 4 只开关管两两并联组成。其中，每组桥臂都有两种通断模式，即桥臂的上开关管导通或下开关管导通，所以单相 PWM 整流器有 2^2=4 种通断模式。为了更加方便地分析表示电路，定义一个二值逻辑开关函数 S_k 为

$$S_k=\begin{cases}1, & \text{开关导通}\\ 0, & \text{开关断开}\end{cases}, k=\mathrm{A,B,C,X,Y,Z} \tag{3-8}$$

所以，式（3-5）～式（3-7）可以用二值逻辑开关函数表示为

$$\begin{cases}U_{\mathrm{g}}-2R_{\mathrm{s}}i_{\mathrm{A}}-2L_{\mathrm{s}}\dfrac{\mathrm{d}i_{\mathrm{A}}}{\mathrm{d}t}=u_{\mathrm{AX}}\\ \qquad\qquad\qquad\qquad =u_{\mathrm{A}N}-u_{\mathrm{X}N}\\ U_{\mathrm{g}}-2R_{\mathrm{s}}i_{\mathrm{B}}-2L_{\mathrm{s}}\dfrac{\mathrm{d}i_{\mathrm{B}}}{\mathrm{d}t}=u_{\mathrm{BY}}\\ \qquad\qquad\qquad\qquad =u_{\mathrm{B}N}-u_{\mathrm{Y}N}\\ U_{\mathrm{g}}-2R_{\mathrm{s}}i_{\mathrm{C}}-2L_{\mathrm{s}}\dfrac{\mathrm{d}i_{\mathrm{C}}}{\mathrm{d}t}=u_{\mathrm{CZ}}\\ \qquad\qquad\qquad\qquad =u_{\mathrm{C}N}-u_{\mathrm{Z}N}\end{cases} \tag{3-9}$$

式中，$u_{\mathrm{A}N}$、$u_{\mathrm{B}N}$、$u_{\mathrm{C}N}$、$u_{\mathrm{X}N}$、$u_{\mathrm{Y}N}$、$u_{\mathrm{Z}N}$ 分别表示 A 、B 、C 、X 、Y 、Z 相与点 N 之间的电压。

以 A 相桥臂为例，当上开关管导通时，$S_{\mathrm{A}}=1$，有

$$u_{\mathrm{A}N}=V_{\mathrm{dc}} \tag{3-10}$$

当下开关管导通时，$S_{\mathrm{A}}=0$，有

$$u_{\mathrm{A}N}=0 \tag{3-11}$$

所以

$$u_{\mathrm{A}N}=V_{\mathrm{dc}}S_{\mathrm{A}} \tag{3-12}$$

同理可得

$$\begin{cases}u_{\mathrm{B}N}=V_{\mathrm{dc}}S_{\mathrm{B}}\\ u_{\mathrm{C}N}=V_{\mathrm{dc}}S_{\mathrm{C}}\\ u_{\mathrm{X}N}=V_{\mathrm{dc}}S_{\mathrm{X}}\\ u_{\mathrm{Y}N}=V_{\mathrm{dc}}S_{\mathrm{Y}}\\ u_{\mathrm{Z}N}=V_{\mathrm{dc}}S_{\mathrm{Z}}\end{cases} \tag{3-13}$$

所以式（3-9）可以表示为

$$\begin{cases}U_{\mathrm{g}}-2R_{\mathrm{s}}i_{\mathrm{A}}-2L_{\mathrm{s}}\dfrac{\mathrm{d}i_{\mathrm{A}}}{\mathrm{d}t}=V_{\mathrm{dc}}(S_{\mathrm{A}}-S_{\mathrm{X}})\\ U_{\mathrm{g}}-2R_{\mathrm{s}}i_{\mathrm{B}}-2L_{\mathrm{s}}\dfrac{\mathrm{d}i_{\mathrm{B}}}{\mathrm{d}t}=V_{\mathrm{dc}}(S_{\mathrm{B}}-S_{\mathrm{Y}})\\ U_{\mathrm{g}}-2R_{\mathrm{s}}i_{\mathrm{C}}-2L_{\mathrm{s}}\dfrac{\mathrm{d}i_{\mathrm{C}}}{\mathrm{d}t}=V_{\mathrm{dc}}(S_{\mathrm{C}}-S_{\mathrm{Z}})\end{cases} \tag{3-14}$$

因为在任意时刻，变流器的六组桥臂上都有六个开关管导通，所以直流电流 i_{dc} 可以表示为

$$\begin{aligned}i_{\mathrm{dc}}&=i_{\mathrm{A}}S_{\mathrm{A}}+i_{\mathrm{B}}S_{\mathrm{B}}+i_{\mathrm{C}}S_{\mathrm{C}}-i_{\mathrm{X}}S_{\mathrm{X}}-i_{\mathrm{Y}}S_{\mathrm{Y}}-i_{\mathrm{Z}}S_{\mathrm{Z}}\\ &=2(i_{\mathrm{A}}S_{\mathrm{A}}+i_{\mathrm{B}}S_{\mathrm{B}}+i_{\mathrm{C}}S_{\mathrm{C}})\end{aligned} \tag{3-15}$$

对直流电容高电势点列 KVL 方程，得到

$$C\frac{\mathrm{d}V_{\mathrm{dc}}}{\mathrm{d}t}=2(i_{\mathrm{A}}S_{\mathrm{A}}+i_{\mathrm{B}}S_{\mathrm{B}}+i_{\mathrm{C}}S_{\mathrm{C}})-\frac{V_{\mathrm{dc}}}{R_{\mathrm{L}}} \tag{3-16}$$

联立式（3-1）、式（3-14）和式（3-16）可得单相集成车载充电器充电过程的数学模型为

$$\begin{cases} U_{\mathrm{g}} - 2R_{\mathrm{s}}i_{\mathrm{A}} - 2L_{\mathrm{s}}\dfrac{\mathrm{d}i_{\mathrm{A}}}{\mathrm{d}t} = V_{\mathrm{dc}}(S_{\mathrm{A}} - S_{\mathrm{X}}) \\ U_{\mathrm{g}} - 2R_{\mathrm{s}}i_{\mathrm{B}} - 2L_{\mathrm{s}}\dfrac{\mathrm{d}i_{\mathrm{B}}}{\mathrm{d}t} = V_{\mathrm{dc}}(S_{\mathrm{B}} - S_{\mathrm{Y}}) \\ U_{\mathrm{g}} - 2R_{\mathrm{s}}i_{\mathrm{C}} - 2L_{\mathrm{s}}\dfrac{\mathrm{d}i_{\mathrm{C}}}{\mathrm{d}t} = V_{\mathrm{dc}}(S_{\mathrm{C}} - S_{\mathrm{Z}}) \\ C\dfrac{\mathrm{d}V_{\mathrm{dc}}}{\mathrm{d}t} = 2(i_{\mathrm{A}}S_{\mathrm{A}} + i_{\mathrm{B}}S_{\mathrm{B}} + i_{\mathrm{C}}S_{\mathrm{C}}) - \dfrac{V_{\mathrm{dc}}}{R_{\mathrm{L}}} \\ i_{\mathrm{A}} = i_{\mathrm{B}} = i_{\mathrm{C}} = \dfrac{1}{3}i_{\mathrm{g}} \end{cases} \tag{3-17}$$

式中，R_{L} 为直流电阻；V_{dc} 为直流电压；C 为直流电容。

3.2.3 PWM 的单极性调制

PWM 的调制方式主要有两种[5]，即单极性调制和双极性调制。双极性调制方式简单易实现，但开关管的开关情况都是非直通（指一组桥臂的上下开关管同时导通）的，即 A 相桥臂的上开关管导通、X 相桥臂的下开关管导通，或者 A 相桥臂的上开关管断开、X 相桥臂的下开关管断开，没有办法实现正负电流的同时调制。在单极性调制方式下，A 相桥臂的上开关管导通时，X 相桥臂的上下开关管都有可能导通，因此能够实现正负电流的同时调制。

在单极性调制方式下，变流器交流电压 u_{AX} 在 V_{dc} 和 0 或 $-V_{\mathrm{dc}}$ 和 0 之间进行切换。交流电压处于基波正半周期时，u_{AX} 在 V_{dc} 和 0 之间进行切换；交流电压处于基波负半周期时，u_{AX} 在 $-V_{\mathrm{dc}}$ 和 0 之间进行切换。因此，在单极性调制方式下，单相集成车载充电器充电过程有四种开关管的工作模式，采用三值逻辑函数 S 描述为

$$S = \begin{cases} 1, & \mathrm{T_1(VD_1)、T_4(VD_4)}\text{导通} \\ 0, & \mathrm{T_1(VD_1)、T_3(VD_3)}\text{导通或}\mathrm{T_2(VD_2)、T_4(VD_4)}\text{导通} \\ -1, & \mathrm{T_2(VD_2)、T_3(VD_3)}\text{导通} \end{cases} \tag{3-18}$$

式中，T 表示开关管；VD 表示开关管中的二极管。

将开关管的导通与判断等效为理想开关，则四种开关管的工作模式（称为开关模式）如表 3-1 所示。

表 3-1　四种开关管的工作模式

工作模式	1	2	3	4
导通器件	$\mathrm{T_1(VD_1)}$ $\mathrm{T_4(VD_4)}$	$\mathrm{T_2(VD_2)}$ $\mathrm{T_3(VD_3)}$	$\mathrm{T_1(VD_1)}$ $\mathrm{T_3(VD_3)}$	$\mathrm{T_2(VD_2)}$ $\mathrm{T_4(VD_4)}$
三值逻辑函数 S	1	−1	0	0

单相集成车载充电器在不同工作模式下的运行状态如下。

（1）工作模式 1：当 $\mathrm{T_1(VD_1)}$、$\mathrm{T_3(VD_3)}$ 或 $\mathrm{T_2(VD_2)}$、$\mathrm{T_4(VD_4)}$ 导通，即桥臂的上开关管或下开关管全部导通时，其等效电路如图 3-4 所示。此时 $u_{\mathrm{AX}}=0$，电容 C 向负载供给电能，直流电压在负载 $\mathrm{R_L}$ 上消耗电能，使电压减小。同时，电源 u_{s} 两端直接加在电感 $\mathrm{L_s}$ 上，当 $u_{\mathrm{s}}>0$，即 u_{s} 处于基波正半周期时，电感中的电流 i_{s} 增大，$\mathrm{T_3(VD_1)}$导通或$\mathrm{T_2(VD_4)}$导通；

当$u_s<0$，即u_s处于基波负半周期时，电感中的电流i_s减小，T_1(VD_3)导通或T_4(VD_2)导通，使电感储能减少。

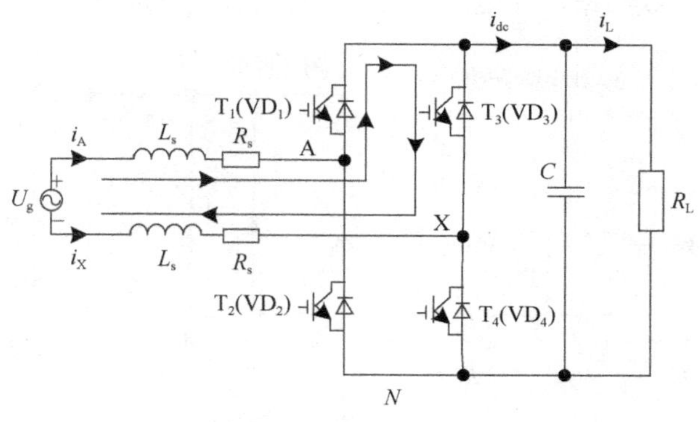

（a） $T_1(VD_1)$、$T_3(VD_3)$ 导通

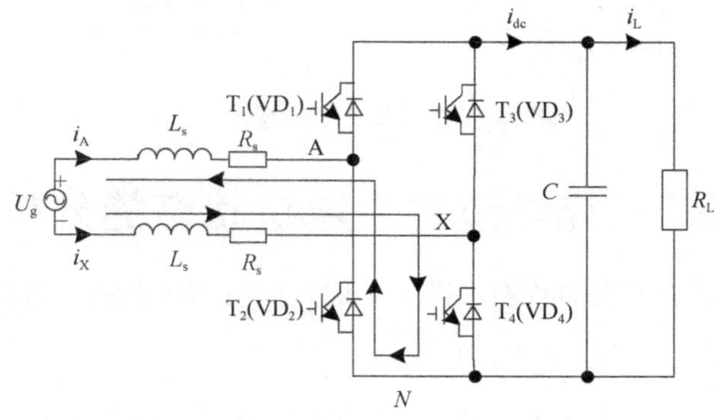

（b） $T_2(VD_2)$、$T_4(VD_4)$ 导通

图 3-4 工作模式 1 的等效电路

（2）工作模式 2：当$T_1(VD_1)$、$T_4(VD_4)$导通时，其等效电路如图 3-5 所示。此时$u_{AX}=V_{dc}$，储存在电感L_s中的能量转移到负载R_L和电容 C 上，依靠VD_1和VD_4形成回路，使电流i_s减小。直流电流i_{dc}一方面给电容 C 充电，使得直流电压V_{dc}增大，当电压V_{dc}增大到给定值时保证直流电压稳定；另一方面给负载R_L提供大小恒定的直流电流i_L，供应负载的电能消耗或给负载充电。

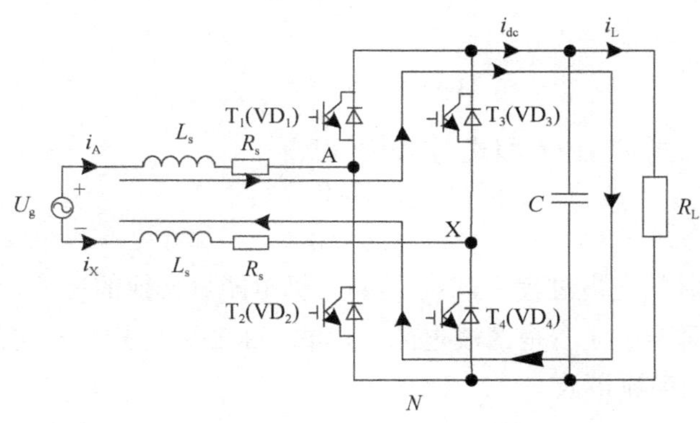

图 3-5 工作模式 2 的等效电路

（3）工作模式 3：当 $T_2(VD_2)$、$T_3(VD_3)$ 导通时，其等效电路如图 3-6 所示。此时 $u_{AX} = -V_{dc}$，电源负极的电流连接到电容的正极，电感 L_s 中的电能继续流向负载 R_L 和电容 C，通过 VD_2 和 VD_3 形成回路，使电流 i_s 减小，且 T_1 和 T_4 同时断开。

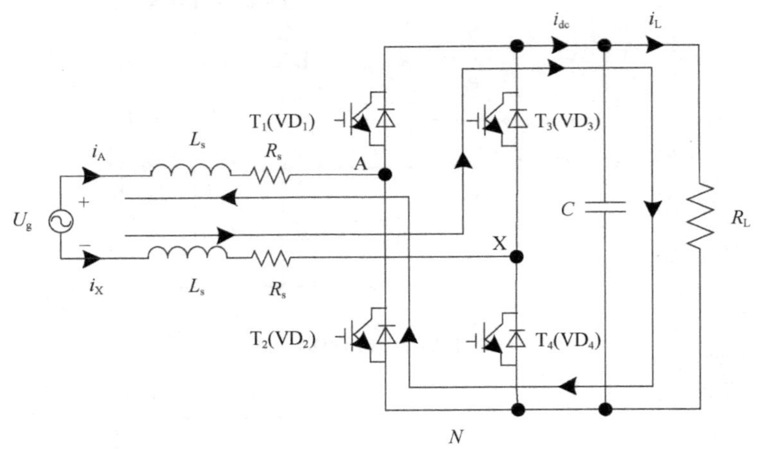

图 3-6 工作模式 3 的等效电路

3.3 充电过程中电机状态的分析

为了分析充电过程中电机的状态，需要对通过电机的电流进行解耦变换。$\alpha\beta$ 子空间、z_1z_2 子空间的解耦变换方程为

$$i_{\alpha\beta} = \sqrt{\frac{1}{3}}(i_A + a^4 i_B + a^8 i_C + a i_X + a^5 i_Y + a^9 i_Z) \tag{3-19}$$

$$i_{z1z2} = \sqrt{\frac{1}{3}}(i_A + a^8 i_B + a^4 i_C + a^5 i_X + a i_Y + a^9 i_Z) \tag{3-20}$$

式中，$a = \cos\gamma + \mathrm{j}\sin\gamma$，$\gamma=30°$；$i_A$、$i_B$、$i_C$、$i_X$、$i_Y$、$i_Z$ 分别为电机 A、B、C、X、Y、Z 相的电流。

当电机为理想电机时，由于电机六个相的电阻和电感都相等，所以通过同一套三相绕组的电机电流相等，电流关系如下：

$$\begin{cases} i_A = i_B = i_C = \dfrac{1}{3} i_g \\ i_X = i_Y = i_Z = -\dfrac{1}{3} i_g \end{cases} \tag{3-21}$$

将式（3-21）代入式（3-19）和式（3-20）可得

$$i_{\alpha\beta} = 0 \tag{3-22}$$

$$i_{z1z2} = 0 \tag{3-23}$$

在电机电流平衡时的充电过程中，$i_{\alpha\beta}$ 是参与机电能量变换的电流，由式（3-22）可知，充电过程中电机静止不转；i_{z1z2} 是谐波电流，由式（3-23）可知，充电过程中电机定子绕组能够滤除 z_1z_2 子空间的电流谐波。

3.4　单相集成车载充电器在旋转坐标系下的数学模型

3.4.1　单相集成车载充电器的数学模型

在单相集成车载充电器充电过程中，电机静止不转，因此充电控制不需要考虑限制电机运动的情况，只需完成充电过程的控制。

电机六个相的电阻和电感都相等，所以 A、B、C 相的电压相等，X、Y、Z 相的电压相等，充电过程可以等效为单相 PWM 整流过程。为了更方便地控制充电过程的功率因数，拟采用基于单相旋转变换的解耦控制策略。

由前面的分析可知，由电机 A、X 两相组成的电流回路为单相整流电路，如图 3-7 所示。

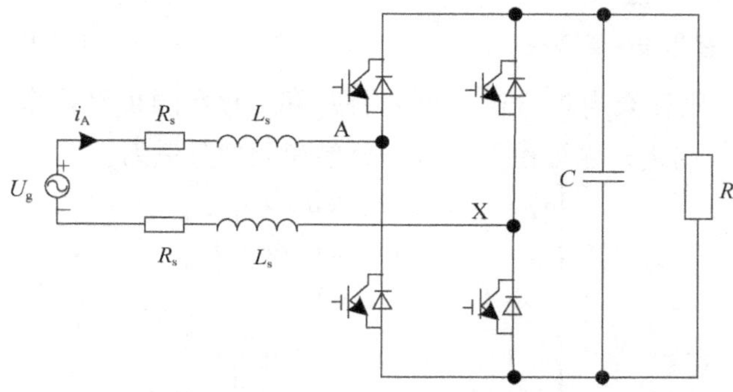

图 3-7　单相整流回路

对图 3-7 中电路的交流侧列 KVL 方程，有

$$U_g = 2R_s i_A + 2L_s \frac{di_A}{dt} + U_{AX} \tag{3-24}$$

将任意单位正弦量 $x(t)$ 分解后可得[6-7]

$$\begin{aligned} x(t) &= X\cos(\omega t+\varphi) \\ &= X\cos(\omega t)\cos\varphi - X\sin(\omega t)\sin\varphi \end{aligned} \tag{3-25}$$

式中，X 为正弦量的幅值；φ 为电机转子位置角。

令 $x_d = X\cos\varphi$，$x_q = X\sin\varphi$，则

$$x(t) = x_d\cos(\omega t) - x_q\sin(\omega t) \tag{3-26}$$

式中，x_d 和 x_q 可以看作旋转坐标系下的直流分量；$x(t)$ 为静止坐标系下的交流分量。为满足 iPark 变换的要求，需要一个与 $x(t)$ 正交的交流量 $s(t)$。将 $x(t)$ 看作现有的交流电流 i_A，电流 $s(t)$ 可以通过先将电流 i_B 滞后 i_A 60°、电流 i_C 滞后 i_A 120°，再矢量合成得到，如图 3-8 所示。

电压移相与分解是电流移相与矢量合成的逆过程。先将得到的静止坐标系下的电压分量 V_s 的相位在自身的基础上滞后 270°，使之与电压分量 V_A 的相位重合，再将 V_s 分解为相电压 V_B 和 V_C，如图 3-9 所示。

取 $i_A = I_m\cos(\omega t+\theta)$，则

$$
\begin{aligned}
s(t) &= I_{\mathrm{m}}\cos\left(\omega t+\theta-\frac{\pi}{3}\right)\cos\frac{\pi}{6}+I_{\mathrm{m}}\cos\left(\omega t+\theta-\frac{2\pi}{3}\right)\cos\frac{\pi}{6} \\
&= \frac{3}{2}I_{\mathrm{m}}\sin(\omega t+\theta)
\end{aligned} \tag{3-27}
$$

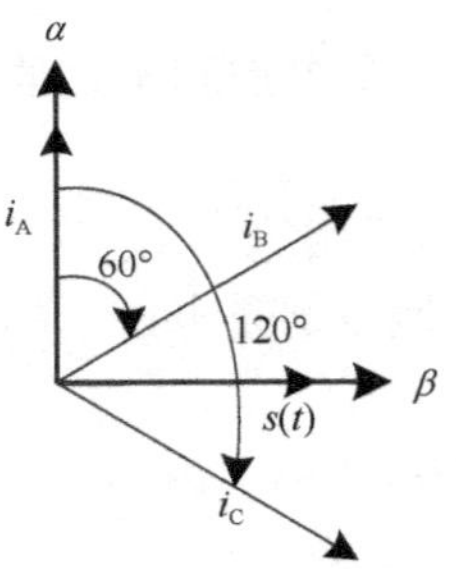

图 3-8　电流移相与矢量合成

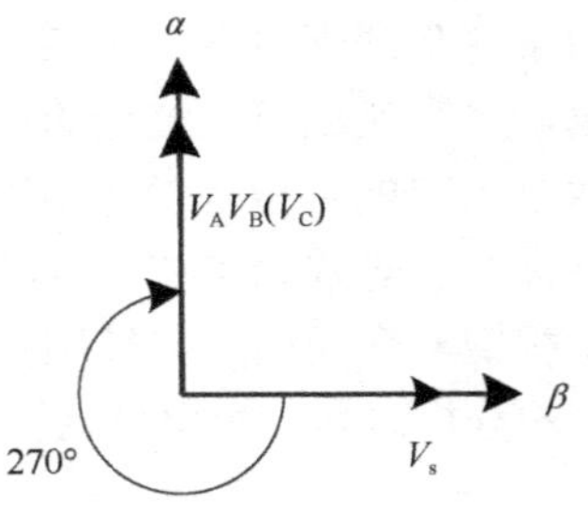

图 3-9　电压移相与分解

取 $i_{\mathrm{s}}=0.667s(t)$，则在充电过程中，可以将 i_{A} 和 i_{s} 看作静止坐标系下的两个正交电流，进行 PARK 变换[8]，得到旋转坐标系下的有功分量和无功分量为

$$
\begin{bmatrix} i_d \\ i_q \end{bmatrix} = \begin{bmatrix} \cos\omega t & \sin\omega t \\ -\sin\omega t & \cos\omega t \end{bmatrix} \begin{bmatrix} i_{\mathrm{A}} \\ i_{\mathrm{s}} \end{bmatrix} \tag{3-28}
$$

或

$$
\begin{bmatrix} i_{\mathrm{A}} \\ i_{\mathrm{s}} \end{bmatrix} = \begin{bmatrix} \cos\omega t & -\sin\omega t \\ \sin\omega t & \cos\omega t \end{bmatrix} \begin{bmatrix} i_d \\ i_q \end{bmatrix} \tag{3-29}
$$

充电过程中的电压、电流关系为

$$
\begin{cases}
U_{\mathrm{g}} = U_{\mathrm{m}}\cos(\omega t) \\
i_{\mathrm{A}} = i_d\cos(\omega t) - i_q\sin(\omega t) \\
U_{\mathrm{AX}} = U_{\mathrm{AX}d}\cos(\omega t) - U_{\mathrm{AX}q}\sin(\omega t)
\end{cases} \tag{3-30}
$$

式中，U_{m} 是电网电压的幅值；$U_{\mathrm{AX}d}$、$U_{\mathrm{AX}q}$ 分别是电压 U_{AX} 在旋转坐标系下的电压分量。

将式（3-30）代入式（3-24），可得

$$
\begin{cases}
U_{\mathrm{AX}d} = U_{\mathrm{m}} + 2\omega L_{\mathrm{s}}i_q - 2R_{\mathrm{s}}i_d - 2L_{\mathrm{s}}\dfrac{\mathrm{d}i_d}{\mathrm{d}t} \\
U_{\mathrm{AX}q} = -2\omega L_{\mathrm{s}}i_d - 2R_{\mathrm{s}}i_q - 2L_{\mathrm{s}}\dfrac{\mathrm{d}i_q}{\mathrm{d}t}
\end{cases} \tag{3-31}
$$

所以，由电机 A、X 两相组成的单相整流回路的数学模型为

$$
\begin{cases}
2L_{\mathrm{s}}\dfrac{\mathrm{d}i_d}{\mathrm{d}t} = U_{\mathrm{m}} + 2\omega L_{\mathrm{s}}i_q - 2R_{\mathrm{s}}i_d - V_{\mathrm{AX}d} \\
2L_{\mathrm{s}}\dfrac{\mathrm{d}i_q}{\mathrm{d}t} = -2\omega L_{\mathrm{s}}i_d - 2R_{\mathrm{s}}i_q - V_{\mathrm{AX}q}
\end{cases} \tag{3-32}
$$

因为 A、B、C 相的电压相等，X、Y、Z 相的电压相等，所以电压有功分量 $U_{\mathrm{AX}d}$ 与 $U_{\mathrm{BY}d}$、$U_{\mathrm{CZ}d}$ 相等，电压无功分量 $U_{\mathrm{AX}q}$ 与 $U_{\mathrm{BY}q}$、$U_{\mathrm{CZ}q}$ 相等。设电压直流侧有功分量为 v_d，无功分量为 v_q，则充电过程的数学模型为

$$
\begin{cases}
2L_\mathrm{s}\dfrac{\mathrm{d}i_d}{\mathrm{d}t}=U_\mathrm{m}+2\omega L_\mathrm{s}i_q-2R_\mathrm{s}i_d-v_d \\
2L_\mathrm{s}\dfrac{\mathrm{d}i_q}{\mathrm{d}t}=-2\omega L_\mathrm{s}i_d-2R_\mathrm{s}i_q-v_q
\end{cases}
\tag{3-33}
$$

3.4.2　电流环节的解耦

根据前文对单相集成车载充电器充电过程的数学模型分析可知，充电过程在旋转坐标系下的数学模型为

$$
\begin{cases}
v_d=U_\mathrm{m}+2\omega L_\mathrm{s}i_q-2R_\mathrm{s}i_d-2L_\mathrm{s}\dfrac{\mathrm{d}i_d}{\mathrm{d}t} \\
v_q=-2\omega L_\mathrm{s}i_d-2R_\mathrm{s}i_q-2L_\mathrm{s}\dfrac{\mathrm{d}i_q}{\mathrm{d}t}
\end{cases}
\tag{3-34}
$$

由式（3-34）可知，充电过程在旋转坐标系下的数学模型有耦合现象。为了在双闭环控制中解决这一问题，需要对模型进行解耦。本节拟采用电流前馈的解耦方案，并且使用 PI 控制器进行控制，电压分量 v_d 和 v_q 的控制方程[9]为

$$
\begin{cases}
v_d=-\left(K_\mathrm{ip}+\dfrac{K_\mathrm{ii}}{s}\right)(i_d^*-i_d)+2\omega L_\mathrm{s}i_q+U_\mathrm{m} \\
v_q=-\left(K_\mathrm{ip}+\dfrac{K_\mathrm{ii}}{s}\right)(i_q^*-i_q)-2\omega L_\mathrm{s}i_d
\end{cases}
\tag{3-35}
$$

式中，K_ip、K_ii 分别是电流控制环中控制器的比例系数、积分系数；i_d^*、i_q^* 分别是电流有功分量 i_d、无功分量 i_q 的期望值。

式（3-35）的解耦控制框图如图 3-10 所示。

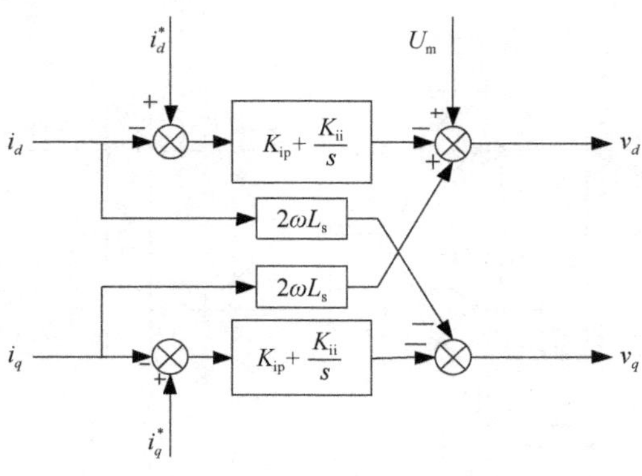

图 3-10　电流内环解耦控制框图

在图 3-10 所示的电流内环解耦控制框图中，输入为解耦后的电流有功分量 i_d、无功分量 i_q，及其期望值 i_d^* 和 i_q^*，将有功分量和无功分量与其期望值进行比较，得到差值 $i_d^*-i_d$ 和 $i_q^*-i_q$。通过 PI 控制器，电流分量分别趋近其期望值。电压的有功分量为

$$
U_\mathrm{m}+2\omega L_\mathrm{s}i_q-(i_d^*-i_d)\left(K_\mathrm{ip}+\frac{K_\mathrm{ii}}{s}\right)
$$

无功分量为

$$-2\omega L_s i_d-(i_q^*-i_q)\left(K_{ip}+\frac{K_{ii}}{s}\right)$$

将式（3-35）代入式（3-34）可得，采用基于前馈电流的解耦控制策略后的电流平衡方程为

$$\begin{cases}2L_s\dfrac{di_d}{dt}=-2R_s i_d-\left(K_{ip}+\dfrac{K_{ii}}{s}\right)(i_d^*-i_d)\\2L_s\dfrac{di_q}{dt}=-2R_s i_q-\left(K_{ip}+\dfrac{K_{ii}}{s}\right)(i_q^*-i_q)\end{cases}\tag{3-36}$$

由式（3-36）可知，旋转坐标系的两个坐标轴的电流分量实现解耦控制后，其分量不再相互影响。

3.5 解耦控制策略

基于双 Y 移 30°PMSM 的单相集成车载充电器的充电过程实质上是一个单相整流过程，该过程的核心是控制系统，控制系统的优劣可以在很大程度上决定充电器的性能。

现今常用的控制策略主要有以下几种：①电压、电流双闭环 PI 控制[10]；②滞环电流控制[11]；③预测电流控制[12]；④滑模变结构控制[13]；⑤直接功率控制[14]。

本节选取电压外环、电流内环的双闭环 PI 控制。本节控制部分需要期望的量都是直流量，PI 控制器能够很好地实现对直流量的无静差跟踪，满足控制性能的要求。而且双闭环 PI 控制是现今最简单，也是最易实现的控制策略。

在充电过程中双闭环 PI 控制的原理：通过给定一个直流电压参考值来调节充电器输出的电压和交流电流的相位和幅值，以此实现充电过程的高功率因数运行和直流电压的调节。

图 3-11 所示为充电过程的解耦控制策略。外环为电压，内环为电流。电压外环的输入为

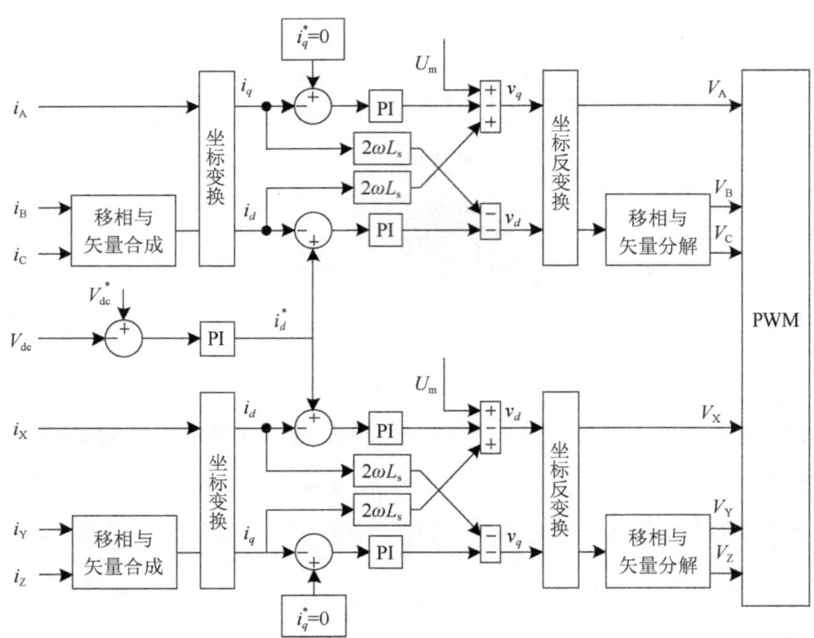

图 3-11 充电过程的解耦控制策略

直流电压V_{dc}和其期望值V_{dc}^*，将两个值比较做差，通过 PI 控制器，输出电流直流分量i_d的期望值i_d^*。在电流内环中对三相绕组 ABC 和 XYZ 分别进行控制。在三相绕组 ABC 的控制中，输入为电流i_A、i_B、i_C，先对电流i_B和i_C进行移相，使i_B滞后i_A 60°、i_C滞后i_A 120°，再将移相后的电流进行矢量合成，得到与电流i_A正交的电流i_s，如图 3-12 所示，对电流i_A和i_s进行坐标变换得到电流有功分量i_d和无功分量i_q，将电流分量与其期望值比较做差，进入解耦环节，得到电压有功分量v_d和无功分量v_q，对电压v_d和v_q进行坐标反变换，得到电压V_A和与V_A正交的电压V_s，对电压V_s进行移相和矢量分解，如图 3-13 所示，得到电压V_B、V_C，将电压V_A、V_B、V_C输入 PWM 模块，完成充电过程的解耦控制。三相绕组 XYZ 的控制与三相绕组 ABC 类似。

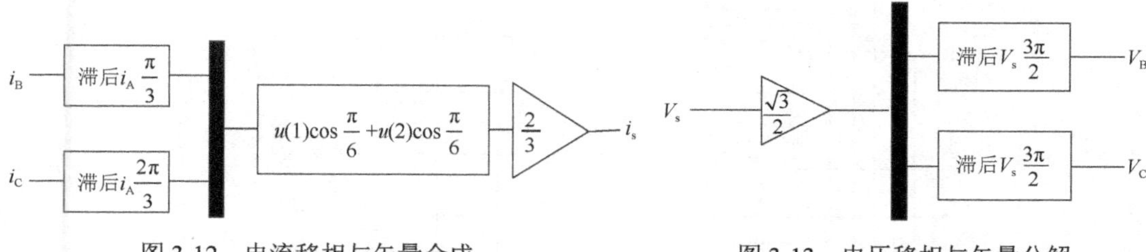

图 3-12　电流移相与矢量合成　　　图 3-13　电压移相与矢量分解

由式（3-28）可得，电流的坐标变换如图 3-14 所示。由式（3-29）可得，电压的坐标反变换如图 3-15 所示。

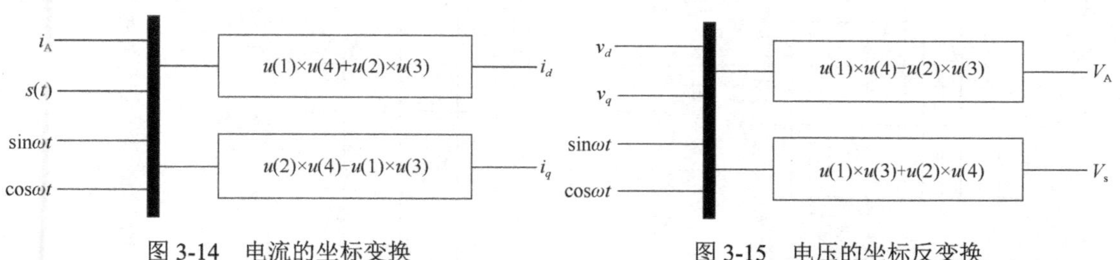

图 3-14　电流的坐标变换　　　图 3-15　电压的坐标反变换

坐标变换与反变换中的角度ωt由锁相控制环（Phase Locked Loop，PLL）测量交流电压的相位得到。

3.6　建模与仿真

3.6.1　单相集成车载充电器的仿真模型

根据前文的分析，本节在 MATLAB/Simulink 环境下对充电过程的解耦控制建立仿真模型，如图 3-16 所示。在图 3-16 中，先将电压测量模块测得的单相电网电压和直流电压，以及电流测量模块测得的电机电流分别输入控制系统模块，然后将控制系统模块输出的电机相电压输入 PWM 模块，得到 12 路开关信号，最后将开关信号分别输入对应的 12 只开关管，完成充电控制。

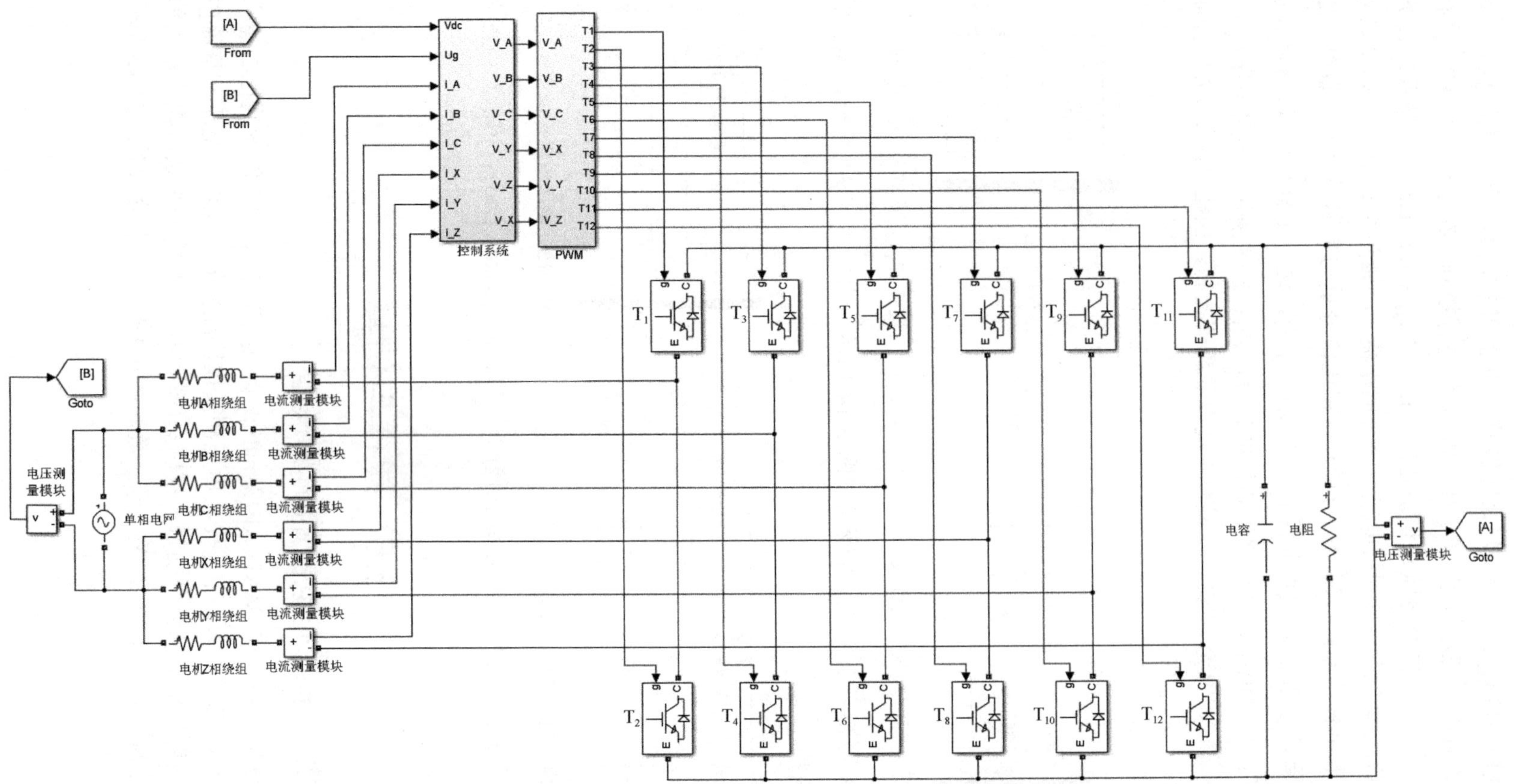

图 3-16　充电过程解耦控制的仿真模型

控制系统模块如图 3-17 所示。输入控制系统模块的电机电流分别输入 ABC 到 dq 的变换模块和 XYZ 到 dq 的变换模块，得到两组电流有功分量和无功分量；将电流有功分量和无功分量输入解耦控制环节，得到两组电压有功分量和无功分量；将电压有功分量和无功分量输入 dq 到 ABC 的变换模块和 dq 到 XYZ 的变换模块，分别得到电机的六个相电压。输入控制系统的电网电压经过绝对值模块，将求得的电网电压绝对值输入解耦控制环节；电网电压经过锁相环模块，测得电压的相位，用于坐标变换的定位。输入控制系统的直流电压与期望值做差后，经过 PI 控制器，输出电流有功分量的期望值。

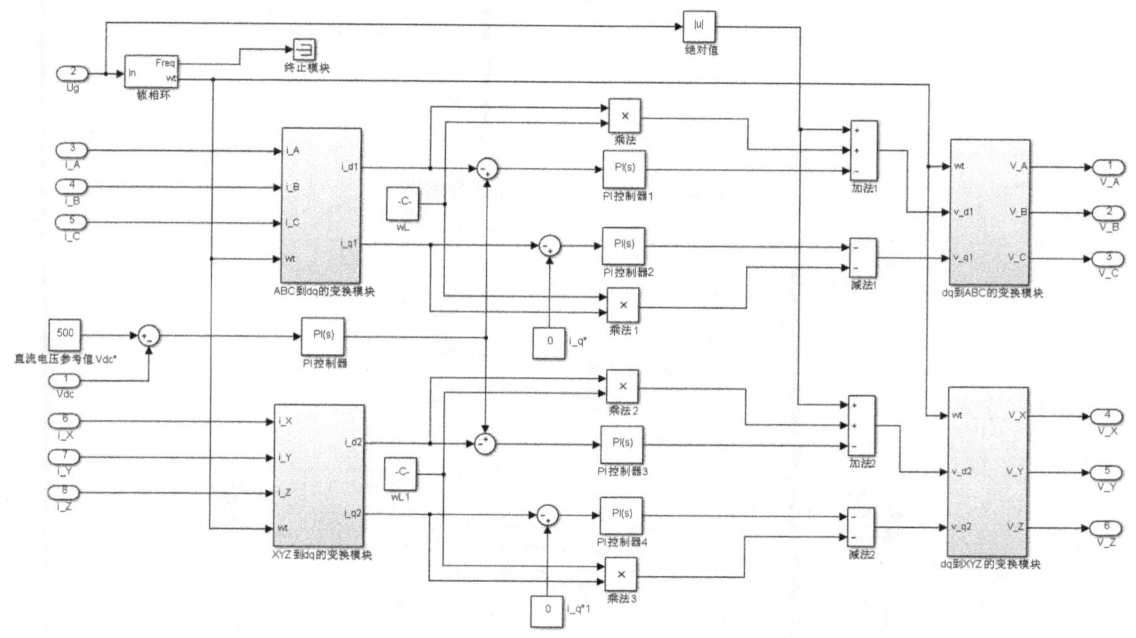

图 3-17　控制系统模块

ABC 到 dq 的变换模块如图 3-18 所示，XYZ 到 dq 的变换模块如图 3-19 所示，dq 到 ABC 的变换模块如图 3-20 所示，dq 到 XYZ 的变换模块如图 3-21 所示。

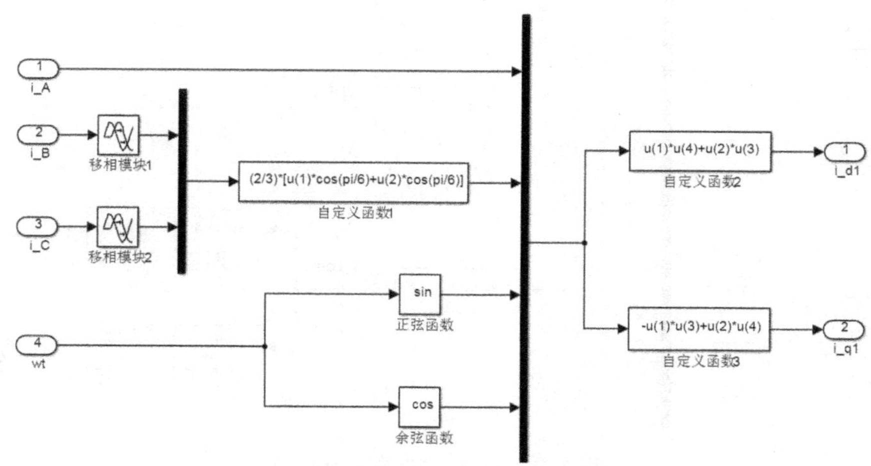

图 3-18　ABC 到 dq 的变换模块

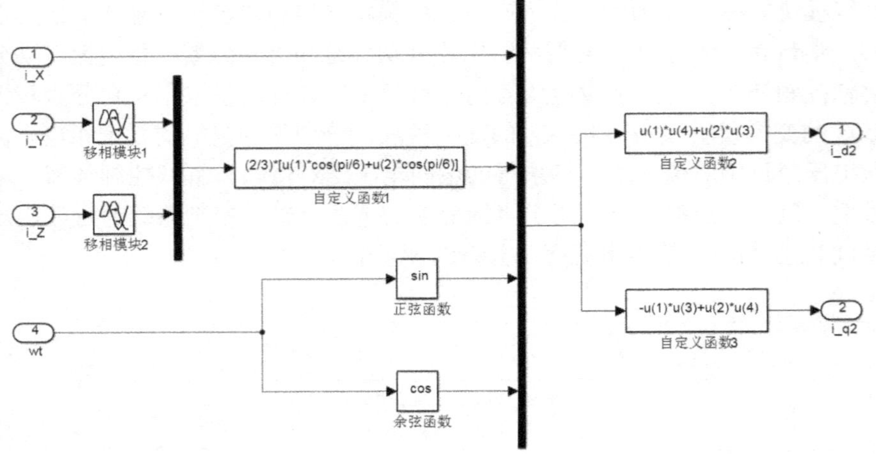

图 3-19　XYZ 到 dq 的变换模块

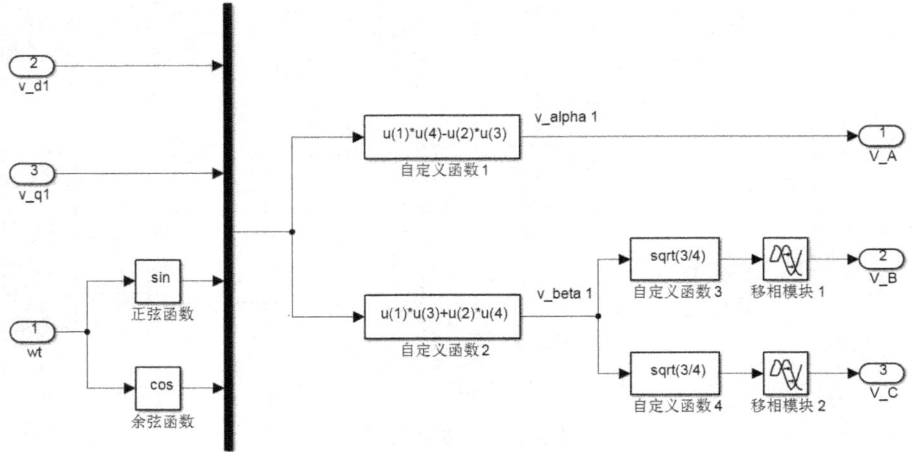

图 3-20　dq 到 ABC 的变换模块

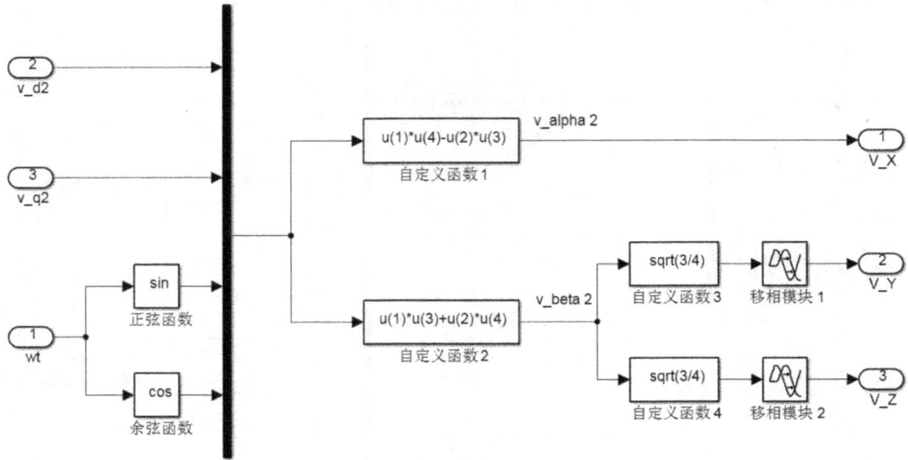

图 3-21　dq 到 XYZ 的变换模块

ABC 到 dq 的变换模块和 XYZ 到 dq 的变换模块的电流变换方式相同，现在以 ABC 到 dq 的变换模块为例讲解电流的变换方式。输入的电机电流 i_Y 和 i_Z 分别经过移相后，输入到自定义函数 1 中进行矢量合成；将电流 i_X 与合成矢量电流进行 Park 变换，得到电流有功分量和无功分量。

dq 到 ABC 的变换模块和 dq 到 XYZ 的变换模块的电压变换方式相同，现在以 dq 到 ABC 的变换模块为例讲解电压的变换方式。对电压有功分量和无功分量进行 iPark 变换，得到电压 v_alpha1 和 v_beta1，其中电压 v_alpha1 就是电机相电压 V_A，电压 v_beta1 乘以 sqrt(3/4)，经过移相得到相电压 V_B 和 V_C。

PWM 模块如图 3-22 所示。子系统模块如图 3-23 所示。

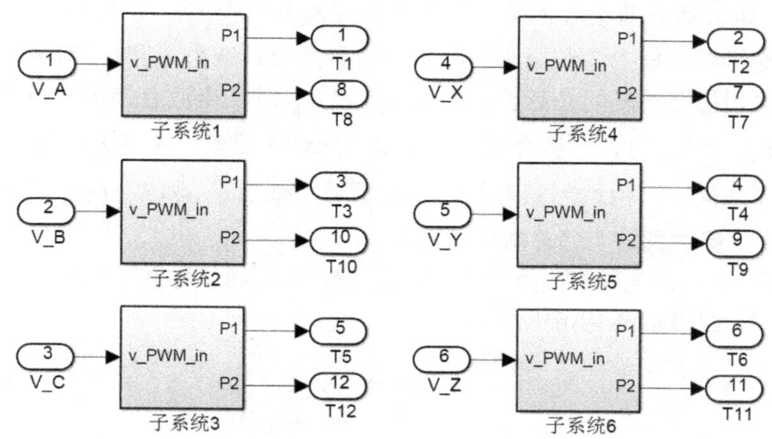

图 3-22　PWM 模块

由图 3-22 可知，输入 PWM 模块的 6 个相电压分别输入 6 个子系统模块，按照电压正负对应关系可以分为 3 组，其中 A 相和 X 相电压是第 1 组、B 相和 Y 相电压是第 2 组、C 相和 Z 相电压是第 3 组。

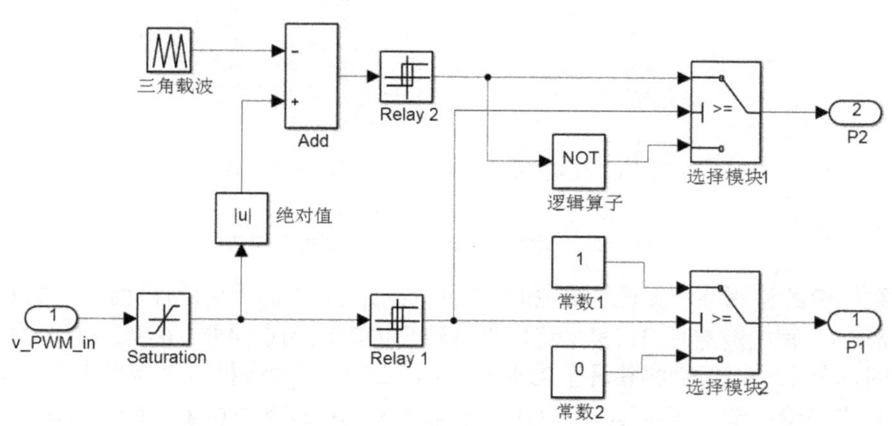

图 3-23　子系统模块

3.6.2 仿真结果与分析

给定的单相电网电压为理想电压，其电压 $U_g = 220V$，频率为50Hz。在单相集成车载充电器充电过程中，电机静止不转，只起到滤波的作用，所以在仿真过程中只需给出双Y移30° PMSM 的电阻 R_s 和电感 L_s，电阻 $R_s = 2.4\Omega$，电感 $L_s = 15mH$ [15]。充电器直流电容 $C_{dc} = 90mF$，电阻 $R_L = 20\Omega$。给定直流电压的期望值 $V_{dc}^* = 500V$，电流内环无功分量的期望值 $i_q^* = 0$。$K_{up} = 0.03$，$K_{ui} = 0.375$，$K_{ip1} = 100$，$K_{ii1} = 16$，$K_{ip2} = 0.2$，$K_{ii2} = 0.2$。

在仿真过程中，增大 K_{up} 时，直流电压会缓慢增大，电压波动的幅度会显著增大；减小 K_{up} 时，直流电压会显著减小，但是电压波动的幅度变化不大；增大 K_{ui} 时，电压波动的幅度会减小，但是仿真过程中达到稳态的时间会显著延长；减小 K_{ui} 时，对电压波动的抑制效果会减小，但达到稳态的时间会延长；增大 K_{ip1} 和 K_{ip2} 时，电流会增大，电流脉动的幅度显著增大；减小 K_{ip1} 和 K_{ip2} 时，电流会减小，但电流脉动的幅度变化不大；增大 K_{ii1} 和 K_{ii2} 时，电流的脉动幅度会减小，但达到稳态的时间会延长；减小 K_{ii1} 和 K_{ii2} 时，对电流脉动的抑制效果会显著减小，但达到稳态的时间会缩短。

在控制系统中，交流电压相位由 PLL 测得。交流电压相位与电压波形的对比如图 3-24 所示，PLL 能够很好地跟踪并测出电压相位。

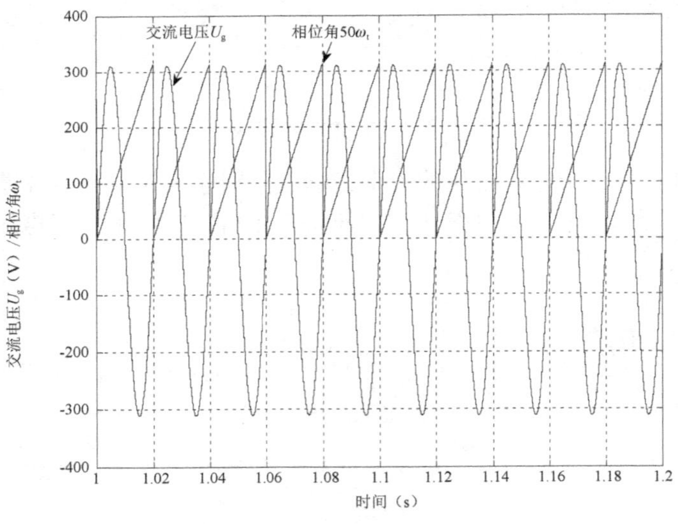

图 3-24 交流电压相位与电压波形的对比

控制系统中的移相环节如图 3-25 和图 3-26 所示。图 3-25 所示为移相后电机 B 相与 C 相的电流波形，C 相电流滞后 B 相电流，而且滞后的时间为 $0.0453 - 0.042 = 0.0033s$，是交流电流周期的六分之一，符合移相环节的要求。图 3-26 所示为电机 A 相电流与合成矢量电流 i_s 的波形，合成矢量电流 i_s 滞后 A 相电流，而且滞后的时间为 $0.0435 - 0.0385 = 0.005s$，为交流电流周期的四分之一，符合移相环节的要求。

图 3-27 所示为电压 U_g 和电流 $10i_g$ 的波形，U_g 与 $10i_g$ 的相位相同，满足单相集成车载充电器充电过程的高功率因数运行的要求。但是，图中电流 $10i_g$ 的波形为三角波，而不是理想

正弦波，由单相 PWM 整流器的经验可知，这是直流电压中的二次谐波脉动进入控制系统造成的，需要特定的滤波器予以滤除，滤波环节将在后面的章节进行讨论。图 3-28 所示为充电过程的功率因数，由图 3-28 可知，充电过程的功率因数在 0.35s 时趋于稳定，而且接近于 1，所以充电控制策略能够使充电过程在高功率因数下运行。

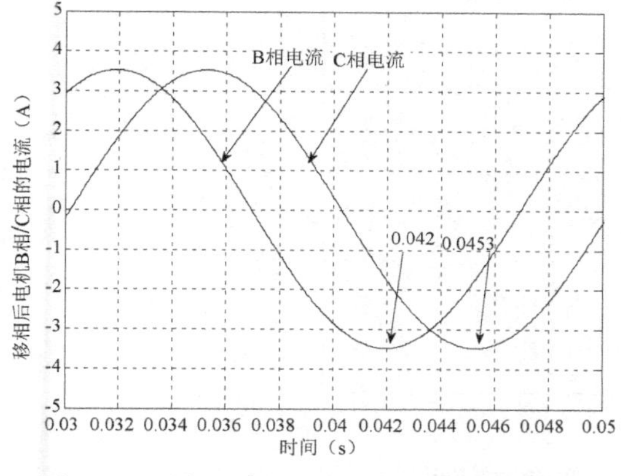

图 3-25　移相后电机 B 相与 C 相的电流波形

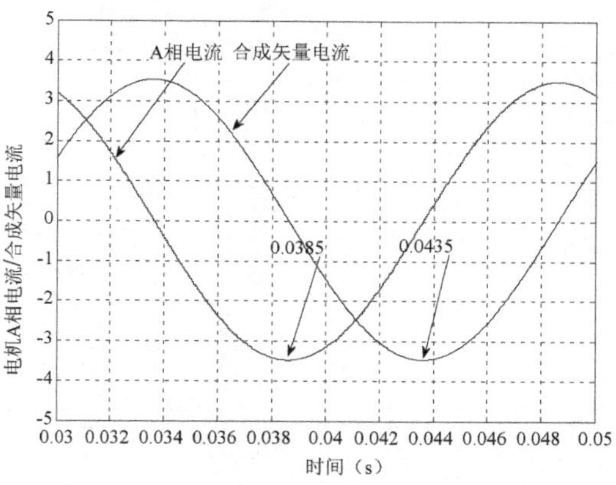

图 3-26　电机 A 相电流与合成矢量电流 i_s 的波形

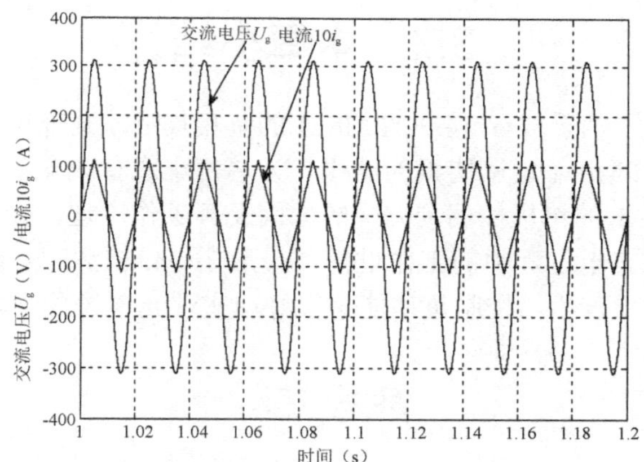

图 3-27　交流电压 U_g 与电流 $10i_g$ 的波形

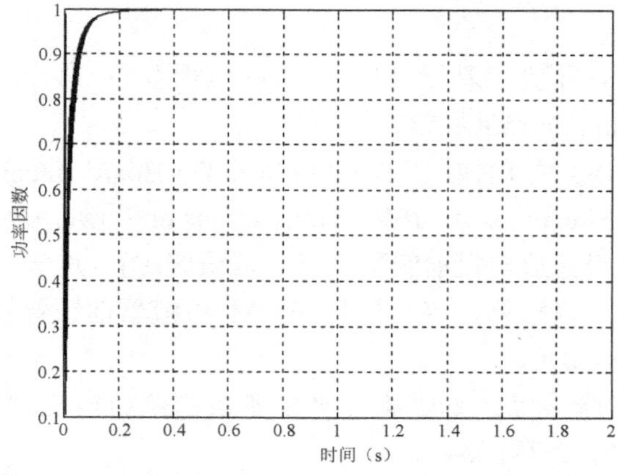

图 3-28　充电过程的功率因数

图 3-29 所示为直流电压 V_{dc} 稳定时的波形，充电过程中直流电压稳定在给定的期望值 500V 附近，满足系统的要求。

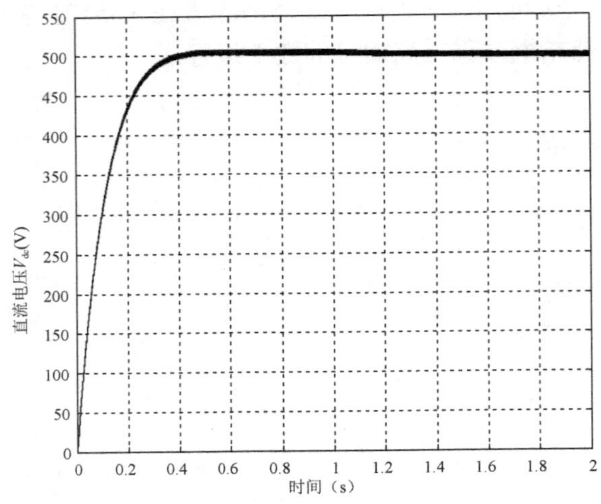

图 3-29 直流电压 V_{dc} 稳定时的波形

3.7 本章小结

本章首先简要介绍了基于双 Y 移 30°PMSM 的单相集成车载充电器的结构和工作过程；然后分析了双 Y 移 30°PMSM 定子绕组的结构，为单相集成车载充电器充电过程建立了数学模型，分析了使用 PWM 的单极性调制方式的原因及其工作原理，介绍了基于单相旋转变换的解耦控制策略及其在充电过程中的工作过程；最后在 MATLAB/Simulink 环境下对充电过程进行了建模仿真。结果表明，控制策略能够很好地实现充电过程中功率因数的控制。

参考文献

[1] 叶光辉．多相感应电机的设计研究[D]．长沙：湖南大学，2007．

[2] 刘洪文，才庆龙．六相双 Y 移 30°绕组结构及其应用优势[J]．防爆电机，2010，45(4):19-22．

[3] 罗华利，李民生，丁亮．基于 Maxwell 的六相双 Y 移 30°风力发电机的仿真分析[J]．机电工程，2013，30(12): 1536-1539．

[4] SUBOTIC I, BODO N, LEVI E. Single-Phase On-Board Integrated Battery Chargers for EVs Based on Multiphase Machines[J]．IEEE Transactions on Power Electronics, 2016:1-1．

[5] 苏东奇．单相车载充放电机前级可逆整流器研究[D]．重庆：重庆大学，2014．

[6] 余发山，刘根锋，张宏伟，等．单相 PWM 整流器前馈解耦控制策略研究[J]．电源技术，2016，40(10):2068-2070．

[7] 肖汉，曾岳南，唐雄民．基于旋转坐标变换的单相电压型 PWM 整流器系统仿真[J]．通信电源技术，2009，26(5):43-46．

[8] 王亮，王志新，陆斌锋．基于 Park 变换的单相光伏并网控制研究[J]．电气传动，2015，45(6):37-40．

[9] 孙毅超，赵剑锋，季振东，等．一种基于虚拟电路闭环的单相 PWM 整流器控制新方法[J]．电工技术学报，2013，28(12):222-230．

[10] 王恩德，黄声华．三相电压型 PWM 整流的新型双闭环控制策略[J]．中国电机工程学报，2012，32(15):24-30．

[11] 邹晓，易灵芝，张明和，等．光伏并网逆变器的定频滞环电流控制新方法[J]．电力自动化设备，2008，28(4):58-62．

[12] 年珩，於妮飒，曾嵘．不平衡电压下并网逆变器的预测电流控制技术[J]．电网技术，2013，37(5):1223-1229．

[13] 刘金琨．滑模变结构控制 MATLAB 仿真[M]．北京：清华大学出版社，2015．

[14] 杨兴武，姜建国．电压型 PWM 整流器预测直接功率控制[J]．中国电机工程学报，2011，31(3):34-39．

[15] 刘剑．六相永磁同步发电机控制技术研究[D]．哈尔滨：哈尔滨工业大学，2014．

第 4 章　单相集成车载充电器充电电流不平衡及减弱二次谐波影响的解耦控制

在单相集成车载充电器充电电流不平衡时，电机会发生转动，所以充电器充电电流不平衡的控制策略有两个作用，一是消除电机电流不平衡的影响，二是完成对充电器充电过程的解耦控制。另外，考虑到交流电流中含有大量谐波，使得电流波形近似为三角波，而不是正弦波，在单相 PWM 整流过程中，交流侧、直流侧的功率不平衡，会使直流电压中产生二次谐波，二次谐波脉动进入控制系统会导致交流电流产生大量谐波。综上所述，交流电流波形不理想也是功率不平衡导致的。

本章首先分析电流不平衡的原因，然后结合第 3 章建立的充电器充电过程在自然坐标系下的数学模型，给出其在旋转坐标系下的数学模型，接着给出电流不平衡时的解耦控制策略，最后进行验证。采用在电压控制环中加入带阻滤波器的方法，对输入控制系统的直流电压进行滤波，以减弱二次谐波对充电器性能的影响。

4.1　电流不平衡的原因

由于现有的设计和制造工艺的限制，电机在使用过程中都或多或少地存在电流不平衡现象。电流不平衡会对电机的性能造成严重影响，因此我国对用于生产生活的合格电机的电流不平衡度有着严格的要求。以三相电机为例，当三相电源的电流平衡、电机上有负载时，三相电流中任意一相与三相均值的偏差应小于或等于其均值的 10%；电机空载时，应小于或等于其均值的 30%。以下就电流不平衡的原因给予说明。

1．三相电压不平衡

当三相电压不平衡时，电机内部会产生逆序电流和磁场，进而产生很大的逆序转矩，导致电机各相电流分配产生不平衡，使某相的电流突然变大。当三相电压的不平衡度达到 5%时，可以导致电机某相电流比正常数值多出 25%左右[1]。三相电压不平衡的主要表现如下。

（1）变压器发生异常情况，使某相与其他两相发生较大的差别，导致输出的电源电压不平衡。

（2）通常情况下输电线路都很长，由于天气、温度、制造工艺等原因，导线的横截面积出现大小不均的现象，导致三条线路上产生了不同的电压降，造成电源电压不平衡。

（3）使用多相电的负载与使用单相电的负载混合使用，而且单相负载比多相负载多出很多（生活中的单相负载有很多，如家用电器、电焊机等），使电流过度集中在其中一相或两相上，导致每相上的电压载荷分布都不均，造成供电电源电压、电流不平衡。

2. 负载过重

电机处于过载状态，特别是启动时，电机的定子和转子上的电流会突然增大，导致发热严重，进而影响电机绕组的电阻、电感等。当过载的时间持续很长时，就会导致电流不平衡。负载过重主要表现如下。

（1）皮带、齿轮等传动机构过紧或过松。

（2）连接轴承的器件位置发生偏移，传动器件不能正常运转。

（3）润滑油干燥、润滑效果不好，轴承卡住不能正常工作，机器被锈蚀无法转动（其中包含电机本身的机械故障）。

（4）负载与电机不匹配，导致电机不能在额定功率下带动负载运转。

3. 定子、转子绕组故障

电机绕组出现匝间短路、局部接地、断路等故障，都会导致电机绕组中的一相或两相上的电流过大，使电流严重不平衡。定子、转子绕组故障表现如下。

（1）定子内膛中有尘土、异物、硬性创伤，导致匝间短路。

（2）定子绕组中发生断路。

（3）轴承、转子受到损伤后发生形变，导致定子与转子的导线发生摩擦，造成绝缘层损伤，导致导线间发生短路。

4. 操作、维护不当

设备维修人员不能定期完成电器的检查维修工作，使电机因人为原因出现漏电现象、缺相运行等，这是电流不平衡的主要原因。操作、维护不当主要表现如下。

（1）设备维修人员将火线、零线接反。

（2）进入器件的线路与接线盒的外壁发生接触，有漏电流产生。

（3）电机启动的频率过高，启动持续的时间太长或太短，导致熔丝烧断，缺相运行。

（4）电机使用的时间过长，缺少有效保养和维护，使电机老化，造成电机的绝缘层老化，导致短路。

本书研究的双 Y 移 30°PMSM 只涉及电机的定子电阻和电感，其他电流不平衡的原因先不予考虑。

4.2　电流不平衡时电机状态的分析

为了分析电流不平衡时电机的状态，对通过电机的电流进行矢量空间正交解耦变换，在静止坐标系下，电机 $\alpha\beta$ 子空间、z_1z_2 子空间、o_1o_2 子空间的解耦变换方程为

$$i_{\alpha\beta}=\sqrt{\frac{1}{3}}(i_{\mathrm{A}}+a^4 i_{\mathrm{B}}+a^8 i_{\mathrm{C}}+a i_{\mathrm{X}}+a^5 i_{\mathrm{Y}}+a^9 i_{\mathrm{Z}}) \tag{4-1}$$

$$i_{z1z2}=\sqrt{\frac{1}{3}}(i_{\mathrm{A}}+a^8 i_{\mathrm{B}}+a^4 i_{\mathrm{C}}+a^5 i_{\mathrm{X}}+a i_{\mathrm{Y}}+a^9 i_{\mathrm{Z}}) \tag{4-2}$$

$$\begin{cases} i_{o1} = \sqrt{\dfrac{1}{3}}(i_{\mathrm{A}} + i_{\mathrm{B}} + i_{\mathrm{C}}) \\ i_{o2} = \sqrt{\dfrac{1}{3}}(i_{\mathrm{X}} + i_{\mathrm{Y}} + i_{\mathrm{z}}) \end{cases} \tag{4-3}$$

式中，$a = \cos\dfrac{\pi}{6} + \mathrm{j}\sin\dfrac{\pi}{6}$；$i_{\mathrm{A}}$、$i_{\mathrm{B}}$、$i_{\mathrm{C}}$、$i_{\mathrm{X}}$、$i_{\mathrm{Y}}$、$i_{\mathrm{Z}}$分别为电机 A、B、C、X、Y、Z 相的电流。

在充电电流不平衡时，电机中至少有一相的电阻或电感与其他相不相等。设有且只有一相——A 相的电阻与其他相不相等，此时电机电流的关系为

$$\begin{cases} i_{\mathrm{A}} \neq i_{\mathrm{B}} = i_{\mathrm{C}} \\ i_{\mathrm{X}} = i_{\mathrm{Y}} = i_{\mathrm{Z}} \\ i_{\mathrm{A}} + i_{\mathrm{B}} + i_{\mathrm{C}} = i_{\mathrm{g}} \\ i_{\mathrm{X}} + i_{\mathrm{Y}} + i_{\mathrm{Z}} = -i_{\mathrm{g}} \end{cases} \tag{4-4}$$

将式（4-4）代入式（4-1）～式（4-3）可得

$$i_{\alpha\beta} = i_{\mathrm{A}} - i_{\mathrm{B}} \tag{4-5}$$

$$i_{z1z2} = i_{\mathrm{A}} - i_{\mathrm{B}} \tag{4-6}$$

$$\begin{cases} i_{o1} = \sqrt{\dfrac{1}{3}} i_{\mathrm{g}} \\ i_{o2} = -\sqrt{\dfrac{1}{3}} i_{\mathrm{g}} \end{cases} \tag{4-7}$$

当电流不平衡时，由式（4-5）和式（4-6）可知，$i_{\alpha\beta} \neq 0$、$i_{z1z2} \neq 0$，所以电机在充电过程中会发生转动，而且电机电流中的z_1z_2子空间的电流谐波无法得到有效滤除。

4.3 电流不平衡时在旋转坐标系下的数学模型

4.3.1 电流不平衡时的数学模型

由式（4-7）可知，$\sqrt{3}i_{o1} = i_{\mathrm{g}}$、$\sqrt{3}i_{o2} = -i_{\mathrm{g}}$，而且$i_o$与$i_{\mathrm{g}}$同相位，所以对$i_{o1}$和$i_{o2}$的控制可以等效为对充电过程中交流电流$i_{\mathrm{g}}$的控制。当通过控制器，电流$i_{\alpha\beta}$和$i_{z1z2}$趋近于 0 时，充电器充电过程可以等效为单相整流电路，如图 4-1 所示。

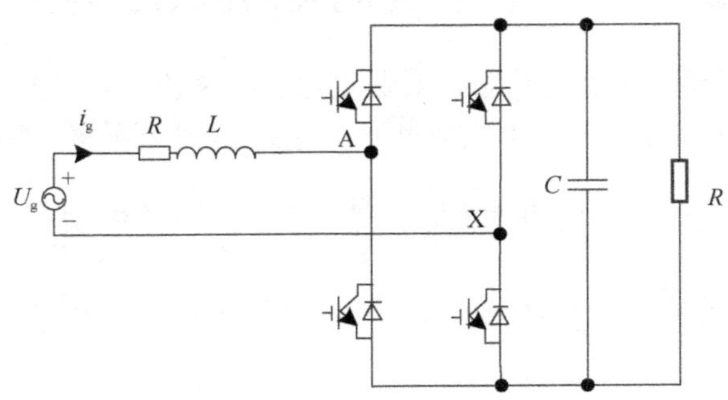

图 4-1　充电器充电过程的等效电路

该等效电路与充电器之间的数量关系为

$$\begin{cases} i_{\mathrm{g}} = \sqrt{3} i_{o1} = -\sqrt{3} i_{o2} \\ R = \dfrac{R_{\mathrm{A}} R_{\mathrm{s}}}{R_{\mathrm{s}} + 2R_{\mathrm{A}}} + \dfrac{R_{\mathrm{s}}}{3} \\ L = \dfrac{2}{3} L_{\mathrm{s}} \end{cases} \tag{4-8}$$

式中，R_{s} 为 B、C、X、Y、Z 相电阻；R_{A} 为 A 相电阻；L_{s} 为电机定子绕组的电感。

对图 4-1 中电路的交流侧列 KVL 方程，有

$$U_{\mathrm{g}} = Ri_{\mathrm{g}} + L\frac{\mathrm{d}i_{\mathrm{g}}}{\mathrm{d}t} + U_{\mathrm{AX}} \tag{4-9}$$

将任意单位正弦量 $x(t)$ 分解后可得

$$x(t) = X\cos(\omega t + \varphi) = X\cos(\omega t)\cos\varphi - X\sin(\omega t)\sin\varphi \tag{4-10}$$

令 $x_d = X\cos\varphi$，$x_q = X\sin\varphi$，则

$$x(t) = x_d\cos(\omega t) - x_q\sin(\omega t) \tag{4-11}$$

式中，x_d 和 x_q 可以看作旋转坐标系下的直流分量；$x(t)$ 为静止坐标系下的交流分量。为满足 iPark 变换[2]的两个正交交流分量的要求，需要虚拟一个与 $x(t)$ 正交的交流量。将 $x(t)$ 当作现有的交流电流 i_{g} 时，虚拟电流 i_{s} 通过 $x(t)$ 滞后 $\dfrac{\pi}{2}$ 得到，如图 4-2 所示。

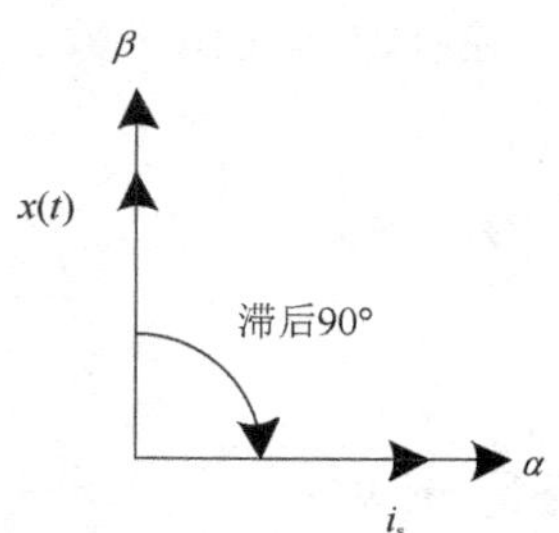

图 4-2　虚拟电流 i_{s}

取 $i_{\mathrm{g}} = x(t) = I_{\mathrm{m}}\cos(\omega t + \theta)$，则

$$i_{\mathrm{s}} = I_{\mathrm{m}}\cos\left(\omega t + \varphi - \frac{\pi}{2}\right) = I_{\mathrm{m}}\sin(\omega t + \varphi) \tag{4-12}$$

将电流 i_{g}、i_{s} 的分解以矩阵的形式写出，得到

$$\begin{bmatrix} i_{\mathrm{g}} \\ i_{\mathrm{s}} \end{bmatrix} = \begin{bmatrix} \cos\omega t & -\sin\omega t \\ \sin\omega t & \cos\omega t \end{bmatrix} \begin{bmatrix} i_d \\ i_q \end{bmatrix} \tag{4-13}$$

或

$$\begin{bmatrix} i_d \\ i_q \end{bmatrix} = \begin{bmatrix} \cos\omega t & \sin\omega t \\ -\sin\omega t & \cos\omega t \end{bmatrix} \begin{bmatrix} i_{\mathrm{g}} \\ i_{\mathrm{s}} \end{bmatrix} \tag{4-14}$$

等效电路中的电压、电流关系为

$$\begin{cases} U_{\mathrm{g}} = U_{\mathrm{m}}\cos(\omega t) \\ i_{\mathrm{g}} = i_d\cos(\omega t) - i_q\sin(\omega t) \\ U_{\mathrm{AX}} = U_{\mathrm{AX}d}\cos(\omega t) - U_{\mathrm{AX}q}\sin(\omega t) \end{cases} \tag{4-15}$$

将式（4-15）代入式（4-9），可得

$$\begin{cases} U_{\mathrm{AX}d} = U_{\mathrm{m}} + \omega L i_q - R i_d - L\dfrac{\mathrm{d}i_d}{\mathrm{d}t} \\ U_{\mathrm{AX}q} = -\omega L i_d - R i_q - L\dfrac{\mathrm{d}i_q}{\mathrm{d}t} \end{cases} \tag{4-16}$$

式（4-16）是充电器充电过程的等效电路在旋转坐标系下的数学模型。

4.3.2 电流内环的解耦

由式（4-16）可知，充电过程在旋转坐标系下的数学模型存在耦合现象。为了在控制环节中解决这一问题，需要对模型进行解耦变换。本节拟采用电流前馈的解耦方案[3]，并且使用 PI 控制器进行控制，电压分量$U_{\mathrm{AX}d}$和$U_{\mathrm{AX}q}$的控制方程为

$$\begin{cases} U_{\mathrm{AX}d} = -\left(K_{\mathrm{ip}} + \dfrac{K_{\mathrm{ii}}}{s}\right)(i_d^* - i_d) + \omega L i_q + U_{\mathrm{m}} \\ U_{\mathrm{AX}q} = -\left(K_{\mathrm{ip}} + \dfrac{K_{\mathrm{ii}}}{s}\right)(i_q^* - i_q) - \omega L i_d \end{cases} \tag{4-17}$$

式中，K_{ip}、K_{ii}是电流控制环中 PI 控制器的比例系数、积分系数；i_d^*、i_q^*是电流有功分量i_d、无功分量i_q的期望值。

式（4-17）所示的解耦环节如图 4-3 所示。

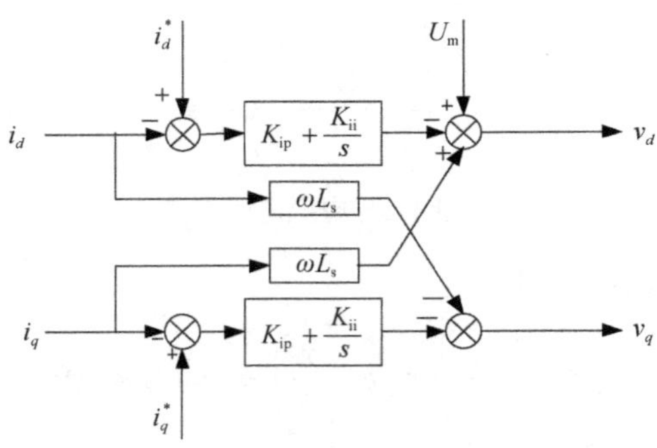

图 4-3　电流内环的解耦

在图 4-3 所示的电流内环的解耦中，输入为解耦后的电流有功分量i_d、无功分量i_q，以及其期望值i_d^*和i_q^*，将电流有功分量和无功分量与其期望值进行比较，得到差值$i_d^* - i_d$和$i_q^* - i_q$，通过 PI 控制器，电流分量趋近于其期望值。电压有功分量为$U_{\mathrm{m}} + \omega L_{\mathrm{s}} i_q - (i_d^* - i_d)\left(K_{\mathrm{ip}} + \dfrac{K_{\mathrm{ii}}}{s}\right)$，无功分量为$-\omega L_{\mathrm{s}} i_d - (i_q^* - i_q)\left(K_{\mathrm{ip}} + \dfrac{K_{\mathrm{ii}}}{s}\right)$。

将式（4-17）代入式（4-16）可得，电流平衡方程为

$$\begin{cases} L\dfrac{\mathrm{d}i_d}{\mathrm{d}t} = -Ri_d - \left(K_{\mathrm{ip}} + \dfrac{K_{\mathrm{ii}}}{s}\right)(i_d^* - i_d) \\ L\dfrac{\mathrm{d}i_q}{\mathrm{d}t} = -Ri_q - \left(K_{\mathrm{ip}} + \dfrac{K_{\mathrm{ii}}}{s}\right)(i_q^* - i_q) \end{cases} \tag{4-18}$$

由式（4-18）可知，电流内环采用解耦控制时，电流平衡方程的电流在旋转坐标系下不再耦合。

4.4　电流不平衡时的解耦控制策略

由前文的分析可知，电流不平衡时，参与机电能量转换的子平面电流 $i_{\alpha\beta}$ 和谐波子平面电流 i_{z1z2} 不为 0。所以对电流不平衡时充电器的充电控制需要完成两方面的功能，一方面为消除电流不平衡的影响，控制电流 $i_{\alpha\beta}$ 和 i_{z1z2} 为 0，保证电机在充电过程中静止不转，达到控制电机电流谐波含量的目的；另一方面为完成充电器充电过程的控制。

电流不平衡时的解耦控制策略分为两部分，如图 4-4 所示。第一部分的控制策略：电流期望值给定为 0，通过 PI 控制器，电流 i_α、i_β、i_{z1}、i_{z2} 趋近于 0，得到电压 V_α、V_β、V_{z1}、V_{z2}；第二部分的控制策略：采用基于单相旋转变换的解耦控制策略完成对零序电流的控制。

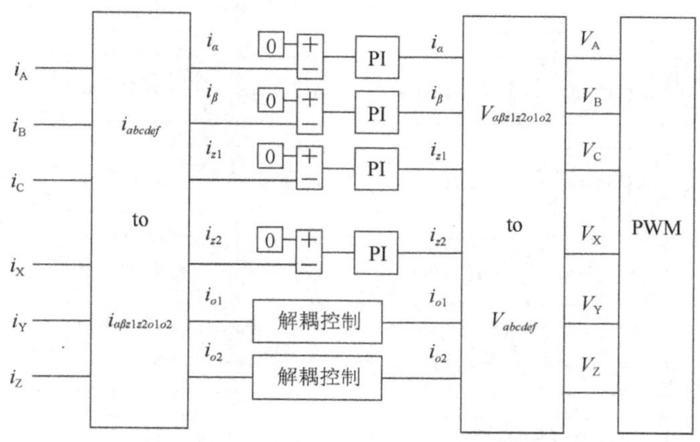

图 4-4　电流不平衡时的解耦控制策略

在图 4-4 中，电机电流 i_A、i_B、i_C、i_X、i_Y、i_Z 经过解耦变换，得到电流 i_α、i_β、i_{z1}、i_{z2}、i_{o1}、i_{o2}（见图 4-5）。通过 PI 控制器，电流 i_α 和 i_β 趋近于 0，实现电机静止不转；电流 i_{z1} 和 i_{z2} 趋近于 0，实现对电机电流谐波含量的控制；通过基于单相旋转变换的解耦控制策略，实现对 i_{o1} 和 i_{o2} 的控制，得到零序电压 V_{o1} 和 V_{o2}。将电压 V_α、V_β、V_{z1}、V_{z2}、V_{o1}、V_{o2} 输入六相反解耦变换模块，得到电机电压 V_A、V_B、V_C、V_X、V_Y、V_Z（见图 4-6），之后将电压输入 PWM 模块，实现充电器的电流不平衡控制。

式（2-53）的矢量解耦变换矩阵将自然坐标系下的电流变换到静止坐标系下，如图 4-5 所示。

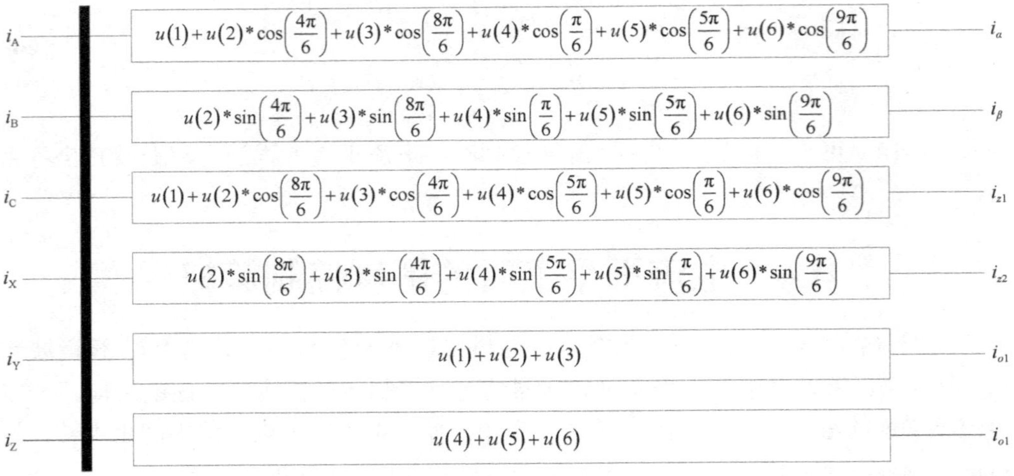

i_A
$u(1)+u(2)*\cos\left(\frac{4\pi}{6}\right)+u(3)*\cos\left(\frac{8\pi}{6}\right)+u(4)*\cos\left(\frac{\pi}{6}\right)+u(5)*\cos\left(\frac{5\pi}{6}\right)+u(6)*\cos\left(\frac{9\pi}{6}\right)$
i_α
i_B
$u(2)*\sin\left(\frac{4\pi}{6}\right)+u(3)*\sin\left(\frac{8\pi}{6}\right)+u(4)*\sin\left(\frac{\pi}{6}\right)+u(5)*\sin\left(\frac{5\pi}{6}\right)+u(6)*\sin\left(\frac{9\pi}{6}\right)$
i_β
i_C
$u(1)+u(2)*\cos\left(\frac{8\pi}{6}\right)+u(3)*\cos\left(\frac{4\pi}{6}\right)+u(4)*\cos\left(\frac{5\pi}{6}\right)+u(5)*\cos\left(\frac{\pi}{6}\right)+u(6)*\cos\left(\frac{9\pi}{6}\right)$
i_{z1}
i_X
$u(2)*\sin\left(\frac{8\pi}{6}\right)+u(3)*\sin\left(\frac{4\pi}{6}\right)+u(4)*\sin\left(\frac{5\pi}{6}\right)+u(5)*\sin\left(\frac{\pi}{6}\right)+u(6)*\sin\left(\frac{9\pi}{6}\right)$
i_{z2}
i_Y
$u(1)+u(2)+u(3)$
i_{o1}
i_Z
$u(4)+u(5)+u(6)$
i_{o1}

图 4-5　电机电流解耦变换

同理，式（2-53）的逆矩阵可以通过反解耦变换将静止坐标系下的电压变换到自然坐标系下，如图 4-6 所示。

V_α
$\sqrt{\frac{1}{3}}\left[u(1)+u(3)+u(5)\right]$
V_A
V_β
$\sqrt{\frac{1}{3}}\left[u(1)*\cos\left(\frac{4\pi}{6}\right)+u(2)*\cos\left(\frac{4\pi}{6}\right)+u(3)*\cos\left(\frac{8\pi}{6}\right)+u(4)*\cos\left(\frac{8\pi}{6}\right)+u(5)\right]$
V_B
V_{z1}
$\sqrt{\frac{1}{3}}\left[u(1)*\cos\left(\frac{8\pi}{6}\right)+u(2)*\cos\left(\frac{8\pi}{6}\right)+u(3)*\cos\left(\frac{4\pi}{6}\right)+u(4)*\cos\left(\frac{4\pi}{6}\right)+u(5)\right]$
V_C
V_{z2}
$\sqrt{\frac{1}{3}}\left[u(1)*\cos\left(\frac{\pi}{6}\right)+u(2)*\cos\left(\frac{\pi}{6}\right)+u(3)*\cos\left(\frac{5\pi}{6}\right)+u(4)*\cos\left(\frac{5\pi}{6}\right)+u(6)\right]$
V_X
V_{o1}
$\sqrt{\frac{1}{3}}\left[u(1)*\cos\left(\frac{5\pi}{6}\right)+u(2)*\cos\left(\frac{5\pi}{6}\right)+u(3)*\cos\left(\frac{\pi}{6}\right)+u(4)*\cos\left(\frac{\pi}{6}\right)+u(6)\right]$
V_Y
V_{o1}
$\sqrt{\frac{1}{3}}\left[u(1)*\cos\left(\frac{9\pi}{6}\right)+u(2)*\cos\left(\frac{9\pi}{6}\right)+u(3)*\cos\left(\frac{9\pi}{6}\right)+u(4)*\cos\left(\frac{9\pi}{6}\right)+u(6)\right]$
V_Z

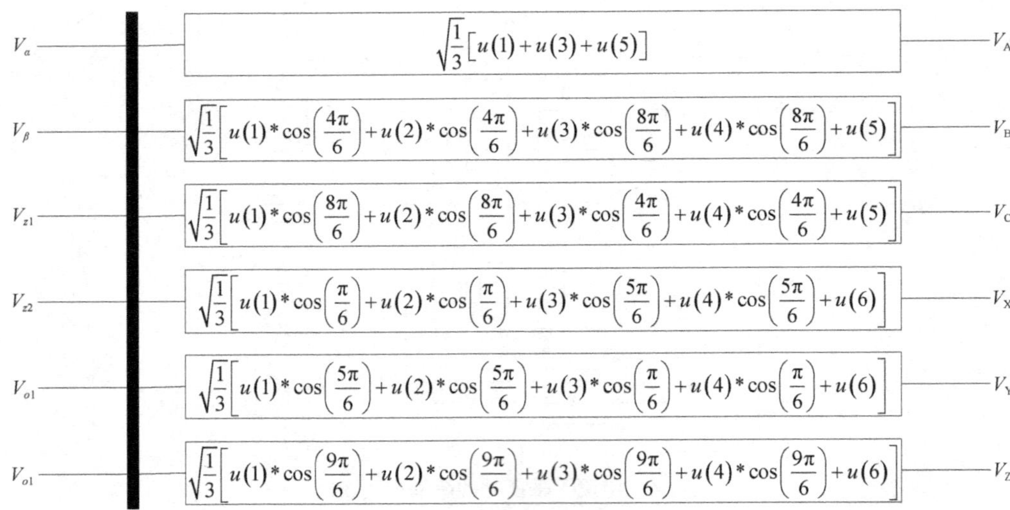

图 4-6　电机电压反解耦变换

在图 4-7 中，$\sqrt{3}i_0$ 与交流电流 i_g 大小、相位相等，将 $\sqrt{3}i_0$ 滞后 90°得到与电流 i_g 互相正交的电流 i_s，通过坐标变换将电流 i_g 和 i_s 由静止坐标系变换到旋转坐标系（见图 4-8），得到电流有功分量 i_d 和无功分量 i_q，i_d 的期望值由电压外环得到，i_q 的期望值给定为 0，之后经过电流内环的解耦环节得到电压 V_{AXd} 和 V_{AXq}，电压 V_{AXd} 和 V_{AXq} 由旋转坐标系变换到静止坐标系（见图 4-9），得到电压 V_{AX}，再将电压乘以 $\sqrt{\frac{1}{3}}$ 得到零序电压 V_0，完成零序电流的解耦控制。

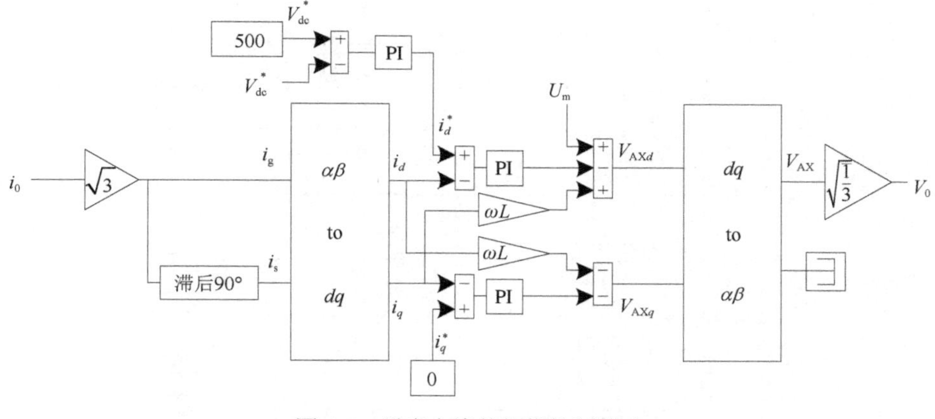

图 4-7　零序电流的解耦控制策略

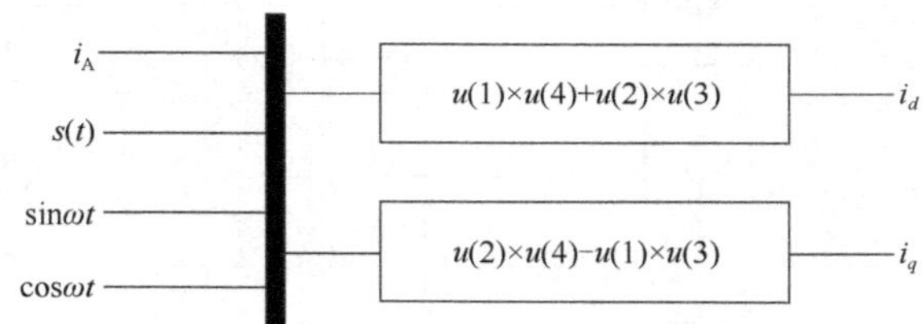

图 4-8　静止坐标系变换到旋转坐标系

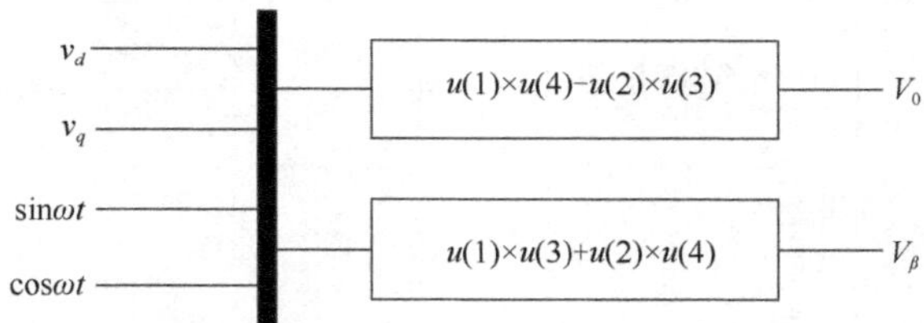

图 4-9　旋转坐标系变换到静止坐标系

4.5　建模与仿真

4.5.1　解耦控制的仿真模型

由前文分析可知，充电电流不平衡时的解耦控制策略在 MATLAB/Simulink 环境下的模型如图 4-10 所示，包括电机电流解耦变换模块、控制系统模块、电机电压反解耦变换模块和 PWM 模块。在图 4-10 中，先将电流测量模块测得的电机电流输入电机电流解耦变换模块，得到解耦后的 6 个电机电流；再将解耦后的电机电流、电压测量模块测得的单相电网的电压和直流电压输入控制系统模块，得到 6 个解耦后的电机电压；接着将解耦后的电机电压输入电机电压反解耦变换模块，得到电机的 6 个相电压；再接着将相电压输入 PWM 模块，得到 12 路开关信号；最后将开关信号对应输送给 12 只开关管，完成充电过程电流不平衡时的解耦控制。

控制系统模块如图 4-11 所示。图 4-11 中的电流控制系统模块如图 4-12 所示。

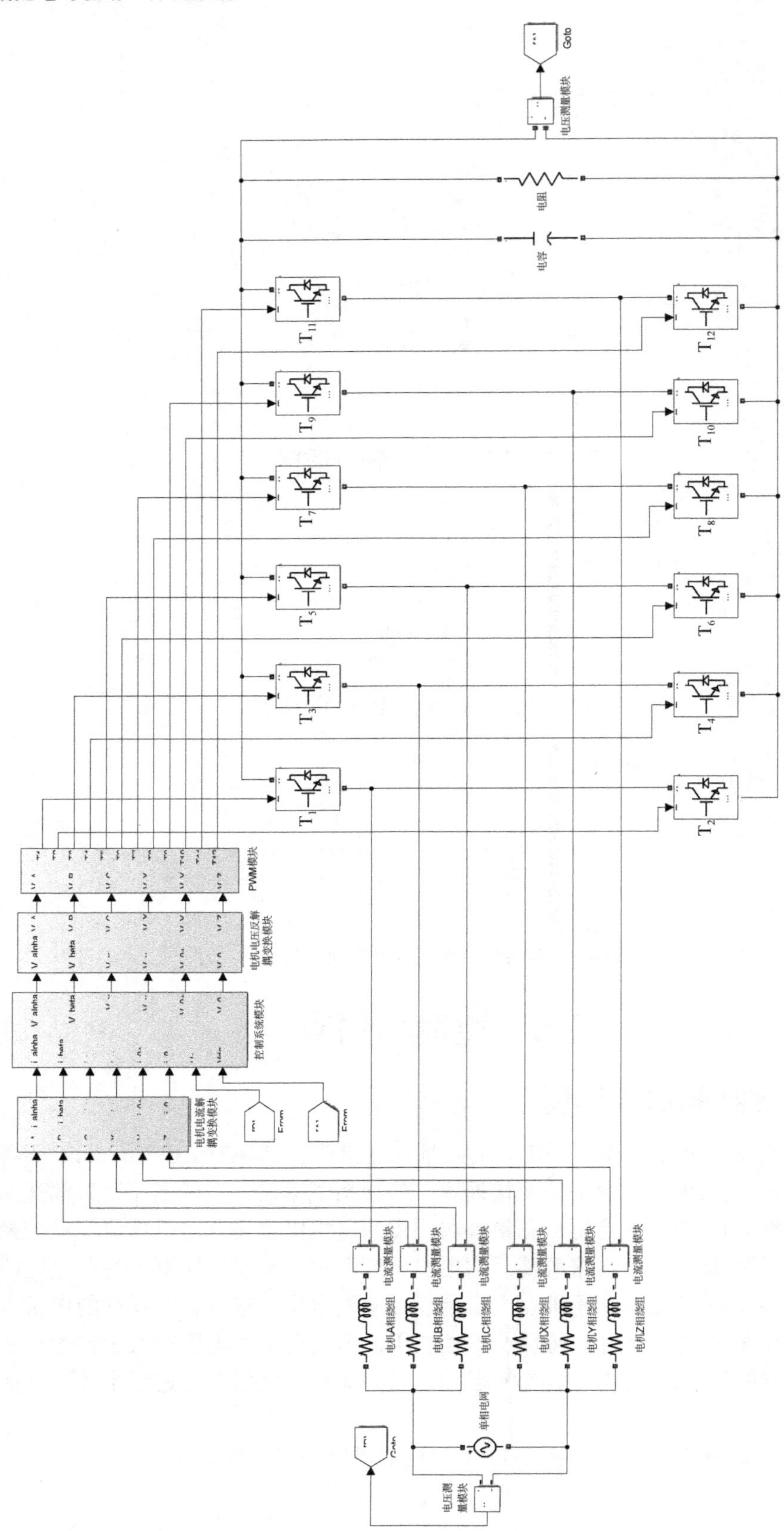

图 4-10 电流不平衡时的充电仿真模型

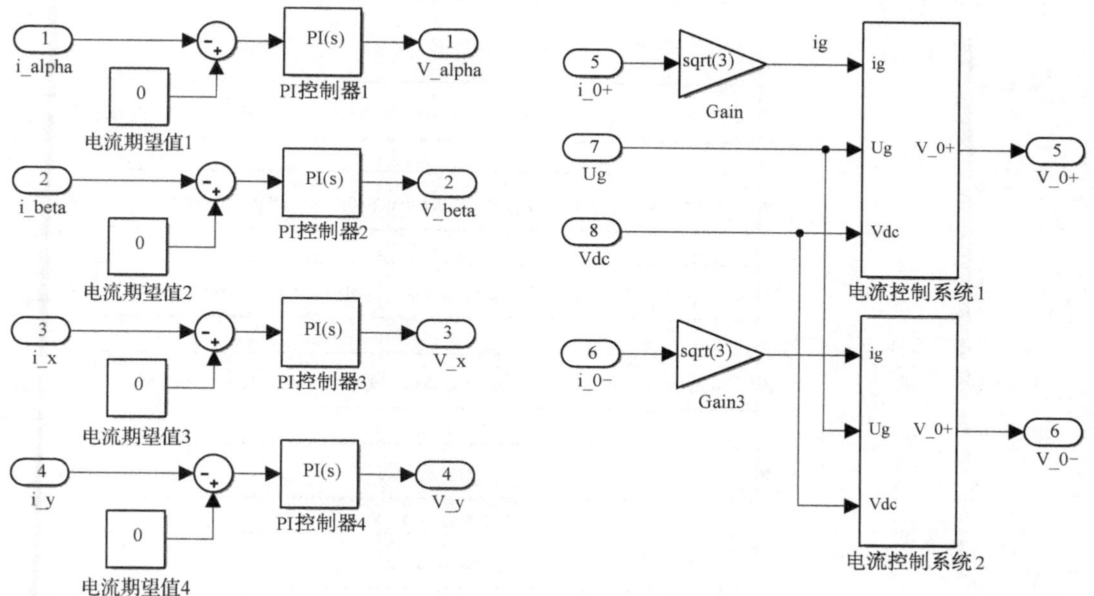

图 4-11　控制系统模块

在图 4-11 中，输入控制系统模块的解耦后的电机电流i_alpha、i_beta、i_x和i_y，经过与给定期望值 0 进行比较后，通过 PI 控制器控制得到对应解耦后的电机电压V_alpha、V_beta、V_x和V_y；将电机电流i_0+、i_0−乘以sqrt(3)电流控制系统模块，得到解耦后的电机电压V_0+和V_0−。

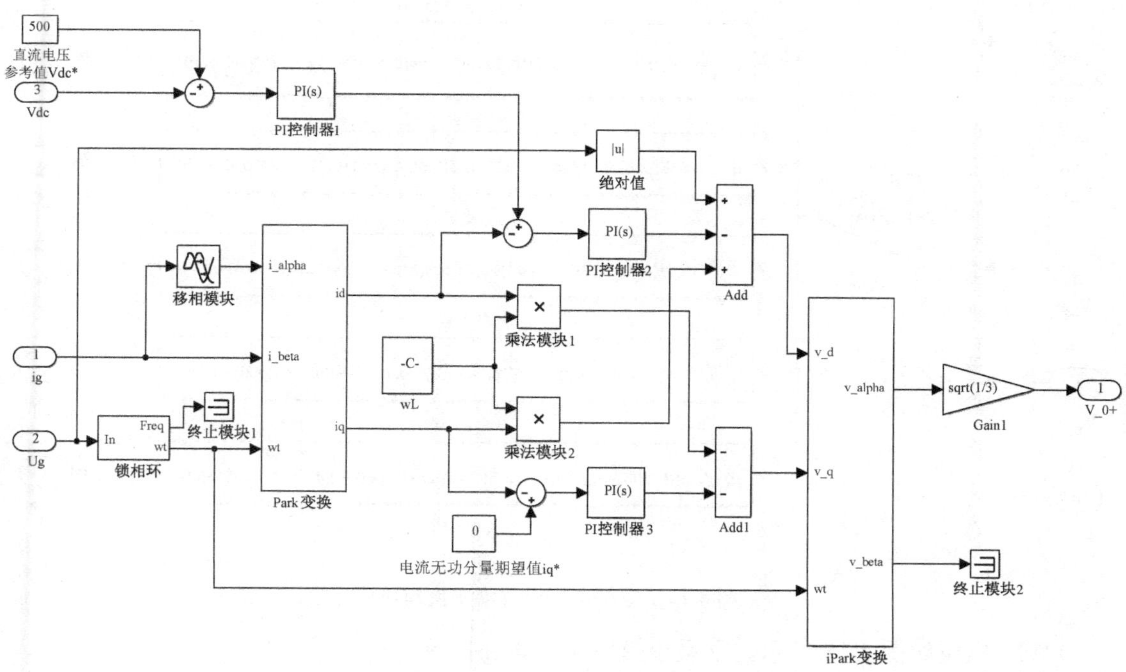

图 4-12　电流控制系统模块

电机电流解耦变换模块如图 4-13 所示。电机电压反解耦变换模块如图 4-14 所示。

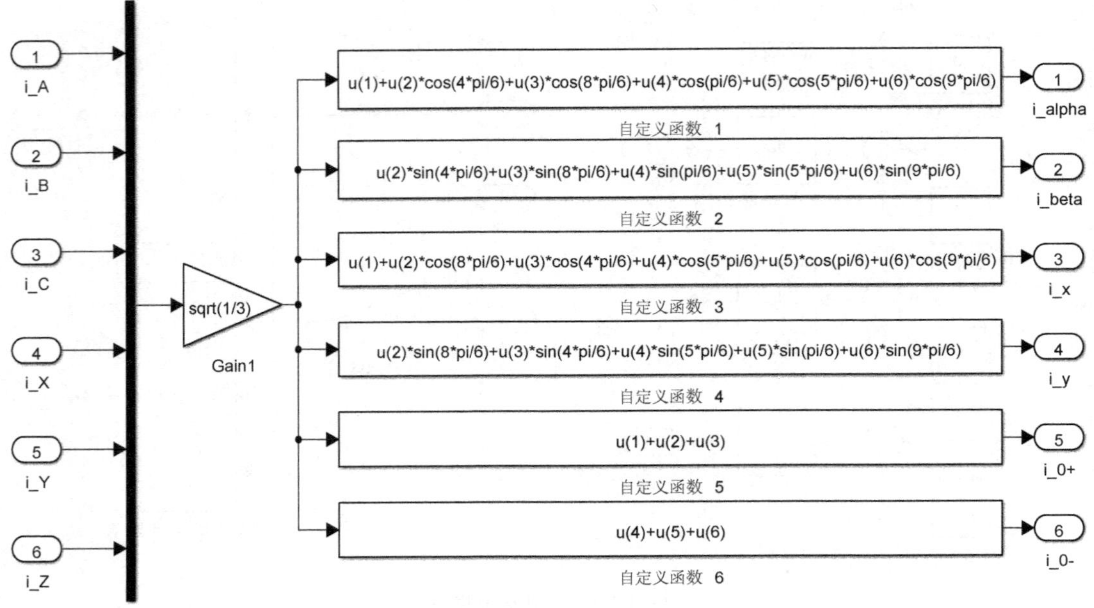

图 4-13　电机电流解耦变换模块

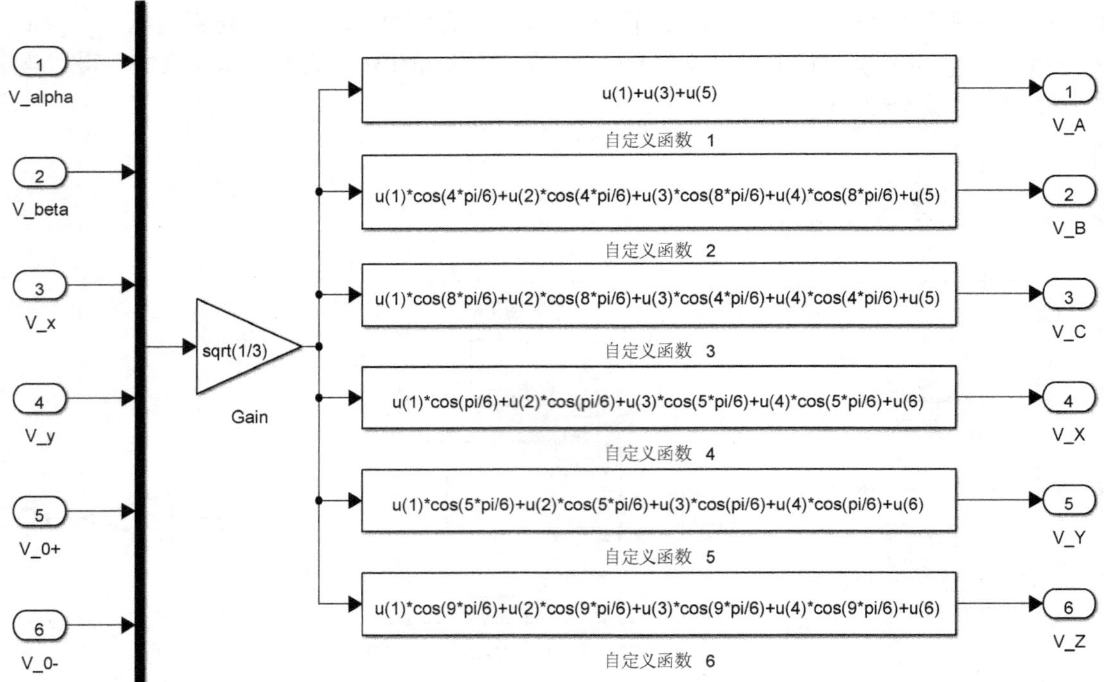

图 4-14　电机电压反解耦变换模块

PWM 模块如图 4-15 所示。子系统模块如图 4-16 所示。

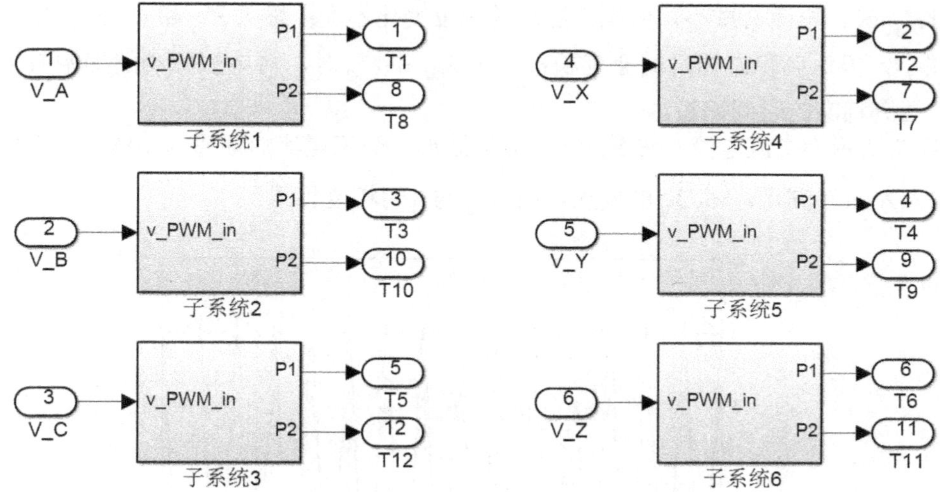

图 4-15　PWM 模块

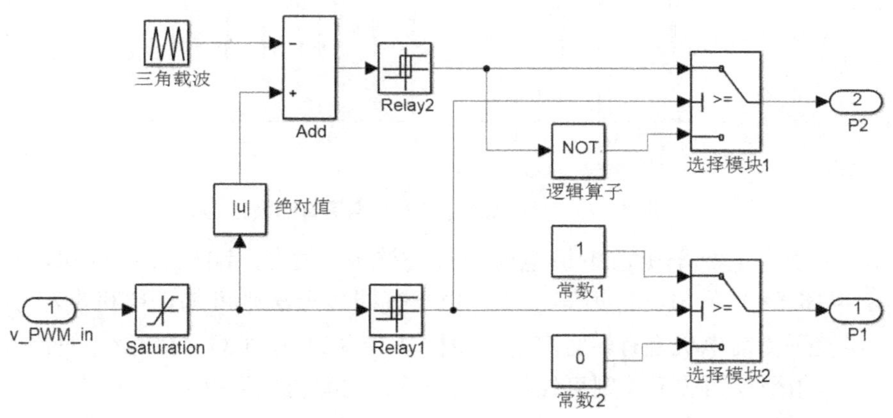

图 4-16　子系统模块

4.5.2　仿真结果与分析

在仿真过程中，给定的电网电压是理想电压，$U_g = 220\text{V}$，频率为工频 50Hz；双 Y 移 30°PMSM 的定子电感 $L_s = 15\text{mH}$，电机 A 相电阻 $R_A = 3\Omega$，其他五相的电阻 $R_s = 2.4\Omega$；充电器直流电容 $C = 90\text{mF}$，直流电阻 $R_L = 20\Omega$，开关管选用理想 IGBT（Insulated Gate Bipolar Transistor，绝缘栅双极晶体管），其开关频率 $f = 10\text{kHz}$；直流期望电压 $V_{dc}^* = 500\text{V}$，电流无功分量期望值 $i_q^* = 0$；$K_{up} = 80$，$K_{ui} = 1.65$，$K_{ip1} = 25$，$K_{ii1} = 6.25$，$K_{ip2} = 10$，$K_{ii2} = 0.001$。

在仿真过程中，增大 K_{up} 时，直流电压会缓慢增大，电压波动的幅度会显著增大；减小 K_{up} 时，直流电压会显著减小，但是电压波动的幅度变化不大；增大 K_{ui} 时，电压波动的幅度会减小，但是达到稳态的时间会显著延长；减小 K_{ui} 时，对电压波动的抑制效果会减小，但达到稳态的时间会延长；增大 K_{ip1} 和 K_{ip2} 时，电流会增大，电流脉动的幅度显著增大；减

小 K_{ip1} 和 K_{ip2} 时，电流会减小，但电流脉动的幅度变化不大；增大 K_{ii1} 和 K_{ii2} 时，电流脉动的幅度会减小，但达到稳态的时间会延长；减小 K_{ii1} 和 K_{ii2} 时，对电流脉动的抑制效果会显著减小，但达到稳态的时间缩短。

图 4-17 所示为交流电流 i_g 与零序电流 i_0 的波形，交流电流的幅值为 10A，零序电流的幅值为 5.77A 左右，满足 $i_g = \sqrt{3}i_0$ 的要求，而且 i_g 与 i_0 的相位相同。

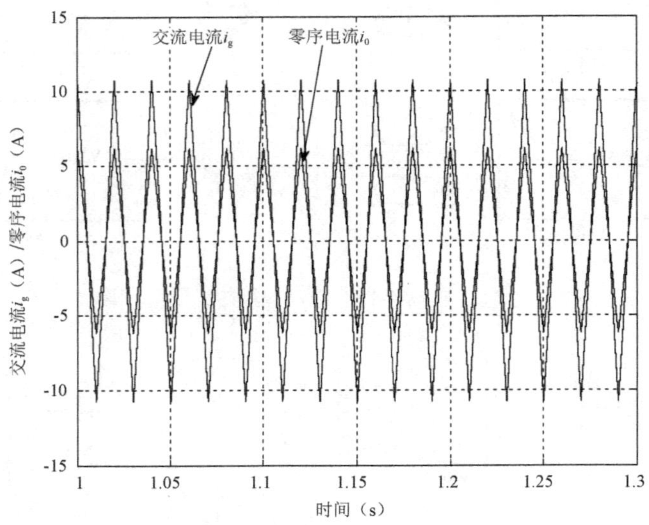

图 4-17　交流电流 i_g 与零序电流 i_0 的波形

图 4-18 所示为电流平衡前电机电流分量的波形。由图 4-18（a）可知，i_α 的幅值为 3.1A，由图 4-18（b）可知，i_β 恒等于 0，由平行四边形法则可知，电机电流 $i_{\alpha\beta}$ 的幅值为 3.1A，所以电流平衡前电机上有转矩产生。由图 4-18（c）与（d）可知，i_x 的幅值为 3.1A，i_y 的幅值为 0，由平行四边形法则可知，电机电流 i_x 的幅值也为 3.1A，所以电流平衡前通过电机电流的谐波不能得到有效地滤除。

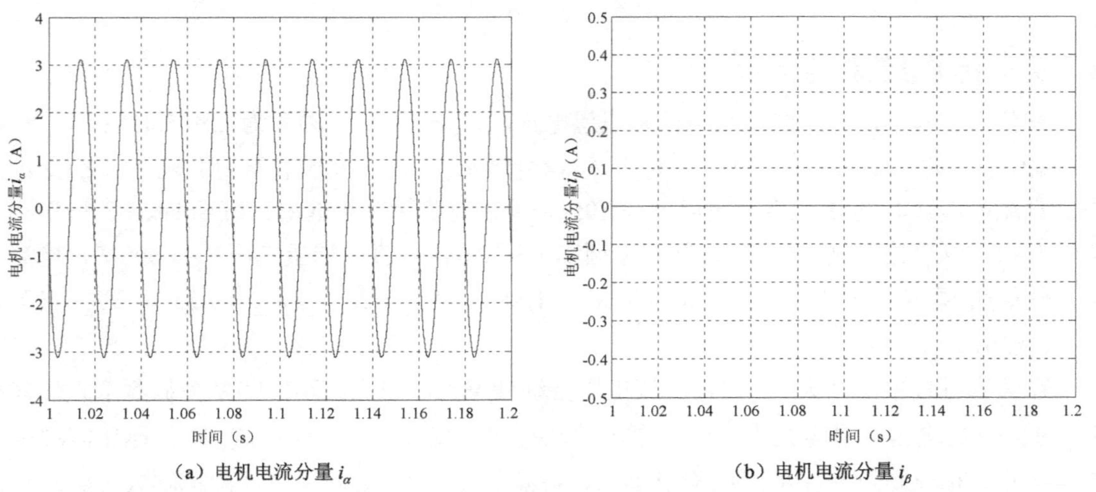

（a）电机电流分量 i_α　（b）电机电流分量 i_β

图 4-18　电流平衡前电机电流分量的波形

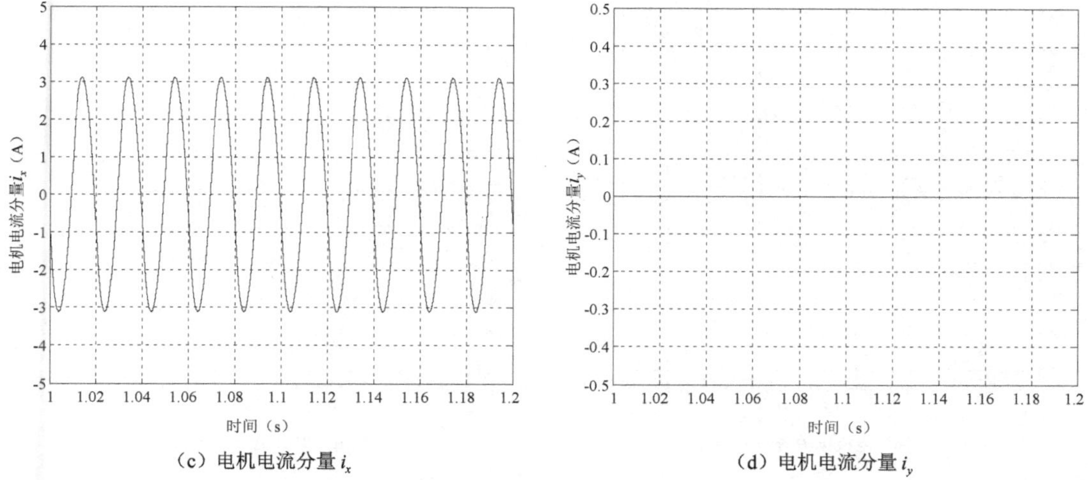

（c）电机电流分量 i_x　　（d）电机电流分量 i_y

图 4-18　电流平衡前电机电流分量的波形（续）

图 4-19 所示为电流平衡后电机电流分量的波形。由图 4-19（a）与（b）可知，电流平衡后 i_α 的幅值约为 0.05A，i_β 的幅值为 0，由平行四边形法则可知，电机电流 $i_{\alpha\beta}$ 的幅值约为 0.05A，与平衡前的 3.1A 相比可以认为等于 0，所以电机会静止不转；由图 4-19（c）与（d）可知，电流平衡后 i_{z1} 的幅值约为 0.05A，i_{z2} 的幅值为 0，由平行四边形法则可知，电机电流 i_{z1z2} 的幅值为 0.05A，所以电流通过电机时，可以有效滤除 z_1z_2 子空间的电流谐波。

图 4-20 所示为交流电压 U_g 与电流 $10i_g$ 的波形。交流电压 U_g 与电流 $10i_g$ 的相位相同，但是电流 $10i_g$ 近似为三角波，不是理想的正弦波，由单相 PWM 整流器的经验可知，这是因为电流 $10i_g$ 中含有大量谐波，将在第 5 章予以讨论。图 4-21 所示为充电过程中的功率因数变化图。充电器稳定工作时，功率因数等于 1，所以可以认为充电器在单位功率因数下运行。

图 4-22 所示为直流电压 V_{dc} 的波形。直流电压在 500V 附近波动，满足系统要求。

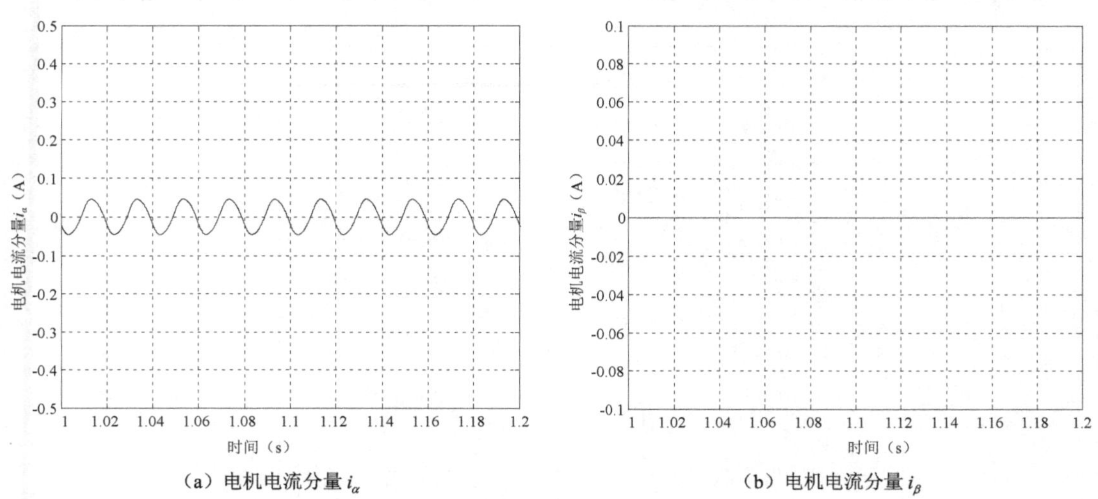

（a）电机电流分量 i_α　　（b）电机电流分量 i_β

图 4-19　电流平衡后电机电流分量的波形

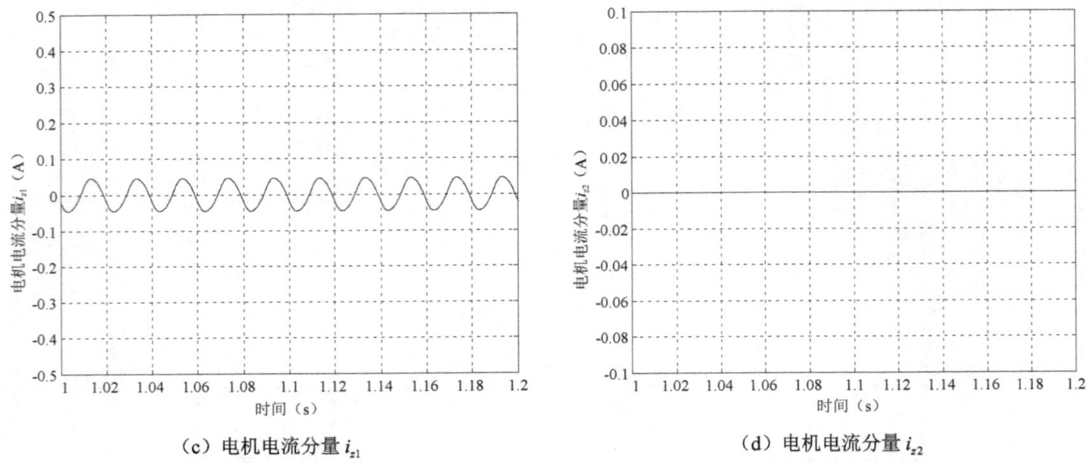

（c）电机电流分量 i_{z1} （d）电机电流分量 i_{z2}

图 4-19 电流平衡后电机电流分量的波形（续）

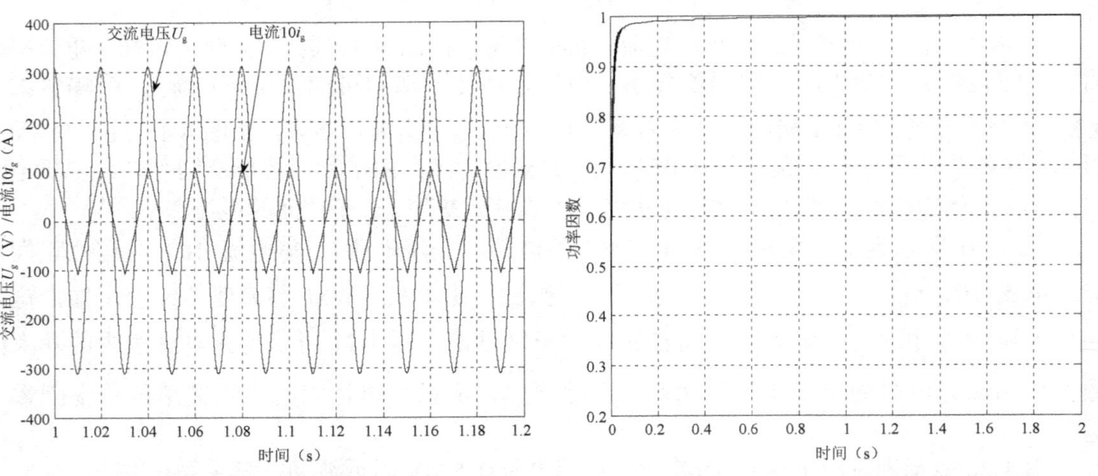

图 4-20 交流电压 U_g 和电流 $10i_g$ 的波形

图 4-21 充电过程中的功率因数变化图

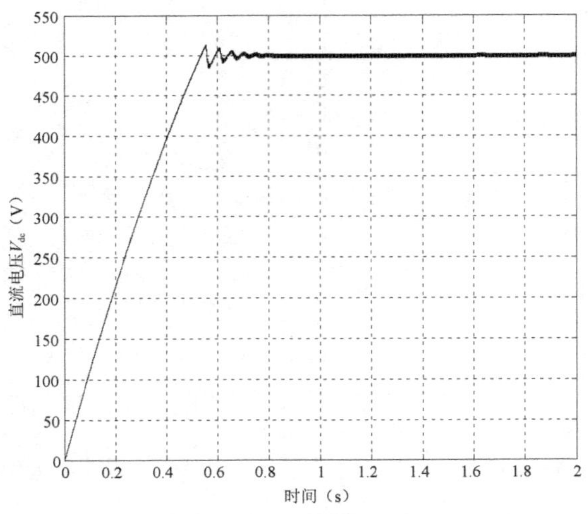

图 4-22 直流电压 V_{dc} 的波形

4.6 直流电压侧的二次谐波脉动

直流电压侧的二次谐波脉动是由交流侧与直流侧的瞬时功率不平衡导致的。假设在单相集成车载充电器充电过程中，交流电压U_g，电流i_g。电机电流i_A、i_B、i_C、i_X、i_Y、i_Z均为理想的正弦波，则电压、电流和电机电流的表达式为

$$U_g = U_m \cos(\omega t) \tag{4-19}$$

$$i_g = I_m \cos(\omega t+\theta) \tag{4-20}$$

$$i_A = i_B = i_C = \frac{1}{3} i_g \tag{4-21}$$

$$i_X = i_Y = i_Z = -\frac{1}{3} i_g \tag{4-22}$$

其中，U_m是交流电压的幅值；I_m是交流电流的幅值；θ是交流电流的相位角，充电过程中的功率因数越高，θ越接近于0。

根据式（4-19）～式（4-22）可以求出充电器交流侧的瞬时功率为

$$\begin{aligned}
P_{ac} &= U_g i_g - \left\{ 2 i_A^2 R_s + 2 \frac{d}{dt}\left[\frac{1}{2} L_s i_A^2\right] \right\} \times 3 \\
&= U_m I_m \cos(\omega t)\cos(\omega t+\theta) - \frac{2}{3} I_m^2 \cos(\omega t+\theta)\left[\cos(\omega t+\theta) - \omega L_s \sin(\omega t+\theta)\right] \\
&= \left(\frac{1}{2} U_m I_m \cos\theta + I_m^2 R_s - 2 I_m^2 R_s \cos^2\theta\right) + \\
&\quad \left(-\frac{1}{2} U_m I_m \sin\theta + I_m^2 R_s \sin 2\theta + \omega L_s I_m^2 \cos 2\theta\right) \sin 2\omega t + \\
&\quad \left(\frac{1}{2} U_m I_m \cos\theta + \omega L_s I_m^2 \sin 2\theta - 2 I_m^2 R_s\right) \cos 2\omega t
\end{aligned} \tag{4-23}$$

由式（4-23）可以看出，充电器交流侧的瞬时功率分为直流功率和交流功率两部分。假设六相整流器为理想模块，没有功率消耗，则充电器交流侧与直流侧的瞬时功率大小相等。直流侧的瞬时功率包含一部分直流功率和一部分二次交流功率。

直流电压V_{dc}、电流i_{dc}都是常数，所以直流侧的瞬时功率为

$$P_{dc} = V_{dc} i_{dc} + C V_{dc} \frac{du_{dc}}{dt} \tag{4-24}$$

式中，C为直流侧的支撑电容；u_{dc}为直流电压中的电压谐波；$V_{dc} i_{dc}$为P_{dc}的直流部分；$C V_{dc} \frac{du_{dc}}{dt}$为$P_{dc}$的交流部分。由能量守恒原则可知，交流侧功率等于直流侧功率，所以

$$P_{ac} = P_{dc} \tag{4-25}$$

由式（4-23）～式（4-25）联立可得

$$\begin{aligned}
C V_{dc} \frac{du_{dc}}{dt} &= \left(-\frac{1}{2} U_m I_m \sin\theta + I_m^2 R_s \sin 2\theta + \omega L_s I_m^2 \cos 2\theta\right) \sin 2\omega t + \\
&\quad \left(\frac{1}{2} U_m I_m \cos\theta + \omega L_s I_m^2 \sin 2\theta - 2 I_m^2 R_s\right) \cos 2\omega t
\end{aligned} \tag{4-26}$$

对式（4-26）两边同时进行积分可得

$$u_{\text{dc}}=\left(\frac{U_{\text{m}}I_{\text{m}}\cos\theta}{4\omega CV_{\text{dc}}}+\frac{L_{\text{s}}I_{\text{m}}^{2}\sin 2\theta}{2CV_{\text{dc}}}-\frac{2I_{\text{m}}^{2}R_{\text{s}}}{2\omega CV_{\text{dc}}}\right)\sin 2\omega t+\left(\frac{U_{\text{m}}I_{\text{m}}\sin\theta}{4\omega CV_{\text{dc}}}-\frac{I_{\text{m}}^{2}R_{\text{s}}\sin 2\theta}{2\omega CV_{\text{dc}}}-\frac{L_{\text{s}}I_{\text{m}}^{2}\cos 2\theta}{2CV_{\text{dc}}}\right)\cos 2\omega t \tag{4-27}$$

由式（4-27）可知，直流母线电压两倍基频的纹波电压由两部分组成，分别是正弦的二次脉动和余弦的二次脉动。

设直流母线电压两倍基频的纹波电压的正弦分量系数为 K_1、余弦分量系数为 K_2，则

$$K_1=\frac{U_{\text{m}}I_{\text{m}}\cos\theta}{4\omega CV_{\text{dc}}}+\frac{L_{\text{s}}I_{\text{m}}^{2}\sin 2\theta}{2CV_{\text{dc}}}-\frac{2I_{\text{m}}^{2}R_{\text{s}}}{2\omega CV_{\text{dc}}} \tag{4-28}$$

$$K_2=\frac{U_{\text{m}}I_{\text{m}}\sin\theta}{4\omega CV_{\text{dc}}}-\frac{I_{\text{m}}^{2}R_{\text{s}}\sin 2\theta}{2\omega CV_{\text{dc}}}-\frac{L_{\text{s}}I_{\text{m}}^{2}\cos 2\theta}{2CV_{\text{dc}}} \tag{4-29}$$

所以，直流母线电压两倍基频的电压谐波可以表示为

$$u_{\text{dc}}=K_1\sin 2\omega t+K_2\cos 2\omega t \tag{4-30}$$

由第 3 章和本章可知，本书采用双闭环解耦控制策略，而且电压外环和电流内环的控制器都是 PI 控制器，所以 i_d 的期望值 i_d^* 可以表示为

$$i_d^*=K_{\text{upi}}\left(V_{\text{dc}}^*-V_{\text{dc}}-u_{\text{dc}}\right) \tag{4-31}$$

式中，K_{upi} 是电压环 PI 控制器的比例积分系数；V_{dc}^* 是直流电压的期望值。

由电流环的解耦原理可知

$$\begin{cases}v_d=U_{\text{m}}-K_{\text{ipi}}(i_d^*-i_d)-\omega L_{\text{s}}i_q\\ v_q=-K_{\text{ipi}}(i_q^*-i_q)-\omega L_{\text{s}}i_d\end{cases} \tag{4-32}$$

式中，K_{ipi} 是电流环 PI 控制器的比例积分系数。

在电流的解耦控制中，给定的电流无功分量期望值 $i_q^*=0$，所以在充电器充电过程的稳定运行中，电流无功分量 $i_q=0$，此时 $v_q=-\omega Li_d$。因为 i_d 不含谐波，所以 v_q 也不含谐波。

由静止坐标系到旋转坐标系的坐标变换为

$$\begin{bmatrix}v_\alpha\\ v_\beta\end{bmatrix}=\begin{bmatrix}\cos\omega t & -\sin\omega t\\ \sin\omega t & \cos\omega t\end{bmatrix}\begin{bmatrix}v_d\\ v_q\end{bmatrix} \tag{4-33}$$

将式（4-28）、式（4-29）和式（4-32）代入式（4-33）可得

$$\begin{aligned}v_\alpha&=v_d\cos\omega t-v_q\sin\omega t\\&=\left[U_{\text{m}}-K_{\text{ipi}}\left(i_d^*-i_d\right)-\omega Li_q\right]\cos\omega t-\left[-K_{\text{ipi}}\left(i_q^*-i_q\right)-\omega Li_d\right]\sin\omega t\\&=\left[U_{\text{m}}+K_{\text{ipi}}i_d-\omega Li_d-K_{\text{ipi}}K_{\text{upi}}\left(V_{\text{dc}}^*-V_{\text{dc}}\right)+\frac{1}{2}K_{\text{ipi}}K_{\text{upi}}K_2\right]\cos\omega t+\\&\quad\left[K_{\text{ipi}}\left(i_q^*-i_q\right)-\omega Li_q+\frac{1}{2}K_{\text{ipi}}K_{\text{upi}}K_1\right]\sin\omega t+\\&\quad\frac{1}{2}K_{\text{ipi}}K_{\text{upi}}K_1\sin 3\omega t+\frac{1}{2}K_{\text{ipi}}K_{\text{upi}}K_2\cos 3\omega t\end{aligned} \tag{4-34}$$

$$
\begin{aligned}
v_\beta &= v_d \sin\omega t + v_q \cos\omega t \\
&= \left[U_m - K_{ipi}\left(i_d^* - i_d\right) - \omega L i_q\right]\sin\omega t + \left[-K_{ipi}\left(i_q^* - i_q\right) - \omega L i_d\right]\cos\omega t \\
&= \left[-K_{ipi}\left(i_q^* - i_q\right) - \omega L i_d + \frac{1}{2}K_{ipi}K_{upi}K_1\right]\cos\omega t + \\
&\quad \left[U_m + K_{ipi} i_d - \omega L i_q - K_{ipi}K_{upi}\left(V_{dc}^* - V_{dc}\right) + \frac{1}{2}K_{ipi}K_{upi}K_2\right]\sin\omega t + \\
&\quad \frac{1}{2}K_{ipi}K_{upi}K_2 \sin 3\omega t - \frac{1}{2}K_{ipi}K_{upi}K_1 \cos 3\omega t
\end{aligned}
\tag{4-35}
$$

由式（4-34）和式（4-35）可知，静止坐标系下的电压分量 v_α 和 v_β 由正弦与余弦形式的基波分量和频率 3 倍于基波的正弦与余弦形式的谐波分量组成。在电压、电流双闭环解耦控制中，当直流电压的二次谐波脉动通过电压外环进入控制系统时，会使静止坐标系下的电压分量 v_α 和 v_β 产生三次谐波，该三次谐波会进一步引起五次、七次、九次等谐波。电压分量 v_α、v_β 与交流电流呈线性关系，所以交流电流中也会产生三次、五次、七次等谐波。

综合上述分析可知，在单相集成车载充电器充电过程中，直流电压中存在二次谐波脉动，而且在电压、电流双闭环解耦控制中，二次谐波脉动经过电压外环进入控制系统会使交流电流中产生三次、五次、七次等谐波。

4.7　减弱二次谐波影响的方法

本节拟采用在控制系统的电压外环中加入特定的滤波器来过滤直流电压中的二次谐波脉动，以减弱二次谐波对充电器充电性能的影响。

4.7.1　滤波器

滤波器是指让指定（有用）频段信号通过，而对其他频段的信号加以抑制、滤除或使其急剧衰减的电子器件。在电子测量技术中，常用的滤波器按照其功能可以分为低通滤波器、高通滤波器、带通滤波器和带阻滤波器。

（1）低通滤波器。

低通滤波器（Low Pass Filter，LPF）主要用于信号处于直流或低频，并且需要抑制高频干扰和噪声的场合，其传递函数[4]为

$$
H(s) = \frac{A_0 \omega_c^2}{s^2 + \frac{\omega_c}{Q}s + \omega_c^2} \tag{4-36}
$$

式中，A_0 为滤波器的增益因子；ω_c 为低通滤波器的截止频率；Q 为滤波器的品质因数。

为了分析低通滤波器的效果，给定 $A_0 = 1$、$\omega_c = 100\text{rad/s}$、$Q = 10$，其 Bode 图如图 4-23 所示。

由图 4-23 可知，低通滤波器对于低于截止频率的信号予以通过，并对截止频率附近的信号进行放大，对远离并高于截止频率的信号进行衰减，但是其对于比较接近截止频率的信号衰减程度不高。对于本书研究的充电器充电过程，需要滤除的二次谐波脉动接近截止频率，

所以低通滤波器不适用于二次谐波的滤波。

（2）高通滤波器。

高通滤波器主要用于信号处于高频，并且需要抑制直流信号和低频信号的场合，其传递函数[5]为

$$H(s)=\frac{A_0 s^2}{s^2+\dfrac{\omega_c}{Q}s+\omega_c^2} \tag{4-37}$$

给定 $A_0=1$、$\omega_c=100\text{rad/s}$、$Q=10$，其 Bode 图如图 4-24 所示。

由图 4-24 可知，高通滤波器对于截止频率附近的信号进行放大，对于远离并高于截止频率的信号予以通过，对远离并低于截止频率的信号予以衰减。对于本书研究的充电器充电过程，所需信号为直流信号，因此高通滤波器并不适用。

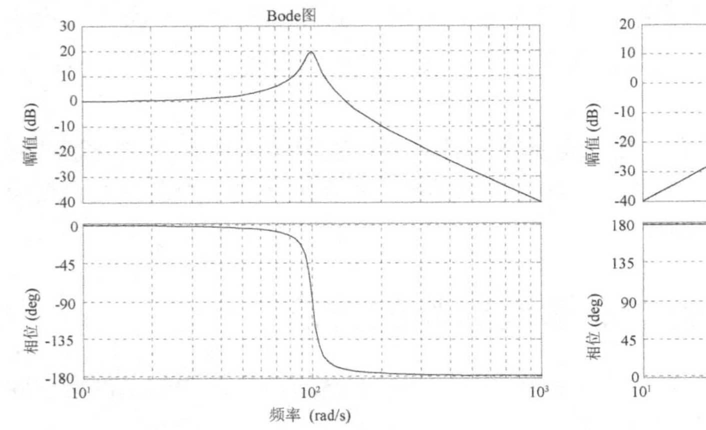

图 4-23　低通滤波器的 Bode 图

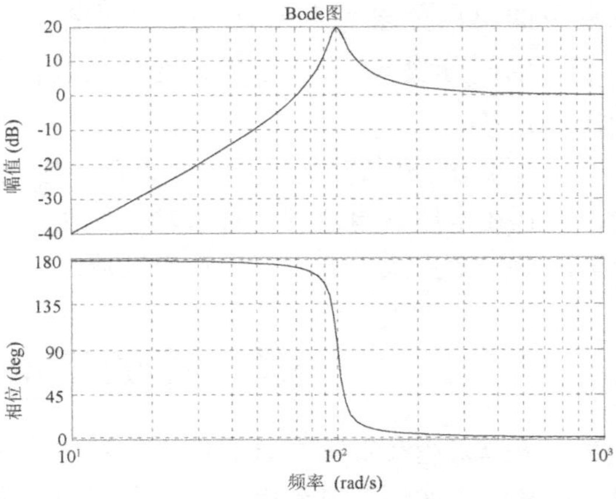

图 4-24　高通滤波器的 Bode 图

（3）带通滤波器。

带通滤波器主要用于突出有用频段的信号，抑制或衰减有用频段以外的噪声和干扰，常用于弱信号提取，其传递函数[6]为

$$H(s)=\frac{A_0\omega_0\dfrac{s}{Q}}{s^2+\dfrac{\omega_0}{Q}s+\omega_0^2} \tag{4-38}$$

式中，ω_0 为滤波器的中心频率。

给定 $A_0=1$、$\omega_0=100\text{rad/s}$、$Q=10$，其 Bode 图如图 4-25 所示。

由图 4-25 可知，带通滤波器对于中心频率的信号予以通过，对于其他频率的信号予以抑制或衰减。对于本书研究的充电器充电过程，需要抑制直流信号中的二次谐波，因此带通滤波器并不适用。

（4）带阻滤波器。

带阻滤波器主要用于抑制某一频段的谐波干扰，其传递函数[7]为

$$H(s)=\frac{A_0(\omega_0^2+s^2)}{s^2+\dfrac{\omega_0}{Q}s+\omega_0^2} \tag{4-39}$$

给定 $A_0=1$、$\omega_0=100\text{rad/s}$、$Q=10$，其 Bode 图如图 4-26 所示。

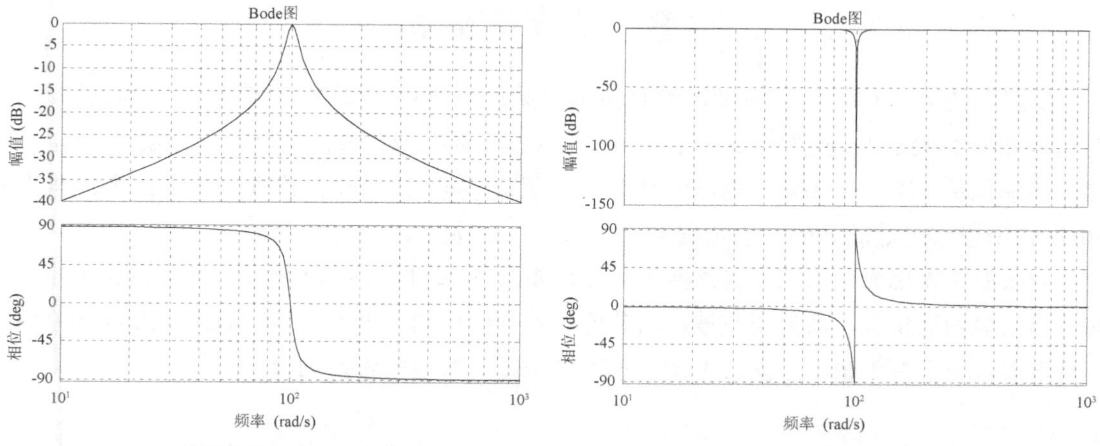

图 4-25　带通滤波器的 Bode 图　　　　图 4-26　带阻滤波器的 Bode 图

由图 4-26 可知，带阻滤波器对于中心频率的信号予以抑制或衰减，对于其他频率的信号予以通过，而且该滤波器对于中心频率信号的抑制程度非常大，达到了-140dB，远远高于低通滤波器的-10dB 或-20dB。对于本书研究的充电器充电过程的直流侧滤波，带阻滤波器正适合。

综合以上的分析、对比，本节拟采用在电压外环中加入带阻滤波器的方法来消除二次谐波对充电器性能的影响。

4.7.2　在电压外环中加入带阻滤波器

由式（4-39）可知，带阻滤波器的仿真框图如图 4-27 所示。

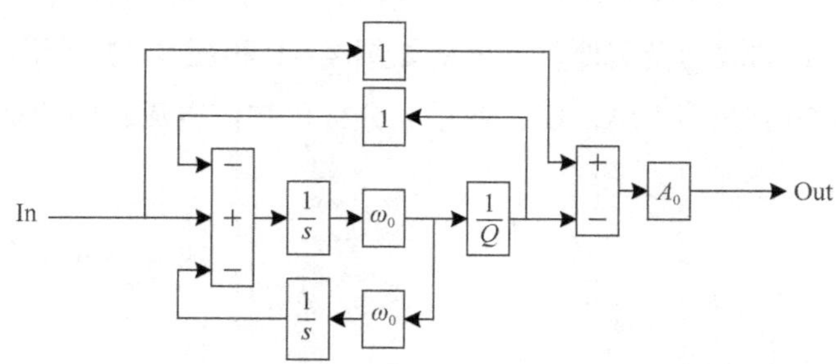

图 4-27　带阻滤波器的仿真框图

将带阻滤波器加入电压外环，其控制框图如图 4-28 所示。

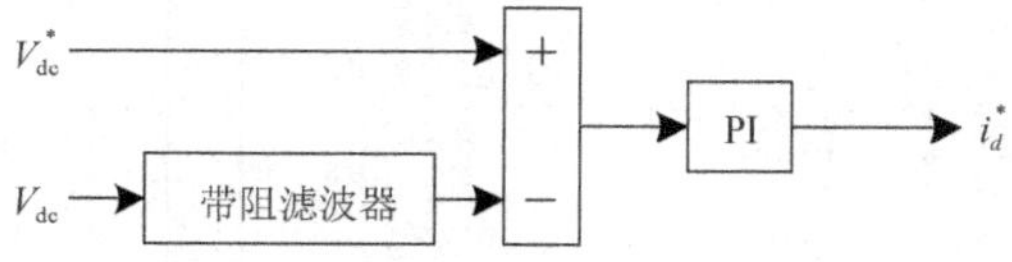

图 4-28　带阻滤波器的控制框图

在图 4-28 中，含有二次谐波脉动的直流电压进入电压外环，经过带阻滤波器滤波后得到电压 $V_{dc}-u_{dc}$，将其与给定的直流电压期望值进行比较并做差，得到差值 $V_{dc}^*-V_{dc}+u_{dc}$，将差值输入 PI 控制器，得到滤波后的有功分量期望值 i_d^*。

4.8 仿真与分析

按照上述分析构建仿真模型，给定仿真参数：电压 $U_g = 220\text{V}$，频率为工频 50Hz；电机电阻 $R_s = 2.4\Omega$，电感 $L_s = 15\text{mH}$；充电器直流电容 $C = 90\text{mF}$，电阻 $R_L = 20\Omega$；设定直流电压的期望值为 $V_{dc}^* = 500\text{V}$，电流无功分量期望值 $i_q^* = 0$。已知在仿真过程中，电流频率是 50Hz，所以带阻滤波器的中心角频率 $\omega_0 = 2\pi f = 628\text{rad/s}$。

滤波前交流电流 i_g 的波形与其傅里叶分析如图 4-29 和图 4-30 所示。滤波前交流电流 i_g 的波形近似为三角波，而非正弦波；由其傅里叶分析可知，电流 i_g 中的基波幅值为 8.902A，而且电流 i_g 中含有大量的三次、五次、七次等谐波，谐波含量为 11.41%。

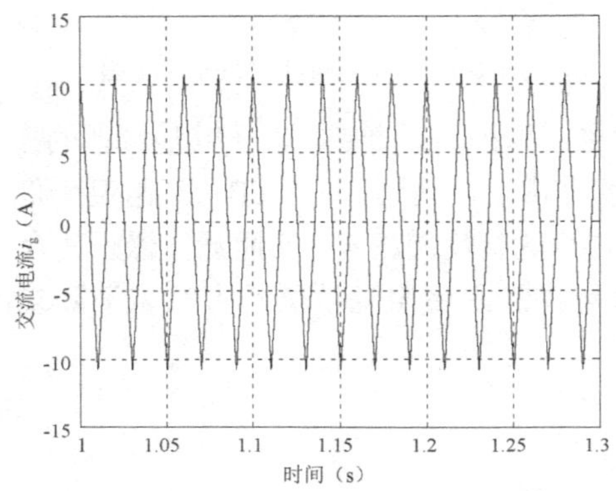

图 4-29　滤波前交流电流 i_g 的波形

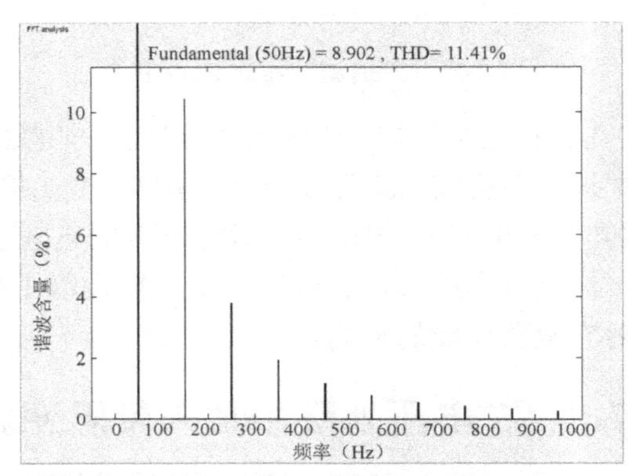

图 4-30　滤波前交流电流 i_g 的傅里叶分析

滤波后交流电流 i_g 的波形及其傅里叶分析如图 4-31 和图 4-32 所示。滤波后交流电流 i_g 的波形为正弦波，其幅值约为 10A；由其傅里叶分析可知，电流 i_g 中的谐波含量为 3.19%。

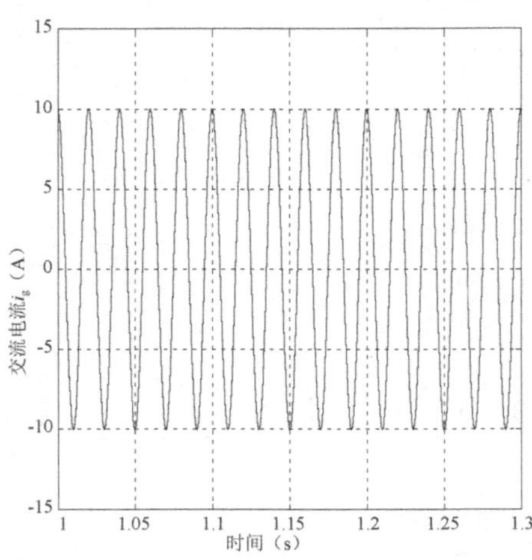

图 4-31　滤波后交流电流 i_g 的波形

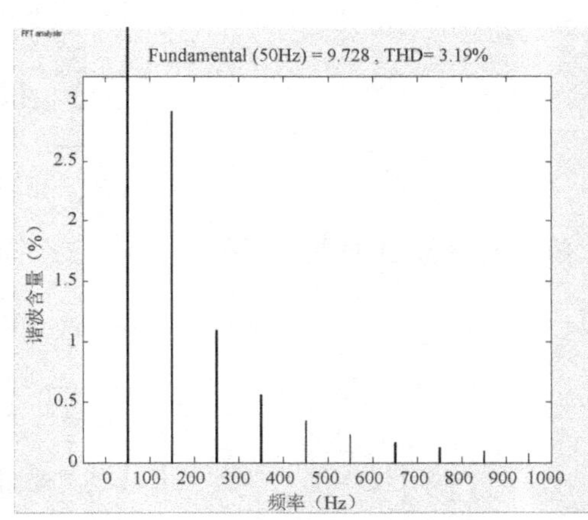

图 4-32　滤波后交流电流 i_g 的傅里叶分析

由图 4-30 和图 4-32 可知，滤波后交流电流 i_g 中的谐波含量降低了 8.22%，而且滤波后交

流电流 i_g 的谐波含量为 3.19%，满足并网电流规范要求的低于 5%；由图 4-29 和图 4-31 可知，滤波后交流电流 i_g 的波形为正弦波。综合以上分析可知，在电压外环中加入带阻滤波器能够明显减少交流电流 i_g 的谐波并改善电流的波形。

4.9　本章小结

本章研究了基于双 Y 移 30°PMSM 的单相集成车载充电器充电电流不平衡时的控制策略，介绍了电流不平衡的原因；分析了充电过程中电机的运动状态；阐述了电流不平衡时充电控制策略的工作原理，仿真结果证明了该控制策略的有效性。通过比较充电器充电过程交流侧、直流侧的瞬时功率，计算得到直流电压中含有二次谐波脉动，并将二次谐波加入充电过程的单相解耦控制，得出二次谐波进入控制系统会使交流电流中产生三次、五次、七次等谐波；分析比较了四种常见的滤波器，得出带阻滤波器适用于本书研究的直流电压中二次谐波的滤除，并将带阻滤波器加入电压外环，仿真结果表明在电压外环中加入带阻滤波器能够很好地消除直流电压中二次谐波的影响。

参考文献

[1] 曹太强，祁强，王军．三相逆变电源不平衡负载控制方法的研究[J]．电机与控制学报，2012，16(4): 50-55.

[2] 陈嫦娥，毛承雄，王丹，等．多相交流系统的 Park 变换[J]．高电压技术，2008，34(11): 2475-2482.

[3] 邓仁燕，唐娟，夏炎，等．基于前馈补偿的永磁同步电机电流环解耦控制[J]．电力电子技术，2013，47(6): 68-70.

[4] 赵晓群，张洁．巴特沃斯低通滤波器的实现方法研究[J]．大连民族大学学报，2013，15(1): 72-75.

[5] 郗艳华，张玉叶．高通滤波器分析及其仿真[J]．信息技术，2011(8): 29-31.

[6] 孙蓉，于淑会，杨文虎，等．带通滤波器：CN103326092A[P]. 2013.

[7] 刘晓锋，王锡良，杨颖．广义切比雪夫波导带阻滤波器设计[J]．电子元件与材料，2011，30(12): 50-53.

第 5 章　基于九开关变换器的双 Y 移 30° PMSM 三相集成车载充电器 SVPWM 技术

分析三相集成车载充电器的工作原理并推导其数学模型是研究集成车载充电器控制策略的前提，本章将对基于九开关变换器（Nine Switch Inverter，NSI）的双 Y 移 30°PMSM 三相集成车载充电器的拓扑结构进行具体分析，介绍系统在充电模式下的工作原理，分析充电模式下电机定子绕组充当整流器滤波电感、转子保持静止的原理。详细介绍之后章节控制策略中用于控制开关管的空间矢量脉宽调制（Space Vector Pulse Width Modulation，SVPWM）技术，在 MATLAB/Simulink 环境下搭建开放式绕组的双 Y 移 30°PMSM 和 SVPWM 的仿真模块，完成本书所研究的集成车载充电器的系统仿真框架。

5.1　基于双 Y 移 30° PMSM 的三相集成车载充电器的工作原理分析

5.1.1　三相集成车载充电器的工作模式

本章所研究的基于九开关变换器的双 Y 移 30°PMSM 三相集成车载充电器的拓扑结构如图 5-1 所示，由三相电网、继电器组、双 Y 移 30°PMSM（两个独立的中性点）、九开关变换器和电池负载构成。

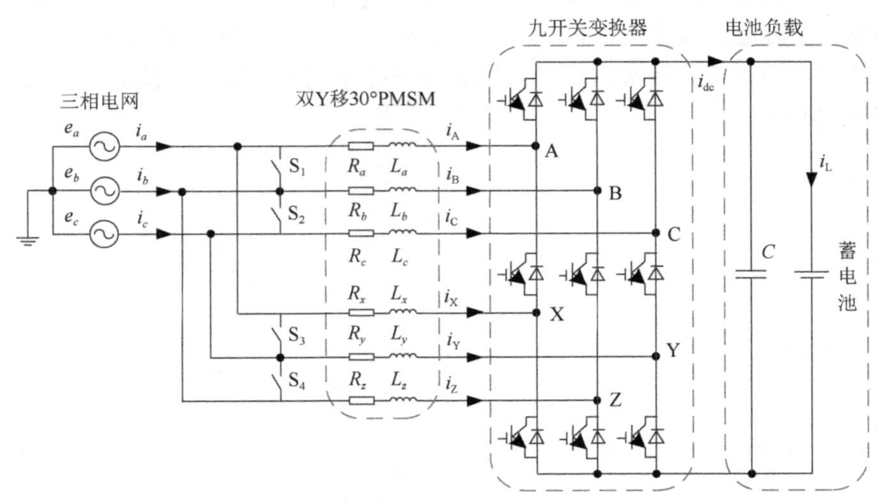

图 5-1　三相集成车载充电器的拓扑结构

1. 驱动模式

当充电器工作在驱动模式时，三相交流电源断开，对电机驱动不再有任何影响，继电器 S_1、S_2、S_3、S_4 闭合，电机的中性点相连，电池组提供的是直流电，双 Y 移 30°PMSM 驱动所用的是交流电。因此，九开关变换器的上开关管 G_{ux} 与中开关管 G_{mx} 为一组，下开关管 G_{dx} 与中开关管 G_{mx} 为一组（x=1, 2, 3），其中，中开关管的逻辑关系为同一桥臂上下开关管状态的异或计算结果，最终将直流电转换成驱动电机所需的交流电，电机内部产生旋转磁场，驱动电机转动从而控制车辆行驶[1-7]。

2. 充电模式

当充电器工作在充电模式时，继电器 S_1、S_2、S_3、S_4 断开，即把电机定子绕组的中性点断开，三相交流电源接入系统，定子绕组的一端与三相交流电源相连，另一端与九开关变换器相连，连接方式如图 5-1 所示。电源 a 连接电机 A、X 相，电源 b 连接电机 B、Z 相，电源 c 连接电机 C、Y 相。九开关系统中间开关管 G_{m1}、G_{m2}、G_{m3} 始终保持导通状态（相当于短路）。这种连接方法使双 Y 移 30°PMSM 内部产生两个大小相等、方向相反的旋转磁场，力矩相互抵消（见图 5-2）。因此，在充电过程中，电机的转子不发生转动，电机处于静止状态，数学证明如下。

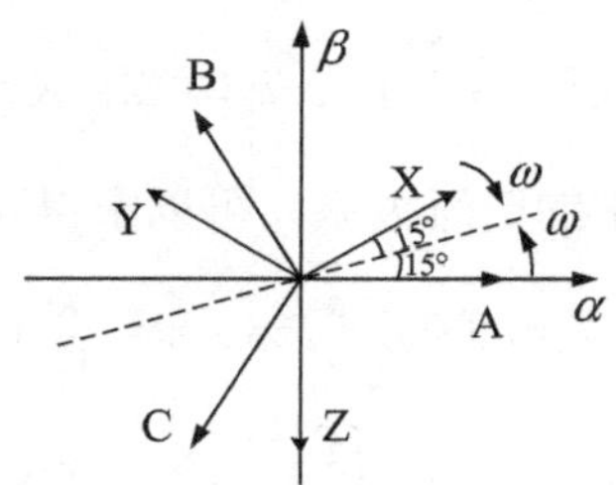

图 5-2　电机内部磁场

在充电模式下，对双 Y 移 30°PMSM 进行力矩分析，对于双 Y 移 30°PMSM 的 Clark 变换矩阵 $\boldsymbol{T}$ 为[8,9]

$$\boldsymbol{T}=\begin{bmatrix}1 & \cos\gamma & \cos4\gamma & \cos5\gamma & \cos8\gamma & \cos9\gamma\\ 0 & \sin\gamma & \sin4\gamma & \sin5\gamma & \sin8\gamma & \sin9\gamma\\ 1 & \cos5\gamma & \cos8\gamma & \cos\gamma & \cos4\gamma & \cos9\gamma\\ 0 & \sin5\gamma & \sin8\gamma & \sin\gamma & \sin4\gamma & \sin9\gamma\\ 1 & 0 & 1 & 0 & 1 & 0\\ 0 & 1 & 0 & 1 & 0 & 1\end{bmatrix} \tag{5-1}$$

双 Y 移 30°PMSM 的结构特点是，每三相定子绕组为一套，拥有一个中性点，电机共有两个独立的中性点，并且这两套定子绕组之间的电角度为 30°。记 $\gamma=30°$，对于矩阵 $\boldsymbol{T}$ 有三对正交基，三对正交基对应三个正交的子空间。

（1）$\alpha\beta$ 子空间 V_1=span$\left(e_\alpha,e_\beta\right)$，对应的正交基为

$$\begin{cases}e_\alpha=[1 \quad \cos\gamma \quad \cos4\gamma \quad \cos5\gamma \quad \cos8\gamma \quad \cos9\gamma]\\ e_\beta=[0 \quad \sin\gamma \quad \sin4\gamma \quad \sin5\gamma \quad \sin8\gamma \quad \sin9\gamma]\end{cases} \tag{5-2}$$

（2）z_1z_2 子空间 V_2=span$\left(e_{z1},e_{z2}\right)$，对应的正交基为

$$\begin{cases}e_{z1}=[1\quad\cos5\gamma\quad\cos8\gamma\quad\cos\gamma\quad\cos4\gamma\quad\cos9\gamma]\\ e_{z2}=[0\quad\sin5\gamma\quad\sin8\gamma\quad\sin\gamma\quad\sin4\gamma\quad\sin9\gamma]\end{cases}\tag{5-3}$$

（3）o_1o_2 子空间 V_3=span$\left(e_{o1},e_{o2}\right)$，对应的正交基为

$$\begin{cases}e_{o1}=[1\quad0\quad1\quad0\quad1\quad0]\\ e_{o2}=[0\quad1\quad0\quad1\quad0\quad1]\end{cases}\tag{5-4}$$

$\alpha\beta$ 子空间 V_1=span$\left(e_\alpha,e_\beta\right)$是机械能和电能相互转换的空间，$z_1z_2$ 子空间 V_2=span$\left(e_{z1},e_{z2}\right)$是无功调整空间，$o_1o_2$ 子空间 V_3=span$\left(e_{o1},e_{o2}\right)$是零序空间。

按照图 5-1 的连接方式，可以得到充电模式下电机定子绕组中电流的关系式为

$$\begin{cases}i_{\mathrm{A}}=i_{\mathrm{X}}=\dfrac{1}{2}i_a\\ i_{\mathrm{B}}=i_{\mathrm{Z}}=\dfrac{1}{2}i_b\\ i_{\mathrm{C}}=i_{\mathrm{Y}}=\dfrac{1}{2}i_c\\ i_a+i_b+i_c=0\end{cases}\tag{5-5}$$

对于对称电网三相交流电源，电流可表示为

$$i_K=I\cos(\omega t-\frac{2l}{3}\pi)\text{；}l=0,1,2\text{；}K=a,b,c\tag{5-6}$$

根据矩阵 $\boldsymbol{T}$ 和电机定子绕组中的电流关系，可以求得 $\alpha\beta$ 子空间中的电流分量为

$$\begin{cases}i_\alpha=0.996\sqrt{\dfrac{3}{2}}I\cos(\omega t-\dfrac{\pi}{12})\\ i_\beta=0.259\sqrt{\dfrac{3}{2}}I\cos(\omega t-\dfrac{\pi}{12})\end{cases}\tag{5-7}$$

由式（5-7）可知，电流分量 i_α、i_β 在数值上成比例：i_β/i_α=0.267=tan15°，相位相同，在 $\alpha\beta$ 子空间中的合成矢量是在平面15°方向上脉动，电机转子转动的前提是定子产生旋转磁场，而这种脉动矢量并不是旋转磁场，电机中也就没有能使转子转动的转矩，因此，当电机工作在充电模式时，转子不需要机械锁定，就可以保持静止状态。

同理可得 z_1z_2 子空间中的电流分量为

$$\begin{cases}i_{z1}=0.259\sqrt{\dfrac{3}{2}}I\cos(\omega t+\dfrac{5\pi}{12})\\ i_{z2}=0.966\sqrt{\dfrac{3}{2}}I\cos(\omega t+\dfrac{5\pi}{12})\end{cases}\tag{5-8}$$

由式（5-8）可知，有能量被转换到非机电能量转换空间中，且电流分量 i_{z1}、i_{z2} 的相位相同，在数值上成比例：i_{z1}/i_{z2}=0.267=tan15°。

取电流频率为 50Hz（ω=100π），I=100 A，$\alpha\beta$ 子空间中的电流合成矢量如图 5-3 所示，以 T=20ms 为周期，在 $\pi/12=15°$ 和 $13\pi/12=195°$ 方向，数值有规律地增减，即在15°和195°方向上形成脉动的磁场。

图 5-4 所示为充电模式下电机的电磁力矩仿真波形，从图中可以明显看出，充电器工作

在充电模式时，电机的电磁力矩保持为零。

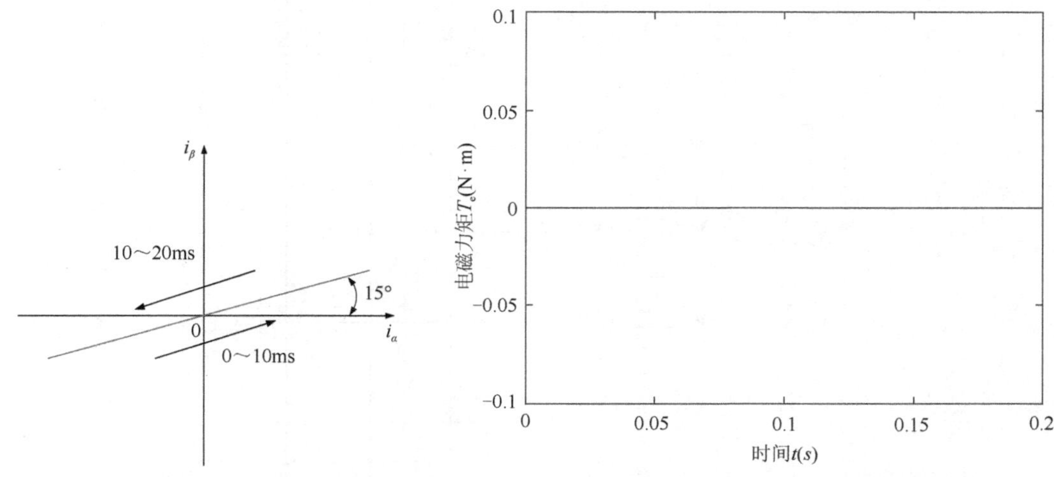

图 5-3　$\alpha\beta$ 子空间中的电流合成矢量　　　　图 5-4　充电模式下电机的电磁力矩仿真波形

综上所述，按照图 5-1 的连接方式，在充电模式下，双 Y 移 30°PMSM 无法产生旋转磁场，电磁力矩为零，电机转子保持静止状态，定子绕组可充当滤波电感。这种特性正是三相集成车载充电器的优势之一，即在充电模式下，电机转子不需要机械锁定，就可以保持静止状态，并且定子绕组可以充当整流过程中的滤波电感，节省了电力电子元件。

5.1.2　充电模式下的等效电路

根据 5.1.1 节的分析，在充电模式下，九开关系统中间开关管 G_{m1}、G_{m2}、G_{m3} 始终保持导通。因此，可以将充电器等效成三桥臂变换器，电池组作为直流负载，简化成电阻，图 5-1 可以等效成图 5-5。

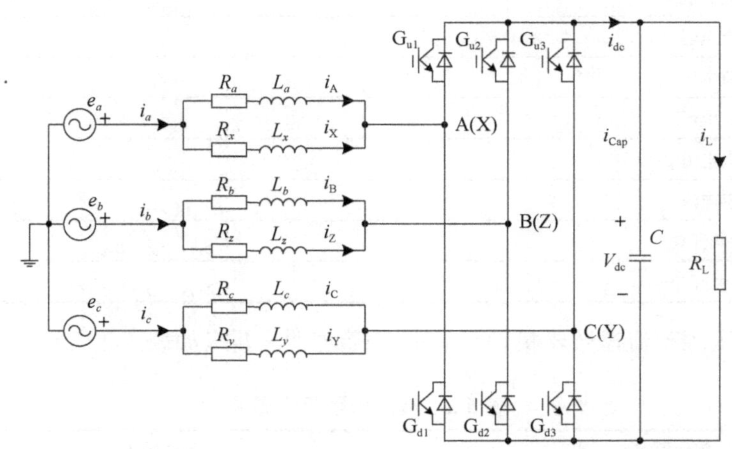

图 5-5　图 5-1 的等效电路

在图 5-5 中，电机每两相的定子绕组并联，假设电机中的定子绕组完全对称，气隙均匀、电气参数均相同，则电阻和电感可以进一步等效，最终等效成一个标准的三相电压源整流器（VSR），如图 5-6 所示。其中，R 为并联等效电阻，L 为并联等效电感。

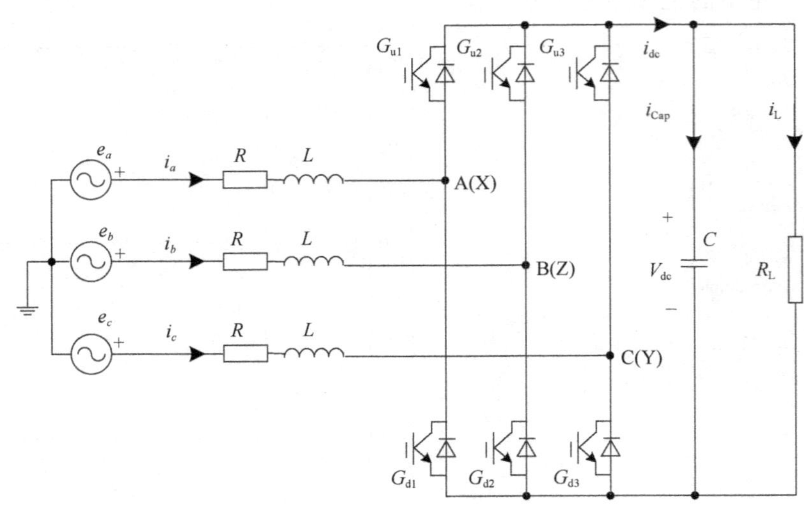

图 5-6　三相电压源整流器

根据图5-5和图5-6，三相集成车载充电器的数学模型中各电气元件参数定义如表5-1所示。

表 5-1　电气元件参数定义

电气名称	元件参数
三相电网电压	e_a 、 e_b 、 e_c
交流等效电阻	$R_{ad}=R_{bf}=R_{ce}=R$
交流等效电感	$L_{ad}=L_{bf}=L_{ce}=L$
交流电流	i_a 、 i_b 、 i_c
交流电压	u_a 、 u_b 、 u_c
直流负载	R_L
直流电容	C
直流电压	V_{dc}
直流电流	i_{dc}
负载电流	i_L
电容电流	i_{Cap}
上桥臂开关	S_{u1}、S_{u2}、S_{u3}
下桥臂开关	S_{d1}、S_{d2}、S_{d3}

对于三相电压源整流器数学模型，做如下简化[10]，要求如表 5-2 所示。

表 5-2　理想模型简化要求

序号	简化要求	具体描述
1	相电压是理想正弦波	相位差为 120°，振幅相等
2	理想电源开关	暂不考虑过渡过程和功率损耗，忽略死区响应的影响
3	开关频率高	开关频率远高于三相电网中基波的开关频率[11]
4	理想元件	各电阻和电感相等，电感为理想线性电感

5.1.3　充电模式下的数学模型

根据 5.1.1 节和 5.1.2 节的分析，双 Y 移 30°PMSM 三相集成车载充电器在充电模式下已等效成三相电压源整流器，建立其数学模型。

1．自然坐标系下的数学模型

在自然坐标系下，根据基尔霍夫定律可以得到交流侧的电压电流关系为

$$\begin{cases} L\dfrac{\mathrm{d}i_a}{\mathrm{d}t} = e_a - Ri_a - u_a \\ L\dfrac{\mathrm{d}i_b}{\mathrm{d}t} = e_b - Ri_b - u_b \\ L\dfrac{\mathrm{d}i_c}{\mathrm{d}t} = e_c - Ri_c - u_c \end{cases} \tag{5-9}$$

由三相电网的对称性可知

$$\begin{cases} e_a + e_b + e_c = 0 \\ i_a + i_b + i_c = 0 \end{cases} \tag{5-10}$$

将式（5-9）写成矩阵形式可得

$$\begin{bmatrix} L\dfrac{\mathrm{d}i_a}{\mathrm{d}t} \\ L\dfrac{\mathrm{d}i_b}{\mathrm{d}t} \\ L\dfrac{\mathrm{d}i_c}{\mathrm{d}t} \end{bmatrix} = \begin{bmatrix} -R & 0 & 0 \\ 0 & -R & 0 \\ 0 & 0 & -R \end{bmatrix} \begin{bmatrix} i_a \\ i_b \\ i_c \end{bmatrix} + \begin{bmatrix} e_a - u_a \\ e_b - u_b \\ e_c - u_c \end{bmatrix} \tag{5-11}$$

对于直流侧，根据基尔霍夫定律，同样可以得到以下方程：

$$\begin{cases} i_{\mathrm{Cap}} = C\dfrac{\mathrm{d}V_{\mathrm{dc}}}{\mathrm{d}t} \\ i_{\mathrm{R}} = \dfrac{V_{\mathrm{dc}}}{R_{\mathrm{L}}} \\ i_{\mathrm{dc}} = i_{\mathrm{Cap}} + i_{\mathrm{R}} \end{cases} \tag{5-12}$$

根据开关管的工作状态，定义开关函数：

$$\begin{aligned} S_a &= \begin{cases} 1，S_{\mathrm{u1}}\text{导通}，S_{\mathrm{d1}}\text{断开} \\ 0，S_{\mathrm{u1}}\text{断开}，S_{\mathrm{d1}}\text{导通} \end{cases} \\ S_b &= \begin{cases} 1，S_{\mathrm{u2}}\text{导通}，S_{\mathrm{d2}}\text{断开} \\ 0，S_{\mathrm{u2}}\text{断开}，S_{\mathrm{d2}}\text{导通} \end{cases} \\ S_c &= \begin{cases} 1，S_{\mathrm{u3}}\text{导通}，S_{\mathrm{d3}}\text{断开} \\ 0，S_{\mathrm{u3}}\text{断开}，S_{\mathrm{d3}}\text{导通} \end{cases} \end{aligned} \tag{5-13}$$

考虑直流侧与交流侧都与变换器的开关状态密切相关，因此可以利用开关函数建立交流侧与直流侧之间的数学方程。

对于电压，中性点 $u_N = \dfrac{S_a + S_b + S_c}{3}$，则

$$\begin{cases} u_a = \dfrac{2S_a - S_b - S_c}{3} V_{\mathrm{dc}} \\ u_b = \dfrac{2S_b - S_a - S_c}{3} V_{\mathrm{dc}} \\ u_c = \dfrac{2S_c - S_a - S_b}{3} V_{\mathrm{dc}} \end{cases} \tag{5-14}$$

对于电流，每组桥臂如果两个开关管都导通，就会造成短路，这种情况是不允许的，因此每组桥臂上最多只允许一个开关管导通。电压与电流同向，可以得到直流侧与交流侧之间的电流关系为

$$i_{\mathrm{dc}} = S_a i_a + S_b i_b + S_c i_c \tag{5-15}$$

联立式（5-9）与式（5-14）可得

$$\begin{cases} L\dfrac{\mathrm{d}i_a}{\mathrm{d}t} = e_a - Ri_a - \dfrac{2S_a - S_b - S_c}{3} V_{\mathrm{dc}} \\ L\dfrac{\mathrm{d}i_b}{\mathrm{d}t} = e_b - Ri_b - \dfrac{2S_b - S_a - S_c}{3} V_{\mathrm{dc}} \\ L\dfrac{\mathrm{d}i_c}{\mathrm{d}t} = e_c - Ri_c - \dfrac{2S_c - S_a - S_b}{3} V_{\mathrm{dc}} \end{cases} \tag{5-16}$$

由式（5-16）可建立系统的数学模型。

在自然坐标系下，该系统具有非常明晰的物理意义，清晰、直观地反映了模型的数学关系。但是，它是非线性的、时变的、相互耦合的，与开关函数密切相关，不利于控制策略的设计，因此，需要将自然坐标系下的数学模型变换到静止坐标系中。

2．静止坐标系下的数学模型

在空间中建立静止坐标系，如图 5-7 所示。α 轴与 a 相方向重合，β 轴垂直于 α 轴并超前 α 轴 90°。按照功率平衡的原则，进行矢量相加。以三相电压源为例，a 相超前 b 相 120°，b 相超前 c 相 120°。

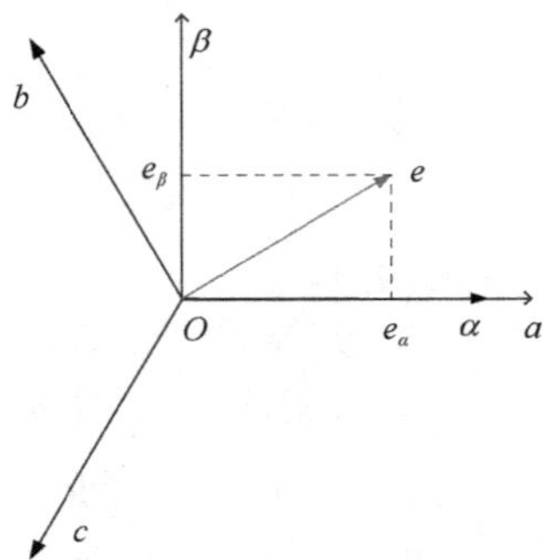

图 5-7　abc-$\alpha\beta$ 坐标变换

根据图 5-7 可得 Clark 变换矩阵为

$$\boldsymbol{T}_{abc/\alpha\beta} = \sqrt{\frac{2}{3}} \begin{bmatrix} 1 & -\dfrac{1}{2} & -\dfrac{1}{2} \\ 0 & \dfrac{\sqrt{3}}{2} & -\dfrac{\sqrt{3}}{2} \end{bmatrix} \tag{5-17}$$

同样可以得到 iClark 变换矩阵为

$$T_{\alpha\beta/abc}=\sqrt{\frac{2}{3}}\begin{bmatrix}1 & 0\\ -\frac{1}{2} & \frac{\sqrt{3}}{2}\\ -\frac{1}{2} & -\frac{\sqrt{3}}{2}\end{bmatrix} \tag{5-18}$$

利用式（5-17）对式（5-9）进行 Clark 变换，并结合式（5-15）可得

$$\begin{cases}L\dfrac{\mathrm{d}i_\alpha}{\mathrm{d}t}=e_\alpha-Ri_\alpha-u_\alpha\\ L\dfrac{\mathrm{d}i_\beta}{\mathrm{d}t}=e_\beta-Ri_\beta-u_\beta\\ i_{\mathrm{dc}}=i_\alpha+i_\beta\end{cases} \tag{5-19}$$

在静止坐标系下的数学模型中，α 轴的量与 β 轴的量垂直，使得计算更为方便，但由于合成矢量还是一个旋转矢量，为了让设计更为简单，坐标轴应以同样的方向和速度旋转，这样可以把旋转矢量转换为标量，需要用到 Park 变换。

3．旋转坐标系下的数学模型

旋转坐标系又称同步旋转坐标系，如图 5-8 所示。在旋转坐标系中，d 轴与 q 轴互相垂直，且 q 轴超前 d 轴 90°。以静止坐标系为参照，旋转坐标系按 ω 角速度逆时针旋转，且 d 轴与 α 轴之间的夹角记为 θ。可知，夹角 θ 与合成矢量旋转的角度有关，其角速度与三相电压的角速度相同，都为ω。

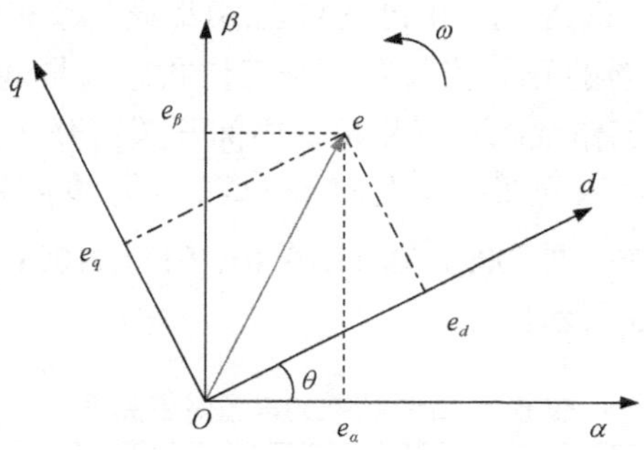

图 5-8　$\alpha\beta$-dq 坐标变换

根据选题变换的原则，可以得到Park 变换矩阵为

$$T_{\alpha\beta/dq}=\begin{bmatrix}\cos\theta & \sin\theta\\ -\sin\theta & \cos\theta\end{bmatrix} \tag{5-20}$$

同样可以得到 iPark 变换矩阵为

$$T_{dq/\alpha\beta}=\begin{bmatrix}\cos\theta & -\sin\theta\\ \sin\theta & \cos\theta\end{bmatrix} \tag{5-21}$$

结合变换矩阵，可以得到自然坐标系到旋转坐标系相互转换的矩阵为

$$T_{abc/dq}=\sqrt{\frac{2}{3}}\begin{bmatrix}\cos\theta & \cos(\theta-\frac{2\pi}{3}) & \cos(\theta-\frac{4\pi}{3})\\ -\sin\theta & -\sin(\theta-\frac{2\pi}{3}) & -\sin(\theta-\frac{4\pi}{3})\end{bmatrix} \tag{5-22}$$

$$T_{dq/abc}=\sqrt{\frac{2}{3}}\begin{bmatrix}\cos\theta & -\sin\theta\\ \cos(\theta-\frac{2\pi}{3}) & -\sin(\theta-\frac{2\pi}{3})\\ \cos(\theta-\frac{4\pi}{3}) & -\sin(\theta-\frac{4\pi}{3})\end{bmatrix} \tag{5-23}$$

将矩阵用于式（5-16）的坐标变换，可以建立充电模式时在旋转坐标系下的数学模型：

$$\begin{cases}L\dfrac{\mathrm{d}i_d}{\mathrm{d}t}=\left(e_d-Ri_d+\omega Li_q\right)-u_d\\ L\dfrac{\mathrm{d}i_q}{\mathrm{d}t}=\left(e_q-Ri_q-\omega Li_d\right)-u_q\end{cases} \tag{5-24}$$

5.2 充电模式下的整流 SVPWM 技术

5.2.1 开关状态与合成空间矢量

SVPWM 技术的思想来源于异步电机的变频调速，具有直流母线电压利用率高、算法简单、易数字化等多种优点，在电力电子领域得到了广泛应用[12]。SVPWM 技术能够在提高电压利用率的同时降低开关频率，提高输出电压波形的质量[13-14]。

本章的 5.1 节已分析过，双 Y 移 30°PMSM 三相集成车载充电器可以等效为三相电压源整流器。因此，九开关变换器的开关管只有两个工作状态（导通、断开），忽略断开保护时间，每组桥臂的上下开关的工作状态正好相反，中间开关常开（第 2 章已分析）。定义开关函数 $S_{k(k=a,b,c)}$，规定桥臂上开关导通，则 S_k=1；反之，S_k=0。如此定义，三组桥臂的状态相互组合，整流器共 8 种状态，即(000)、(001)、(010)、(011)、(100)、(101)、(110)和(111)。这 8 种状态的电压对应关系如表 5-3 所示。

表 5-3　8 种状态的电压对应关系

V_n	S_a	S_b	S_c	u_a	u_b	u_c
V_0	0	0	0	0	0	0
V_1	1	0	0	$\frac{2V_{dc}}{3}$	$-\frac{V_{dc}}{3}$	$-\frac{V_{dc}}{3}$
V_2	1	1	0	$\frac{V_{dc}}{3}$	$\frac{V_{dc}}{3}$	$-\frac{2V_{dc}}{3}$
V_3	0	1	0	$-\frac{V_{dc}}{3}$	$\frac{2V_{dc}}{3}$	$-\frac{V_{dc}}{3}$
V_4	0	1	1	$-\frac{2V_{dc}}{3}$	$\frac{V_{dc}}{3}$	$\frac{V_{dc}}{3}$
V_5	0	0	1	$-\frac{V_{dc}}{3}$	$-\frac{V_{dc}}{3}$	$\frac{2V_{dc}}{3}$

续表

V_n	S_a	S_b	S_c	u_a	u_b	u_c
V_6	1	0	1	$\frac{V_{dc}}{3}$	$-\frac{2V_{dc}}{3}$	$\frac{V_{dc}}{3}$
V_7	1	1	1	0	0	0

根据表 5-3 可以画出电压空间矢量图，如图 5-9 所示。电压矢量$\boldsymbol{V}_1$、$\boldsymbol{V}_3$、$\boldsymbol{V}_5$分别与 a、b、c 轴同向；电压矢量$\boldsymbol{V}_4$、$\boldsymbol{V}_6$、$\boldsymbol{V}_2$与 a、b、c 轴反向；$\boldsymbol{V}_0$、$\boldsymbol{V}_7$为零矢量，落在坐标原点上。在自然坐标系下，电压矢量也可以表示为

$$\begin{cases}\boldsymbol{V}_{0,7}=0\\ \boldsymbol{V}_n=\dfrac{2}{3}V_{dc}\mathrm{e}^{\frac{(n-1)\mathrm{j}\pi}{3}}\end{cases}\quad(n=1,2,\cdots,6) \tag{5-25}$$

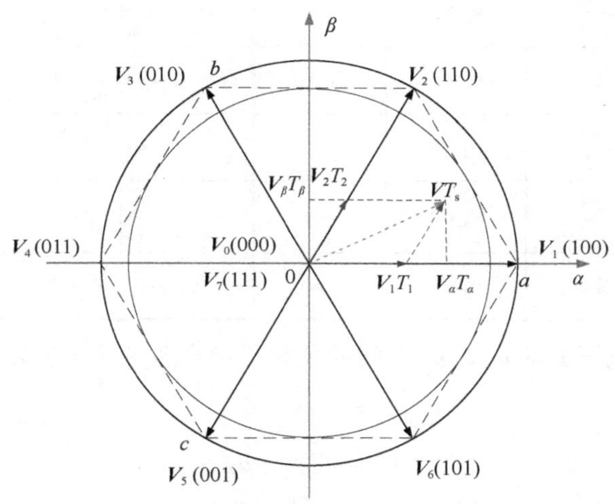

图 5-9　电压空间矢量图

对于电压，中性点$u_N=\dfrac{S_a+S_b+S_c}{3}$，而$u_k=u_{kN}-u_N$，$k=a,b,c$，则

$$\begin{cases}u_a=\dfrac{2S_a-S_b-S_c}{3}V_{dc}\\ u_b=\dfrac{2S_b-S_a-S_c}{3}V_{dc}\\ u_c=\dfrac{2S_c-S_a-S_b}{3}V_{dc}\end{cases} \tag{5-26}$$

将式（5-26）代入式（5-25）可得

$$\boldsymbol{V}_k=\frac{2}{3}V_{dc}(S_a+S_b\mathrm{e}^{\frac{2\pi\mathrm{j}}{3}}+S_c\mathrm{e}^{-\frac{2\pi\mathrm{j}}{3}}) \tag{5-27}$$

同时可得

$$\boldsymbol{V}_k=\frac{2}{3}(\boldsymbol{V}_a+\boldsymbol{V}_b\mathrm{e}^{\frac{2\pi\mathrm{j}}{3}}+\boldsymbol{V}_c\mathrm{e}^{-\frac{2\pi\mathrm{j}}{3}}) \tag{5-28}$$

根据矢量相加原理，实际期望电压矢量 $\boldsymbol{V}$ 需要由 8 个空间电压矢量进行合成。例如，图 5-9 中的电压矢量$\boldsymbol{V}$可以由$\boldsymbol{V}_1$、$\boldsymbol{V}_2$合成，也可以由$\boldsymbol{V}_2$、$\boldsymbol{V}_6$合成。一个矢量的合成，可以

有很多种解，需要选择开关通断控制较少，合成效果更好的解。因此，需要根据期望电压矢量所在的区域，选择合适的矢量，并计算作用时间。

5.2.2 空间矢量的扇区判断

从 0 到 2π 沿着逆时针方向每 $60°$ 划分一个扇区，共 6 个扇区。将电压转换到静止坐标系下，则扇区电压满足如表 5-4 所示的关系。

表 5-4 扇区划分

扇区序号	扇区区域	u_β	u_α	比例关系	统一形式
I	$0<\theta\leqslant\frac{\pi}{3}$	$u_\beta>0$	$u_\alpha>0$	$0<\frac{u_\beta}{u_\alpha}<\sqrt{3}$	$\sqrt{3}u_\alpha-u_\beta>0$
II	$\frac{\pi}{3}<\theta\leqslant\frac{2\pi}{3}$	$u_\beta>0$	—	$\left\|\frac{u_\beta}{u_\alpha}\right\|>\sqrt{3}$	$\sqrt{3}u_\alpha-u_\beta<0$
III	$\frac{2\pi}{3}<\theta\leqslant\pi$	$u_\beta>0$	$u_\alpha<0$	$-\sqrt{3}<\frac{u_\beta}{-u_\alpha}<0$	$-\sqrt{3}u_\alpha-u_\beta>0$
IV	$\pi<\theta\leqslant\frac{4\pi}{3}$	$u_\beta<0$	$u_\alpha<0$	$0<\frac{u_\beta}{u_\alpha}<\sqrt{3}$	$\sqrt{3}u_\alpha-u_\beta>0$
V	$\frac{4\pi}{3}<\theta\leqslant\frac{5\pi}{3}$	$u_\beta<0$	—	$\left\|\frac{u_\beta}{u_\alpha}\right\|>\sqrt{3}$	$\sqrt{3}u_\alpha-u_\beta<0$
VI	$\frac{5\pi}{3}<\theta\leqslant 2\pi$	$u_\beta<0$	$u_\alpha>0$	$-\sqrt{3}<\frac{u_\beta}{u_\alpha}<0$	$-\sqrt{3}u_\alpha-u_\beta<0$

通过计算，根据电压分量 u_α、u_β 之间的关系确定电压矢量所在扇区，设

$$\begin{cases}u_1=u_\beta\\u_2=\sqrt{3}u_\alpha-u_\beta\\u_3=-\sqrt{3}u_\alpha-u_\beta\end{cases}\tag{5-29}$$

取变量 A、B 和 C 分别对应 u_1、u_2 和 u_3 的状态，其中，当 $u_1>0$ 时，$A=1$，而当 $u_1\leqslant 0$ 时，$A=0$；当 $u_2>0$ 时，$B=1$，而当 $u_2\leqslant 0$ 时，$B=0$；当 $u_3>0$ 时，$C=1$，而当 $u_3\leqslant 0$ 时，$C=0$。

设 $N=4C+2B+A$，则 N 与扇区之间的关系如表 5-5 所示。

表 5-5 N 与扇区之间的关系

扇区序号	A	B	C	N
I	1	1	0	3
II	1	0	0	1
III	1	0	1	5
IV	0	0	1	4
V	0	1	1	6
VI	0	1	0	2

综上所述，电压矢量经过计算，根据电压分量 u_α、u_β 之间的关系查表来确定电压矢量所在扇区。

5.2.3　矢量作用顺序

图 5-10 是图 5-9 中的第 I 扇区，要合成参考矢量V_{ref}，有两条可选路径：V_1(100)→V_2(110)→V_2(110)→V_1(100)或 V_2(110)→V_1(100)→V_1(100)→V_2(110)。这两条路径都可以合成参考矢量V_{ref}，区别在于零矢量的插入，为降低开关频次，并且考虑到软件计算方便，每个周期都从 V_0(000)开始，中间插入 V_7(111)。如此，得到的开关顺序为：$V_0 \to V_1 \to V_2 \to V_7 \to V_2 \to V_1 \to V_0$，如图 5-11 中第 I 扇区的红色路径，或者$V_7 \to V_2 \to V_1 \to V_0 \to V_1 \to V_2 \to V_7$，如图 5-11 中第 I 扇区的蓝色路径，称为 7 段式 SVPWM 波形对称，谐波含量低。

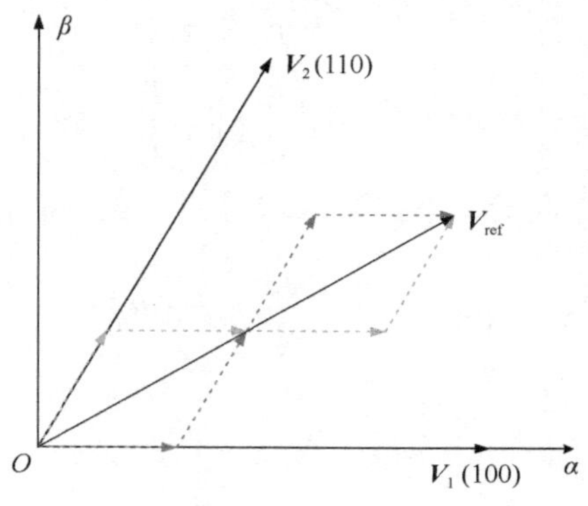

图 5-10　矢量路径

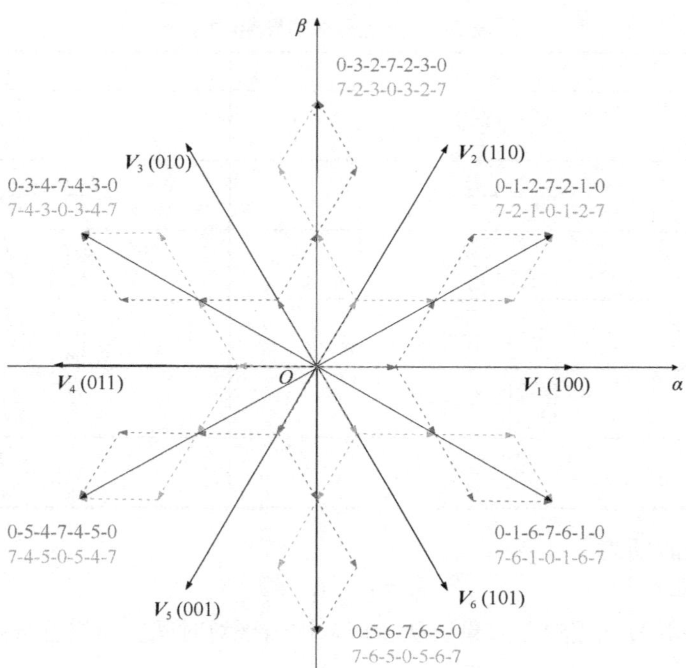

图 5-11　各扇区矢量合成方法

5.2.4 矢量作用时间及切换点计算

以第 I 扇区为例，根据等效原理可知

$$\int_0^{T_s} \boldsymbol{V}_{\text{ref}} \mathrm{d}t = \int_0^{T_1} \boldsymbol{V}_1 \mathrm{d}t + \int_{T_1}^{T_1+T_2} \boldsymbol{V}_2 \mathrm{d}t + \int_{T_1+T_2}^{T_s} \boldsymbol{V}_0 \mathrm{d}t \tag{5-30}$$

得到

$$\boldsymbol{V}_{\text{ref}} T_s = \boldsymbol{V}_1 T_1 + \boldsymbol{V}_2 T_2 + \boldsymbol{V}_0 (T_s - T_1 - T_2) \tag{5-31}$$

将 $\boldsymbol{V}_{\text{ref}}$ 投影到两个矢量 $\boldsymbol{V}_1$、$\boldsymbol{V}_2$ 可得

$$\begin{cases} |\boldsymbol{V}_{\text{ref}}| \sin\theta = |\boldsymbol{V}_2| \dfrac{T_2}{T_s} \sin\dfrac{\pi}{3} \\ |\boldsymbol{V}_{\text{ref}}| \cos\theta = |\boldsymbol{V}_1| \dfrac{T_1}{T_s} + |\boldsymbol{V}_2| \dfrac{T_2}{T_s} \cos\dfrac{\pi}{3} \end{cases} \tag{5-32}$$

根据 $\boldsymbol{V}_1$、$\boldsymbol{V}_2$ 与 $\boldsymbol{V}_\alpha$、$\boldsymbol{V}_\beta$ 之间的关系，可以求得

$$\begin{cases} T_1 = \dfrac{\sqrt{3}T_s}{V_{\text{dc}}} \left(\dfrac{\sqrt{3}}{2} u_\alpha - \dfrac{1}{2} u_\beta \right) \\ T_2 = \dfrac{\sqrt{3}T_s}{V_{\text{dc}}} u_\beta \end{cases} \tag{5-33}$$

其余扇区的分析方法和第 I 扇区相同，不再赘述，表 5-6 给出扇区开关的导通时间。

表 5-6 扇区开关的导通时间

扇区序号	T_1	T_2
I	$\dfrac{\sqrt{3}T_s}{V_{\text{dc}}}\left(\dfrac{\sqrt{3}}{2}u_\alpha - \dfrac{1}{2}u_\beta\right)$	$\dfrac{\sqrt{3}T_s}{V_{\text{dc}}}u_\beta$
II	$\dfrac{\sqrt{3}T_s}{V_{\text{dc}}}\left(-\dfrac{\sqrt{3}}{2}u_\alpha + \dfrac{1}{2}u_\beta\right)$	$\dfrac{\sqrt{3}T_s}{V_{\text{dc}}}\left(\dfrac{\sqrt{3}}{2}u_\alpha + \dfrac{1}{2}u_\beta\right)$
III	$\dfrac{\sqrt{3}T_s}{V_{\text{dc}}}u_\beta$	$\dfrac{\sqrt{3}T_s}{V_{\text{dc}}}\left(-\dfrac{\sqrt{3}}{2}u_\alpha + \dfrac{1}{2}u_\beta\right)$
IV	$-\dfrac{\sqrt{3}T_s}{V_{\text{dc}}}u_\beta$	$\dfrac{\sqrt{3}T_s}{V_{\text{dc}}}\left(-\dfrac{\sqrt{3}}{2}u_\alpha + \dfrac{1}{2}u_\beta\right)$
V	$\dfrac{\sqrt{3}T_s}{V_{\text{dc}}}\left(-\dfrac{\sqrt{3}}{2}u_\alpha - \dfrac{1}{2}u_\beta\right)$	$\dfrac{\sqrt{3}T_s}{V_{\text{dc}}}\left(\dfrac{\sqrt{3}}{2}u_\alpha - \dfrac{1}{2}u_\beta\right)$
VI	$\dfrac{\sqrt{3}T_s}{V_{\text{dc}}}\left(\dfrac{\sqrt{3}}{2}u_\alpha + \dfrac{1}{2}u_\beta\right)$	$-\dfrac{\sqrt{3}T_s}{V_{\text{dc}}}u_\beta$

零矢量的作用时间为

$$T_0 = T_s - T_1 - T_2 \tag{5-34}$$

在系统的动态调节过程中，如果出现超调，则需要对时间重新进行分配：

$$\begin{cases} T_{1c} = \dfrac{T_1}{T_x + T_s} T_s \\ T_{2c} = \dfrac{T_2}{T_x + T_s} T_s \end{cases} \tag{5-35}$$

以第 I 扇区为例，矢量的作用顺序为 $V_0 \to V_1 \to V_2 \to V_7 \to V_2 \to V_1 \to V_0$，另外，还需要将作用时间 T_0 平分给 V_0 和 V_7。因此，各矢量的作用时间依次为$\frac{T_s - T_1 - T_2}{4}$、$\frac{T_s - T_1 - T_2}{4}$、$\frac{T_1}{2}$、$\frac{T_2}{2}$、$\frac{T_s - T_1 - T_2}{2}$、$\frac{T_2}{2}$、$\frac{T_1}{2}$、$\frac{T_s - T_1 - T_2}{4}$。其余扇区矢量的合成方法、空间电压矢量的切换顺序和作用时间的计算方法与第 I 扇区相似，不再赘述。

图 5-12 给出了扇区开关管导通时间的分配图。

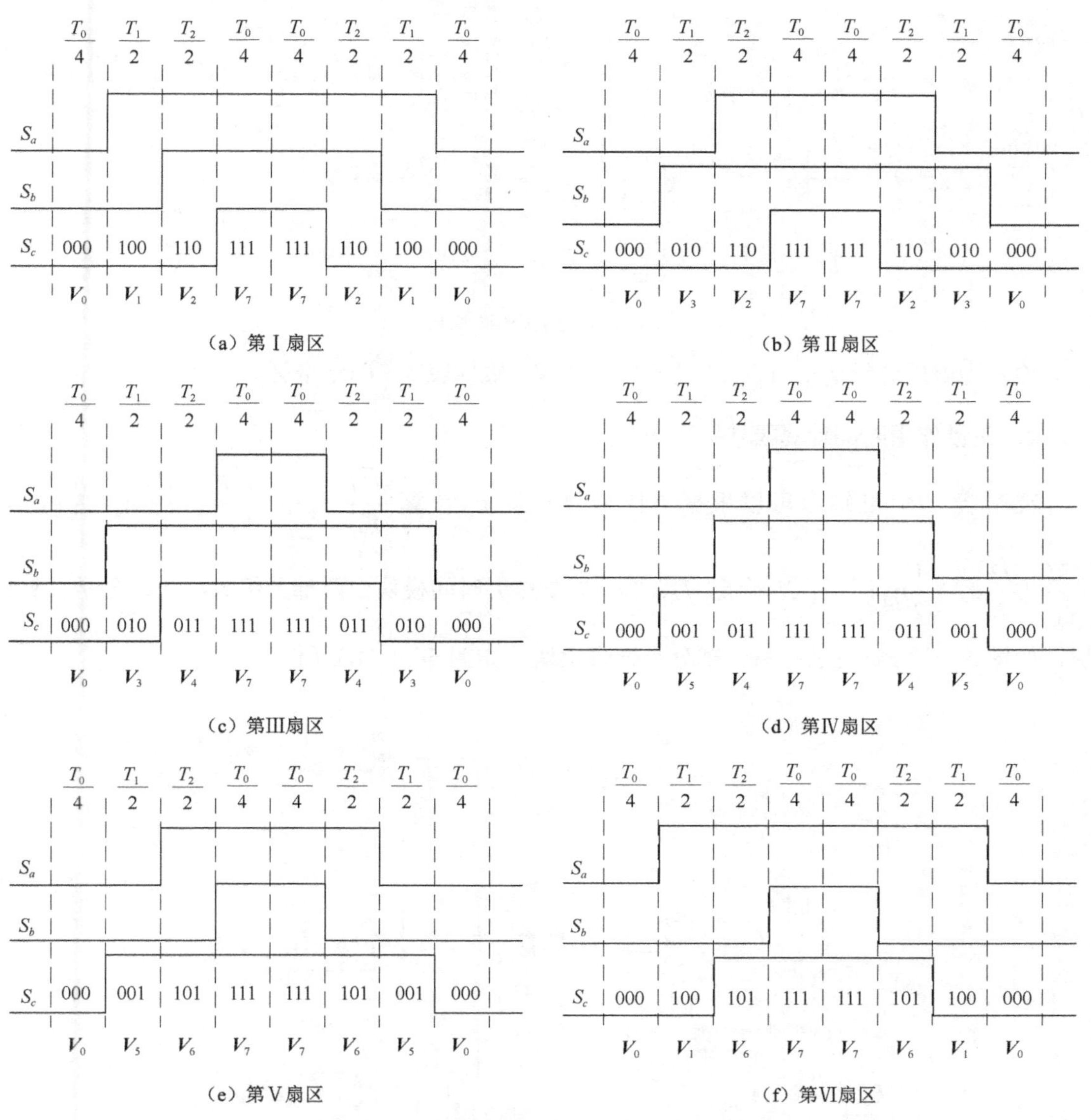

图 5-12　扇区开关管导通时间的分配图

5.2.5　SVPWM 模块仿真

基于前述推导与论证，在 MATLAB/Simulink 环境下搭建 SVPWM 仿真模型。

1．扇区判断模块

根据表 5-4 和表 5-5 可以确定电压矢量所在扇区，因此可以得到扇区判断模块，如图 5-13 所示。

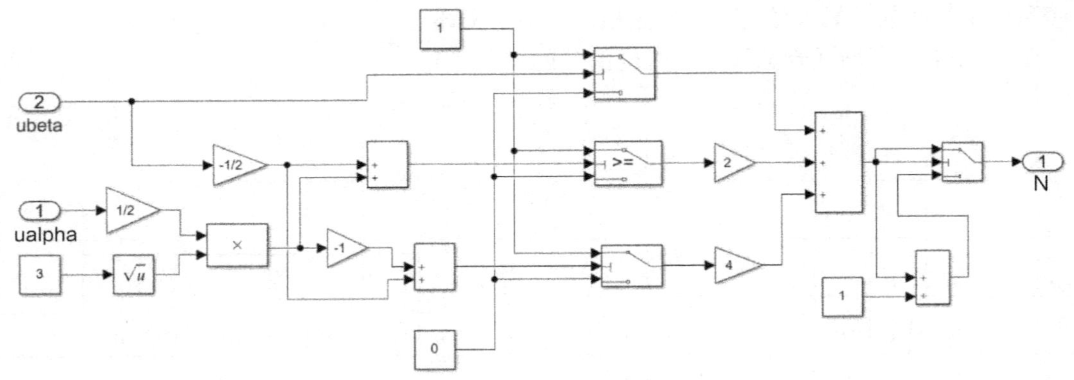

图 5-13　扇区判断模块

输入为电压分量u_α、u_β，通过计算得到N，根据表 5-5 确定扇区。

2．矢量作用时间计算模块

观察表 5-6 可知，可以根据电压分量u_α、u_β计算$\dfrac{\sqrt{3}T_s}{V_{dc}}u_\beta$、$\dfrac{\sqrt{3}T_s}{V_{dc}}(-\dfrac{\sqrt{3}}{2}u_\alpha+\dfrac{1}{2}u_\beta)$、$\dfrac{\sqrt{3}T_s}{V_{dc}}(\dfrac{\sqrt{3}}{2}u_\alpha+\dfrac{1}{2}u_\beta)$，由 N 确定 T_x、T_y，矢量作用时间模块由两部分组成，一部分是计算模块，如图 5-14（a）所示；另一部分是查表模块，如图 5-14（b）所示。

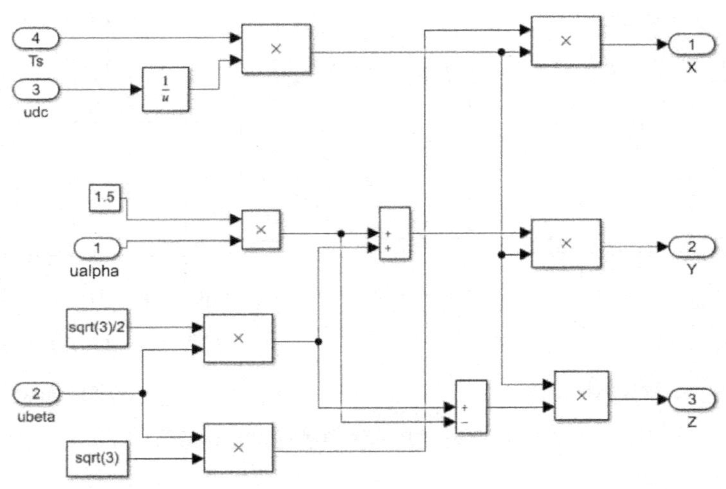

（a）计算模块

图 5-14　矢量作用时间计算模块

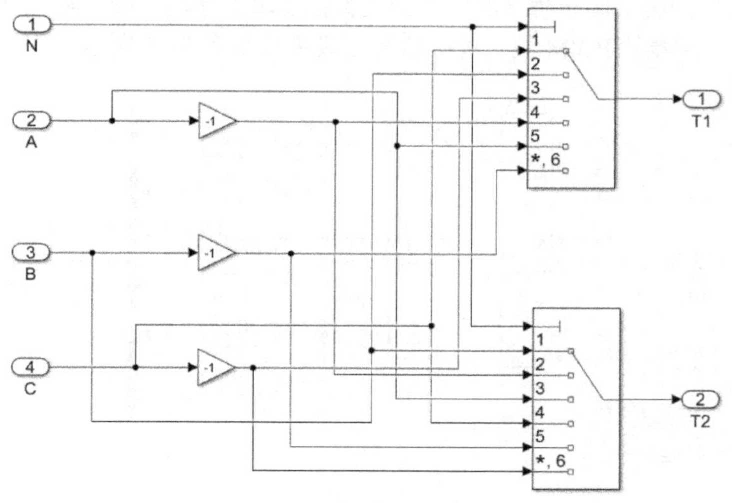

（b）查表模块

图 5-14　矢量作用时间计算模块（续）

3．切换点划分模块

根据表 5-6 可以搭建切换点划分模块，如图 5-15 所示。

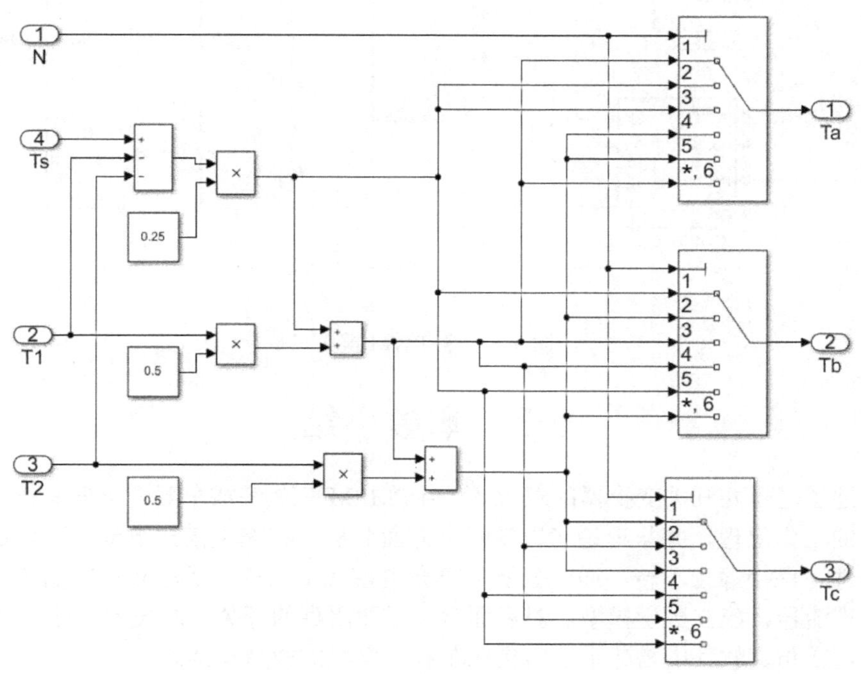

图 5-15　切换点划分模块

4．控制信号生成模块

控制信号就是最后输出的是 PWM 波形，将时间切换点的时间与三角波进行比较，三角

波的周期也为 T_s。同时，同一桥臂的上下开关管在逻辑上是相反的，将上开关管的控制信号取反，最后得到整流器的 PWM 波。控制信号生成模块如图 5-16 所示。

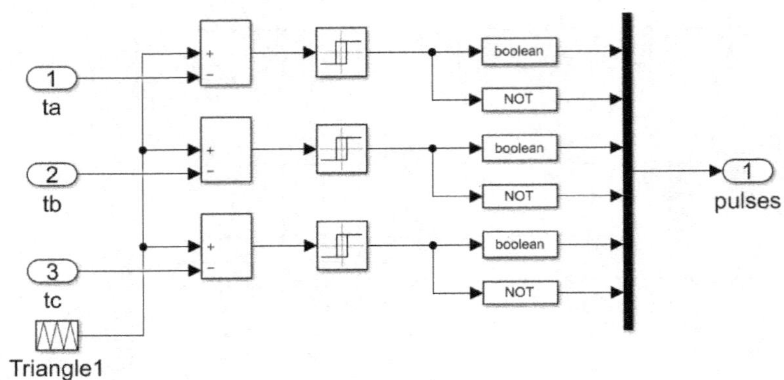

图 5-16　控制信号生成模块

将以上模块对应连接，得到 SVPWM 模块，如图 5-17 所示。

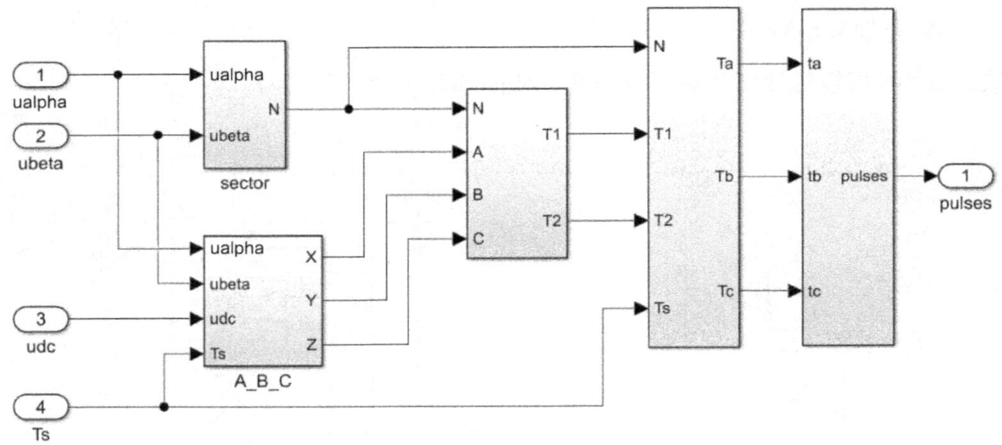

图 5-17　SVPWM 模块

5.3　本章小结

本章阐述了基于九开关变换器的双 Y 移 30°PMSM 三相集成车载充电器系统，详细分析了充电模式的工作原理，并从理论和数学两个方面分析了在充电模式下电机可以在不外加机械锁定的条件下保持静止不转。通过分析，将充电模式下三相集成车载充电器的模型等效成三相电压源整流器，建立数学模型。对后面章节需要用到的开关控制技术，即 SVPWM 技术进行了介绍。在仿真软件中搭建了三相集成车载充电器的模型框架。

参考文献

[1] 高峰，李楠，张天宝．九开关变换器脉冲宽度调制策略[C]．第七届中国高校电力电

子与电力传动学术年会论文集，2013．

[2] 李楠，高峰，田昊，等．九开关变换器脉宽调制策略[J]．电力系统自动化，2014，38 (3): 83-88．

[3] 史立伟．基于九开关变换器的双定子电励磁双凸极电机驱动控制系统研究[D]．南京：南京航空航天大学，2018．

[4] JIBHAKATE C N, CHAUDHARI M A, RENGE M M. Nine-switch controlled induction motor drive with unity and leading power factor[C]．2017 Second International Conference on Electrical, Computer and Communication Technologies (ICECCT), 2017．

[5] JIBHAKATE C N, CHAUDHARI M A, RENGE M M. Reactive Power Compensation using Induction Motor driven by Nine Switch AC-DC-AC Converter[J]．IEEE Access, 2017: 151-154．

[6] 胡光，刘陵顺，李永恒．九开关变换器驱动六相永磁同步电机的 SVPWM 控制[J]．微电机，2018，051 (012): 42-47．

[7] 陈蓓，郑恩让，郭娜．PCI 控制的九开关逆变器及谐波补偿控制研究[J]．计算机测量与控制，2020，264 (09): 122-127+132．

[8] LEVI E, BOJOI R, PROFUMO F, et al. Multiphase induction motor drives-a technology status review[J]．IET Electric Power Applications, 2007, 1 (4): 89-94．

[9] 于亚新．双 Y 移 30°六相永磁同步电机控制技术研究[D]．哈尔滨：哈尔滨工业大学，2015．

[10] 魏浩．矩阵式变换器控制技术及其应用研究[D]．南昌：南昌大学，2014．

[11] 单任仲．并联型复合电能质量扰动及补偿的控制方法与实现[D]．北京：华北电力大学，2010．

[12] 苏晓梨．基于 DSP 的异步电机 SVPWM 变频调速控制系统的研究[D]．桂林：桂林电子科技大学，2011．

[13] 陈坚．电力电子学：电力电子变换和控制技术[M]．北京：高等教育出版社，2011．

[14] DIVYAM, SAXENA A, SINGH B, et al. Comparative Analysis of PWM Techniques and SVPWM operated V/f control of Induction Motor having different power ratings[C]．2020 5th International Conference on Communication and Electronics Systems (ICCES), 2020．

第 6 章　基于优化预测型直接功率控制的充电系统

直接功率控制方法以 Hirofumi Akagi 提出的瞬时功率理论为基础，后经 Tokuo Ohnishi 发展，提出了直接功率控制策略，将瞬时功率、有功功率和无功功率用于 PWM 变换器的控制系统[1-2]。传统的直接功率控制多使用滞环比较器和开关表，控制系统需要根据电路的工作状态查询开关表来控制开关管的通断，因此这种控制策略对传感器的精度和系统采样频率的依赖性很强，并且开关管的开关通断周期不稳定，交流电感难以选择，造成谐波含量高和电压波动较大等问题。

为了减少充电系统的谐波污染，加快响应速度，本章对该方法进行进一步优化，采用拉格朗日差值法进行预测计算，并用 SVPWM 技术对电压矢量进行调制[3]，将开关通断时间和顺序规范化，降低输出功率和直流电压脉动，降低交流电压和电流的谐波含量，使波形更平滑。在计算参考功率时采用了滑模控制的思想，降低了控制策略对固有参数的依赖性，具有较好的稳定性[4]。

6.1　直接功率控制理论

6.1.1　三种坐标系下的瞬时功率

1．自然坐标系下的瞬时功率

电压、电流瞬时值为$\boldsymbol{e}_{abc}=[e_a,e_b,e_c]$，$\boldsymbol{i}_{abc}=[i_a,i_b,i_c]$，以电压定向，$e_a$与$\alpha$轴同相，$\boldsymbol{i}_{abc}$分解成与$\boldsymbol{e}_{abc}$同向的$i_\mathrm{p}$和与$\boldsymbol{e}_{abc}$垂直的$i_\mathrm{q}$。

根据图 6-1，定义功率瞬时值：P为$\boldsymbol{e}_{abc}$与$\boldsymbol{i}_{abc}$的内积；Q为$\boldsymbol{e}_{abc}$与$\boldsymbol{i}_{abc}$的外积。得到如下关系式：

$$\begin{cases} P=\boldsymbol{e}_{abc}\cdot\boldsymbol{i}_{abc}=e_a\cdot i_a+e_b\cdot i_b+e_c\cdot i_c=|\boldsymbol{e}_{abc}||\boldsymbol{i}_{abc}|\cos\varphi \\ Q=\boldsymbol{e}_{abc}\times\boldsymbol{i}_{abc}=e_a\times i_a+e_b\times i_b+e_c\times i_c=|\boldsymbol{e}_{abc}||\boldsymbol{i}_{abc}|\sin\varphi \end{cases} \tag{6-1}$$

式中，$|\boldsymbol{e}_{abc}|=\sqrt{e_a^2+e_b^2+e_c^2}$；$|\boldsymbol{i}_{abc}|=\sqrt{i_a^2+i_b^2+i_c^2}$。复功率为

$$S=\mathrm{Re}[S]+\mathrm{Im}[S]=P+\mathrm{j}Q \tag{6-2}$$

瞬时功率因数定义为$\lambda=\cos\varphi$，φ为电压与电流之间的相位差，由此可得λ的计算公式为

$$\lambda=\cos\varphi=\frac{P}{\sqrt{P^2+Q^2}} \tag{6-3}$$

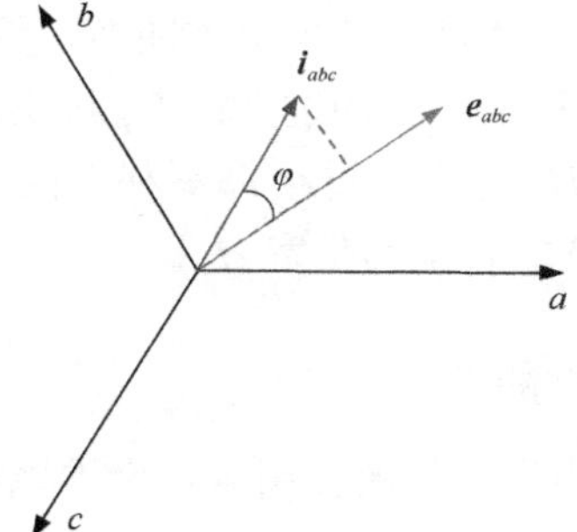

图 6-1　电压矢量和电流矢量

2. 静止坐标系下的瞬时功率

经过变换矩阵 $\boldsymbol{T}_{abc/\alpha\beta}$ 变换，可得

$$\begin{bmatrix} P \\ Q \end{bmatrix} = \begin{bmatrix} u_\alpha & u_\beta \\ -u_\beta & u_\alpha \end{bmatrix} \begin{bmatrix} i_\alpha \\ i_\beta \end{bmatrix} \tag{6-4}$$

3. 旋转坐标系下的瞬时功率

同样地，经过变换矩阵 $\boldsymbol{T}_{abc/dq}$ 变换，可得

$$\begin{bmatrix} P \\ Q \end{bmatrix} = \begin{bmatrix} u_d & u_q \\ -u_q & u_d \end{bmatrix} \begin{bmatrix} i_d \\ i_q \end{bmatrix} \tag{6-5}$$

6.1.2　功率滞环比较器

直接功率控制的思想是将实际输出功率控制在以参考功率为中心的有限带宽区域之内，即 $-H_P < \Delta P < H_P, -H_Q < \Delta Q < H_Q$，当实际的输出功率超出了这个范围，控制信号就会发生作用，将其调整至规定范围之内，这种控制思路就要用到功率滞环比较器，有功功率和无功功率会产生两种控制信号，即 S_P 和 S_Q，如图 6-2 所示。它们的输入为瞬时功率与参考功率的差值 ΔP 和 ΔQ，输出为与开关函数相关的比较结果 S_P 和 S_Q，令

$$S_P = \begin{cases} 1, & \Delta P > H_P \\ 0, & \Delta P < -H_P \end{cases} \tag{6-6}$$

$$S_Q = \begin{cases} 1, & \Delta Q > H_Q \\ 0, & \Delta Q < -H_Q \end{cases} \tag{6-7}$$

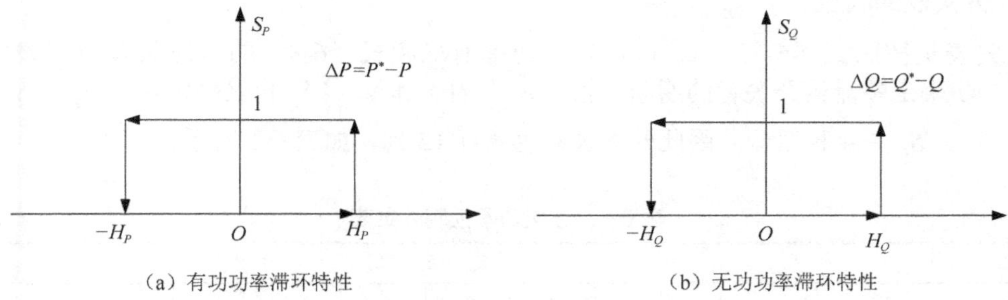

图 6-2　滞环特性图

功率滞环比较器根据 S_P 和 S_Q 的值控制开关管的通断，因此，H_P 的大小将影响控制器的敏感程度：H_P 过大，输出功率不稳定，波动过大；H_P 过小，开关管通断次数和损耗增加，同时开关管的寿命减少。显然，H_P 过大或过小都不利于控制的效果，因此，需要根据开关管的类型和系统可接受的范围，选取合适的带宽 H_P。

6.1.3 整流器开关管的控制

根据式（6-6）、式（6-7）和电压矢量所在扇区，合理地设计开关顺序及时间。

1．电压矢量的扇区划分

通过分析可知，九开关变换器在整流过程中只有 6 个开关需要控制，每个桥臂上 2 个开关，共 2^3 种工作状态，对应的电压矢量也有 2^3 个，包含 2 个零矢量和 6 个非零矢量[5]。由于直接功率控制使用了功率滞环比较器，只有当输出功率超出规定范围时，控制器才发挥作用，因此，与矢量控制不同之处在于直接功率控制的开关通断的时间规律是不确定的。为了让直接功率控制有更好的性能，让电压矢量更精准地调节，对电压矢量的作用空间进行划分，共划分为12 个区域，如图 6-3 所示。

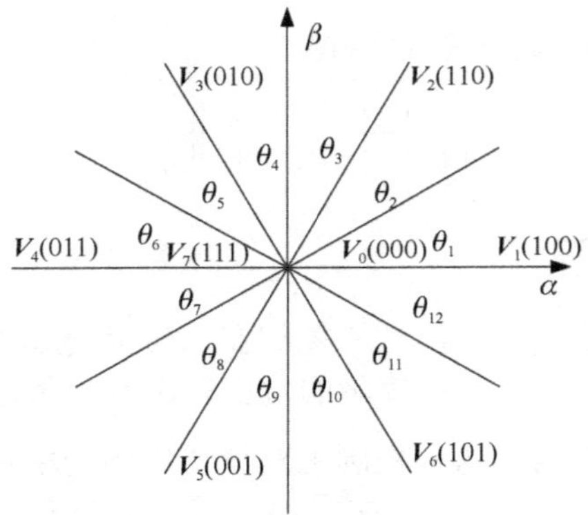

图 6-3 空间矢量扇区划分

每个区域夹角都为 $\pi/6$，扇区 θ_1～θ_{12} 由式（6-8）确定，其中 θ 可以通过电压分量 u_α、u_β 确定：

$$\frac{(k-1)\pi}{6} < \theta_k \leqslant \frac{k\pi}{6},\ k = 1,2,\cdots,12 \tag{6-8}$$

2．开关表的制定

开关表是按照式（6-6）、式（6-7）的功率情况和式（6-8）的电压矢量所在扇区制定的，进一步确定整流器开关管的通断。根据 θ_k 中的 k 和 S_P、S_Q 查表确定 S_a、S_b、S_c。k 有 12 个，S_P、S_Q 共 4 种组合，因此开关表共为 4 行 12 列，如表 6-1 所示。

表 6-1 直接功率控制开关表

		S_a、S_b、S_c											
S_P	S_Q	θ_1	θ_2	θ_3	θ_4	θ_5	θ_6	θ_7	θ_8	θ_9	θ_{10}	θ_{11}	θ_{12}
0	0	110	110	010	010	011	001	001	001	101	101	100	100

续表

S_P	S_Q	S_a、S_b、S_c											
		θ_1	θ_2	θ_3	θ_4	θ_5	θ_6	θ_7	θ_8	θ_9	θ_{10}	θ_{11}	θ_{12}
0	1	100	100	110	110	010	010	011	011	001	001	101	101
1	0	010	011	011	001	001	101	101	100	100	110	110	010
1	1	001	101	101	100	100	110	110	010	010	011	011	001

以 S_P=1，S_Q=0，电压矢量在第 II 扇区为例分析开关管的工作状态，当 S_P=1，S_Q=0 时，说明 $\Delta P > H_P$，$\Delta Q < -H_Q$，即有功功率需要减小，电流信号超前电压信号，应当选择空间矢量 V_4(100)，使得 P 接近 P^*，Q 接近 Q^*，S_a、S_b、S_c 的状态得到确定，即 100。其他扇区的情况分析方法相同，不再赘述，对应表 6-1 即可。

6.2　优化的预测型直接功率控制策略设计

6.2.1　基本思路

通过 6.1 节的分析可知，由于直接功率控制使用了功率滞环比较器，只有当输出功率超出规定范围时，控制器才发挥作用，对有功功率、无功功率进行控制[6]，使得整流器的开关控制依赖电路的工作状态，存在开关周期不确定、控制作用不及时等问题。为了改善直接功率控制的控制效果，学者提出了预测性直接功率控制策略，本节在此基础上对参考功率计算和预测模型进行进一步优化。

优化的预测型直接功率控制策略结构图如图 6-4 所示，其基本设计思路是将负载实际功率（从电网处通过测量得到）和负载期望功率（从负载处通过计算得到）进行对比，给出期望的控制量，通过坐标变换生成逆变器驱动控制信号，系统每个控制周期的具体工作步骤如下。

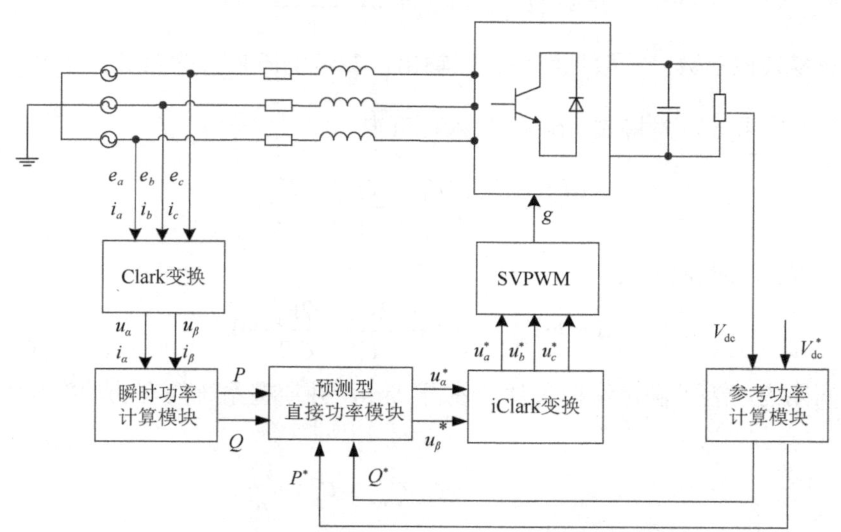

图 6-4　优化的预测型直接功率控制策略结构图

由电压电流测量模块测量得到交流电压、电流信息，送入 Clark 变换模块完成 abc-$\alpha\beta$ 坐标变换，得到电压分量 u_α、u_β 和电流分量 i_α、i_β，通过瞬时功率计算模块得到系统的瞬时

功率 P 和 Q；参考功率计算模块根据直流电压 V_{dc} 及负载参数计算出期望功率 P^*和 Q^*，预测型直接功率模块根据瞬时功率 P、Q 和参考功率 P^*、Q^*给出系统的期望电压 u_α^*、u_β^*，通过 iClark 变换得到自然坐标系下的期望信号 u_a^*、u_b^*、u_c^*，根据 SVPWM 信号生成规则（计算开关管导通的顺序和时间）产生驱动信号，完成开关管的控制。相比于传统直接功率控制，预测型直接功率控制减少了对采样频率和传感器精度的依赖，降低了交流电感的选择难度。

6.2.2 基于自适应滑模控制原理的参考功率设计

直接功率控制以期望的输出功率为依据，通过控制直流电压达到控制功率的目的。首先，需要根据直流参考电压和负载，设计充电器的输出功率。对于集成车载充电器的直流侧，希望系统有稳定的电压输出，经典电压外环控制器设计大多采用 PI 反馈调节，而由于整流过程是一个非线性、时变过程，PI 控制器的参数对系统的稳定性影响较大。本节采用自适应滑模控制策略，在系统受到外部干扰和系统参数微变时能够更好地保证系统的稳定性，响应更快，鲁棒性更好。

在每个周期内，系统的输入（交流）与输出（直流）功率都相等，根据此关系可以列出方程：

$$\begin{cases} P_{dc} = P_{ac} - P_R \\ P_{ac} = \dfrac{V_{dc}^2}{R_L} + C\dfrac{V_{dc}dV_{dc}}{dt} \\ P_R = (i_\alpha^2 + i_\beta^2)R \end{cases} \tag{6-9}$$

式中，P_{dc} 为输出（直流）有功功率；P_{ac} 为输入（交流）有功功率；P_R 为电阻热功率。

设计选取滑模面 S 为

$$S = k\left(V_{dcref}^2 - V_{dc}^2\right) + \frac{d\left(V_{dcref}^2 - V_{dc}^2\right)}{dt} \tag{6-10}$$

式中，k 为非零调控参数。一般系统为恒压输出，参考电压 V_{dcref} 为常数，则 V_{dcref}^2 也为常数，$\dfrac{dV_{dcref}^2}{dt} = 0$，对 V_{dc}^2 求导，并将式（6-9）代入，可得

$$\frac{dV_{dc}^2}{dt} = \frac{2V_{dc}dV_{dc}}{dt} = \frac{2P_{dc}}{C} - \frac{2V_{dc}^2}{R_L} \tag{6-11}$$

令滑模面 S=0，可得

$$S = k(V_{dcref}^2 - V_{dc}^2) - \frac{2P_{dc}}{C} + \frac{2V_{dc}^2}{CR_L} = 0 \tag{6-12}$$

在一个周期内，为了满足滑模条件，使得 S=0，并期望系统的有功功率与参考功率应相等，即

$$P_{dc}^* = P_{dc} = \frac{1}{2}kC(V_{dcref}^2 - V_{dc}^2) + \frac{V_{dc}^2}{R_L} \tag{6-13}$$

式中，P_{dc}^* 为直流侧期望的输出电压，根据式（6-9）可得交流侧的参考输出有功功率为

$$P_{ac}^* = P_{dc}^* + P_R = \frac{1}{2}kC(V_{dcref}^2 - V_{dc}^2) + \frac{V_{dc}^2}{R_L} + (i_\alpha^2 + i_\beta^2)R \tag{6-14}$$

为保证系统在单位功率因数下运行，总是期望系统的无功功率为 0，减小对交流电网的污染，即

$$Q^*=0 \tag{6-15}$$

当 $V_{dc} < V_{dcref}$ 时，$V_{dcref}^2 - V_{dc}^2 > 0$；$V_{dc}$ 应增大，$\frac{dV_{dc}}{dt} > 0$，$\frac{dV_{dc}^2}{dt} = \frac{2V_{dc}dV_{dc}}{dt} > 0$，因此，$S > 0$。对 S 求导，可得

$$\dot{S}=-\frac{2V_{dc}dV_{dc}}{dt}-2\left(\frac{dV_{dc}}{dt}\right)^2-\frac{2V_{dc}d^2V_{dc}}{dt^2}<0 \tag{6-16}$$

由此可知 $S\dot{S}<0$。

同理可以推出，在 $V_{dc} > V_{dcref}$ 时，$S\dot{S}<0$，满足李雅普诺夫（Lyapunov）稳定性的要求。

6.2.3　预测型直接功率控制设计

前文已分析过集成车载充电器的数学模型，现将在静止坐标系下集成车载充电器的数学模型重示于式（6-17），可得

$$\begin{cases} L\dfrac{di_\alpha}{dt} = e_\alpha - Ri_\alpha - u_\alpha \\ L\dfrac{di_\beta}{dt} = e_\beta - Ri_\beta - u_\beta \\ i_{dc} = i_\alpha + i_\beta \end{cases} \tag{6-17}$$

在静止坐标系下，充电器的瞬时功率 P、Q 可表示为

$$\begin{bmatrix} P \\ Q \end{bmatrix}=\begin{bmatrix} e_\alpha & e_\beta \\ -e_\beta & e_\alpha \end{bmatrix}\begin{bmatrix} i_\alpha \\ i_\beta \end{bmatrix} \tag{6-18}$$

若三相电压源稳定不变，则电压分量 e_α、e_β 不变，通过式（6-18）可以推出离散化 P、Q 的变化量为

$$\begin{bmatrix} P(k+1)-P(k) \\ Q(k+1)-Q(k) \end{bmatrix}=\begin{bmatrix} e_\alpha & e_\beta \\ -e_\beta & e_\alpha \end{bmatrix}\begin{bmatrix} i_\alpha(k+1)-i_\alpha(k) \\ i_\beta(k+1)-i_\beta(k) \end{bmatrix} \tag{6-19}$$

根据式（6-17）将充电器整流电路的微分方程表示为

$$L\frac{d}{dt}\begin{bmatrix} i_\alpha(t) \\ i_\beta(t) \end{bmatrix}=\begin{bmatrix} e_\alpha(t) \\ e_\beta(t) \end{bmatrix}-\begin{bmatrix} u_\alpha(t) \\ u_\beta(t) \end{bmatrix}-R\begin{bmatrix} i_\alpha(t) \\ i_\beta(t) \end{bmatrix} \tag{6-20}$$

对式（6-20）进行离散化，得

$$\begin{bmatrix} i_\alpha(k+1)-i_\alpha(k) \\ i_\beta(k+1)-i_\beta(k) \end{bmatrix}=\frac{T_s}{L}\left(\begin{bmatrix} e_\alpha(k)-u_\alpha(k) \\ e_\beta(k)-u_\beta(k) \end{bmatrix}-\begin{bmatrix} i_\alpha(k) \\ i_\beta(k) \end{bmatrix}R\right) \tag{6-21}$$

由于 e_α、e_β 在两个开关周期内近似相等，因此

$$\begin{bmatrix} e_\alpha(k+1) \\ e_\beta(k+1) \end{bmatrix}=\begin{bmatrix} e_\alpha(k) \\ e_\beta(k) \end{bmatrix} \tag{6-22}$$

根据预测型直接功率控制的思想，控制的最终目的是实际值与期望值一致，因此令

$$\begin{bmatrix} P^*(k+1) \\ Q^*(k+1) \end{bmatrix}=\begin{bmatrix} P(k+1) \\ Q(k+1) \end{bmatrix} \tag{6-23}$$

结合式（6-19）～式（6-23）可得

$$\begin{bmatrix} u_\alpha(k) \\ u_\beta(k) \end{bmatrix} = \begin{bmatrix} e_\alpha \\ e_\beta \end{bmatrix} - \frac{L}{T_s \|e_{\alpha\beta}\|} \begin{bmatrix} e_\alpha & e_\beta \\ -e_\beta & e_\alpha \end{bmatrix} \begin{bmatrix} P^*(k+1) - P(k) \\ Q^*(k+1) - Q(k) \end{bmatrix} - R \begin{bmatrix} i_\alpha(k) \\ i_\beta(k) \end{bmatrix} \tag{6-24}$$

根据式（6-18）可得

$$\begin{bmatrix} i_\alpha(k) \\ i_\beta(k) \end{bmatrix} = \frac{1}{\|e_{\alpha\beta}\|} \begin{bmatrix} e_\alpha & e_\beta \\ -e_\beta & e_\alpha \end{bmatrix} \begin{bmatrix} P(k) \\ Q(k) \end{bmatrix} \tag{6-25}$$

将式（6-25）代入式（6-24）可得

$$\begin{bmatrix} u_\alpha(k) \\ u_\beta(k) \end{bmatrix} = \begin{bmatrix} e_\alpha \\ e_\beta \end{bmatrix} - \frac{L}{T_s \|e_{\alpha\beta}\|} \begin{bmatrix} e_\alpha & e_\beta \\ -e_\beta & e_\alpha \end{bmatrix} \begin{bmatrix} P^*(k+1) - P(k) \\ Q^*(k+1) - Q(k) \end{bmatrix} - \frac{R}{\|e_{\alpha\beta}\|} \begin{bmatrix} e_\alpha & e_\beta \\ -e_\beta & e_\alpha \end{bmatrix} \begin{bmatrix} P(k) \\ Q(k) \end{bmatrix} \tag{6-26}$$

在充电模式控制系统中，充电功率较大，为减少对外部电网的污染，实现系统单位功率因数运行，在 6.22 节中已设置 $Q^*=0$，而对于 P^* 在相邻周期内不可能是完全线性变化的，为了减小模型预测中的误差及充电过程中干扰的影响，使用二阶拉格朗日插值法进行预测估算。

假设已知 $P(k)$、$P(k-1)$、$P(k-2)$，P^* 的二次抛物线插值为

$$\begin{cases} P^*(k+1) = A_0 P(k-2) + A_1 P(k-1) + A_2 P(k) \\ A_0 = \dfrac{[t(k+1) - t(k-1)][t(k+1) - t(k)]}{[t(k-2) - t(k-1)][t(k-2) - t(k)]} \\ A_1 = \dfrac{[t(k+1) - t(k-2)][t(k+1) - t(k)]}{[t(k-1) - t(k-2)][t(k-1) - t(k)]} \\ A_2 = \dfrac{[t(k+1) - t(k-2)][t(k+1) - t(k-1)]}{[t(k) - t(k-2)][t(k) - t(k-1)]} \end{cases} \tag{6-27}$$

由于采样频率不变，因此 $A_0 = 1$，$A_1 = -3$，$A_2 = 3$。

代入式（6-27）可得

$$P^*(k+1) = P(k-2) - 3P(k-1) + 3P(k) \tag{6-28}$$

将 $Q^*=0$ 及式（6-28）代入式（6-26）可得

$$\begin{bmatrix} u_\alpha(k) \\ u_\beta(k) \end{bmatrix} = \begin{bmatrix} e_\alpha \\ e_\beta \end{bmatrix} - \frac{L}{T_s \|e_{\alpha\beta}\|} \begin{bmatrix} e_\alpha & e_\beta \\ -e_\beta & e_\alpha \end{bmatrix} \begin{bmatrix} P(k-2) - 3P(k-1) + 2P(k) \\ 0 - Q(k) \end{bmatrix} - \frac{R}{\|e_{\alpha\beta}\|} \begin{bmatrix} e_\alpha & e_\beta \\ -e_\beta & e_\alpha \end{bmatrix} \begin{bmatrix} P(k) \\ Q(k) \end{bmatrix} \tag{6-29}$$

式（6-29）得到的电压分量将作为 SVPWM 模块的控制量。

6.3 优化的预测型直接功率控制策略仿真验证

6.3.1 系统参数的配置

在本章的控制策略中，控制参数只涉及参考功率计算的 k，影响控制策略中实际输出电压 V_{dc} 与参考电压 V_{dcref} 差值的敏感程度，仿真取 $k = 50$。

6.3.2 系统仿真环境搭建

优化的预测型直接功率控制策略仿真图如图 6-5 所示。

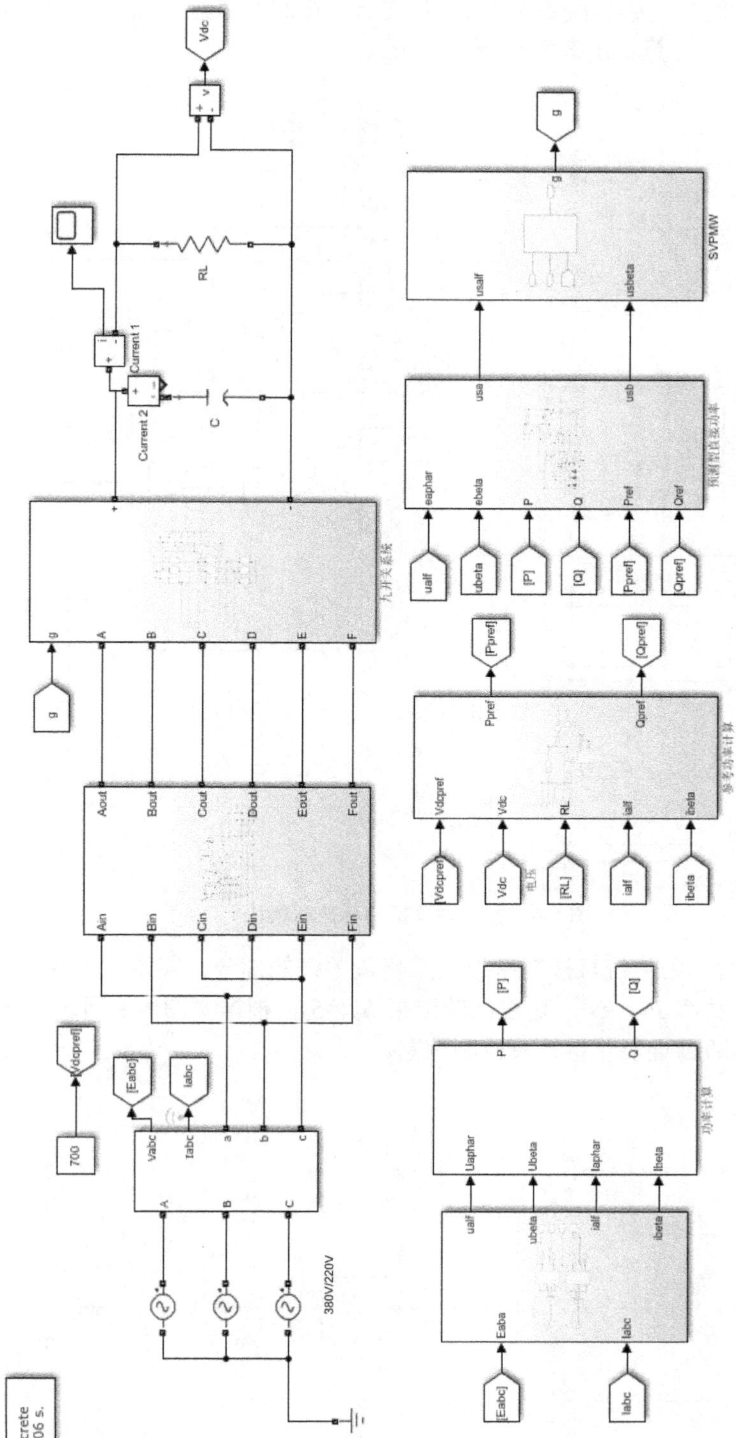

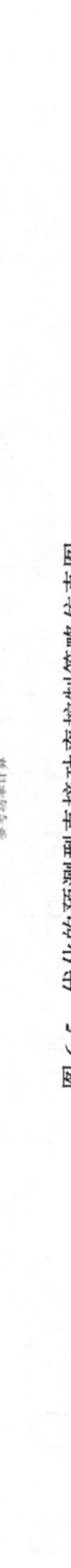

图 6-5　优化的预测型直接功率控制策略仿真图

图 6-6 所示为预测型直接功率控制模块，根据式（6-29）搭建，输入为瞬时功率 P、Q 和参考功率 P^*、Q^*，通过计算输出参考电压 u_α^*、u_β^*。

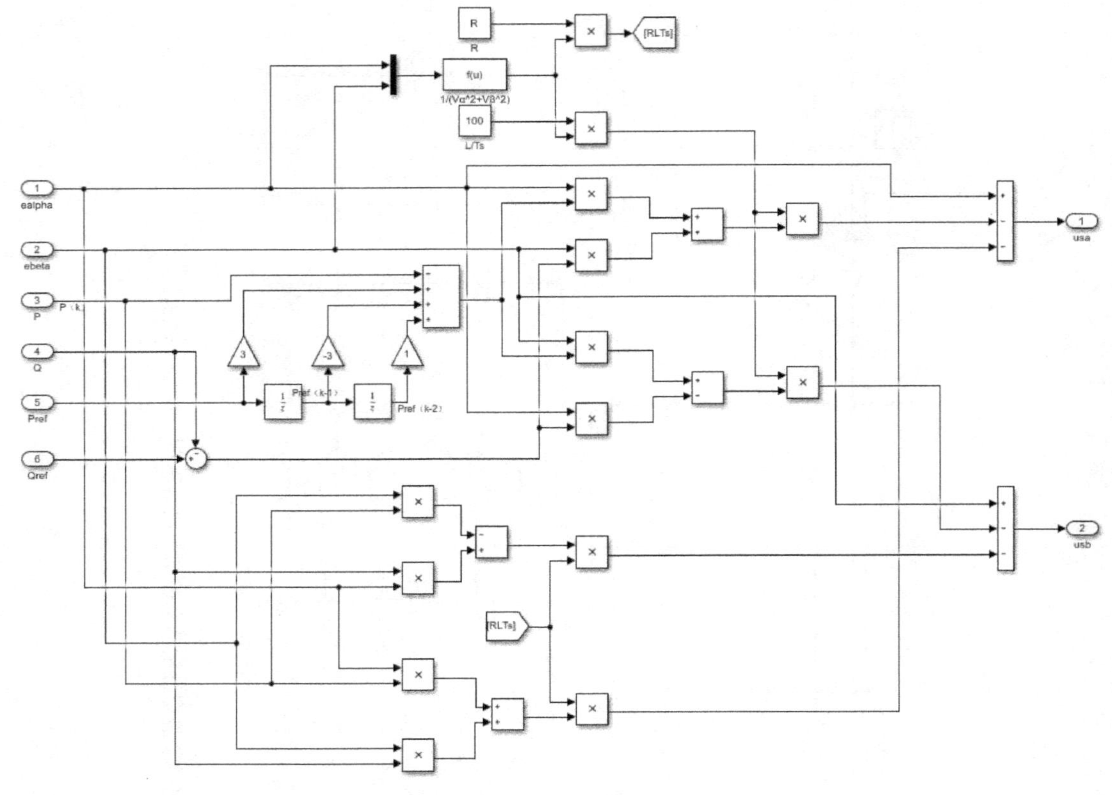

图 6-6　预测型直接功率控制模块

图 6-7 和图 6-8 所示为传统直接功率控制策略最关键的部分，其中，图 6-7 中通过比较瞬时功率 P、Q 和参考功率 P^*、Q^*，输出比较结果 S_p、S_q，根据如图 6-8 所示的开关模块，选择开关信号 S_p、S_q，通过查表获得开关控制信息。

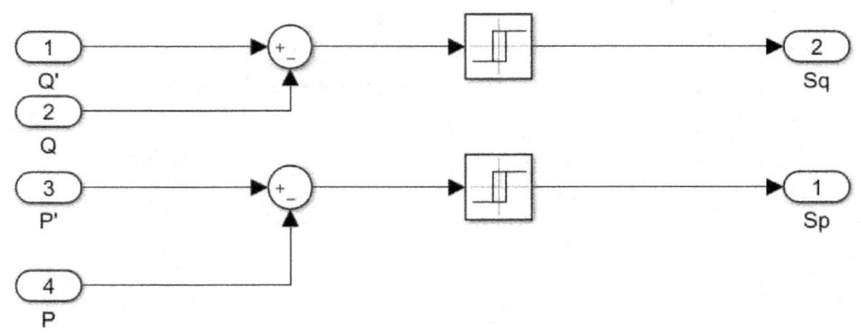

图 6-7　功率滞环比较器

1
Sp
2
Sq
3
sector
double
double
2
Lookup
Table (2-D)
1
[0 0 0]
[0 0 1]
[0 1 0]
[0 1 1]
[1 0 0]
[1 0 1]
[1 1 0]
[1 1 1]
1
2
3
4
5
6
7
*, 8
NOT
NOT
NOT
double
double
double
double
double
double
signal1
signal2
signal3
signal4
signal5
signal6
1
g

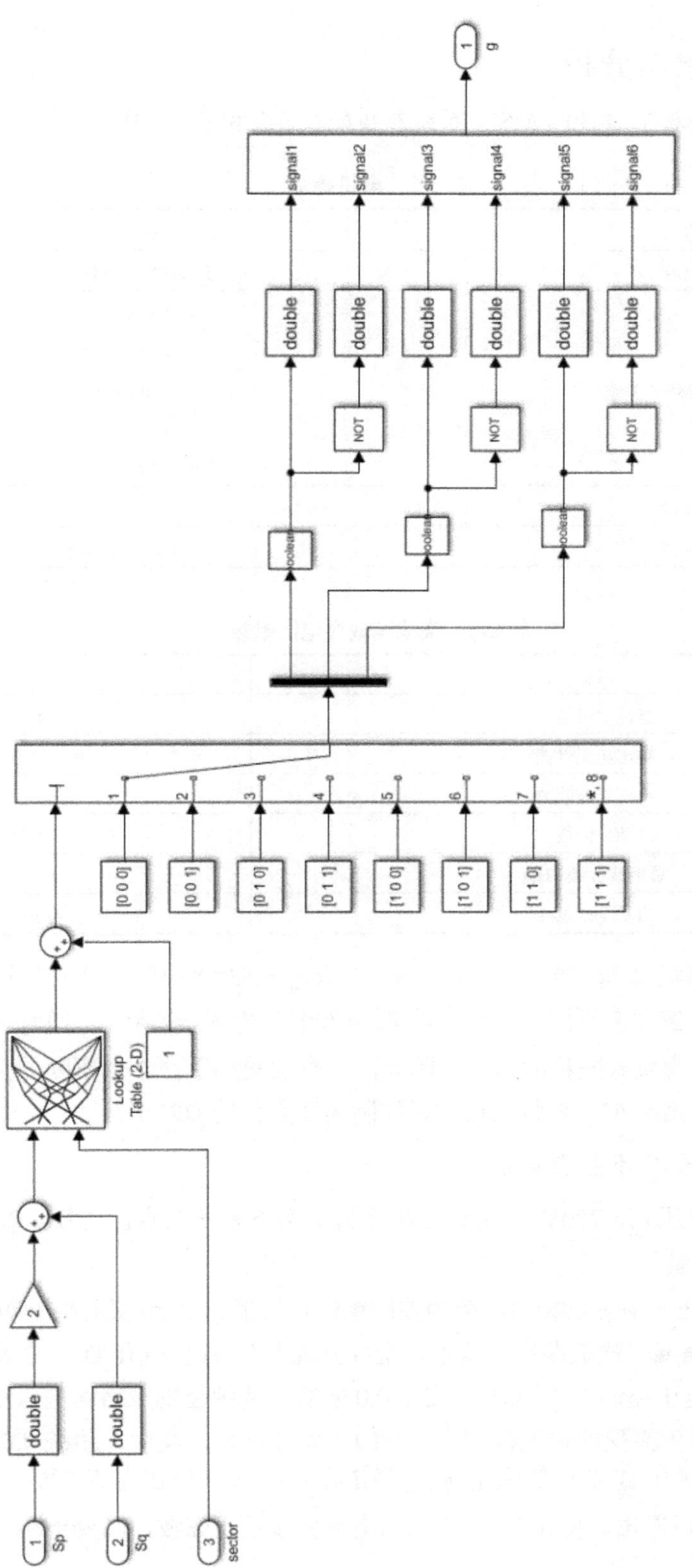

图 6-8　开关模块

6.3.3 仿真结果与分析

定子绕组开放式双 Y 移 30°PMSM 系统参数如表 6-2 和表 6-3 所示。

表 6-2 电机参数

名称	参数
三相电源	相电压 220V、频率 50Hz
双 Y 移 30°PMSM 参数	R=0.5Ω $L_d = L_q = 0.5\text{mH}$ $\Psi_f = 0.2\text{Wb}$ $n_p = 2$ $J = 0.02\text{kg} \cdot \text{m}^2$
直流负载	R_L=40Ω
直流电容	C=100μF 电机参数

表 6-3 集成车载充电器参数

名称	标准要求
直流输出电压	≤1500V
输出电压误差	≤1%
电压纹波因数	≤5%
功率因数	≥0.98
总谐波含量 THD	≤5%
启动电压过冲	≤20%

考虑三相交流整流器输出电压 $V_{dc} \geqslant \sqrt{6}e_m$ （$\sqrt{6}e_m \approx 538.89\text{ V}$），集成车载充电器大功率输出，设置直流输出参考电压两个挡位，即 $V_{dc}^* = 700\text{ V}$ 和 $V_{dc}^* = 800\text{ V}$。同时，充电过程并非恒功率输出，应该考虑负载变化的情况，因此，仿真实验如下，本章研究的优化的预测型直接功率控制简写为优化 DPC；传统直接功率控制简写为传统 DPC。

1．期望直流电压 V_{dc}^* 不变的情况

设置期望直流电压 V_{dc}^*=700V，分析两种控制策略下系统的直流电压、交流电流、功率因数和谐波含量等参数。

从图 6-9（a）、（b）中可以看出，两种控制策略均可追踪期望电压到 700V 附近，但在启动阶段，传统 DPC 需要一次振荡后直流电压继续升高至 700V；优化 DPC 在初始阶段电压最大值达到 783.2V，电压超调为 11.89%。在 t=0.05s 后，两种控制策略均进入稳定状态，直流输出电压均能稳定在可接受的误差范围内（1%），差异不大，其中，传统 DPC 的直流电压 V_{dc} 稳定在 701.5V，优化 DPC 的直流电压 V_{dc} 稳定在 697.5V。但在电流方面，从图 6-9（c）、（d）、（e）、（f）中可以看出，优化 DPC 的三相电流更接近正弦波，畸变更小。

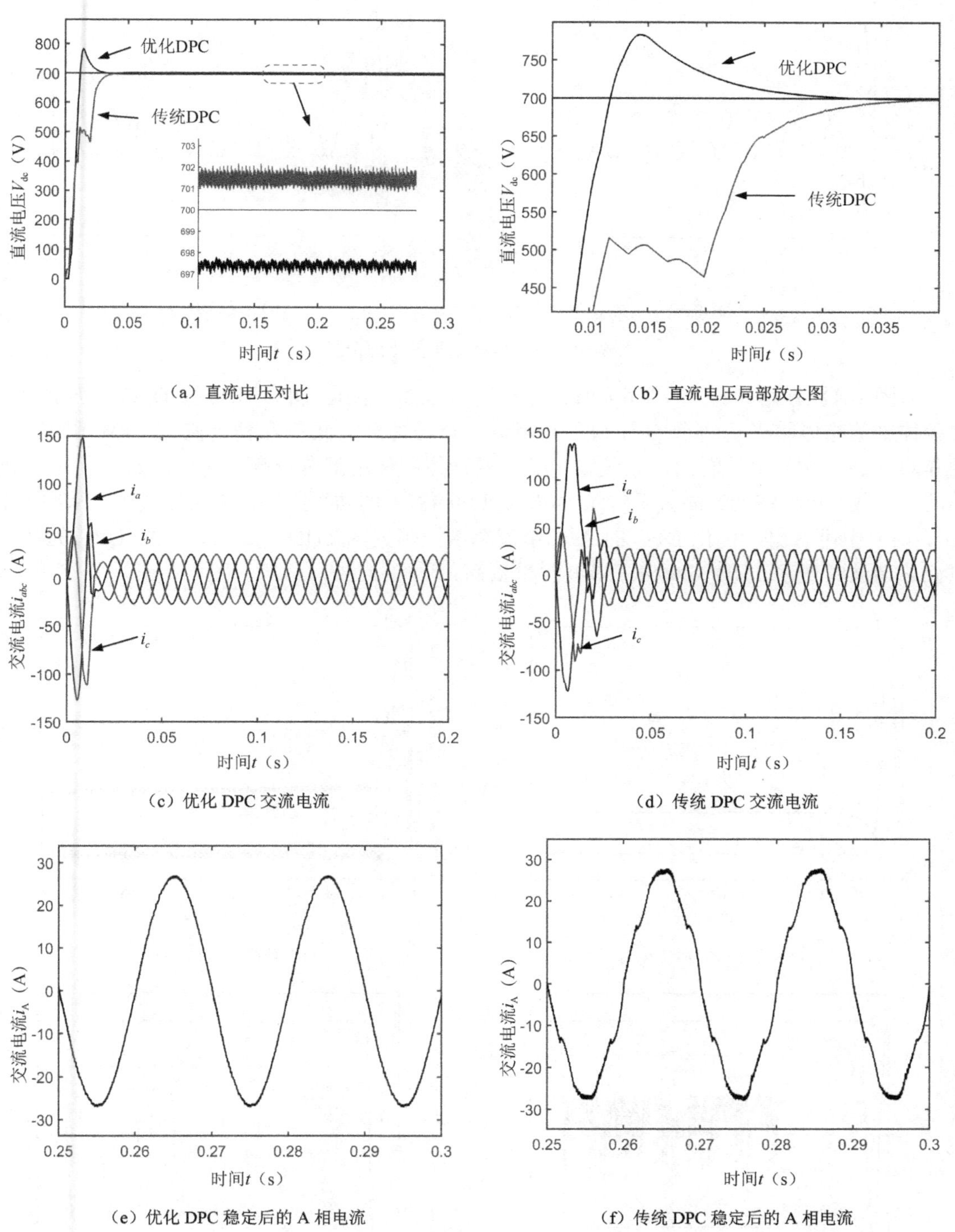

图 6-9　直流电压与交流电流

从图 6-10 中可以看出，在静止坐标系下，i_α 超前 i_β 90°，优化 DPC 的电流分量更接近正弦波，波形更为平滑。

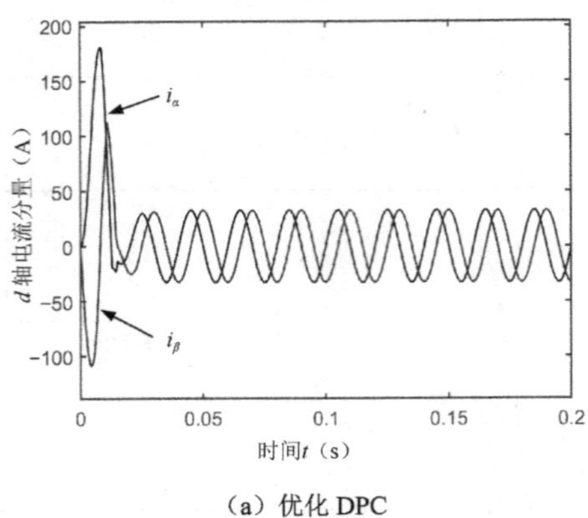

（a）优化 DPC

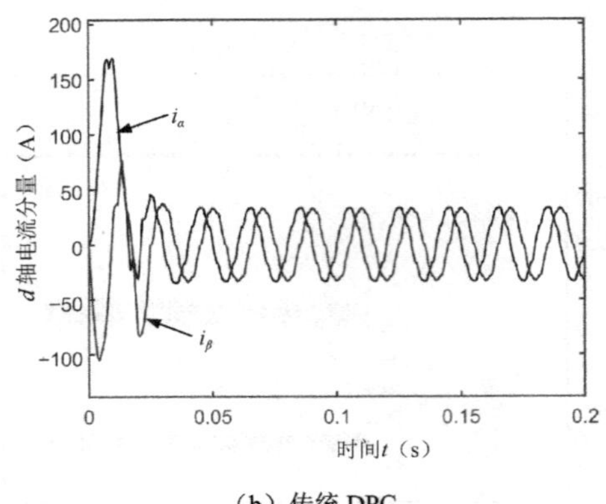

（b）传统 DPC

图 6-10 静止坐标系下的电流分量

从图 6-11（a）、（b）中可明显看出，在功率方面，优化 DPC 比传统 DPC 稳定得多，两种控制策略能将无功功率 Q 控制在 0 附近，有功功率 P 控制在稳定值 12.2kW 附近，从图 6-11（c）、（d）中可看出，系统稳定后，两种控制策略都有较高的功率因数，优化 DPC 的功率因数（PF>0.998）略大于传统 DPC（PF>0.987）的功率因数，波动也较小。从图 6-11（e）、（f）中可看出，优化 DPC 的 A 相电流总谐波畸变率 THD=1.28%，传统 DPC 的 A 相电流总谐波畸变率 THD=6.46%，谐波含量较高。

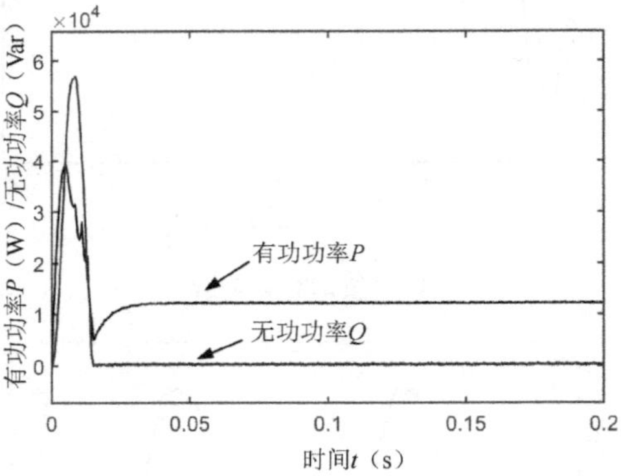

（a）优化 DPC 的功率

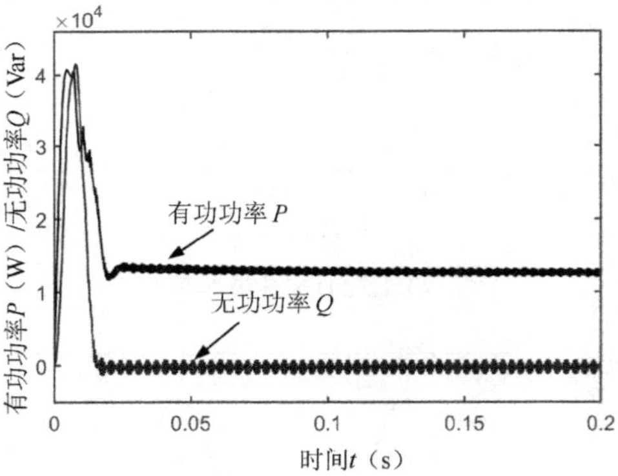

（b）传统 DPC 的功率

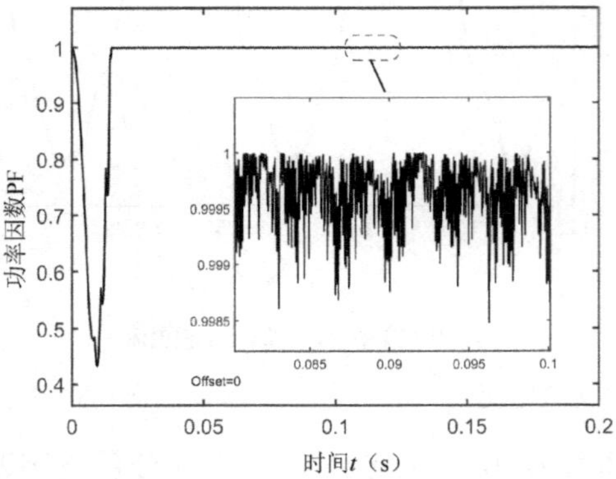

（c）优化 DPC 的功率因数

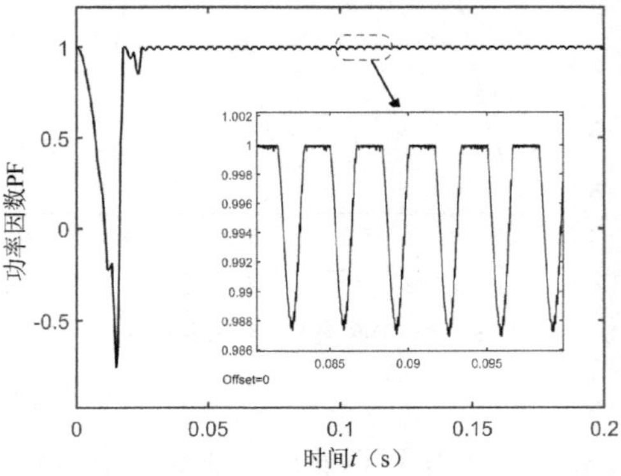

（d）传统 DPC 的功率因数

图 6-11 功率、功率因数及谐波分析

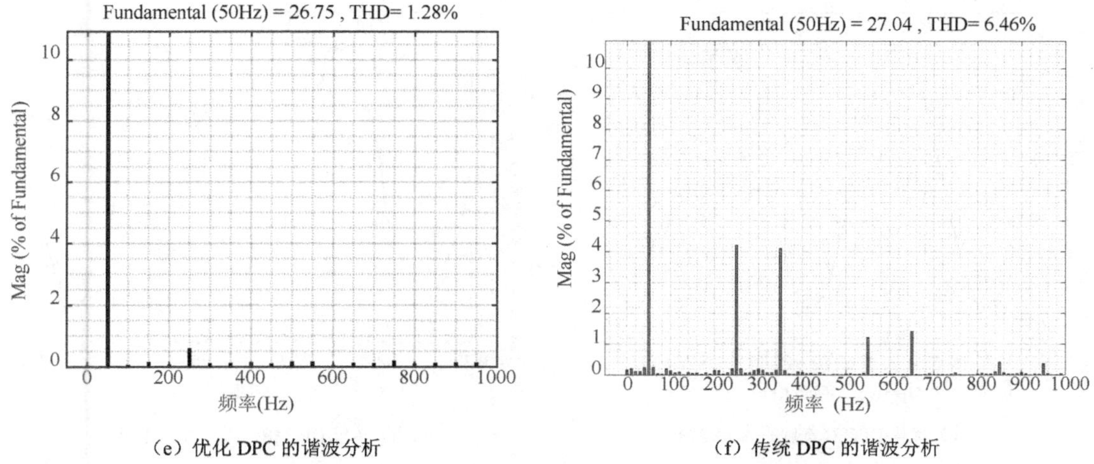

（e）优化 DPC 的谐波分析　　　　（f）传统 DPC 的谐波分析

图 6-11　功率、功率因数及谐波分析（续）

2. 期望直流电压 V_{dc}^* 变化的情况

设置初始期望直流电压 V_{dc}^*=700V，当 t=0.15s 时，设置期望直流电压 V_{dc}^*=800V，系统的波形如图 6-12 所示。

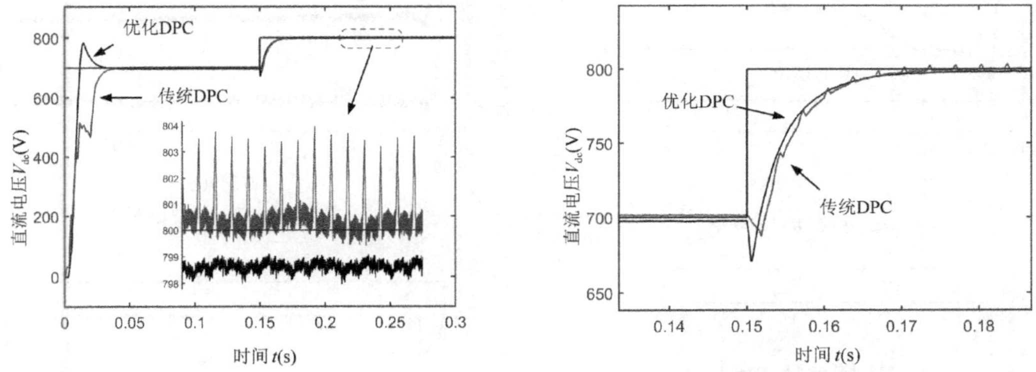

（a）直流电压对比　　　　（b）直流电压局部放大图

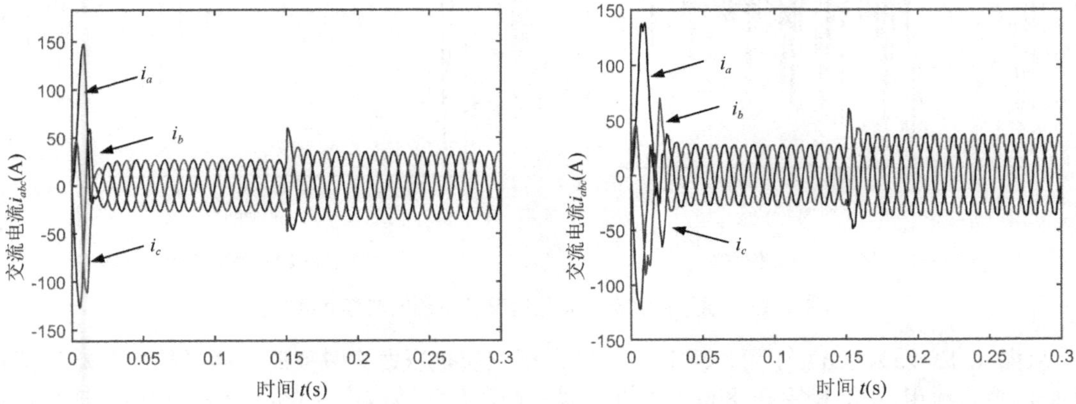

（c）优化 DPC 交流电流　　　　（d）传统 DPC 交流电流

图 6-12　期望直流电压变化情况下系统的波形

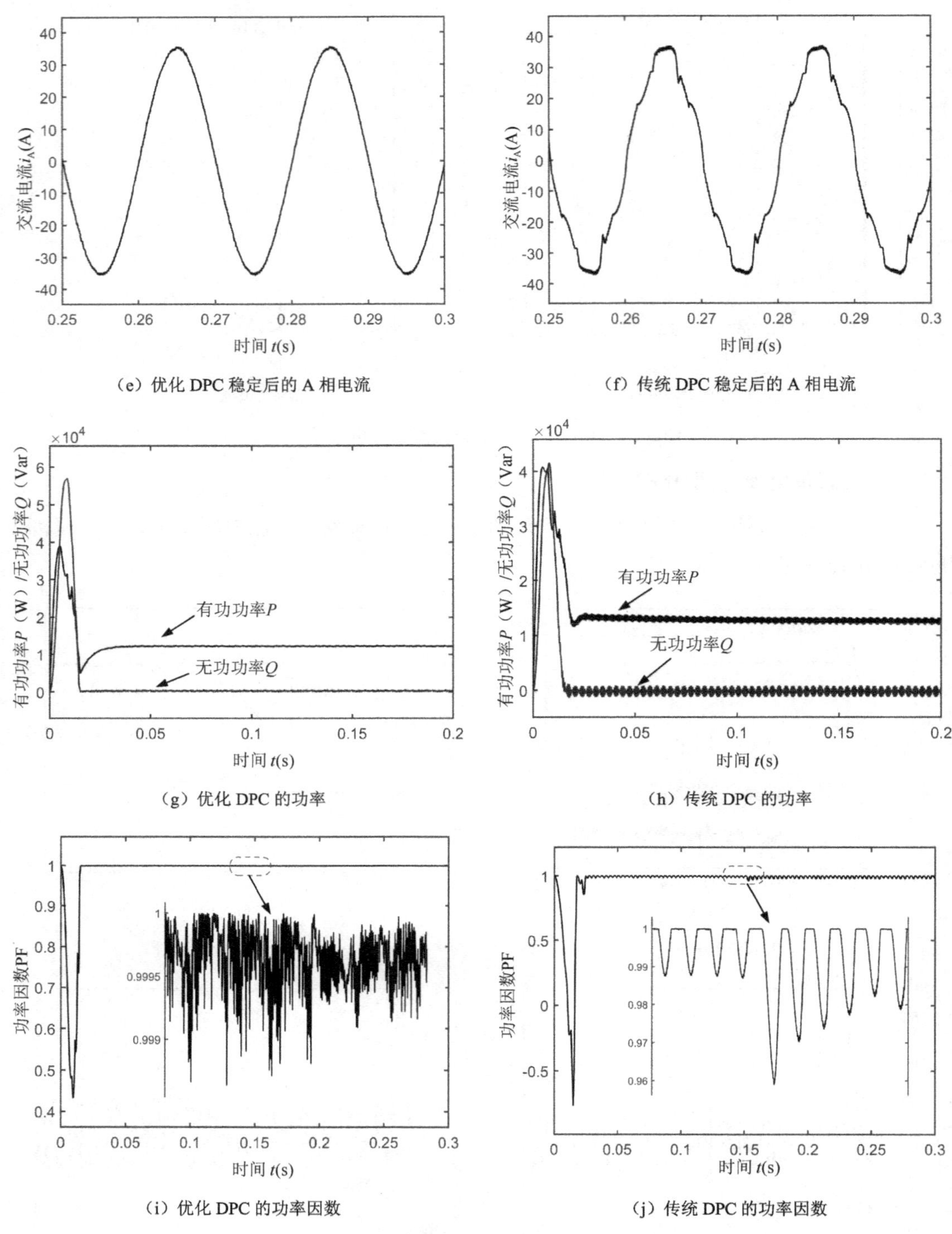

（e）优化 DPC 稳定后的 A 相电流

（f）传统 DPC 稳定后的 A 相电流

（g）优化 DPC 的功率

（h）传统 DPC 的功率

（i）优化 DPC 的功率因数

（j）传统 DPC 的功率因数

图 6-12　期望直流电压变化情况下系统的波形（续）

从图 6-12（a）、（b）中可以观察出，当期望直流电压发生跳变时，两种控制策略均能在 0.03s 内将直流电压 V_{dc} 稳定在 800V 附近，误差均在允许范围内（1%）。但在过渡完成后，传统 DPC 的直流电压仍有小幅度波动；从图 6-12（c）、（d）、（g）、（h）中可以看出，随着直流电压升高，交流电流和功率也同步升高，稳定后，有功功率 P 约为 16.4kW。优化 DPC 的功率因数保持在 0.99 以上，而传统 DPC 的功率因数在稳定后降至约 0.97。

3．直流负载 R_L 变化的情况

设置初始直流负载 R_L=40Ω，当 t=0.15s 时，设置直流负载 R_L=20Ω，在不改变其他参数的条件下，系统波形如图 6-13 所示。

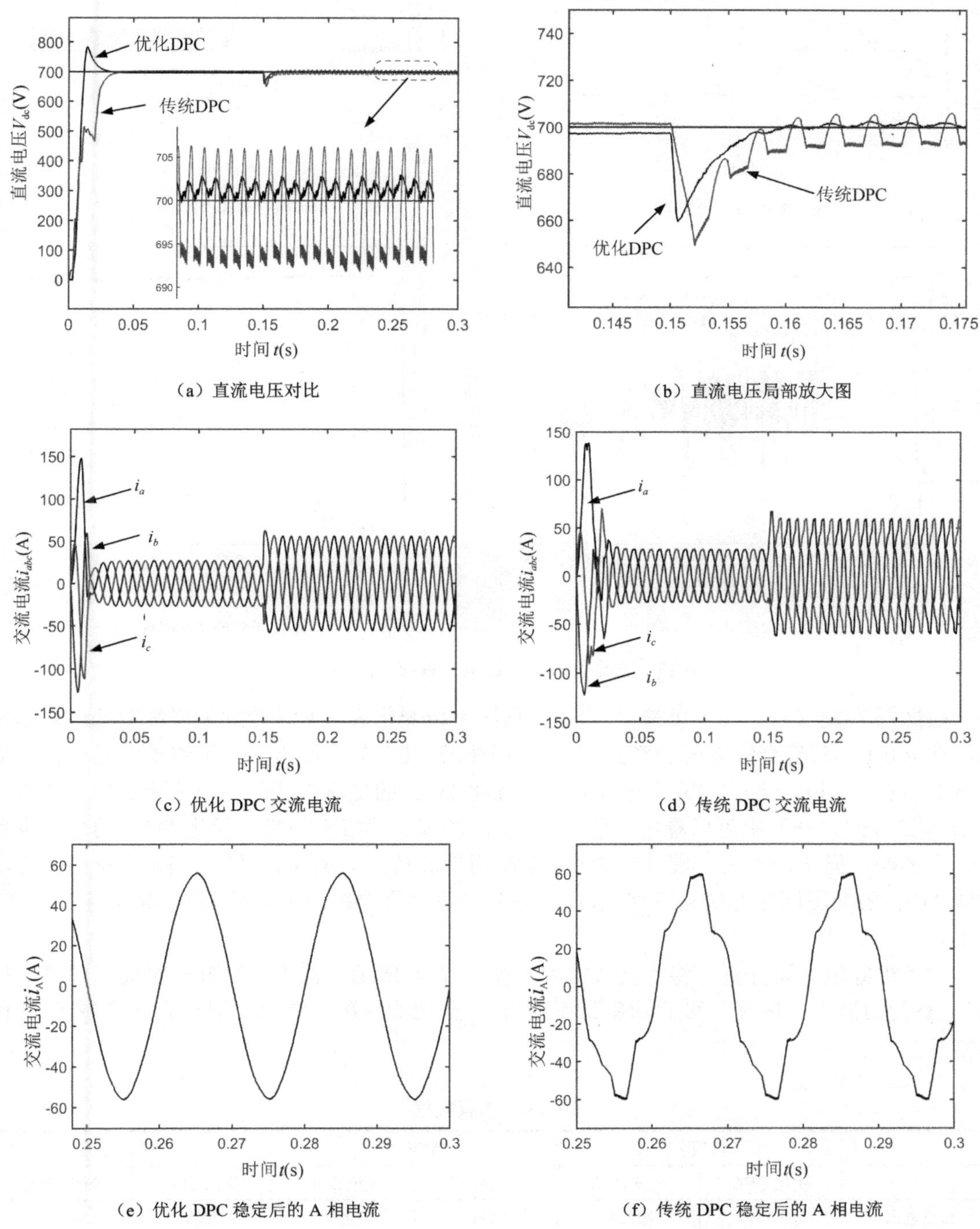

（a）直流电压对比　（b）直流电压局部放大图

（c）优化 DPC 交流电流　（d）传统 DPC 交流电流

（e）优化 DPC 稳定后的 A 相电流　（f）传统 DPC 稳定后的 A 相电流

图 6-13　直流负载变化情况下系统的波形

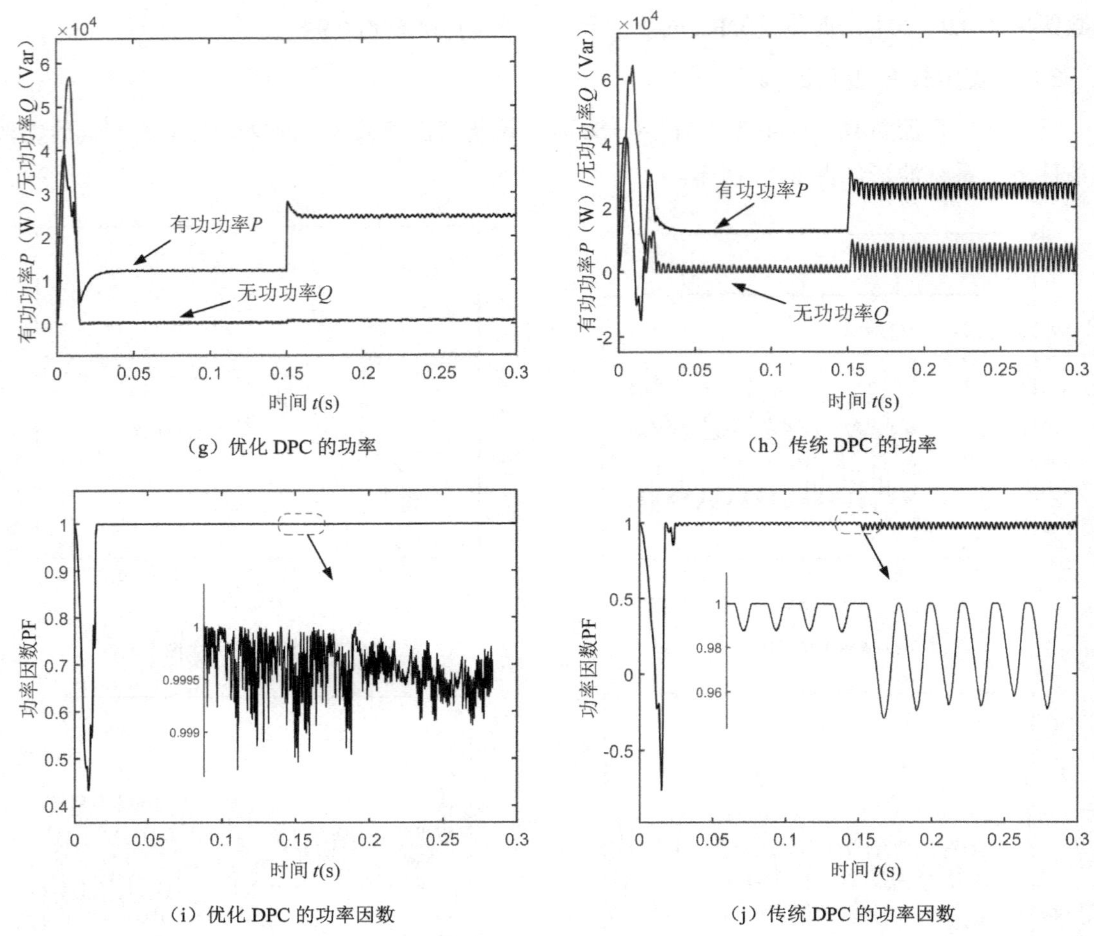

（g）优化 DPC 的功率

（h）传统 DPC 的功率

（i）优化 DPC 的功率因数

（j）传统 DPC 的功率因数

图 6-13　直流负载变化情况下系统的波形（续）

根据图 6-13（a）、（b）可知，t=0.15s 直流负载变化后，两种控制策略都能做出快速反应，在 t=0.17s 时将直流电压调整至 700V，但传统 DPC 的直流电压上下波动明显较大，从图 6-13（c）、（d）、（e）、（f）中可以看出，优化 DPC 的交流电流能够较好地保持正弦波；从图 6-13（g）、（h）中可以看出，传统 DPC 的功率变得很不稳定，优化 DPC 的功率也受到一定影响，但波动不大，最终在 P=24.2kW 附近波动；从图 6-13（i）、（j）中可以看出，传统 DPC 的功率因数有明显下降（PF=0.956），而优化 DPC 的功率因数能够保持在 0.995 以上。

为了更好地对比分析，将仿真数据整理如表 6-4 所示。其中，情况一对应期望直流电压 V_{dc}^* 不变的情况，情况二对应期望直流电压 V_{dc}^* 变化的情况；情况三对应直流负载 R_L 变化的情况。

表 6-4　仿真数据

	情况一		情况二		情况三	
	优化 DPC	传统 DPC	优化 DPC	传统 DPC	优化 DPC	传统 DPC
输出电压	697.5V	701.5V	799V	799V	700V	700V
电压误差	0.28%	0.28%	0.14%	0.14%	0%	0%

续表

	情况一		情况二		情况三	
	优化 DPC	传统 DPC	优化 DPC	传统 DPC	优化 DPC	传统 DPC
电压过冲	11.83%	0%	0%	0%	0%	0%
过渡时间	0.05s	0.05s	0.03s	0.03s	0.02s	0.02s
功率因数	0.998	0.987	0.998	0.970	0.995	0.956
谐波畸变率	1.28%	6.46%	1.06%	6.64%	1.03%	6.83%

通过分析，验证了本章提出的优化 DPC 的有效性，相比传统 DPC 在性能上做了较大改进，总结为以下几点。

（1）启动阶段响应较快。启动后经过一次超调，直流电压迅速追踪期望直流电压，在 0.05s 内进入稳定状态。

（2）抗干扰能力较强。在直流电压或负载电阻发生变化时，能够在 0.03s 内再次进入新的稳定状态。

（3）误差范围满足国标要求。直流电压与期望直流电压之间的误差最大不超过 3V，远低于国家标准 GB/T 40432—2021 对电压误差的要求（≤1%），传统 DPC 的误差略小于优化 DPC 的误差，但在电压波动方面，优化 DPC 的波动更小。

（4）谐波污染明显减少。根据本章仿真验证结果，功率因数均大于 0.99，谐波畸变率明显降低。

（5）计算较为简单。在坐标变换中，只进行了 Clark 变换，即在静止坐标系内完成了控制计算，从而减少了旋转坐标系变换。

对于集成车载充电器的充电性能，希望控制策略能够在启动阶段的超调量更小，并拥有更稳定的功率输出，进一步提高功率因数，同时降低谐波含量。在之后的章节中，将尝试用其他控制策略提高控制性能。

6.4　本章小结

本章介绍分析了传统DPC，在其基础上提出了优化DPC，采用滑模控制思想设计参考功率计算模块，有更好的适应性和鲁棒性，运用二阶拉格朗日插值法预测功率模型，计算电压分量的期望值，精准度更高，最后采用 SVPWM 实现开关控制，克服了传统 DPC 开关频率不稳定的缺点。在仿真软件中搭建系统模型，将优化 DPC 与传统 DPC 进行对比，从期望直流电压不变、期望直流电压变化、直流负载变化三种情况分析控制策略的性能。通过仿真实验分析得出结论：当系统参数发生变化时，优化 DPC 能够较好地适应直流电压和负载电阻发生变化的情况，提高了系统的功率因数，降低了谐波含量。

参考文献

[1] 吴拓．基于隔离型双向 DC/DC 的在线式 UPS 系统研究[D]．镇江：江苏科技大学，2020．

[2] 李宁，王跃，王兆安．基于新型矢量选择表的电压型三电平中性点钳位整流器直接功率控制策略[J]．电工技术学报，2016，31 (08): 76-89．

[3] 项巍．风力发电并网逆变器控制方法的研究[D]．哈尔滨：哈尔滨工程大学，2014．

[4] 赵维城，吴春燕．工业电能变换与控制技术[M]．北京：电子工业出版社，2012．

[5] 王志宏．一类伺服系统驱动与控制关键技术研究与实现[D]．南京：南京理工大学，2015．

[6] 夏文婧．三相 PWM 整流器模型预测功率控制算法研究[D]．成都：西南交通大学，2020．

第 7 章 基于电压电流双环滑模变结构控制的充电系统

集成车载充电器工作在充电模式下，系统发挥整流器的功能，因电压、负载变化等干扰，系统的数学模型会受到非线性的扰动，系统表现出非线性行为，在某些应用中并不适合标准精细的控制方法。采用滑模变结构控制时，求解开关函数或电压电流期望值不依赖其他形式的补充参数，具有响应速度快、自适应能力强、稳定范围宽等优点，因此，滑模变结构控制更适用于充电模式的控制，可以实现良好的控制性能。

滑模变结构控制并不是近乎完美的控制方法，它起源于继电器控制和 Bang-Bang 控制，具有控制不连续性的特点[1]，模态切换时会产生抖振。为减小抖振，学者做了很多工作，提出的代表性方法有准滑模方法、边界层法、高阶滑模方法、动态滑模方法[2]。总结来说，需要选择适合系统的趋近律，当系统状态变量距离滑模面较远时，加大控制量，使系统状态变量迅速靠近选取的滑模面，趋近速度足够快，保证系统的快速响应能力；当系统状态变量离滑模面较小时，减小控制量，使系统状态变量以缓和的速度趋近滑模面，直至状态轨迹运行到滑模面；当系统受到外部干扰时，系统状态变量能够快速收敛到平衡状态附近的领域[3]。

为提高集成车载充电器的抗干扰能力和动/静态性能，进一步降低谐波畸变律，减小启动阶段的超调量，减小直流电压误差，本章以滑模变结构控制为理论基础，研究充电模式下电压电流双环滑模变结构控制策略，结合 SVPWM 技术实现电力开关控制。通过仿真，验证电压电流双环滑模变结构控制的集成车载充电器比传统的 PI 控制系统具有更优的稳定性、鲁棒性和动态性能。

7.1 滑模变结构控制概述

滑模变结构控制的基本思想是，根据系统状态变量的特点，设计出一种具有“吸附力”的切换面，通过控制律让系统状态从切换面之外的区域逐渐“滑动”到所设计的滑模曲面上。它表现出一种“开关”特性，使得系统状态在一定的条件下在滑模曲面上下做幅度较小的、高频的往复运动[4]。由于设计的切换面对外部干扰和内部参数扰动不敏感，设计思路相对简单通用，所以滑模变结构控制被广泛应用到各类控制系统中。

7.1.1 滑模曲面

考虑滑模曲面 $S = S(x_1, x_2, \cdots, x_n)$ ，以二维状态变量为例，将状态空间一分为二， $S > 0$ 和 $S < 0$ ，当系统状态不在这个曲面上时，图 7-1 给出了几种状态轨迹。

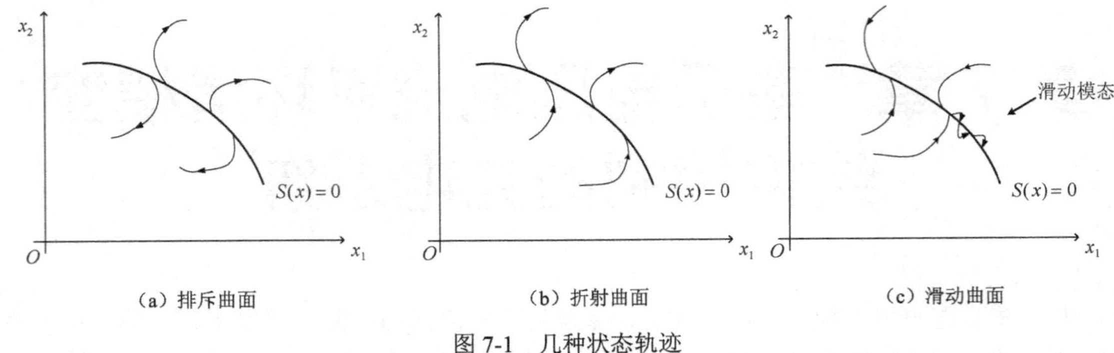

（a）排斥曲面　　（b）折射曲面　　（c）滑动曲面

图 7-1　几种状态轨迹

在图 7-1（a）中，状态轨迹只能远离滑模曲面，滑模曲面对状态没有“吸附”作用；在图 7-1（b）中，状态轨迹可以从单侧趋近于滑模曲面，但到达曲面后并没有停留在曲面，而是从另一侧远离曲面；在图 7-1（c）中，状态轨迹不断趋近于滑模曲面，并在滑模曲面附近波动，这种曲面是控制所需的滑模面。

7.1.2　滑模曲面的可达性

在考虑滑模曲面 S 可达的数学条件上写成 $S(x)=0$，并且在曲面附近的区域有如下要求。

（1）如果 $S(x)>0$，那么必须应用输入 u^+，使得 $\dfrac{\mathrm{d}S(x)}{\mathrm{d}t}<0$。

（2）如果 $S(x)<0$，那么必须应用输入 u^-，使得 $\dfrac{\mathrm{d}S(x)}{\mathrm{d}t}>0$。

如果能够让控制律满足上述要求，就可以保证滑模曲面的可达性，但没有指定到达的方式。

渐进收敛说明在趋近滑模面的过程中，趋近速度不断减小到 0，意味着在无限时间内到达滑模曲面 S，可以用数学解释为

$$\lim_{S\to0^+}\frac{\mathrm{d}S(x)}{\mathrm{d}t}=0 \text{ 和 } \lim_{S\to0^-}\frac{\mathrm{d}S(x)}{\mathrm{d}t}=0$$

如果要求在有限时间内到达滑模面，则在滑模面附近的领域内趋近速度不能为 0，即时间导数 $\dfrac{\mathrm{d}S(x)}{\mathrm{d}t}$ 不能为 0。同理，数学解释为

$$\lim_{S\to0^+}\frac{\mathrm{d}S(x)}{\mathrm{d}t}<0 \text{ 和 } \lim_{S\to0^-}\frac{\mathrm{d}S(x)}{\mathrm{d}t}>0$$

在实际控制中，往往希望快速到达或渐进到达，多数情况下希望在有限的时间内到达，这就需要合理地设计滑模面，即选择合适的控制参数和趋近律。

7.1.3　常见趋近律介绍

滑模状态如果存在，则趋近律必须满足可达条件，即

$$S\dot{S}<0 \tag{7-1}$$

满足条件的常见趋近律如下。

1. 等速趋近律

$$\dot{S} = -\varepsilon \operatorname{sgn}(S) \tag{7-2}$$

式中，$\varepsilon > 0$，趋近速度取决于 ε 的大小，在靠近滑模面时，速度不变。如果 ε 较大，则趋近速度变快，但会产生较大抖振；如果 ε 较小，则趋近速度会变慢。

2. 指数趋近律

$$\dot{S} = -kS - \varepsilon \operatorname{sgn}(S) \tag{7-3}$$

式中，$k > 0$；$\varepsilon > 0$。指数趋近律需要合理地调节参数 k 和 ε，不然会导致收敛速度变慢，在滑模曲面两侧以较高速率来回穿梭，造成较大抖振。

3. 幂次趋近律

$$\dot{S} = -k|S|^{\alpha} \tag{7-4}$$

式中，$k > 0$；$\alpha > 1$。幂次趋近律在到达滑模面的过程中，趋近速度会逐渐变为零，有利于消除抖振，但是在远离滑模面时趋近速度较慢，影响动态性能。

4. 自适应趋近律

$$\dot{S} = -k|S|^{\alpha} - \varepsilon \operatorname{sgn}(S) \tag{7-5}$$

式中，$k > 0$；$\alpha > 1$；$\varepsilon > 0$。自适应趋近律结合了等速趋近律和幂次趋近律的优点，参数 k、ε、α 不一定为常量，设计上更为复杂，计算量更大，不一定适用于所有系统。

以上几种趋近律都有其优缺点，为了达到更好的控制效果，需要根据系统特性进行优化设计。

7.2　电压电流双环滑模变结构控制策略设计

7.2.1　基本思路

对于本书的集成车载充电器模型，控制策略设计有两个目标，一是当系统运行在充电模式时，直流电压能快速、稳定地跟踪给定电压，并在系统参数发生变化时，有良好的抗干扰能力；二是系统能够工作在单位功率因数下，谐波较小，减少对三相电网的污染，同时减少电机的机械振动。

电压电流双环滑模变结构控制策略结构图如图 7-2 所示，由坐标转换模块、电压环滑模控制模块、电流环滑模控制模块、SVPWM 模块组成。

电压电流双环滑模变结构控制策略的基本设计思路：电压环滑模控制实现对给定直流电压 V_{dc}^* 的跟踪，电压环控制器产生期望电流 i_d^*、i_q^* 指令，并传递给电流环控制器。电流环控制器则通过环滑模控制律实现对指令 i_d^*、i_q^* 的跟踪，产生期望电压 u_d^*、u_q^* 指令。这里，电压环和电流环滑模控制均采用积分滑模面。将指令 u_d^*、u_q^* 传递给 SVPWM 模块。SVPWM 模块将指令 u_d^*、u_q^* 经 iPark 变换求得对应的三相电压期望值 u_a^*、u_b^*、u_c^*，通过 SVPWM 技术计算开关管通断的顺序和时间，产生驱动信号，最终完成对开关管的控制。

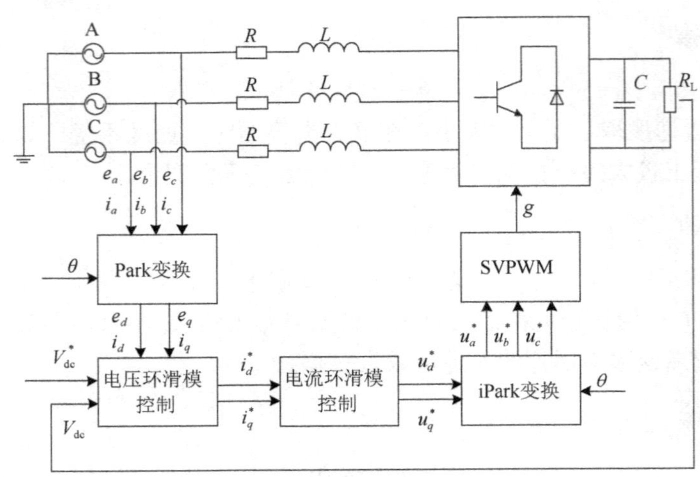

图 7-2　电压电流双环滑模变结构控制策略结构图

7.2.2　电压环滑模控制设计

从能量的角度分析，交流侧提供电能，而直流侧消耗电能，提供的能量等于消耗的能量，由此可知

$$\frac{3}{2}(u_d i_d + u_q i_q) = i_{dc} V_{dc} \tag{7-6}$$

将式（5-12）代入式（7-6）可得

$$\frac{3}{2}u_d i_d = \frac{V_{dc}^2}{R_L} + C\frac{V_{dc}\mathrm{d}V_{dc}}{\mathrm{d}t} \tag{7-7}$$

电压环通过控制交流电流达到控制直流电压的目的，首先采用积分滑模面设计电压环滑模面，即

$$S_u = V_{dc}^* - V_{dc} + k_u\int(V_{dc}^* - V_{dc})\mathrm{d}t \tag{7-8}$$

由式（7-8）可以看出，当$V_{dc}=V_{dc}^*$时，滑模面S_u不会再增减，趋近于一种稳定状态。对式（7-8）求导可得

$$\dot{S}_u = \dot{V}_{dc}^* - \dot{V}_{dc} + k_u(V_{dc}^* - V_{dc}) \tag{7-9}$$

将式（7-7）代入式（7-9）可得

$$\dot{S}_u = \dot{V}_{dc}^* - \left(\frac{u_d i_d}{CV_{dc}} - \frac{V_{dc}}{CR_L}\right) + k_u(V_{dc}^* - V_{dc}) \tag{7-10}$$

滑模面S_u稳定，即其导函数$\dot{S}_u$趋近于 0，则期望控制量i_d^*能够使$\dot{S}_u=0$，设计控制量i_d的期望值为

$$i_d^* = \frac{CV_{dc}\left[k_u(V_{dc}^* - V_{dc}) + \rho_u S_u\right] + \dfrac{V_{dc}^2}{R_L}}{u_d} \tag{7-11}$$

观察式（7-11）可以看出，i_d^*中包含$\rho_u S_u$，能够在远离滑模面时快速趋近滑模面，同时包含$k_u(V_{dc}^* - V_{dc})$，当趋近滑模面时，给定直流电压和直流电压的误差越来越小，趋近速度也变慢，从而减小抖振。

同时，为保证系统充电过程中功率因数为 1，令 $i_q^*=0$。

取 Lyapunov 函数为

$$W=\frac{1}{2}S_{\mathrm{u}}^2 \tag{7-12}$$

对其求导可得

$$\dot{W}=-\rho_{\mathrm{u}}S_{\mathrm{u}}^2+\frac{e_d e_{\mathrm{id}}}{CV_{\mathrm{dc}}} \tag{7-13}$$

式中，e_{id} 为电流误差，$e_{\mathrm{id}}=i_d^*-i_d$，由式（7-12）可见，函数 W 正定，为了保证 $\dot{W}\leqslant 0$，满足滑模稳定性条件，假设电流环控制策略能够使 i_d^* 与 i_d 之间的误差足够小，则满足李雅普诺夫稳定性的条件。因此，对电流环控制策略提出了要求，即电流环的收敛速度应该比电压环的收敛速度快，使电流误差 $e_{\mathrm{id}}=i_d^*-i_d$ 足够小。

7.2.3　电流环滑模控制设计

整流器开关管的控制最终由 SVPWM 模块完成，而电流环需要向 SVPWM 模块提供计算开关管通断时间的期望电压 u_d^*、u_q^*，以及通过电流环的控制电流 i_d、i_q 对期望值 i_d^*、i_q^* 的跟踪。

5.1 节已分析过在旋转坐标系下的数学模型为

$$\begin{cases} L\dfrac{\mathrm{d}i_d}{\mathrm{d}t}=\left(e_d-Ri_d+\omega Li_q\right)-u_d \\ L\dfrac{\mathrm{d}i_q}{\mathrm{d}t}=\left(e_q-Ri_q-\omega Li_d\right)-u_q \end{cases} \tag{7-14}$$

写成矩阵形式为

$$\begin{bmatrix} \dot{i}_d \\ \dot{i}_q \end{bmatrix}=\frac{1}{L}\left(\begin{bmatrix} -R & \omega L \\ -\omega L & -R \end{bmatrix}\begin{bmatrix} i_d \\ i_q \end{bmatrix}+\begin{bmatrix} -u_d+e_d \\ -u_q+e_q \end{bmatrix}\right) \tag{7-15}$$

对于电流环控制，同样期望电流能够快速跟踪电流 i_d^*、i_q^*，其中 i_d^* 由电压计算得出，为保证系统工作在功率因数为 1 的情况下，$i_q^*=0$。

通过控制交流电压，达到控制交流电流的目的，同样采用积分滑模面设计电流环滑模面，即

$$S_{\mathrm{i}}=\begin{bmatrix} S_{\mathrm{id}} \\ S_{\mathrm{iq}} \end{bmatrix}=\begin{bmatrix} i_d^*-i_d+k_d\int(i_d^*-i_d)\mathrm{d}t \\ i_q^*-i_q+k_q\int(i_q^*-i_q)\mathrm{d}t \end{bmatrix} \tag{7-16}$$

当实际电流 i_d、i_q 与期望值 i_d^*、i_q^* 相等时，电流滑模面趋近于稳定。

当电流滑模面趋近于稳定时，其导数 $\dot{S}_{\mathrm{i}}$ 为 0，结合式（7-15）和式（7-16），设计电流环虚拟控制量 u_d、u_q 的期望值 u_d^*、u_q^* 为

$$\begin{bmatrix} u_d^* \\ u_q^* \end{bmatrix}=\begin{bmatrix} e_d-Ri_d+\omega Li_q \\ e_q-Ri_q-\omega Li_d \end{bmatrix}-L\begin{bmatrix} \dot{i}_d^*+k_d(i_d^*-i_d)+\rho_d S_{\mathrm{id}} \\ \dot{i}_q^*+k_q(i_q^*-i_q)+\rho_q S_{\mathrm{iq}} \end{bmatrix} \tag{7-17}$$

关于李雅普诺夫稳定性的证明与电压环类似，不再赘述。

值得说明的是，为保证系统在充电时功率因数为 1，令 $i_q^*=0$，所以 i_q^* 始终为 0，而 i_d^* 由

电压环计算得出，系统稳定运行之前，有微小的波动，系统稳定运行后，i_d^*为常数，即$i_d^*=0$。在电流环滑模控制中，为减小响应的抖振，可将i_d^*做限幅处理或简化为0。

因此，将式（7-17）进一步简化为

$$\begin{bmatrix} u_d^* \\ u_q^* \end{bmatrix} = \begin{bmatrix} e_d - Ri_d + \omega Li_q \\ e_q - Ri_q - \omega Li_d \end{bmatrix} - L\begin{bmatrix} k_d(i_d^* - i_d) + \rho_d S_{\mathrm{id}} \\ k_q(i_q^* - i_q) + \rho_q S_{\mathrm{iq}} \end{bmatrix} \tag{7-18}$$

为了提高控制精准度、固定开关频率，控制策略采用SVPWM技术实现对电源转换器中开关管的控制。将式（7-18）计算得出的电压分量u_d^*、u_q^*通过iPark变换解算出u_a^*、u_b^*、u_c^*，经SVPWM模块产生调制信号驱动开关管，实现电压分量u_d、u_q的控制，获得指定的直流电压输出，并保证系统在单位功率因数下运行。

7.3 电压电流双环滑模变结构控制策略的仿真验证

7.3.1 系统参数的配置

在控制策略参数配置中，电流环的动态性能影响电压环的稳定性，进一步影响充电性能。因此，在调整参数的过程中，应让电流环收敛速度快于电压环收敛速度，从而保证整个系统的稳定性。本次仿真中取$k_{\mathrm{u}}=170$，$k_d=k_q=1500$，$\rho_{\mathrm{u}}=\rho_d=\rho_q=1$。

7.3.2 系统仿真环境搭建

在MATLAB/Simulink环境搭建电压电流双环滑模变结构控制策略仿真图，如图7-3所示。

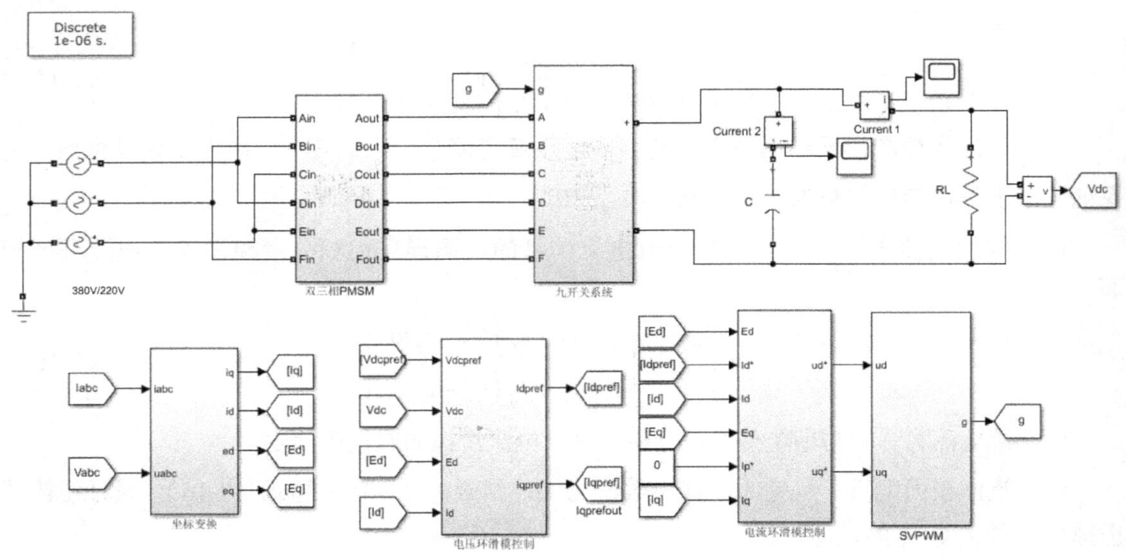

图7-3　电压电流双环滑模变结构控制策略仿真图

按式（7-11）搭建电流环滑模控制模块，如图7-4所示。

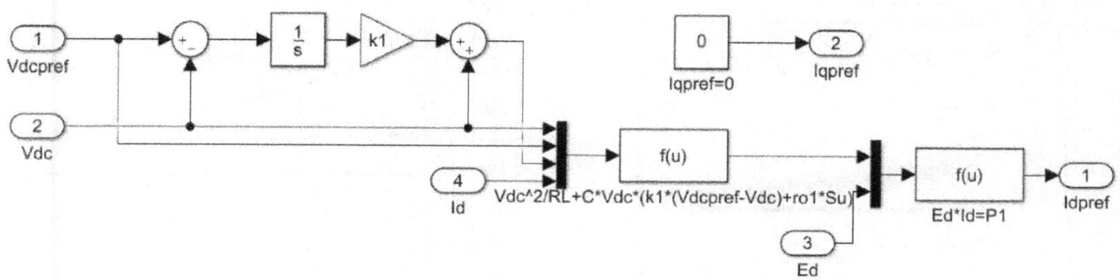

图 7-4　电流环滑模控制模块

按式（7-18）搭建电压环滑模控制模块，如图 7-5 所示。

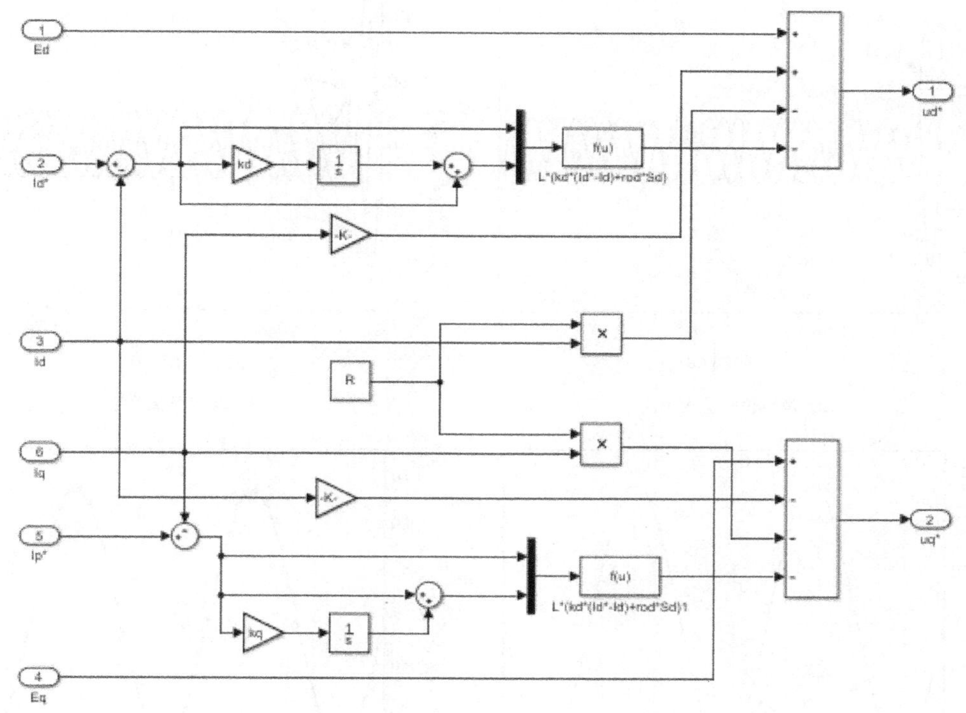

图 7-5　电压环滑模控制模块

7.3.3　仿真结果与分析

为验证本章控制策略的性能，以 PI 控制策略为参照组，从三种不同情况分析充电性能。

1. 期望直流电压 V_{dc}^{*} 不变的情况

设置期望直流电压 V_{dc}^{*}=700V，分析两种控制策略下系统的直流电压、交流电流、功率因数和谐波含量等参数。

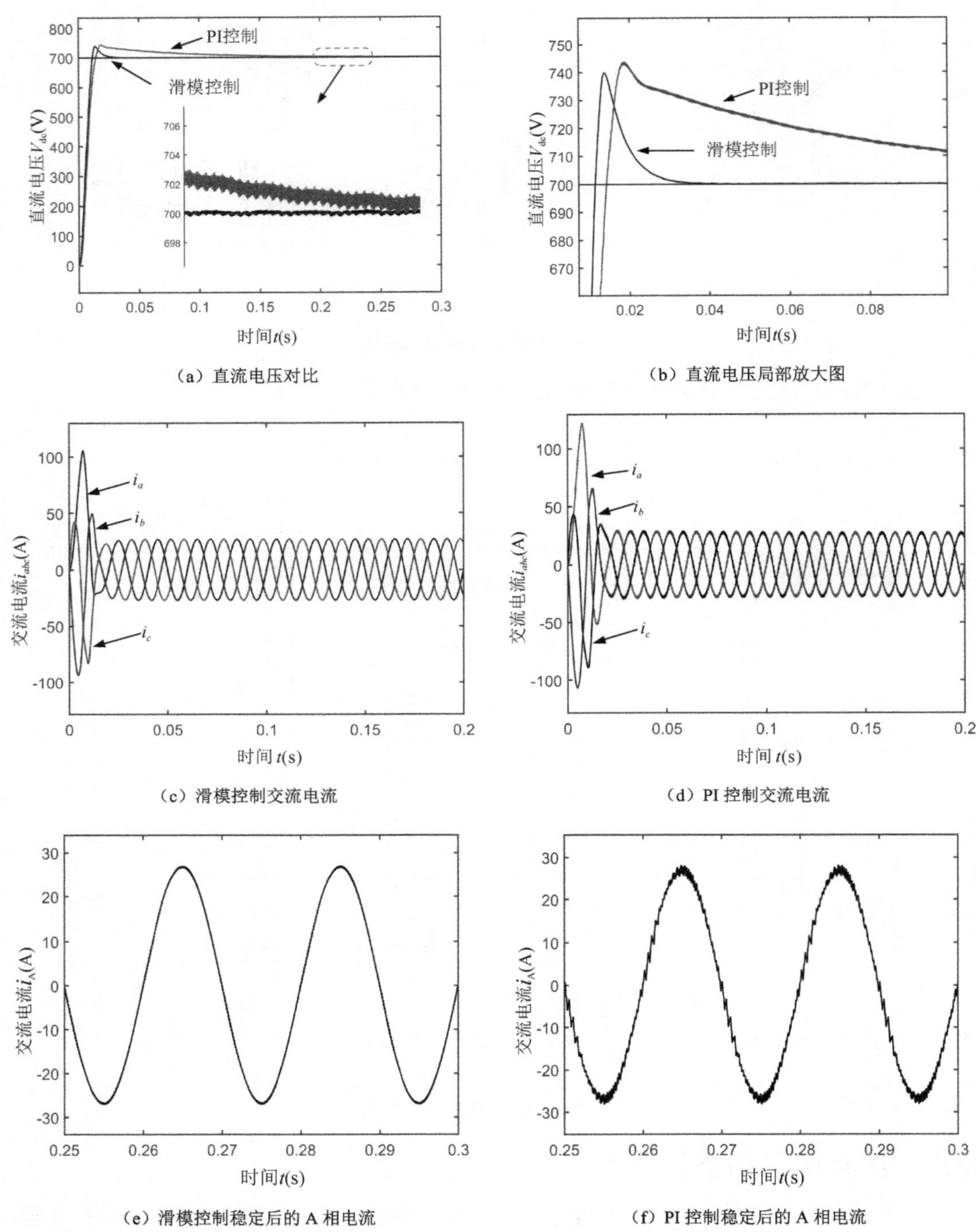

图 7-6　直流侧电压与交流电流

从图 7-6（a）、（b）中可以看出，两种控制策略均可追踪期望直流电压到 700V，但滑模控制的响应更快，在 t=0.04s 内稳定到 700V，电压峰值为 740.5V，超调量为 5.78%。而 PI 控制在峰值（744.3V）过后误差逐渐减小，超调量为 6.64%，直到 t=0.2s 后基本稳定在 700V 附近，误差很小；从图 7-6（c）、（d）、（e）、（f）中可以看出，交流电流均为正弦波，并且滑模控制的交流电流波形更为平滑。

从图 7-7 中可以看出，d 轴电流分量输出功率确定，i_d^* 由电压环计算得出，q 轴电流分量为保证系统在单位功率因数下运行，$i_q^*=0$，两种控制策略都能快速控制电流分量 i_d、i_q 在期望值较小的领域中波动，但滑模控制的电流波动较小，这也将影响系统的功率因数和谐波畸变率。

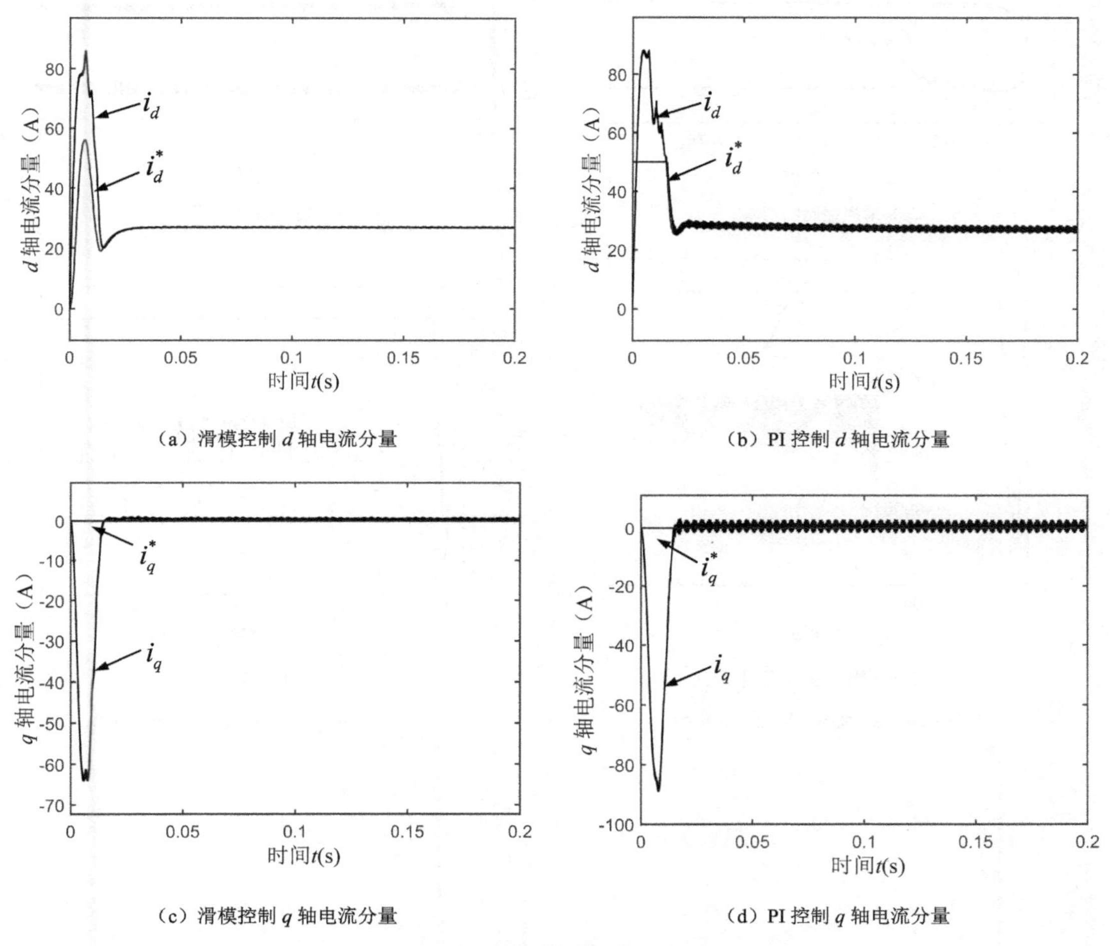

（a）滑模控制 d 轴电流分量

（b）PI 控制 d 轴电流分量

（c）滑模控制 q 轴电流分量

（d）PI 控制 q 轴电流分量

图 7-7　旋转坐标系下的电流分量

根据图 7-8（a）、（b）可知，两种控制策略能将无功功率 Q 控制在 0 附近，减小电能污染，将有功功率 P 控制在稳定值 12.4kW 附近；从图 7-8（c）、（d）中可看出，两种控制策略均能在单位功率因数（均大于 0.995）下运行。在启动阶段，滑模控制的功率因数（PF>0.73）大于 PI 控制的功率因数（PF>0.52）。在稳定后，滑模控制的功率因数（PF>0.999）略大于 PI 控制的功率因数（PF>0.995），波动也较小；图 7-8（e）、（f）所示为两种控制策略下 A 相电流的谐波分析。其中，滑模控制的 A 相电流总谐波畸变率 THD=0.84%，PI 控制的 A 相电流总谐波畸变率 THD=3.95%，滑模控制明显优于 PI 控制。

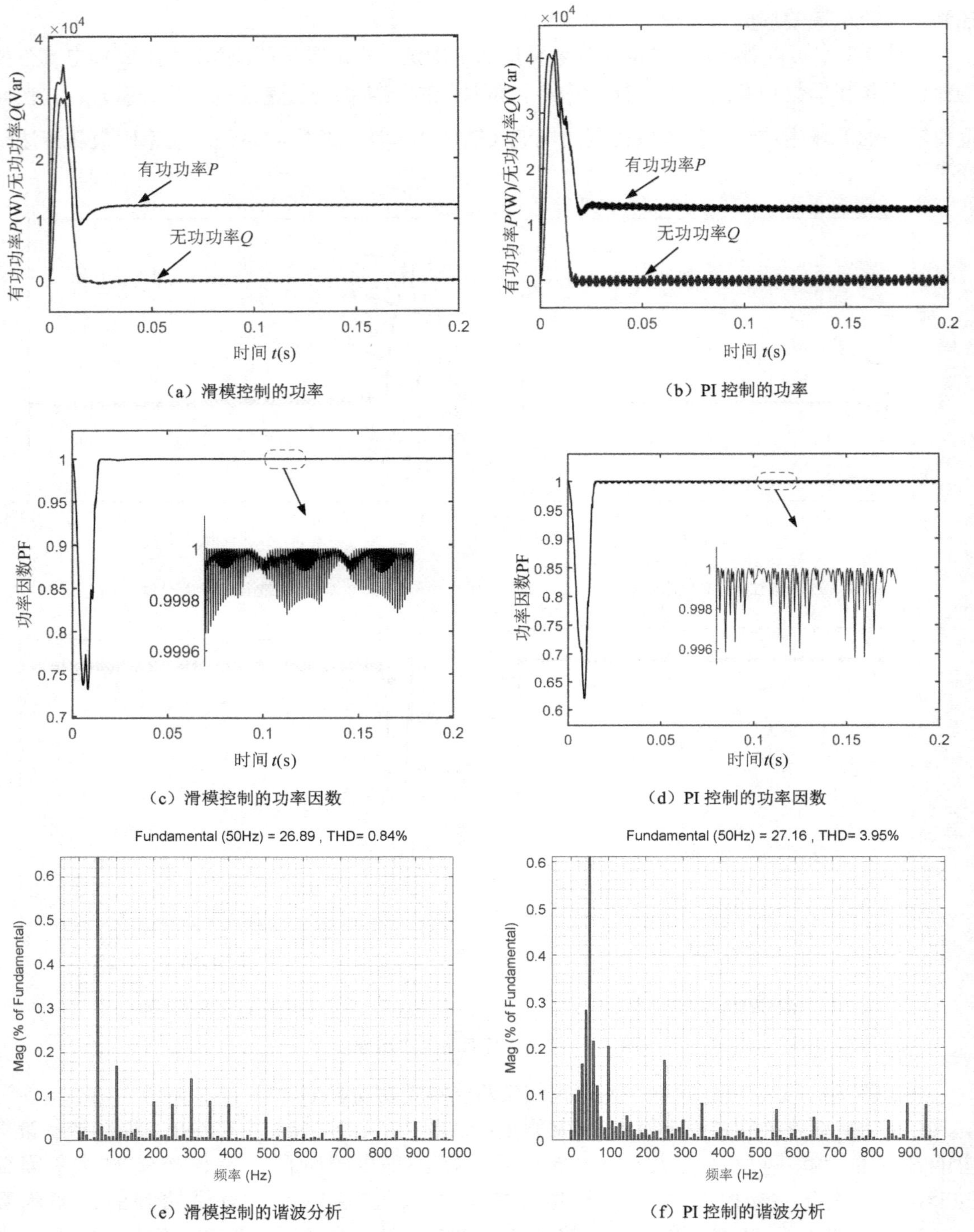

（a）滑模控制的功率　（b）PI 控制的功率

（c）滑模控制的功率因数　（d）PI 控制的功率因数

（e）滑模控制的谐波分析　（f）PI 控制的谐波分析

图 7-8　功率、功率因数及谐波分析

2．期望直流电压 V_{dc}^* 变化的情况

设置初始期望直流电压 V_{dc}^*=700V，当 t=0.15s 时，设置期望直流电压 V_{dc}^*=800V，两种控

制策略的系统波形如图 7-9 所示。

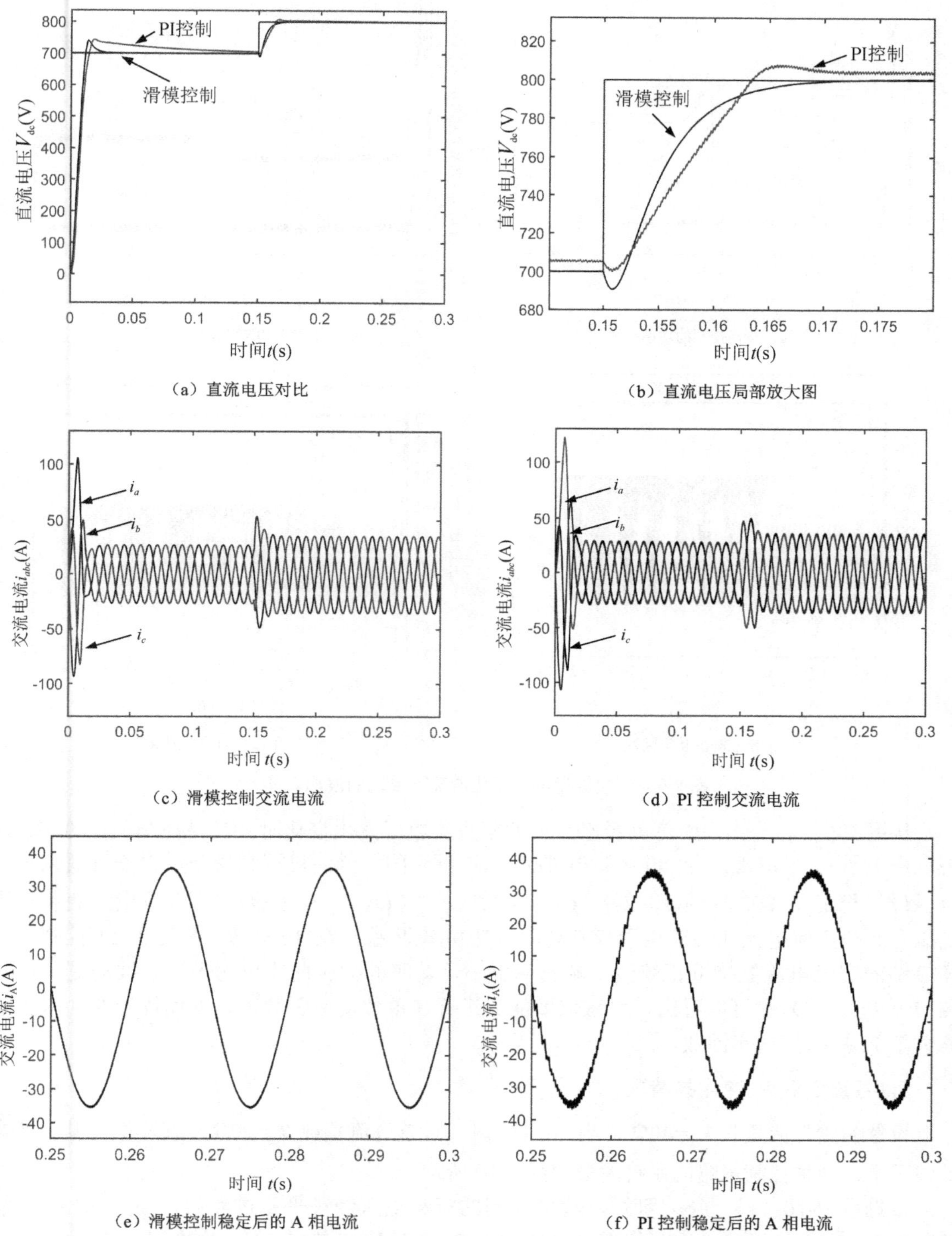

（a）直流电压对比

（b）直流电压局部放大图

（c）滑模控制交流电流

（d）PI 控制交流电流

（e）滑模控制稳定后的 A 相电流

（f）PI 控制稳定后的 A 相电流

图 7-9　期望直流电压变化情况下系统的波形

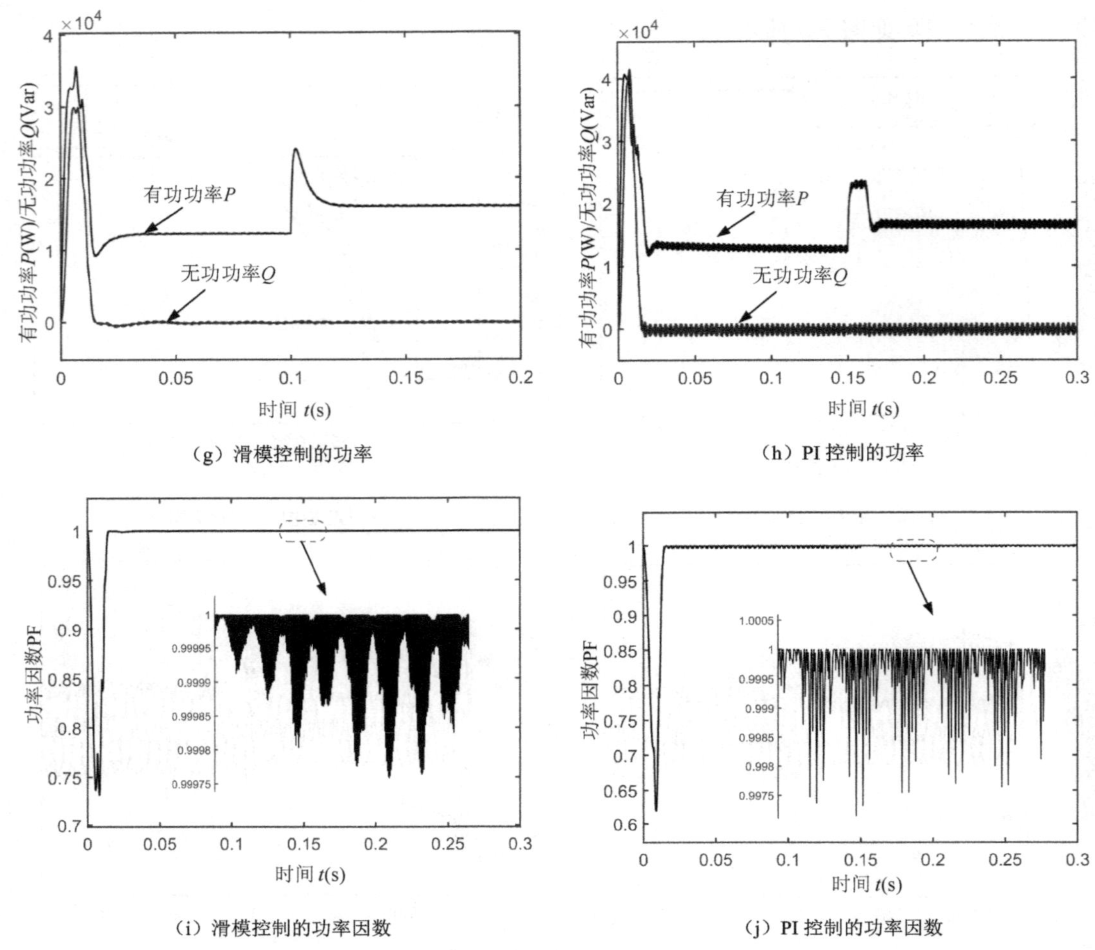

（g）滑模控制的功率

（h）PI 控制的功率

（i）滑模控制的功率因数

（j）PI 控制的功率因数

图 7-9　期望直流电压变化情况下系统的波形（续）

从图 7-9（a）、（b）中可以看出，当期望直流电压发生变化时，滑模控制能在 0.03s 内将直流电压 V_{dc} 平滑地升至 800V。PI 控制的过渡时间较长，过渡到稳态后误差逐渐减小，电压最终稳定在 802V；从图 7-9（c）、（d）、（e）、（f）、（g）、（h）中可以看出，随着直流电压升高，交流电流和功率也同步升高，有功功率 P 稳定在 16.3kW。相比于 PI 控制，滑模控制的交流电流更接近正弦波，畸变率更小，功率的响应曲线更为平滑，波动更小；从图 7-9（i）、（j）中可以看出，系统依旧能够运行在单位功率因数下，滑模控制的功率因数略大于 PI 控制的功率因数。

3．直流负载 R_L 变化的情况

设置初始直流负载 R_L=40Ω，当 t=0.15s 时，设置直流负载 R_L=20Ω，在不改变其他参数的情况下，两种控制策略的系统波形如图 7-10 所示。

根据图 7-10（a）、（b）可知，滑模控制的直流电压经过平稳过渡后，在 t=0.18s 后能够稳定在 701V，而 PI 控制的直流电压在 t=0.2s 后稳定在 668V，稳态误差为 32V；从图 7-10（g）、（h）中可知，交流电流和功率也受到影响，交流电流和功率均有升高，滑模控制的功率稳定在 P=24.6kW，PI 控制的功率稳定在 P=23.5kW，滑模控制的功率略

大；从图 7-10（i）、（j）中可以看出，在直流负载发生变化时，系统能在单位功率因数下运行。在控制系统参数不变的情况下，滑模控制能够稳定直流电压达到给定值，PI 控制易受直流负载的影响，无法很好地跟踪给定直流电压。

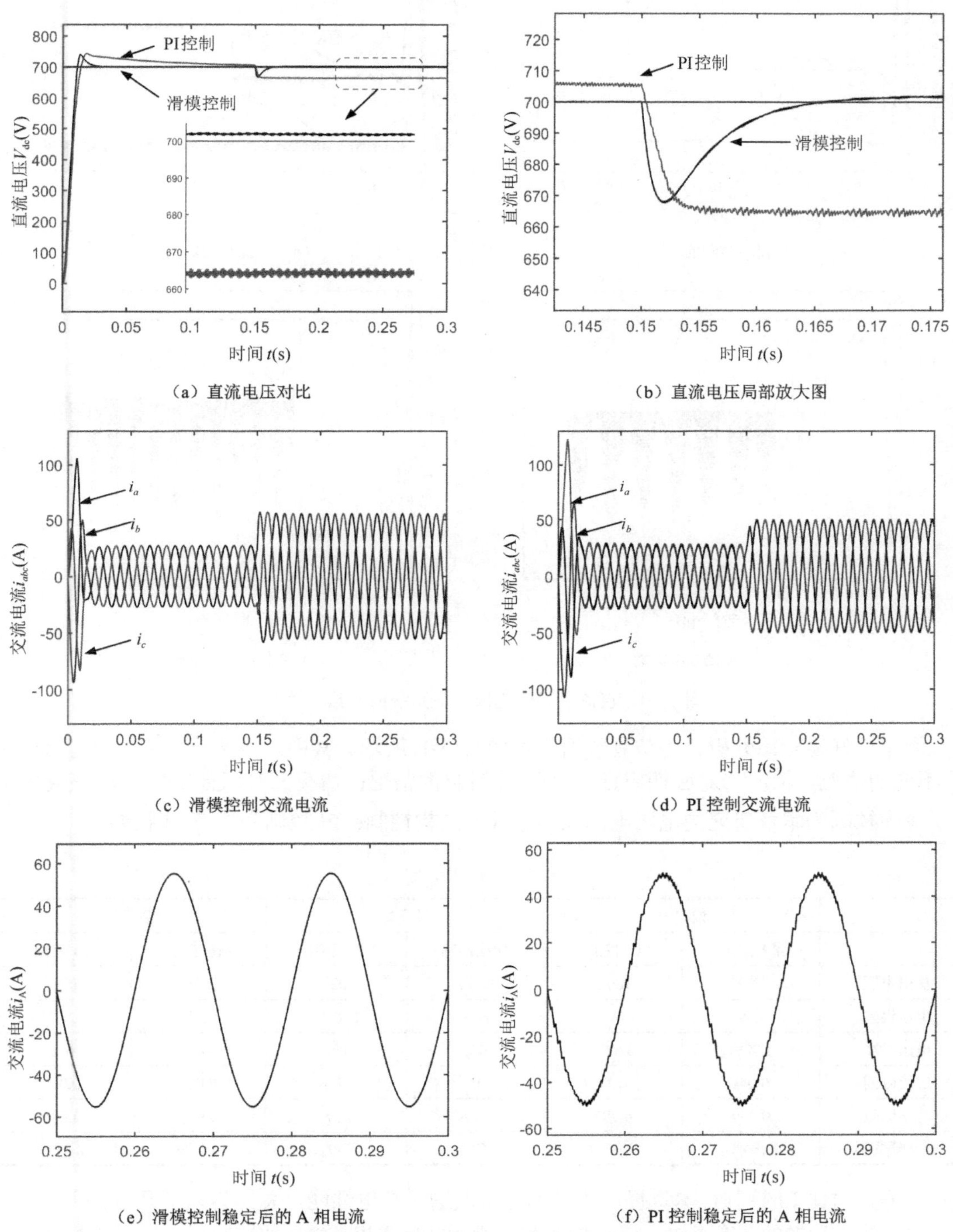

（a）直流电压对比

（b）直流电压局部放大图

（c）滑模控制交流电流

（d）PI 控制交流电流

（e）滑模控制稳定后的 A 相电流

（f）PI 控制稳定后的 A 相电流

图 7-10 直流负载变化情况下系统的波形

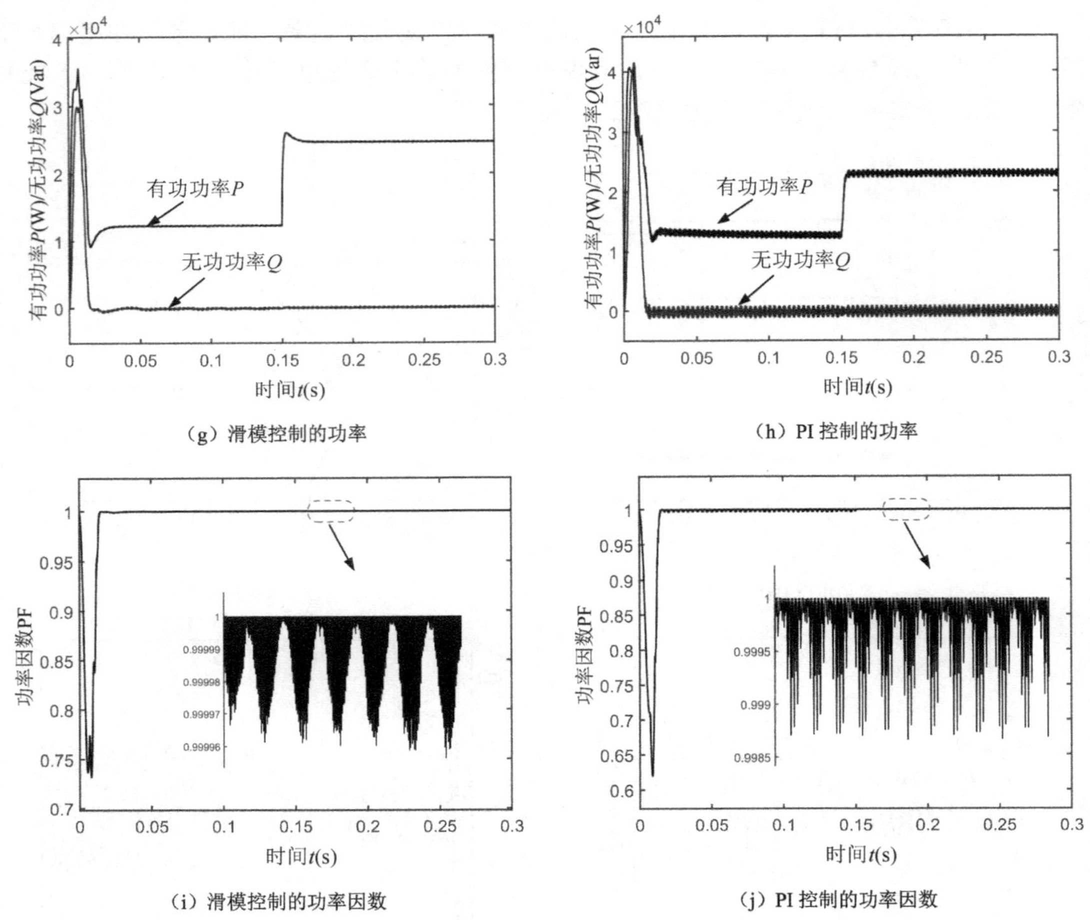

图 7-10　直流负载变化情况下系统的波形（续）

为了更好地对比分析，将仿真数据整理如表 7-1 所示。其中，情况一对应期望直流电压 V_{dc}^* 不变的情况，情况二对应期望直流电压 V_{dc}^* 变化的情况；情况三对应直流负载 R_L 变化的情况；滑模控制为本章研究的电压电流双环滑模变结构控制；PI 控制为传统 PI 控制。

表 7-1　仿真数据

	情况一		情况二		情况三	
	滑模控制	PI 控制	滑模控制	PI 控制	滑模控制	PI 控制
输出电压	700V	700V	800V	802V	701V	668V
电压误差	0%	0%	0%	0.25%	0.1%	4.57%
电压过冲	5.78%	6.64%	0%	0%	0%	0%
过渡时间	0.04s	0.2s	0.03s	0.03s	0.03s	0.05s
功率因数	0.999	0.995	0.999	0.997	0.999	0.998
谐波畸变率	0.84%	3.95%	0.70%	3.30%	0.41%	2.19%

首先，对比 PI 控制，本章提出的滑模控制改进了充电性能，总结为以下几点。

（1）进入稳态的速度更快。相比 PI 控制，滑模控制的误差能够快速减小，从而进入稳态。

（2）超调量减小。在系统受到干扰后，直流电压和电流都没有突升或突降。

（3）误差较小。对期望直流电压能保持很好的跟踪性能，误差不超过 2V。

（4）谐波污染减少。根据本章仿真验证结果，系统稳定后，功率因数均大于 0.996，谐波畸变率降低到 1%以下。

其次，结合表 6-3 与表 7-1 的仿真数据，对比第 3 章的控制策略，滑模控制能够在启动阶段和受到干扰时，系统启动时超调量降低（10%以内），进入稳态后功率因数进一步提升（PF>0.996），谐波畸变率降低（THD<1%）。在以上控制性能提升的同时，滑模控制存在部分缺点：一是在期望直流电压 V_{dc}^{*} 变化时，短时间内有功功率 P 变化较大；二是计算更为复杂，工程中需要计算性能更好的控制芯片和传感器，才能达到预期的控制效果。

7.4　本章小结

本章以集成车载充电器模型为研究基础，介绍了滑模控制，该策略采用积分滑模趋近律设计滑动模态。在仿真软件中搭建系统模型，与 PI 控制策略进行对比，从期望直流电压不变、期望直流电压变化、直流负载变化三种情况分析控制策略的性能。通过仿真实验分析得出结论，当系统参数发生变化时，滑模控制拥有更优的抗干扰能力和动态性能，同时拥有更好的静态性能，在保证系统稳定运行的前提下，可以减少对三相电网的污染。

参考文献

[1] 官芳．分布式动态磁耦合谐振无线充电控制技术[D]．广州：华南理工大学，2019．

[2] 杨帅．永磁无刷直流电机转矩脉动的抑制研究[D]．大连：大连交通大学，2020．

[3] 李永恒，刘陵顺，胡云安，等．基于自适应趋近律的滑模控制方法[J]．华中科技大学学报（自然科学版），2019，47(01): 109-113．

[4] 岳晖．基于滑模变结构控制的电压型 PWM 整流器的研究与实现[D]．沈阳：东北大学，2011．

第 8 章　基于无源性控制的充电系统

集成车载充电器充电时的电流大、功率高，能够安全、稳定地按照期望状态工作，是对控制技术的重要要求。从前两章的仿真实验结果来看，第 7 章采用的电压电流双环滑模变结构控制策略与第 6 章采用的基于优化预测型直接功率控制策略相比，在控制效果上有一定程度的提升，误差、谐波畸变率、超调量都有不同程度的减小，但在系统参数变化时，输出功率短时间内有较大过冲，需要继续改善功率输出的性能。

无源性控制从能量的角度出发，概念清晰简单，本章将利用无源性控制理论设计集成车载充电器充电模式下的控制策略。无源性控制理论是以系统本身的耗散性为前提对系统状态进行控制的。简而言之，所谓耗散系统就是能够将能量消耗的系统：假设系统在初始时刻具有一定的能量，那么不管外界是否再输入能量，从宏观上看此系统只消耗能量，也就是说在零时刻之后，系统具有的能量必定小于初始能量与输入能量之和，停止输入能量之后，此系统必定能将能量在某一时刻耗尽，从而最终进入稳定状态[1]。这就是无源性理论的基本思想，将这种思想与控制理论相结合，就形成了无源性控制理论。

现如今，无源性有两种定义：一种是从能量的角度出发，描述系统能量的输入和输出，以系统能量在过程中的消耗来定义系统的耗散性；另一种是从系统状态变量之间的关系出发，推导出储能函数，根据系统能量的输入和输出求出系统能量的供给率，从而定义系统的耗散性。

从宏观的角度来说，集成车载充电器由外部三相电源供电，三相电源成为能量的输入侧，电能经过交/直流变换，直流负载成为能量的消耗侧。总之，消耗的能量不会大于输入的能量。因此，无源性控制理论适用于集成车载充电器。本章将从能量的角度出发，分析集成车载充电器，提出控制方法，并进行仿真验证。

8.1　集成车载充电器的无源性

8.1.1　耗散性与无源性的概念

设系统的储能函数为 $H(t)$，在初始时刻的储能函数为 $H(0)$，外部输入的能量为 $H_\mathrm{i}(t)$，消耗的能量为 $H_\mathrm{o}(t)$，则在任意时刻，都有如下关系式：

$$H(t)=H(0)+H_\mathrm{i}(t)-H_\mathrm{o}(t) \tag{8-1}$$

对于一个存在多个状态输入和多个状态输出的系统（MIMO 系统）S_1 为

$$\mathrm{S}_1\begin{cases}\dot{\boldsymbol{x}}=f(\boldsymbol{x},\boldsymbol{u})\\ \boldsymbol{y}=h(\boldsymbol{x},\boldsymbol{u})\end{cases},\ \ \boldsymbol{x}(0)=\boldsymbol{x}_0\in\mathbf{R}^n \tag{8-2}$$

式中，$\boldsymbol{x}\in\mathbf{R}^n$ 为 n 阶状态列向量；$\boldsymbol{u}\in\mathbf{R}^m$ 为 m 阶输入列向量；$\boldsymbol{y}\in\mathbf{R}^m$ 为 m 阶输出列向量，$\boldsymbol{y}$ 关于 $\boldsymbol{x}$ 连续；f 关于$(\boldsymbol{x},\boldsymbol{u})$局部 Lipschitz（指 f 关于变量 $\boldsymbol{x}$ 和 $\boldsymbol{u}$ 是局部有限的）。

当且仅当储能函数 $H(t):\mathbf{R}^n\rightarrow\mathbf{R}\geqslant 0$ 存在，有

$$H[\boldsymbol{x}(t)]\leqslant H[\boldsymbol{x}(0)]+\int_0^T\omega[\boldsymbol{u}(\tau),\boldsymbol{y}(\tau)]\mathrm{d}\tau\,,T\geqslant 0 \tag{8-3}$$

那么，系统 S_1 相对于供给率 $\omega(\boldsymbol{u},\boldsymbol{y})$ 是耗散的。式（8-3）为耗散不等式。

无源性定义：若系统 S_1 是耗散的，并且存在供给率 $\omega(\boldsymbol{u},\boldsymbol{y})=\boldsymbol{u}^T\boldsymbol{y}$，则系统 S_1 是无源的。由此可知，无源性是耗散性的特例。

设无源耗散系统 S_2 为

$$\mathrm{S}_2\begin{cases}\dot{\boldsymbol{x}}=f(\boldsymbol{x},\boldsymbol{u})\\ \boldsymbol{y}=h(\boldsymbol{x},\boldsymbol{u})\end{cases} \tag{8-4}$$

$H\geqslant 0$ 为对应的储能函数。$H(\boldsymbol{x})$ 在 $\boldsymbol{x}=0$ 处严格最小，即 $H(t)\geqslant H(0)$，$\forall\boldsymbol{x}\neq 0$，则 $\boldsymbol{x}=0$ 为系统 S_2 的自由运动 $\dot{\boldsymbol{x}}=f(\boldsymbol{x},0)$ 的稳定平衡状态。

对于系统 S_2，为推导其无源性与稳定性之间的联系，做出如下定义。

若

$$\boldsymbol{u}(t)=0\,,\quad \boldsymbol{y}(t)=0\,,\quad \forall t\geqslant 0\Rightarrow \boldsymbol{x}(t)=0 \tag{8-5}$$

则系统 S_2 是零状态可观（ZSO）的。

若

$$\boldsymbol{u}(t)=0\,,\quad \boldsymbol{y}(t)=0\,,\quad \forall t\geqslant 0\Rightarrow \lim_{t\rightarrow\infty}\boldsymbol{x}(t)=0 \tag{8-6}$$

则系统 S_2 是零状态可检（ZSD）的。

对于式（8-3），如果存在一个另外的正定函数 $Q(X):\mathbf{R}\rightarrow\mathbf{R}$ 对所有的 $\boldsymbol{u}\in\mathbf{R}^n$ 和所有的 $\boldsymbol{x}_0\in\mathbf{R}^n$ 都满足

$$H[\boldsymbol{x}(T)]-H[\boldsymbol{x}(0)]\leqslant\int_0^T\omega[\boldsymbol{u}(\tau),\boldsymbol{y}(\tau)]\mathrm{d}\tau-\int_0^T S[\boldsymbol{x}(\tau)]\mathrm{d}\tau\,,\forall\tau\geqslant 0 \tag{8-7}$$

也可写成

$$\dot{H}[\boldsymbol{x}(T)]\leqslant\omega[\boldsymbol{u}(\tau),\boldsymbol{y}(\tau)]-S[\boldsymbol{x}(\tau)]\,,\forall\tau\geqslant 0 \tag{8-8}$$

那么，系统 S_2 是严格无源的。式（8-8）为严格无源不等式。

8.1.2　集成车载充电器无源性的证明

5.1 节已经分析讨论过，集成车载充电器在充电模式下可以等效成三相电压源整流器，即可通过证明三相电压源整流器的无源性来证明集成车载充电器的无源性。

现引用充电模式下集成车载充电器在旋转坐标系下的数学模型，将式（5-24）重示为

$$\begin{cases}L\dfrac{\mathrm{d}i_d}{\mathrm{d}t}=\left(e_d-Ri_d+\omega Li_q\right)-u_d\\ L\dfrac{\mathrm{d}i_q}{\mathrm{d}t}=\left(e_q-Ri_q-\omega Li_d\right)-u_q\end{cases} \tag{8-9}$$

式中，e_d 为电网相电压有效值，$e_d=e_m$；$e_q=0$；$u_d=V_{\mathrm{dc}}S_d$；$u_q=V_{\mathrm{dc}}S_q$。

将式（5-12）重示为

$$\begin{cases} i_{\text{Cap}} = C\dfrac{\mathrm{d}V_{\text{dc}}}{\mathrm{d}t} \\ i_{\text{R}} = \dfrac{V_{\text{dc}}}{R_{\text{L}}} \\ i_{\text{dc}} = i_{\text{Cap}} + i_{\text{R}} \end{cases} \tag{8-10}$$

将式（8-10）中的 i_{Cap}、i_{R} 代入 i_{dc} 并与交流电流分量 i_d、i_q 建立关系可得

$$C\frac{\mathrm{d}V_{\text{dc}}}{\mathrm{d}t}+\frac{V_{\text{dc}}}{R_{\text{L}}}=S_d i_d + S_q i_q \tag{8-11}$$

系统的有功功率 P 与无功功率 Q 可表示为

$$\begin{cases} P=\dfrac{3}{2}e_m i_d \\ Q=\dfrac{3}{2}e_m i_q \end{cases} \tag{8-12}$$

将式（8-10）～式（8-12）整理可得

$$\begin{cases} L\dfrac{\mathrm{d}P}{\mathrm{d}t}=\left(\dfrac{3}{2}e_m^2 - RP + \omega LQ\right)-\dfrac{3}{2}e_m V_{\text{dc}} S_d \\ L\dfrac{\mathrm{d}Q}{\mathrm{d}t}=\left(-RQ-\omega LP\right)-\dfrac{3}{2}e_m V_{\text{dc}} S_q \\ Ce_m^2\dfrac{\mathrm{d}V_{\text{dc}}}{\mathrm{d}t}=e_m\left(S_d P + S_q Q - \dfrac{e_m^2 V_{\text{dc}}}{R_{\text{L}}}\right) \end{cases} \tag{8-13}$$

将式（8-13）写成欧拉形式，即

$$\boldsymbol{D}\dot{\boldsymbol{X}}+\boldsymbol{J}\boldsymbol{X}+\boldsymbol{R}\boldsymbol{X}=\boldsymbol{E}_m \tag{8-14}$$

式中

$$\boldsymbol{D}=\begin{bmatrix} L & 0 & 0 \\ 0 & L & 0 \\ 0 & 0 & Ce_m^2 \end{bmatrix},\quad \boldsymbol{X}=\begin{bmatrix} P \\ Q \\ V_{\text{dc}} \end{bmatrix},\quad \boldsymbol{E}_m=\begin{bmatrix} \dfrac{3}{2}e_m^2 \\ 0 \\ 0 \end{bmatrix}$$

$$\boldsymbol{J}=\begin{bmatrix} 0 & -\omega L & \dfrac{3}{2}E_m S_d \\ \omega L & 0 & \dfrac{3}{2}E_m S_q \\ -\dfrac{3}{2}E_m S_d & -\dfrac{3}{2}E_m S_d & 0 \end{bmatrix},\quad \boldsymbol{R}=\begin{bmatrix} R & 0 & 0 \\ 0 & R & 0 \\ 0 & 0 & \dfrac{3e_m^2}{2R_{\text{L}}} \end{bmatrix}$$

设系统的储能函数为

$$\boldsymbol{H}=\frac{1}{2}\boldsymbol{X}^{\text{T}}\boldsymbol{D}\boldsymbol{X} \tag{8-15}$$

对式（8-15）求导可得

$$\dot{\boldsymbol{H}}=\boldsymbol{X}^{\text{T}}\boldsymbol{D}\dot{\boldsymbol{X}}=\boldsymbol{X}^{\text{T}}(\boldsymbol{E}_m-\boldsymbol{J}\boldsymbol{X}-\boldsymbol{R}\boldsymbol{X})=\boldsymbol{X}^{\text{T}}\boldsymbol{E}_m-\boldsymbol{X}^{\text{T}}\boldsymbol{R}\boldsymbol{X} \tag{8-16}$$

令 $\boldsymbol{Y}=\boldsymbol{X}$，$Q(\boldsymbol{X})=\boldsymbol{X}^{\text{T}}\boldsymbol{R}\boldsymbol{X}$，式（8-16）可改写成

$$\dot{\boldsymbol{H}}=\boldsymbol{Y}^{\text{T}}\boldsymbol{E}_m-Q(\boldsymbol{X})$$

上式符合耗散不等式中去等号的成立情况。因此，在三相电源供电的情况下，集成车载充电器是无源系统。

8.2　无源性控制策略设计

8.2.1　基本思路

本章设计的无源性控制策略结构图如图 8-1 所示，无源性控制策略的基本设计思路是，系统的电压 e_a、e_b、e_c 和电流 i_a、i_b、i_c 经过 Park 变换模块，输出旋转坐标系下的分量 e_d、e_q、i_d、i_q，根据功率平衡计算得到 i_d^*，无源性控制模块通过 i_d^*、i_q^* 及系统参数计算得到控制信号 S_d、S_q，控制信号 S_d、S_q 与 V_{dc}^* 相乘得到 u_d^*、u_q^*，通过 SVPWM 模块计算开关管通断的顺序和时间，产生驱动信号，最终完成对开关管的控制。

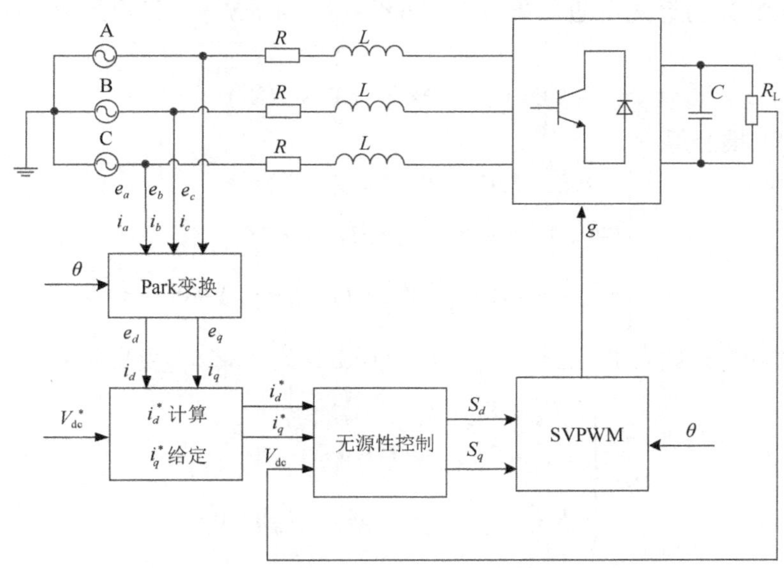

图 8-1　本章设计的无源性控制策略结构图

8.2.2　充电模式下无源性控制策略设计

在控制策略设计中，设计目标都是期望实际的输出值能够跟踪接近目标值，因此，可以设置误差为各状态的实际值与期望值的差，即

$$\boldsymbol{E}=\boldsymbol{X}-\boldsymbol{X}^* \tag{8-17}$$

式中，$\boldsymbol{X}$ 为系统状态的实际值；$\boldsymbol{X}^*$ 为系统状态的期望值。

8.1 节已分析介绍了集成车载充电器的无源性，可以选择系统的储能函数为

$$\boldsymbol{H}_E=\frac{1}{2}\boldsymbol{E}^{\mathrm{T}}\boldsymbol{D}\boldsymbol{E} \tag{8-18}$$

式中，$\boldsymbol{D}$ 为非负对角矩阵；误差的储能函数 $\boldsymbol{H}_E$ 为非负函数，当状态误差 $\boldsymbol{E}^{\mathrm{T}}=0$ 时，储能函数 $\boldsymbol{H}_E=\boldsymbol{0}$ 为最小值。对储能函数 $\boldsymbol{H}_E$ 进行求导得

$$\dot{\boldsymbol{H}}_E=\boldsymbol{E}^{\mathrm{T}}\boldsymbol{D}\dot{\boldsymbol{E}} \tag{8-19}$$

在 8.1.2 节中得出 $\boldsymbol{D\dot{X}}+\boldsymbol{JX}+\boldsymbol{RX}=\boldsymbol{E}_m$，将 $\boldsymbol{X}=\boldsymbol{E}+\boldsymbol{X}^*$ 代入其中可得

$$\boldsymbol{D\dot{E}}+\boldsymbol{JE}+\boldsymbol{RE}=\boldsymbol{E}_m-(\boldsymbol{DX}^*+\boldsymbol{JX}^*+\boldsymbol{RX}^*) \tag{8-20}$$

令 $\boldsymbol{\varPsi}=\boldsymbol{D\dot{E}}+\boldsymbol{JE}+\boldsymbol{RE}$，将其代入式（8-20）得

$$\begin{aligned}\dot{\boldsymbol{H}}_{\boldsymbol{E}}&=\boldsymbol{E}^{\mathrm{T}}\boldsymbol{D\dot{E}}\\&=\boldsymbol{E}^{\mathrm{T}}(\boldsymbol{\varPsi}-\boldsymbol{JE}-\boldsymbol{RE})\end{aligned} \tag{8-21}$$

式中，$\boldsymbol{J}$ 为反对称矩阵，$\boldsymbol{E}^{\mathrm{T}}\boldsymbol{JE}=\boldsymbol{0}$，则

$$\dot{\boldsymbol{H}}_{\boldsymbol{E}}=\boldsymbol{E}^{\mathrm{T}}\boldsymbol{\varPsi}-\boldsymbol{E}^{\mathrm{T}}\boldsymbol{RE} \tag{8-22}$$

设 $\boldsymbol{\varPsi}=-\boldsymbol{KE}$，$\boldsymbol{K}=\mathrm{diag}(k_1,k_2,k_3)$ 为正定对角矩阵，则

$$\dot{\boldsymbol{H}}_{\boldsymbol{E}}=-\boldsymbol{E}^{\mathrm{T}}\boldsymbol{KE}-\boldsymbol{E}^{\mathrm{T}}\boldsymbol{RE} \tag{8-23}$$

因此，$\dot{\boldsymbol{H}}_{\boldsymbol{E}}\leqslant 0$，当且仅当 $\boldsymbol{E}^{\mathrm{T}}=(0,0,0)$ 时，$\dot{\boldsymbol{H}}_{\boldsymbol{E}}=\boldsymbol{0}$，储能函数 $\boldsymbol{H}_{\boldsymbol{E}}$ 的能量会耗散，系统是稳定的。

对于式（8-22）的等式右边，$\boldsymbol{\varPsi}=\boldsymbol{E}_m-(\boldsymbol{DX}^*+\boldsymbol{JX}^*+\boldsymbol{RX}^*)$，又得到 $\boldsymbol{\varPsi}=-\boldsymbol{KE}$ 时系统是稳定的，因此令

$$-\boldsymbol{KE}=\boldsymbol{E}_m-(\boldsymbol{DX}^*+\boldsymbol{JX}^*+\boldsymbol{RX}^*) \tag{8-24}$$

将式（8-24）展开得

$$\begin{cases}-\omega Li_q^*+S_dV_{\mathrm{dc}}^*+Ri_d^*-k_1(i_d-i_d^*)=e_d\\ \omega Li_d^*+S_qV_{\mathrm{dc}}^*+Ri_q^*-k_2(i_q-i_q^*)=e_q\\ -S_di_d^*-S_qi_q^*+\dfrac{2}{3R_{\mathrm{L}}}V_{\mathrm{dc}}^*-k_3(V_{\mathrm{dc}}-V_{\mathrm{dc}}^*)=0\end{cases} \tag{8-25}$$

期望充电时功率因数为 1，因此令 $i_q^*=0$，$Q=0$。式（8-25）可化简为

$$\begin{cases}S_dV_{\mathrm{dc}}^*+Ri_d^*-k_1(i_d-i_d^*)=e_d\\ \omega Li_d^*+S_qV_{\mathrm{dc}}^*-k_2i_q=e_q\\ -S_di_d^*+\dfrac{2}{3R_{\mathrm{L}}}V_{\mathrm{dc}}^*-k_3(V_{\mathrm{dc}}-V_{\mathrm{dc}}^*)=0\end{cases} \tag{8-26}$$

对于式（8-26），解得 S_d 的两个解分别为

$$\begin{cases}S_d^1=\dfrac{e_d-Ri_d^*+k_1(i_d-i_d^*)}{V_{\mathrm{dc}}}\\ S_d^2=\dfrac{2V_{\mathrm{dc}}^*}{3R_{\mathrm{L}}i_d^*}-\dfrac{k_2(V_{\mathrm{dc}}-V_{\mathrm{dc}}^*)}{i_d^*}\end{cases} \tag{8-27}$$

从 S_d 的第一个解 S_d^1 来看，并没有引入直流电压误差$(V_{\mathrm{dc}}-V_{\mathrm{dc}}^*)$，调节参数 k_1 能较好地保证 i_d 追踪到期望值；从 S_d 的第二个解 S_d^2 来看，并没有引入电流分量误差$(i_d-i_d^*)$，调节参数 k_2 能较好地保证 V_{dc} 追踪到期望值。因此，需要二者结合起来，并取合适的权重，设 S_d^1 的权重为 m_1，S_d^2 的权重为 m_2，保证直流电压 V_{dc}、交流电流 i_d 都能够达到期望值 V_{dc} * 和 i_d *。

由式（8-26）中的第二个方程推导可得

$$S_q=\frac{e_q-\omega Li_d^*+k_2i_q}{V_{\mathrm{dc}}^*} \tag{8-28}$$

从 S_q 的解来看，调节参数 k_1 能够让 i_q 保持在 0 附近，从而能够确保系统在单位功率因数下运行。

综合考虑控制效果，可以得出 S_d、S_q 的解为

$$\begin{cases} S_d = m_1\left[\dfrac{e_d - Ri_d^* + k_1(i_d - i_d^*)}{V_{\text{dc}}}\right] + m_2\left[\dfrac{2V_{\text{dc}}^*}{3R_{\text{L}}i_d^*} - \dfrac{k_2(V_{\text{dc}} - V_{\text{dc}}^*)}{i_d^*}\right] \\ S_q = \dfrac{e_q - \omega Li_d^* + k_3 i_q}{V_{\text{dc}}^*} \end{cases} \tag{8-29}$$

从式（8-29）中可以看出，需要调节 k_1、k_2、k_3、m_1、m_2 共 5 个参数来保证最佳的运行效果。

为与之后的控制策略保持一致，本章的无源性控制策略采用 SVPWM 技术完成对开关管的控制：

$$\begin{cases} u_d = V_{\text{dc}}^* S_d \\ u_q = V_{\text{dc}}^* S_q \end{cases} \tag{8-30}$$

根据式（8-30）可知，可以将控制信号 S_d、S_q 转换成 u_d、u_q，SVPWM 模块根据 u_d、u_q 计算出开关管通断的时间和顺序，完成集成车载充电器在充电时的整流控制。

根据直流侧与交流侧功率平衡的关系，可建立关于期望电流分量 i_d^* 的方程：

$$\frac{3}{2}e_d i_d - \frac{3}{2}Ri_d^2 = \frac{V_{\text{dc}}^2}{R_{\text{L}}} \tag{8-31}$$

期望 $V_{\text{dc}} = V_{\text{dc}}^*$，$i_d = i_d^*$，求得

$$i_d^* = \frac{1}{2R}\left(e_d - \sqrt{e_d^2 - \frac{8RV_{\text{dc}}^{*2}}{3R_{\text{L}}}}\right) \tag{8-32}$$

综上分析，根据系统的控制目标，利用无源性控制理论和功率平衡关系，求出电流分量 i_d^*、i_q^*，并计算出控制信号 S_d、S_q，通过 SVPWM 技术实现集成车载充电器在充电时功率变换器中开关管的控制。

8.3　无源性控制策略的仿真验证

8.3.1　系统参数的配置

在本章的无源性控制策略中，共涉及 5 个参数（k_1、k_2、k_3、m_1、m_2），取

$$\begin{cases} k_1 = 14 \\ k_2 = 0.1 \\ k_3 = 24 \\ m_1 = 0.95 \\ m_2 = 0.05 \end{cases}$$

8.3.2　系统仿真环境搭建

在 MATLAB/Simulink 环境下搭建无源性控制策略仿真模型，如图 8-2 所示。

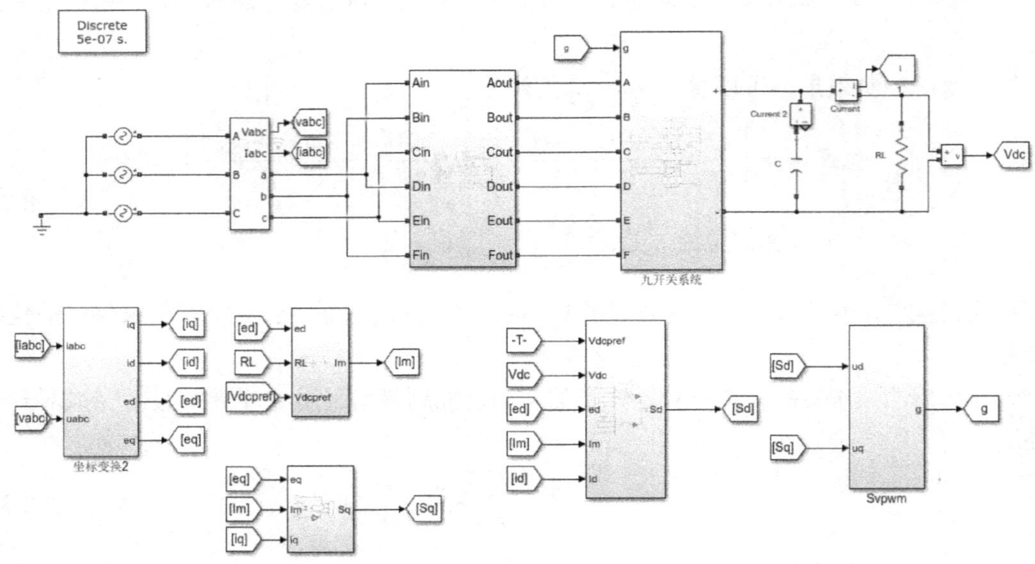

图 8-2　无源性控制策略仿真模型

根据式（8-32）搭建期望电流计算模块，向无源性控制模块输出期望电流 i_d^*、i_q^*，如图 8-3 所示。

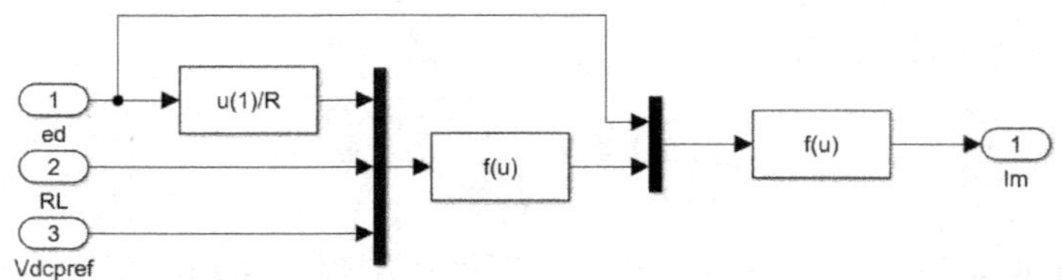

图 8-3　期望电流计算模块

根据式（8-29）搭建 S_d 计算模块，如图 8-4 所示。

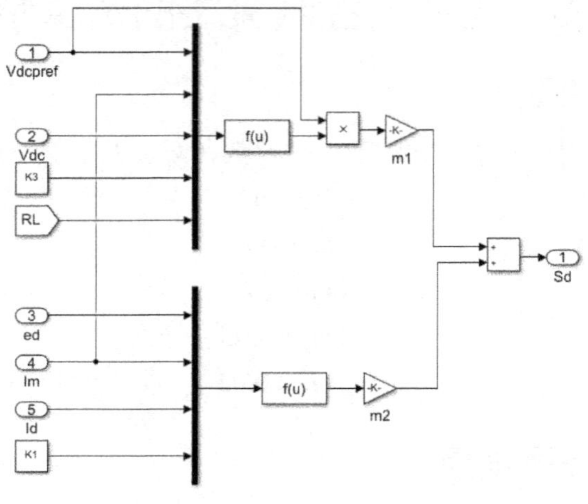

图 8-4　S_d 计算模块

根据式（8-29）搭建 S_q 计算模块，如图 8-5 所示。

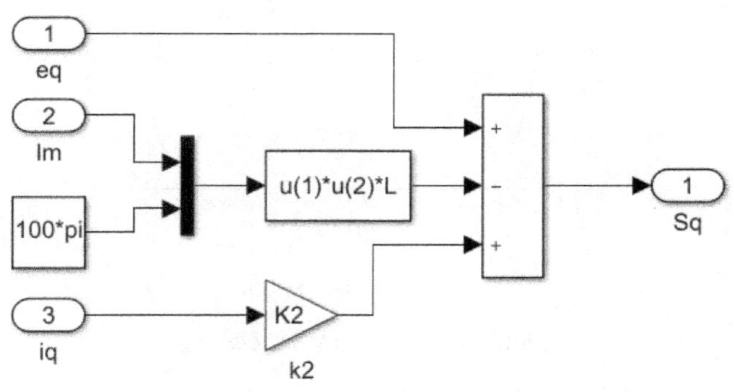

图 8-5 S_q 计算模块

8.3.3 仿真结果与分析

为验证本章的无源性控制策略的性能，以下分三种不同情况与第 6 章所采用的基于优化预测型直接功率控制策略进行对比仿真。

1．期望直流电压 V_{dc}^* 不变的情况

设置期望直流电压 V_{dc}^*=700V，分析两种控制策略下系统的直流电压、交流电流、功率因数和谐波含量等参数。

从图 8-6（a）、（b）中可以看出，无源性控制策略在启动阶段有着良好的性能，进入稳态后，能够保持电压稳定。启动阶段电压迅速爬升，启动过程中电压峰值为 706.1V。在 t=0.02s 时达到 705V，误差小于 1%，在 t=0.08s 稳定后，直流电压 V_{dc} 在 669.7V 附近波动，电压误差在 0.5V 以内，波动峰谷值之差在 0.4V 以内。从图 8-6（b）、（c）中可以看出，交流电流为正弦波，畸变很小。

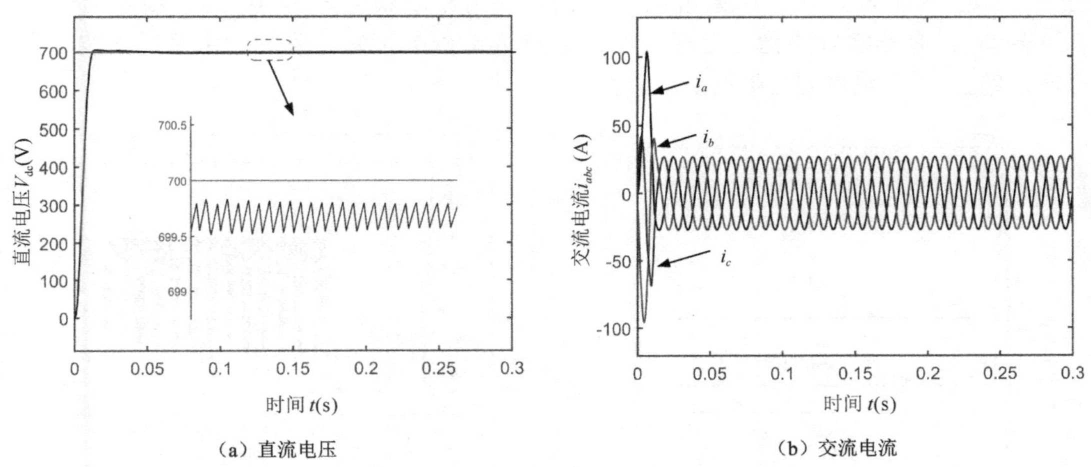

（a）直流电压　　（b）交流电流

图 8-6 直流电压与交流电流

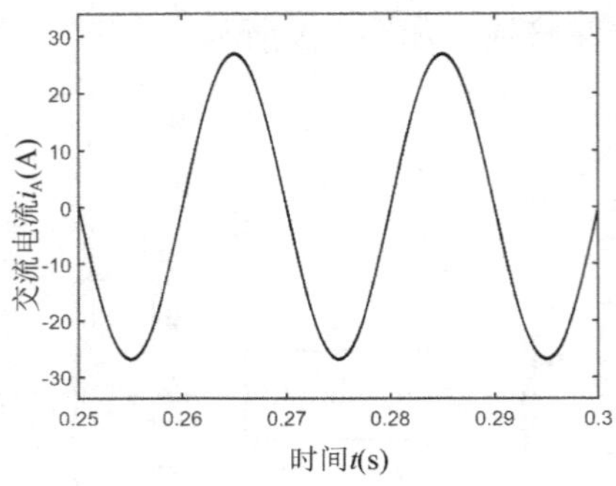

（c）稳定后的 A 相电流

图 8-6 直流电压与交流电流（续）

观察图 8-7（a）、（b）可得，在旋转坐标系下，d 轴期望电流 i_d^*=26.84A（q 轴期望电流 i_q^* 始终为 0），实际的电流分量 i_d、i_q 迅速跟踪电流期望值 i_d^*、i_q^*，电流波动较小。

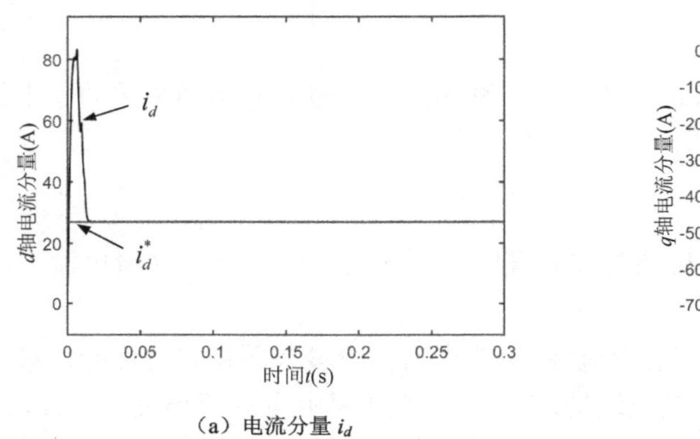

（a）电流分量 i_d

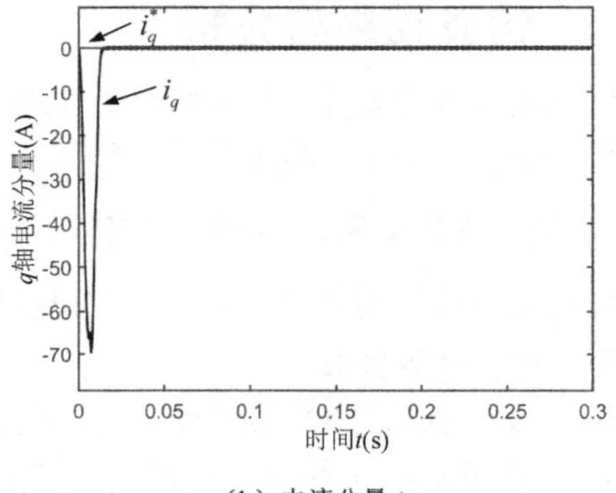

（b）电流分量 i_q

图 8-7 旋转坐标系下的电流分量

从图 8-8（a）中可以看出，系统稳定后有功功率稳定在 P=12.5kW 附近，无功功率 Q 保持在 0 附近。图 8-8（b）中系统的功率因数在启动时最低，为 0.685，稳定后约为 1（PF>0.9996），有非常好的稳定运行性能。由图 8-8（c）可知，系统稳定后，谐波畸变率 THD=0.79%，对网测电源污染很小。

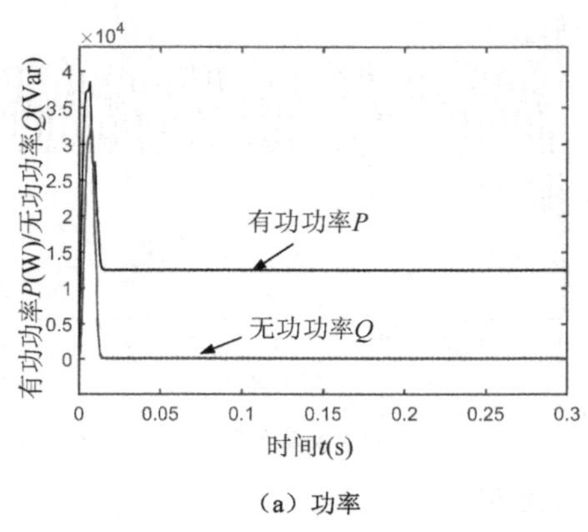

（a）功率

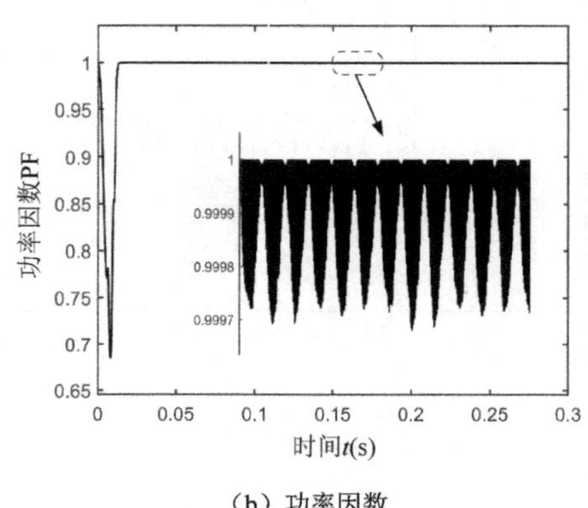

（b）功率因数

图 8-8 功率、功率因数及谐波分析

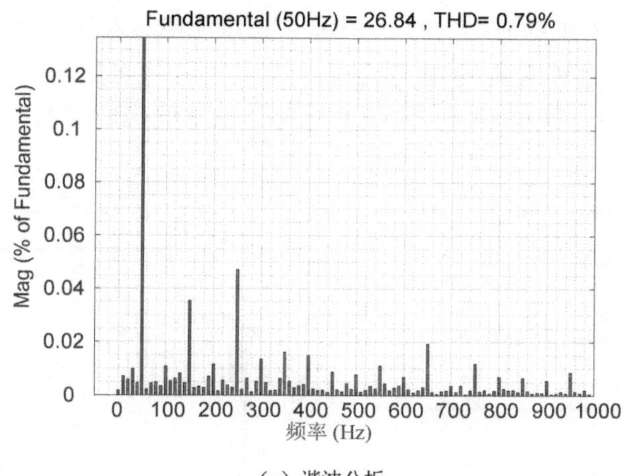

（c）谐波分析

图 8-8　功率、功率因数及谐波分析（续）

2．期望直流电压 V_{dc}^{*} 变化的情况

设置初始期望直流电压 V_{dc}^{*}=700V，当 t=0.10s 时，设置期望直流电压 V_{dc}^{*}=800V，将本章的无源性控制策略作用于系统，其波形如图 8-9～图 8-11 所示。

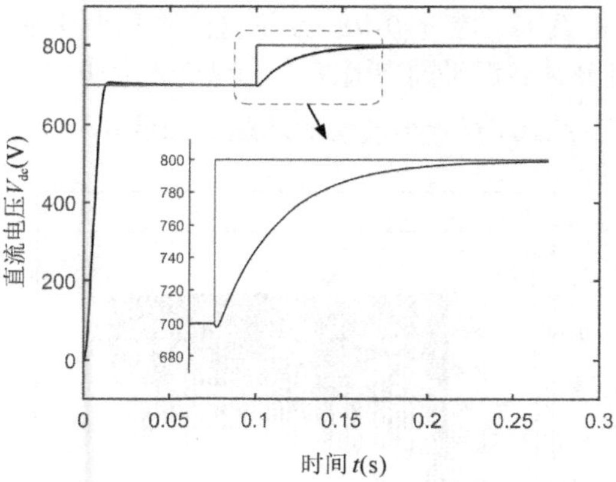

（a）直流电压

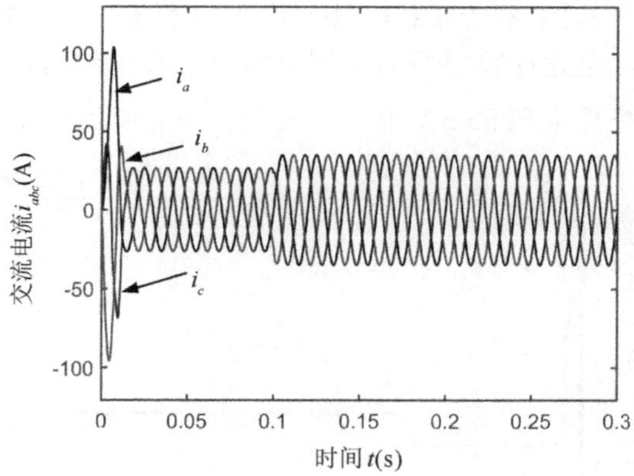

（b）交流电流

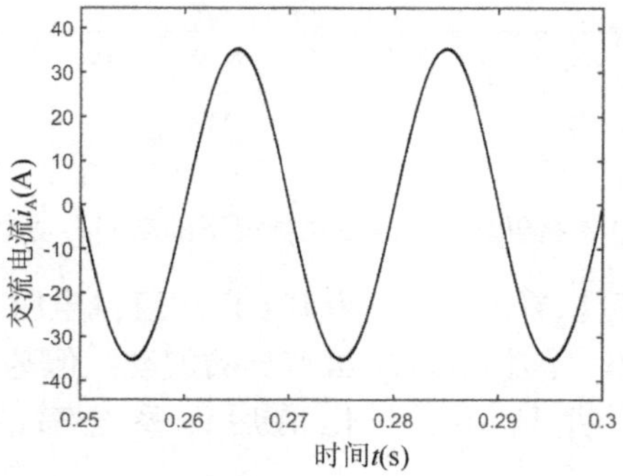

（c）稳定后的 A 相电流

图 8-9　期望直流电压变化情况下的直流电压与交流电流

从图 8-9（a）、（b）中可以看出，在 t=0.10s 期望直流电压发生变化后，直流电压 V_{dc} 平滑地升至 800V，t=0.18s 后进入新的稳定状态，直流电压没有出现超调，电压最终稳定在 799.5V，过渡过程较平滑。交流电流在期望直流电压发生变化后增大，图 8-9（c）中的电流仍能有很好的正弦波形。

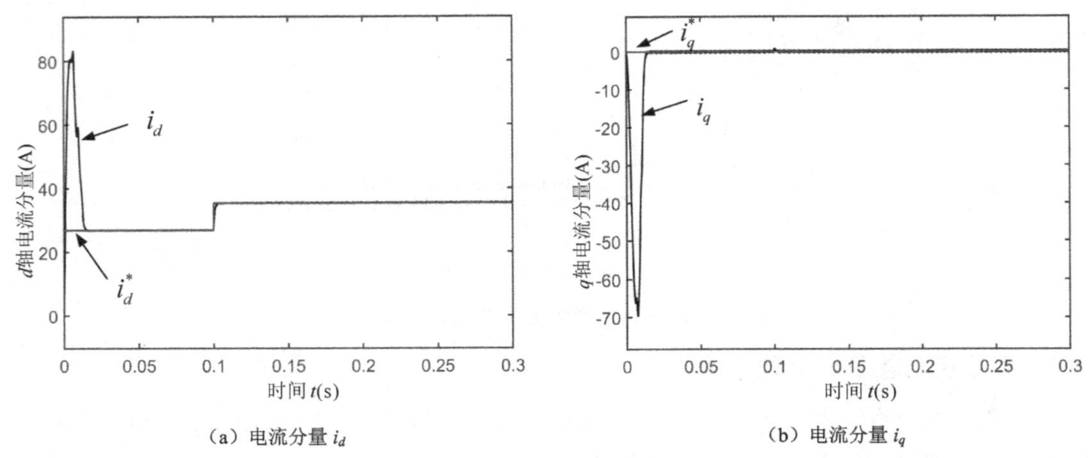

（a）电流分量 i_d　　　　（b）电流分量 i_q

图 8-10　期望直流电压变化情况下旋转坐标系下的电流分量

从图 8-10（a）、（b）中可以看出，在旋转坐标系下，在 t=0.10s 期望直流电压发生变化后，迅速计算出新的期望电流分量 i_d^*=35.3A，电流分量 i_d 近乎同步追踪 i_d^*，响应速度非常快，最终稳定在 35.3A 附近，波动较小。电流分量 i_q 在 t=0.10s 有较小波动后迅速回归至 0。

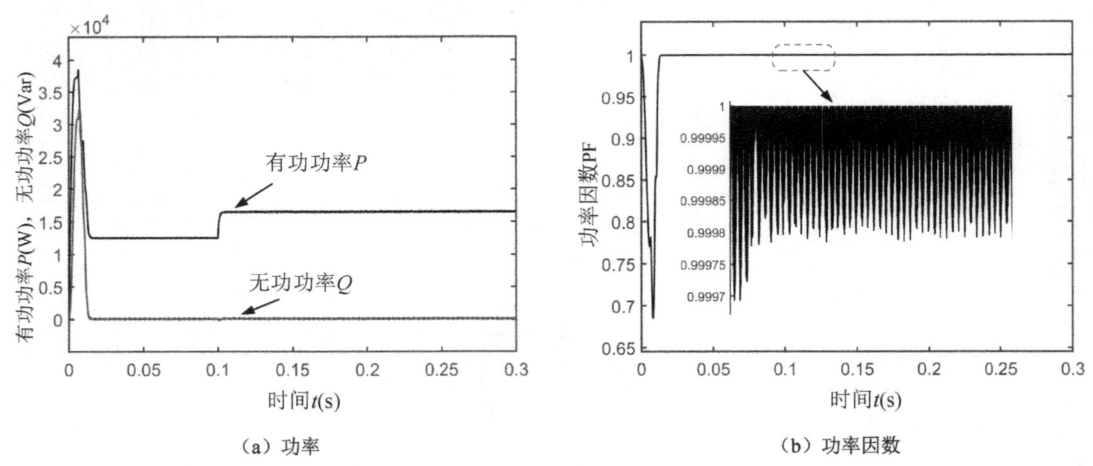

（a）功率　　　　（b）功率因数

图 8-11　期望直流电压变化情况下的功率、功率因数

从图 8-11（a）、（b）中可以看出，在 t=0.10s 期望直流电压发生变化后，有功功率 P 迅速升高，最终稳定在 16.5kW，无功功率 Q 虽有小的波动，但基本保持在 0 附近，在过渡过程中没有出现功率过冲。并且电压变化前后，系统都能在单位功率因数下运行（PF>0.9996）。

3．直流负载 R_L 变化的情况

设置初始直流负载 R_L=40Ω，当 t=0.10s 时，设置直流负载 R_L=20Ω，在不改变其他参数

的情况下，系统波形如图 8-12 所示。

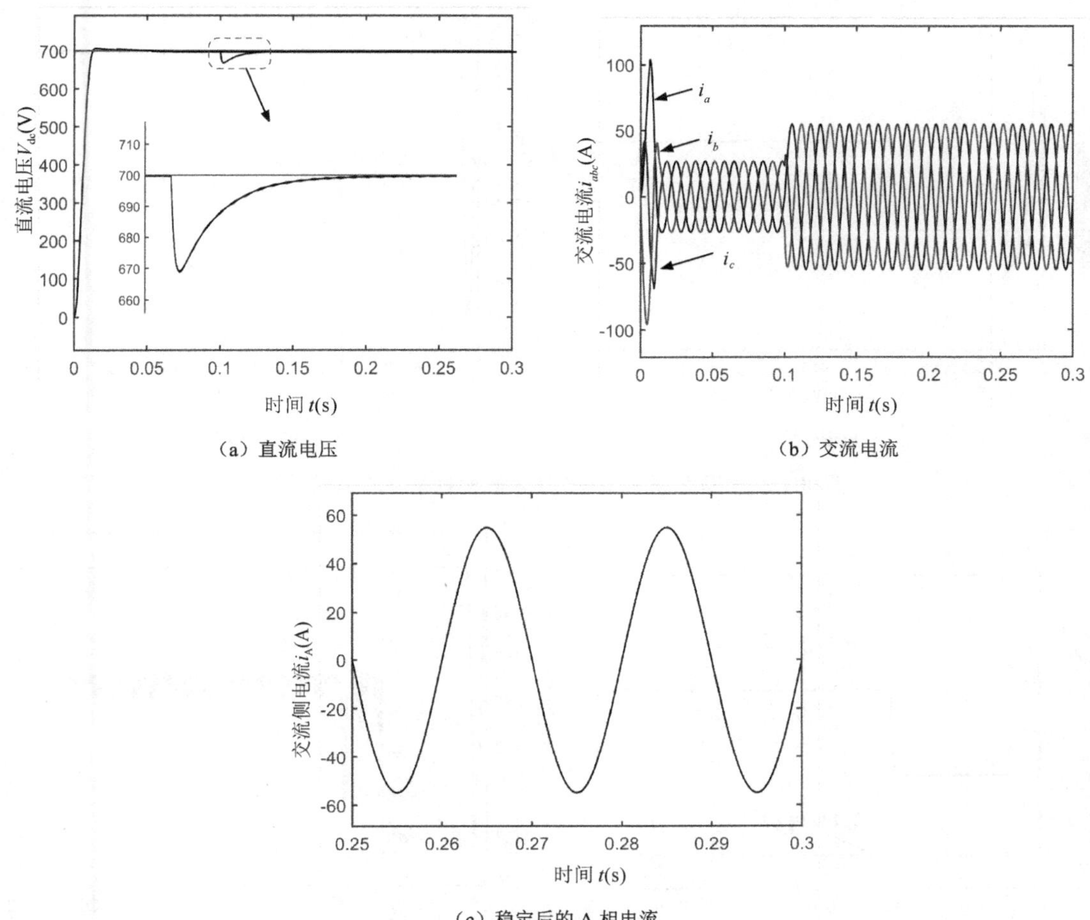

（a）直流电压　　（b）交流电流

（c）稳定后的 A 相电流

图 8-12　直流负载变化情况下的直流电压与交流电流

从图 8-12（a）中可以看出，在 t=0.10s 直流负载发生变化后，直流电压V_{dc}突降后平稳恢复至 700V，t=0.20s 后进入新的稳定状态，直流电压最低值为V_{dc}=668.66V，电压最终稳定在 699.8V，误差为 0.2V，过渡过程中没有超调，电压上升曲线较平滑。在图 8-12（b）、（c）中，在直流电压增大的同时，交流电流随之增大，并且能保持很好的正弦波。

从图 8-13（a）、（b）中可以看出，在旋转坐标系下，在 t=0.10s 期望直流电压发生变化后，迅速计算出新的期望电流分量i_d^*=54.88A，电流分量 i_d 近乎同步追踪i_d^*，响应速度非常快，最终也稳定在 54.88A 附近，波动较小。电流分量 i_q 在 t=0.10s 有较小波动后迅速回归至 0。

从图 8-14 中可以看出，在 t=0.10s 期望直流电压发生变化后，有功功率 P 迅速升高，最终稳定在 25.6kW，无功功率 Q 虽有小的波动，但基本保持为 0，在过渡过程中没有出现功率过冲。并且电压变化前后，稳定后系统都能在单位功率因数下运行（PF>0.999）。

为了更好地进行对比分析，将第 6～8 章的仿真数据整理为表 8-1。其中，情况一对应期望直流电压V_{dc}^*不变的情况，情况二对应期望直流电压V_{dc}^*变化的情况，情况三对应直流负载 R_L 变化的情况，优化 DPC 为优化预测型直接功率控制策略，滑模控制为电压电流双环滑模变结构控制策略，无源为无源性控制策略。

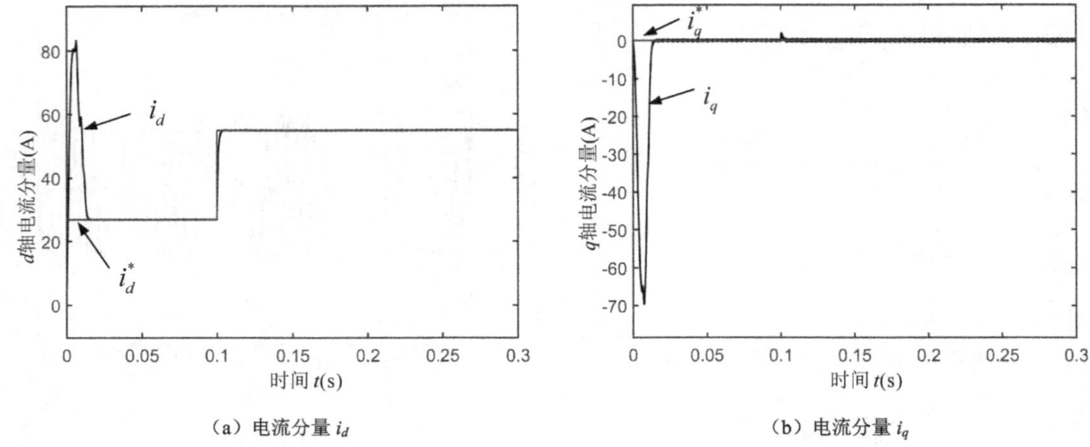

（a）电流分量 i_d　　（b）电流分量 i_q

图 8-13　直流负载变化情况下旋转坐标系下的电流分量

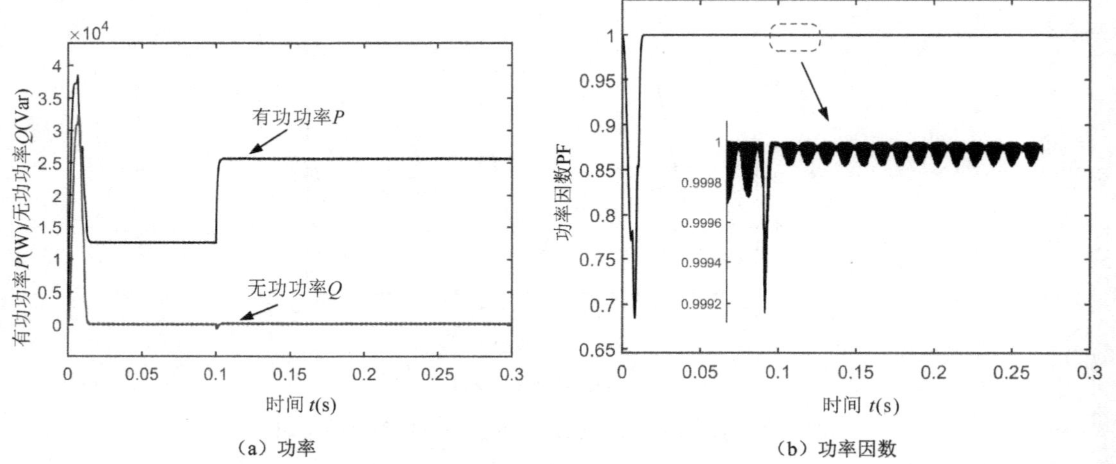

（a）功率　　（b）功率因数

图 8-14　功率和功率因数

表 8-1　仿真数据

项目	情况一			情况二			情况三		
	优化DPC	滑模控制	无源	优化DPC	滑模控制	无源	优化DPC	滑模控制	无源
输出电压	698V	**700V**	699.7V	799V	**800V**	799.5V	**700V**	701V	**700V**
电压误差	0.28%	**0%**	0.04%	0.14%	**0%**	0.06%	**0%**	0.1%	**0%**
电压过冲	11.83%	5.78%	**1%**	0%	0%	0%	0%	0%	0%
过渡时间	0.05s	**0.04s**	0.08s	**0.03s**	**0.03s**	0.08s	**0.02s**	0.03s	0.10s
功率因数	0.998	**0.999**	**0.999**	0.998	**0.999**	**0.999**	0.995	**0.999**	**0.999**
谐波畸变率	1.28%	0.84%	**0.79%**	1.06%	0.70%	**0.66%**	1.03%	**0.41%**	0.45%

首先，对比前两种情况的仿真数据，总结无源性控制策略在充电性能上的优缺点。

优点：①电流响应快。实际输出的交流电流分量 i_d、i_q 能够快速跟踪期望电流 i_d^*、

i_q^*；②超调量减小，电压的超调量很小，远小于国家标准 GB/T 40432—2021 要求的 20%；③输出功率稳定，系统能够快速稳定输出功率，进入稳态后，输出功率的波动也很小；④谐波污染减少，系统稳定后，功率因数均大于 0.999，谐波畸变率降低到 0.85%以下。

缺点：电压响应较慢。当期望直流电压和直流负载变化时，直流电压平滑地升高到期望直流电压，过渡时间略长（约 0.1s）。

根据表 8-1 中的仿真数据及各章的仿真图，总结本书集成车载充电器充电模式的三种控制策略，在表 8-1 中已用粗体标注最优性能。

优化预测型直接功率控制策略：具有最快的电压响应速度，但谐波畸变率较高，启动阶段的超调量较大。

电压电流双环滑模变结构控制策略：输出直流电压误差最小，启动阶段能够快速追踪期望直流电压，在给定的三种情况下，功率因数和谐波畸变率较小。但计算较复杂，在实际应用中如果传感器和计算器的性能不够好，可能达不到理想的控制效果。

无源性控制策略：在给定的三种情况下，可以快速追踪期望电流，稳定输出功率。在启动阶段，电压超调量最小。功率因数最大，谐波畸变率最低，误差较小，稳定输出功率，没有功率过冲现象。但电压跟踪能力较弱，当参数变化时，电压稳定至期望值的过渡时间比另外两种策略长。

因此，当系统要求具有较快的电压响应速度时，建议采用优化预测型直接功率控制策略；当系统要求具有较小的电压误差时，建议采用电压电流双环滑模变结构控制策略；当系统要求具有较大的功率因数和较快的电流响应速度时，建议采用无源性控制策略。

8.4　本章小结

本章介绍了无源性控制理论，并以集成车载充电器模型为研究对象，证明了集成车载充电器的无源性，采用无源性控制理论研究了集成车载充电器的充电控制策略。在仿真软件中搭建系统模型，从期望直流电压不变、期望直流电压变化、直流负载变化三种情况分析控制策略的性能。通过仿真实验分析得出结论，当系统参数发生变化时，电流能够快速跟踪期望值，电压能够平滑地过渡到期望值，拥有很好的抗干扰能力和动态性能，同时拥有更好的静态性能，在保证系统稳定运行的前提下，谐波畸变率很小，进一步减少网测电源的污染。最后总结了三种控制策略的优缺点。

参考文献

[1] 罗芳．不平衡电源条件下三相 PWM 整流无源性控制研究[D]．广州：华南理工大学，2018．

第9章 基于九开关变换器的六相PMSM的PWM算法

5.1节已经介绍了基于九开关变换器和六相PMSM的三相集成车载充电器的工作原理。第5～8章重点研究了充电控制策略，从本章开始研究该系统在驱动工作模式下的控制策略。

PWM 算法在逆变电路中应用非常广泛，电机驱动系统大都采用 PWM 算法来控制逆变电路的输出电压。随着多相PMSM相数增加，逆变器开关状态呈几何倍数增加，给PWM算法应用带来了困难。目前，常用的 PWM 算法分为两种：一种是基于载波的 PWM 算法，另一种是 SVPWM 算法。这两种算法各有优缺点，基于载波的 PWM 算法易于硬件实现，SVPWM算法具有更高的电压利用率，易于数字化实现。

目前，应用最广泛的六相 PMSM 包括双 Y 移 30°PMSM 和对称六相 PMSM，这两种PMSM的定子绕组结构略有不同，虽然都采用九开关变换器驱动，但SVPWM算法设计方法存在差异。本章分别以双Y移30°PMSM和对称六相PMSM为研究对象，分析基于十二开关变换器的四矢量 SVPWM 算法。在此基础上，定义九开关变换器的 27 种开关状态，及其与电压矢量的对应关系。给出双Y移30°PMSM电压矢量在$\alpha\beta$子空间和z_1z_2子空间中的位置，提出基于九开关变换器的四矢量SVPWM算法。将$\alpha\beta$子空间划分为15个扇区，详细阐述电压矢量的选取规则。通过开关序列优化，采样周期内每个扇区 9 个开关管共通断 8 次，有效降低了开关管通断频率。同样，由于对称六相 PMSM 电压矢量在$\alpha\beta$子空间和z_1z_2子空间中的位置不同于双 Y 移 30°PMSM，因此提出基于九开关变换器的三矢量 SVPWM 算法。该算法将$\alpha\beta$子空间划分为 6 个扇区，通过与传统四矢量 SVPWM 算法进行比较，不仅最大限度地提高了电压利用率，而且降低了开关管通断频率。

9.1 基于十二开关变换器的四矢量SVPWM算法

基于九开关变换器的SVPWM算法以基于十二开关变换器的SVPWM算法为基础，故有必要对六相PMSM的四矢量SVPWM算法进行分析。

9.1.1 双Y移30° PMSM的四矢量SVPWM算法

双Y移30°PMSM有6个定子电流接口，通常情况下，需要6组桥臂，由十二开关变换器供电。十二开关变换器的每组桥臂上下开关状态互补，有两种不同的开关状态，故6组桥臂共有2^6=64种开关状态，这64种开关状态在$\alpha\beta$子空间和z_1z_2子空间中的电压矢量为

$$\boldsymbol{V}_{\alpha\beta}=\frac{1}{3}V_{\mathrm{dc}}\left(S_{\mathrm{A}}+S_{\mathrm{B}}\mathrm{e}^{\mathrm{j}120^\circ}+S_{\mathrm{C}}\mathrm{e}^{\mathrm{j}240^\circ}+S_{\mathrm{X}}\mathrm{e}^{\mathrm{j}30^\circ}+S_{\mathrm{Y}}\mathrm{e}^{\mathrm{j}150^\circ}+S_{\mathrm{Z}}\mathrm{e}^{\mathrm{j}270^\circ}\right) \tag{9-1}$$

$$\boldsymbol{V}_{z_1z_2}=\frac{1}{3}V_{\mathrm{dc}}\left(S_{\mathrm{A}}+S_{\mathrm{B}}\mathrm{e}^{\mathrm{j}240^\circ}+S_{\mathrm{C}}\mathrm{e}^{\mathrm{j}120^\circ}+S_{\mathrm{X}}\mathrm{e}^{\mathrm{j}60^\circ}+S_{\mathrm{Y}}\mathrm{e}^{\mathrm{j}300^\circ}+S_{\mathrm{Z}}\mathrm{e}^{\mathrm{j}180^\circ}\right) \tag{9-2}$$

式中，S 代表电机定子接口对应某组桥臂的开关状态，当 S=1 时，表示桥臂上开关管导通，当 S=0 时，表示桥臂下开关管导通。根据式（9-1）和式（9-2）可以推导出 64 种开关状态在 $\alpha\beta$ 子空间和 z_1z_2 子空间中的位置，如图 9-1 所示。

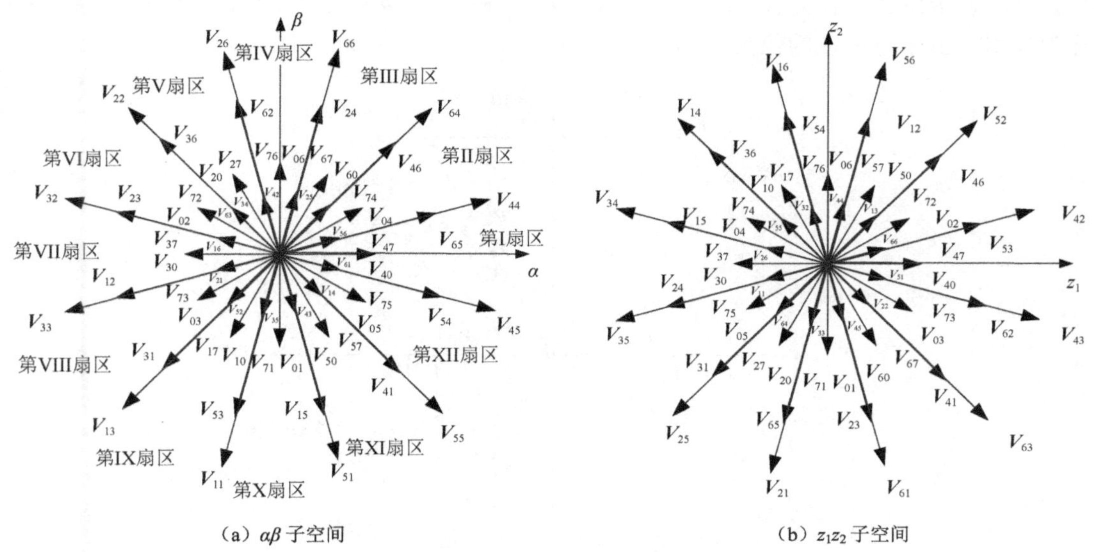

（a）$\alpha\beta$ 子空间　　　　（b）z_1z_2 子空间

图 9-1　双 Y 移 30°PMSM 电压矢量

电压矢量由 2 个八进制数表示，与八进制数相对应的二进制数代表变换器的开关状态，从高到低依次为 V_{ABCXYZ}。$\alpha\beta$ 子空间和 z_1z_2 子空间均包含 60 个非零矢量和 4 个零矢量（$\boldsymbol{V}_{00}$、$\boldsymbol{V}_{07}$、$\boldsymbol{V}_{70}$、$\boldsymbol{V}_{77}$），根据电压矢量幅值大小，非零矢量分为 4 层，每层均可以组成正十二边形。看起来电压矢量交织在一起，十分复杂，但它们之间存在某种内部联系。视次外层和最内层之间的 12 个电压矢量为基本电压矢量，虽然这 12 个电压矢量在 $\alpha\beta$ 子空间和 z_1z_2 子空间中的相位不同，但其余 36 个电压矢量均可由这 12 个电压矢量合成。$\alpha\beta$ 子空间最外层电压矢量是由夹角为 30°的基本电压矢量合成的，对应 z_1z_2 子空间最内层电压矢量。$\alpha\beta$ 子空间次外层电压矢量是由夹角为 90°的基本电压矢量合成的，对应 z_1z_2 子空间次外层电压矢量。$\alpha\beta$ 子空间最内层电压矢量是由夹角为 150°的基本电压矢量合成的，对应 z_1z_2 子空间最外层电压矢量。

由以上分析可知，$\alpha\beta$ 子空间最外层 12 个电压矢量幅值最大，对应 z_1z_2 子空间电压矢量幅值最小。由于 z_1z_2 子空间中的电流与机电能量转换无关，只会增加定子损耗，因此选择 $\alpha\beta$ 子空间中距离参考矢量最近的 4 个最外层电压矢量，不仅可以最大限度地提高电压利用率，而且可以减小定子损耗[1]。

9.1.2　对称六相 PMSM 的四矢量 SVPWM 算法

与双 Y 移 30°PMSM 相比，对称六相 PMSM 同样需要 6 组桥臂，由十二开关变换器供电，6 组桥臂共有 64 种不同的开关状态。不同之处在于，这 64 种开关状态在 $\alpha\beta$ 子空间和 z_1z_2 子空间中的电压矢量为

$$V_{\alpha\beta}=\frac{1}{3}V_{\mathrm{dc}}\left(S_{\mathrm{A}}+S_{\mathrm{B}}\mathrm{e}^{\mathrm{j}120^{\circ}}+S_{\mathrm{C}}\mathrm{e}^{\mathrm{j}240^{\circ}}+S_{\mathrm{X}}\mathrm{e}^{\mathrm{j}60^{\circ}}+S_{\mathrm{Y}}\mathrm{e}^{\mathrm{j}180^{\circ}}+S_{\mathrm{Z}}\mathrm{e}^{\mathrm{j}300^{\circ}}\right) \tag{9-3}$$

$$V_{z_1z_2}=\frac{1}{3}V_{\mathrm{dc}}\left(S_{\mathrm{A}}+S_{\mathrm{B}}\mathrm{e}^{\mathrm{j}240^{\circ}}+S_{\mathrm{C}}\mathrm{e}^{\mathrm{j}120^{\circ}}+S_{\mathrm{X}}\mathrm{e}^{\mathrm{j}120^{\circ}}+S_{\mathrm{Y}}+S_{\mathrm{Z}}\mathrm{e}^{\mathrm{j}240^{\circ}}\right) \tag{9-4}$$

式中，S 代表电机定子接口对应某组桥臂的开关状态，当 S=1 时，表示桥臂上开关管导通，当 S=0 时，表示桥臂下开关管导通。根据式（9-3）和式（9-4）可以推导出 64 种开关状态在 $\alpha\beta$ 子空间和 z_1z_2 子空间中的位置，如图 9-2 所示。

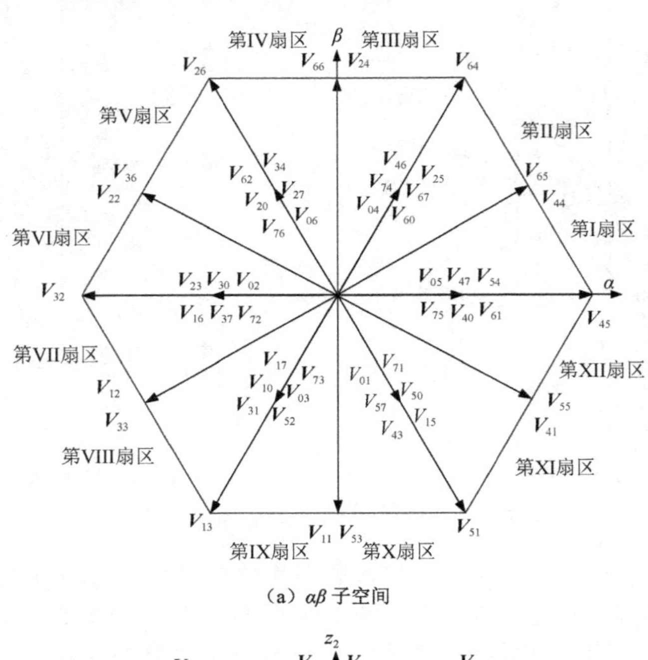

（a）$\alpha\beta$ 子空间

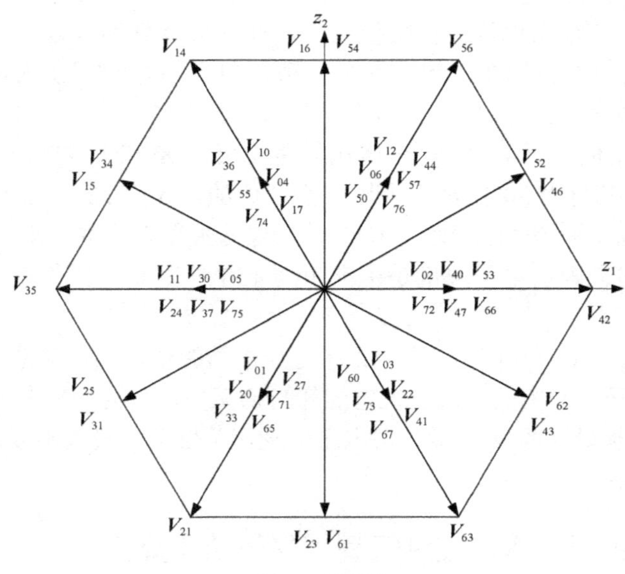

（b）z_1z_2 子空间

图 9-2　对称六相 PMSM 电压矢量

电压矢量由 2 个八进制数表示，与八进制数相对应的二进制数代表变换器的开关状态，从高到低依次为 V_{ABCXYZ}。对称六相 PMSM 电压矢量位置与双 Y 移 30°PMSM 完全不同，$\alpha\beta$ 子空间包含 54 个非零矢量和 10 个零矢量（$\boldsymbol{V}_{00}$、$\boldsymbol{V}_{07}$、$\boldsymbol{V}_{70}$、$\boldsymbol{V}_{77}$、$\boldsymbol{V}_{56}$、$\boldsymbol{V}_{42}$、$\boldsymbol{V}_{63}$、$\boldsymbol{V}_{21}$、$\boldsymbol{V}_{35}$、

V_{14}），z_1z_2 子空间同样包含 54 个非零矢量和 10 个零矢量（V_{00}、V_{07}、V_{70}、V_{77}、V_{13}、V_{32}、V_{26}、V_{51}、V_{45}、V_{64}），但两个子空间除了 V_{00}、V_{07}、V_{70}、V_{77} 这 4 个零矢量，其余 6 个零矢量均不相同。根据电压矢量幅值大小，非零矢量分为 3 层，$\alpha\beta$ 子空间最外层电压矢量对应 z_1z_2 子空间零矢量，$\alpha\beta$ 子空间中间层电压矢量对应 z_1z_2 子空间最内层电压矢量。$\alpha\beta$ 子空间最内层电压矢量分为两部分：一部分电压矢量对应 z_1z_2 子空间中间层电压矢量，另一部分电压矢量对应 z_1z_2 子空间最内层电压矢量。$\alpha\beta$ 子空间部分零矢量对应 z_1z_2 子空间最外层电压矢量。

不同于双 Y 移 30°PMSM 电压矢量，对称六相 PMSM 电压矢量分布较为散乱。$\alpha\beta$ 子空间最内层电压矢量对应到 z_1z_2 子空间，不是同一层电压矢量，这给矢量选取带来了困难。从图 9-2 中可以看出，电压矢量 V_{45}、V_{64}、V_{26}、V_{32}、V_{13}、V_{51} 在 $\alpha\beta$ 子空间的幅值最大，在 z_1z_2 子空间的幅值为 0。这意味着，如果选用四矢量 SVPWM 算法，则只需选用 3 个在 z_1z_2 子空间合成矢量为 0 的电压矢量，即可完成对一个 $\alpha\beta$ 子空间参考矢量的合成。以第 I 扇区为例进行说明，如图 9-3 所示。

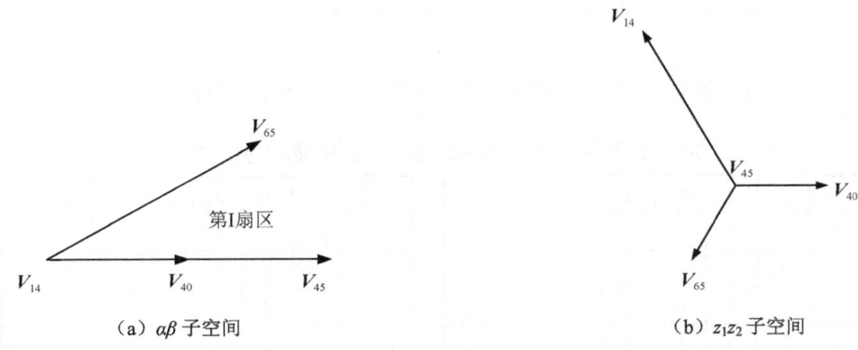

图 9-3　第 I 扇区电压矢量选择

根据图 9-3（b），电压矢量 V_{40}、V_{65} 在 z_1z_2 子空间的幅值相等，电压矢量 V_{14} 幅值为电压矢量 V_{40}、V_{65} 幅值的 2 倍。由于电压矢量 V_{45} 在 z_1z_2 子空间的幅值为 0，通过计算，可得电压矢量 V_{40}、V_{65} 的作用时间相同，为电压矢量 V_{14} 作用时间的 2 倍。根据图 9-3（a），通过参考矢量在 $\alpha\beta$ 子空间中的投影，可得电压矢量 V_{45} 的作用时间。其他扇区分析方法依次类推。

通过分析可知，虽然电压矢量不在同一层，但选取 $\alpha\beta$ 子空间幅值最大的电压矢量，不仅可以最大限度地提高电压利用率，而且可以降低计算的复杂程度，为后文分析基于九开关变换器的 SVPWM 算法打下基础。

9.2　基于九开关变换器的双 Y 移 30°PMSM 四矢量 SVPWM 算法

9.2.1　九开关变换器电压矢量

九开关变换器分为 3 组桥臂，每组桥臂由 3 只开关管串联而成，九开关变换器驱动六相 PMSM 的拓扑结构如图 9-4 所示。

九开关变换器的每组桥臂都有 3 种有效开关状态，3 组桥臂共有 3^3 种开关状态。由于九开关变换器上、中、下开关管信号之间的逻辑特性，每种开关状态都用桥臂上下开关管通断来表示。通过九开关变换器驱动电机所产生的电压矢量用 2 个八进制数表示，与八进制数相对应的二进制数代表变换器的开关状态，从高位到低位依次为 S_1、S_2、S_3、S_4、S_5、S_6、S_7、S_8、S_9，其中“1”代表开关管导通，“0”代表开关管断开，可得九开关变换器开关状态与电压矢量的对应关系，如表 9-1 所示。

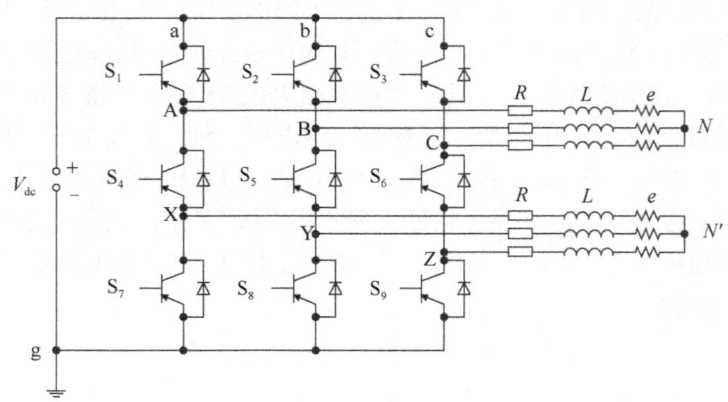

图 9-4　九开关变换器驱动六相 PMSM 的拓扑结构

表 9-1　九开关变换器开关状态与电压矢量的对应关系

	S_1	S_2	S_3	S_4	S_5	S_6	S_7	S_8	S_9			S_1	S_2	S_3	S_4	S_5	S_6	S_7	S_8	S_9	
1	0	0	0	1	1	1	1	1	1	V_{07}	15	1	0	1	0	1	0	1	1	1	V_{57}
2	0	0	1	1	1	1	1	1	0	V_{16}	16	1	1	0	1	1	1	0	0	1	V_{61}
3	0	0	1	1	1	0	1	1	1	V_{17}	17	1	1	0	1	0	1	0	1	1	V_{63}
4	0	1	0	1	1	1	1	0	1	V_{25}	18	1	1	0	0	1	1	1	0	1	V_{65}
5	0	1	0	1	0	1	1	1	1	V_{27}	19	1	1	0	0	0	1	1	1	1	V_{67}
6	0	1	1	1	1	1	1	0	0	V_{34}	20	1	1	1	1	1	1	0	0	0	V_{70}
7	0	1	1	1	1	0	1	0	1	V_{35}	21	1	1	1	1	1	0	0	0	1	V_{71}
8	0	1	1	1	0	1	1	1	0	V_{36}	22	1	1	1	1	0	1	0	1	0	V_{72}
9	0	1	1	1	0	0	1	1	1	V_{37}	23	1	1	1	1	0	0	0	1	1	V_{73}
10	1	0	0	1	1	1	0	1	1	V_{43}	24	1	1	1	0	1	1	1	0	0	V_{74}
11	1	0	0	0	1	1	1	1	1	V_{47}	25	1	1	1	0	1	0	1	0	1	V_{75}
12	1	0	1	1	1	1	0	1	0	V_{52}	26	1	1	1	0	0	1	1	1	0	V_{76}
13	1	0	1	1	1	0	0	1	1	V_{53}	27	1	1	1	0	0	0	1	1	1	V_{77}
14	1	0	1	0	1	1	1	1	0	V_{56}											

以 a 桥臂为例，在不考虑逆变器死区的情况下，输出电压 V_{Ag} 取决于开关管 S_1 的通断，输出电压 V_{Xg} 取决于开关管 S_7 的通断。其他桥臂逆变器的输出电压依次类推，如表 9-2 所示。

表 9-2　电压矢量与逆变器输出电压的对应关系

上侧逆变器		
电压矢量	（V_{Ag}，V_{Bg}，V_{Cg}）	（V_{AB}，V_{BC}，V_{CA}）
V_{70}，V_{71}，V_{72}，V_{73}，V_{74}，V_{75}，V_{76}，V_{77}	V_{dc}，V_{dc}，V_{dc}	0，0，0
V_{61}，V_{63}，V_{65}，V_{67}	V_{dc}，V_{dc}，0	0，V_{dc}，$-V_{dc}$
V_{52}，V_{53}，V_{56}，V_{57}	V_{dc}，0，V_{dc}	V_{dc}，$-V_{dc}$，0

续表

上侧逆变器		
电压矢量	(V_{Ag}, V_{Bg}, V_{Cg})	(V_{AB}, V_{BC}, V_{CA})
V_{34}，V_{35}，V_{36}，V_{37}	0，V_{dc}，V_{dc}	$-V_{dc}$，0，V_{dc}
V_{43}，V_{47}	V_{dc}，0，0	V_{dc}，0，$-V_{dc}$
V_{25}，V_{27}	0，V_{dc}，0	$-V_{dc}$，V_{dc}，0
V_{16}，V_{17}	0，0，V_{dc}	0，$-V_{dc}$，V_{dc}
V_{07}	0，0，0	0，0，0
下侧逆变器		
电压矢量	(V_{Xg}, V_{Yg}, V_{Zg})	(V_{XY}, V_{YZ}, V_{ZX})
V_{70}	V_{dc}，V_{dc}，V_{dc}	0，0，0
V_{61}，V_{71}	V_{dc}，V_{dc}，0	0，V_{dc}，$-V_{dc}$
V_{52}，V_{72}	V_{dc}，0，V_{dc}	V_{dc}，$-V_{dc}$，0
V_{34}，V_{74}	0，V_{dc}，V_{dc}	$-V_{dc}$，0，V_{dc}
V_{43}，V_{53}，V_{63}，V_{73}	V_{dc}，0，0	V_{dc}，0，$-V_{dc}$
V_{25}，V_{35}，V_{65}，V_{75}	0，V_{dc}，0	$-V_{dc}$，V_{dc}，0
V_{16}，V_{36}，V_{56}，V_{76}	0，0，V_{dc}	0，$-V_{dc}$，V_{dc}
V_{07}，V_{17}，V_{27}，V_{37}，V_{47}，V_{57}，V_{67}，V_{77}	0，0，0	0，0，0

根据表 9-2，某电压矢量对应的九开关变换器输出电压可用十二开关变换器输出电压表示。换言之，基于九开关变换器电压矢量与基于十二开关变换器电压矢量具有一一对应关系，如图 9-5 所示。

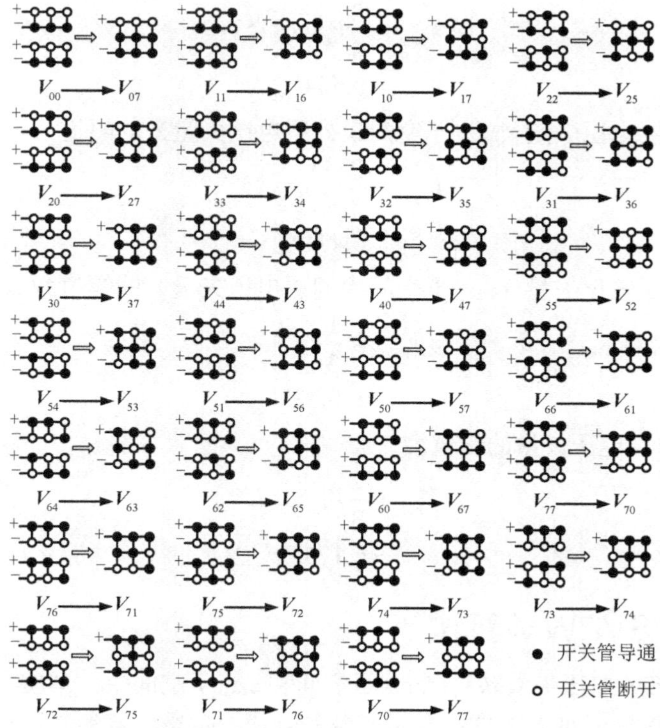

图 9-5　基于九开关变换器电压矢量与基于十二开关变换器电压矢量的对应关系

根据图 9-1 与图 9-5 可得电压矢量在 $\alpha\beta$ 子空间和 z_1z_2 子空间中的位置，如图 9-6 所示。

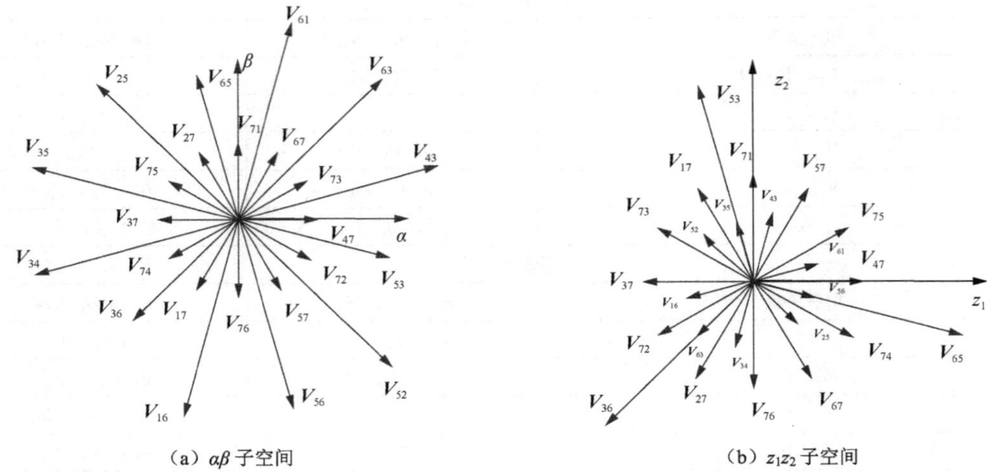

（a）$\alpha\beta$ 子空间　　（b）z_1z_2 子空间

图 9-6　电压矢量

在图 9-6 中，27 个电压矢量分布于 $\alpha\beta$（z_1z_2）子空间中的 24 个位置，电压矢量根据模长不同可分为长矢量、中矢量和短矢量三种。$\alpha\beta$ 子空间最外层电压矢量对应 z_1z_2 子空间最内层电压矢量 $\boldsymbol{V}_{43}$、$\boldsymbol{V}_{63}$、$\boldsymbol{V}_{61}$、$\boldsymbol{V}_{25}$、$\boldsymbol{V}_{35}$、$\boldsymbol{V}_{34}$、$\boldsymbol{V}_{16}$、$\boldsymbol{V}_{56}$、$\boldsymbol{V}_{52}$；$\alpha\beta$ 子空间中间层电压矢量对应 z_1z_2 子空间最外层电压矢量 $\boldsymbol{V}_{53}$、$\boldsymbol{V}_{65}$、$\boldsymbol{V}_{36}$；$\alpha\beta$ 子空间最内层电压矢量对应 z_1z_2 子空间中间层电压矢量 $\boldsymbol{V}_{47}$、$\boldsymbol{V}_{73}$、$\boldsymbol{V}_{67}$、$\boldsymbol{V}_{71}$、$\boldsymbol{V}_{27}$、$\boldsymbol{V}_{75}$、$\boldsymbol{V}_{37}$、$\boldsymbol{V}_{74}$、$\boldsymbol{V}_{17}$、$\boldsymbol{V}_{76}$、$\boldsymbol{V}_{57}$、$\boldsymbol{V}_{72}$。

$\alpha\beta$ 子空间最外层电压矢量的幅值为

$$\begin{aligned} V_{\max} &= \frac{2}{3}V_{\mathrm{dc}}\cos 15^\circ \\ &\approx 0.644V_{\mathrm{dc}} \end{aligned} \tag{9-5}$$

$\alpha\beta$ 子空间中间层电压矢量（z_1z_2 子空间最外层电压矢量）的幅值为

$$\begin{aligned} V_{\mathrm{mid1}} &= \frac{2}{3}V_{\mathrm{dc}}\cos 45^\circ \\ &\approx 0.471V_{\mathrm{dc}} \end{aligned} \tag{9-6}$$

$\alpha\beta$ 子空间最内层电压矢量（z_1z_2 子空间中间层电压矢量）的幅值为

$$\begin{aligned} V_{\mathrm{mid2}} &= \frac{1}{3}V_{\mathrm{dc}} \\ &\approx 0.333V_{\mathrm{dc}} \end{aligned} \tag{9-7}$$

z_1z_2 子空间最内层电压矢量的幅值为

$$\begin{aligned} V_{\min} &= \frac{2}{3}V_{\mathrm{dc}}\cos 75^\circ \\ &\approx 0.173V_{\mathrm{dc}} \end{aligned} \tag{9-8}$$

9.2.2　四矢量 SVPWM 算法

双 Y 移 30°PMSM 电压矢量映射到 $\alpha\beta$ 子空间和 z_1z_2 子空间中，本质上是四维的，需要至少 4 个电压矢量才能完成对 1 个四维参考矢量的合成。值得注意的是，在选择电压矢量时，

通常不选择 $\alpha\beta$ 子空间中间层电压矢量 $\boldsymbol{V}_{53}$、$\boldsymbol{V}_{65}$、$\boldsymbol{V}_{36}$，原因有两点：一是电压矢量 $\boldsymbol{V}_{53}$、$\boldsymbol{V}_{65}$、$\boldsymbol{V}_{36}$ 在 z_1z_2 子空间的幅值最大，而 z_1z_2 子空间的阻抗很小，较小的外部干扰会产生较大的电流，增加定子损耗；二是矢量作用时间无法确定。以电压矢量 $\boldsymbol{V}_{53}$ 为例进行说明，如图 9-7 所示。

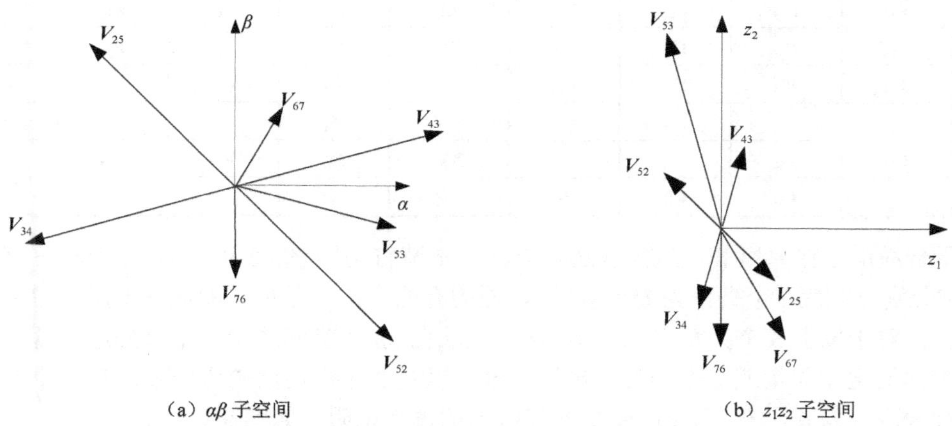

（a）$\alpha\beta$ 子空间　　（b）z_1z_2 子空间

图 9-7　电压矢量 $\boldsymbol{V}_{53}$ 选择规则

在 $\alpha\beta$ 子空间选择幅值最大的 4 个电压矢量的过程中，如果选择 2 个最外层电压矢量 $\boldsymbol{V}_{52}$、$\boldsymbol{V}_{43}$ 及一个中间层电压矢量 $\boldsymbol{V}_{53}$，为了使 z_1z_2 子空间合成矢量为 0，另一个电压矢量只能选择 $\boldsymbol{V}_{67}$ 或 $\boldsymbol{V}_{76}$，而这两组电压矢量无法求出相应的作用时间。其余 2 个中间层电压矢量依次类推。

本节将 $\alpha\beta$ 子空间划分为 15 个扇区，如图 9-8 所示。其中，第 II、III、VII、VIII、XII、XIII 扇区夹角为 15°，其余扇区夹角为 30°。

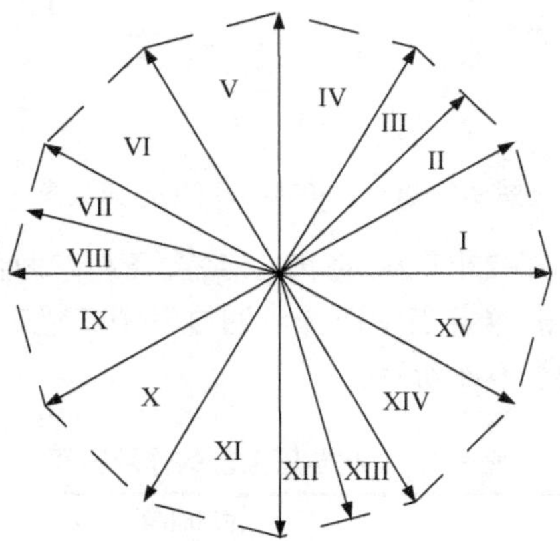

图 9-8　$\alpha\beta$ 子空间的扇区划分

对于如图 9-8 所示的扇区，如果参考矢量位于第 I 扇区，则选用 $\alpha\beta$ 子空间最外层电压矢量 $\boldsymbol{V}_{43}$、$\boldsymbol{V}_{63}$，最内层电压矢量 $\boldsymbol{V}_{72}$、$\boldsymbol{V}_{47}$ 合成。如果参考矢量位于第 II 扇区，则选用 $\alpha\beta$ 子空间最外层电压矢量 $\boldsymbol{V}_{43}$、$\boldsymbol{V}_{63}$、$\boldsymbol{V}_{61}$，最内层电压矢量 $\boldsymbol{V}_{47}$ 合成。如果参考矢量位于第 III 扇区，则选用 $\alpha\beta$ 子空间最外层电压矢量 $\boldsymbol{V}_{43}$、$\boldsymbol{V}_{63}$、$\boldsymbol{V}_{61}$，最内层电压矢量 $\boldsymbol{V}_{71}$ 合成。其他扇区选用的 4 个电压矢量如表 9-3 所示。

表 9-3 扇区与电压矢量的对应关系

扇区	电压矢量				扇区	电压矢量			
I	$\boldsymbol{V}_{72}$	$\boldsymbol{V}_{47}$	$\boldsymbol{V}_{43}$	$\boldsymbol{V}_{63}$	IX	$\boldsymbol{V}_{35}$	$\boldsymbol{V}_{34}$	$\boldsymbol{V}_{74}$	$\boldsymbol{V}_{17}$
II	$\boldsymbol{V}_{47}$	$\boldsymbol{V}_{43}$	$\boldsymbol{V}_{63}$	$\boldsymbol{V}_{61}$	X	$\boldsymbol{V}_{34}$	$\boldsymbol{V}_{74}$	$\boldsymbol{V}_{17}$	$\boldsymbol{V}_{16}$
III	$\boldsymbol{V}_{43}$	$\boldsymbol{V}_{63}$	$\boldsymbol{V}_{61}$	$\boldsymbol{V}_{71}$	XI	$\boldsymbol{V}_{74}$	$\boldsymbol{V}_{17}$	$\boldsymbol{V}_{16}$	$\boldsymbol{V}_{56}$
IV	$\boldsymbol{V}_{63}$	$\boldsymbol{V}_{61}$	$\boldsymbol{V}_{71}$	$\boldsymbol{V}_{27}$	XII	$\boldsymbol{V}_{17}$	$\boldsymbol{V}_{16}$	$\boldsymbol{V}_{56}$	$\boldsymbol{V}_{52}$
V	$\boldsymbol{V}_{61}$	$\boldsymbol{V}_{71}$	$\boldsymbol{V}_{27}$	$\boldsymbol{V}_{25}$	XIII	$\boldsymbol{V}_{16}$	$\boldsymbol{V}_{56}$	$\boldsymbol{V}_{52}$	$\boldsymbol{V}_{72}$
VI	$\boldsymbol{V}_{71}$	$\boldsymbol{V}_{27}$	$\boldsymbol{V}_{25}$	$\boldsymbol{V}_{35}$	XIV	$\boldsymbol{V}_{56}$	$\boldsymbol{V}_{52}$	$\boldsymbol{V}_{72}$	$\boldsymbol{V}_{47}$
VII	$\boldsymbol{V}_{27}$	$\boldsymbol{V}_{25}$	$\boldsymbol{V}_{35}$	$\boldsymbol{V}_{34}$	XV	$\boldsymbol{V}_{52}$	$\boldsymbol{V}_{72}$	$\boldsymbol{V}_{47}$	$\boldsymbol{V}_{43}$
VIII	$\boldsymbol{V}_{25}$	$\boldsymbol{V}_{35}$	$\boldsymbol{V}_{34}$	$\boldsymbol{V}_{74}$					

不同于传统的扇区判断和电压矢量选择方法，本节将 $\alpha\beta$ 子空间 30°～60°、150°～180°、270°～300°分别分割为 2 个夹角为 15°的扇区，原因有两点：一是尽可能提高电压利用率；二是经过计算，对于以上 3 个夹角为 30°的扇区，无法在 $\alpha\beta$ 子空间选用 3 个最外层电压矢量，以及 1 个最内层电压矢量或 2 个最外层电压矢量，以及 2 个最内层电压矢量，对 1 个四维参考矢量进行合成。以 $\alpha\beta$ 子空间 30°～60°的扇区为例进行说明，如图 9-9 所示。

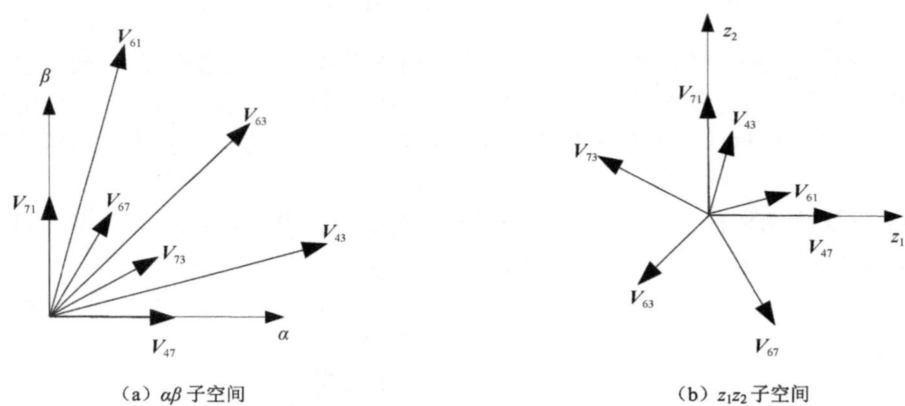

（a）$\alpha\beta$ 子空间　　（b）z_1z_2 子空间

图 9-9 30°～60°扇区可选电压矢量

在选用 $\alpha\beta$ 子空间 3 个最外层电压矢量 $\boldsymbol{V}_{43}$、$\boldsymbol{V}_{63}$、$\boldsymbol{V}_{61}$ 作为合成矢量的前提下，另外一个电压矢量只能在 $\boldsymbol{V}_{47}$、$\boldsymbol{V}_{73}$、$\boldsymbol{V}_{67}$、$\boldsymbol{V}_{71}$ 当中选择。通过参考矢量在 $\alpha\beta$ 子空间中的投影，计算出 4 组电压矢量的作用时间，如表 9-4 所示。

表 9-4 4 组电压矢量的作用时间

电压矢量	作用时间			
	T_1	T_2	T_3	T_4
$\boldsymbol{V}_{47}$，$\boldsymbol{V}_{43}$，$\boldsymbol{V}_{63}$，$\boldsymbol{V}_{61}$	$\left(\frac{1}{2}-\frac{\sqrt{3}}{6}\right)(V_\alpha-V_\beta)$	$\frac{\sqrt{3}}{6}V_\alpha+\left(\frac{1}{2}-\frac{\sqrt{3}}{3}\right)V_\beta$	$\frac{\sqrt{3}}{6}V_\alpha-\left(\frac{1}{2}-\frac{\sqrt{3}}{3}\right)V_\beta$	$-\frac{\sqrt{3}}{6}V_\alpha+\frac{1}{2}V_\beta$
$\boldsymbol{V}_{43}$，$\boldsymbol{V}_{73}$，$\boldsymbol{V}_{63}$，$\boldsymbol{V}_{61}$	$\frac{1}{2}V_\alpha-\frac{\sqrt{3}}{6}V_\beta$	$\left(\frac{1}{2}-\frac{\sqrt{3}}{6}\right)(-V_\alpha+V_\beta)$	$\frac{\sqrt{3}}{6}V_\alpha-\left(\frac{1}{2}-\frac{\sqrt{3}}{3}\right)V_\beta$	$-\frac{\sqrt{3}}{6}V_\alpha+\frac{1}{2}V_\beta$
$\boldsymbol{V}_{43}$，$\boldsymbol{V}_{63}$，$\boldsymbol{V}_{67}$，$\boldsymbol{V}_{61}$	$\frac{1}{2}V_\alpha-\frac{\sqrt{3}}{6}V_\beta$	$-\left(\frac{1}{2}-\frac{\sqrt{3}}{3}\right)V_\alpha+\frac{\sqrt{3}}{6}V_\beta$	$\left(\frac{1}{2}-\frac{\sqrt{3}}{6}\right)(V_\alpha-V_\beta)$	$-\frac{\sqrt{3}}{6}V_\alpha+\frac{1}{2}V_\beta$

续表

电压矢量	作用时间			
	T_1	T_2	T_3	T_4
V_{43}，V_{63}，V_{61}，V_{71}	$\frac{1}{2}V_\alpha-\frac{\sqrt{3}}{6}V_\beta$	$-\left(\frac{1}{2}-\frac{\sqrt{3}}{3}\right)V_\alpha+\frac{\sqrt{3}}{6}V_\beta$	$\left(\frac{1}{2}-\frac{\sqrt{3}}{3}\right)V_\alpha+\frac{\sqrt{3}}{6}V_\beta$	$\left(\frac{1}{2}-\frac{\sqrt{3}}{6}\right)(-V_\alpha+V_\beta)$

表 9-4 中，$V_\alpha=3T_sV_\alpha^*/V_{dc}$，$V_\beta=3T_sV_\beta^*/V_{dc}$，$V_\alpha^*$、$V_\beta^*$分别为参考矢量在 $\alpha\beta$ 子空间中的投影。4 组电压矢量的作用时间均含有$V_\alpha-V_\beta$项，如果将 $\alpha\beta$ 子空间 30°～60°区域算作一个扇区，则作用时间会出现负值，导致系统运行出现错误。

根据各合成矢量与参考矢量在 $\alpha\beta$ 子空间和 z_1z_2 子空间中的投影，列写出以各电压矢量作用时间为未知数的四元一次方程组，通过求解该方程组可以得到各扇区电压矢量的作用时间：

$$\begin{bmatrix} u_{1\alpha k} & u_{2\alpha k} & u_{3\alpha k} & u_{4\alpha k} \\ u_{1\beta k} & u_{2\beta k} & u_{3\beta k} & u_{4\beta k} \\ u_{1z_1k} & u_{2z_1k} & u_{3z_1k} & u_{4z_1k} \\ u_{1z_2k} & u_{2z_1k} & u_{3z_1k} & u_{4z_1k} \end{bmatrix}\begin{bmatrix} T_1 \\ T_2 \\ T_3 \\ T_4 \end{bmatrix}=T_s\begin{bmatrix} V_\alpha^* \\ V_\beta^* \\ 0 \\ 0 \end{bmatrix} \tag{9-9}$$

式中，k 代表扇区；T_1、T_2、T_3、T_4 为中表 9-3 中对应电压矢量的作用时间；T_s 为采样周期。式（9-9）计算十分复杂，为了加快系统计算速度，最大限度的离线计算必不可少。从如图 9-6 所示的电压矢量图中可以看出，$\alpha\beta$ 子空间每个最外层电压矢量都相当于由相邻的 2 个最内层电压矢量合成而来，故在计算电压矢量的作用时间时，可先求出扇区邻近 4 个最内层电压矢量的作用时间，进一步推导出最外层电压矢量的作用时间，减小离线计算的复杂程度。电压矢量的作用时间如表 9-5 所示。

表 9-5 电压矢量的作用时间

扇区	作用时间			
	T_1	T_2	T_3	T_4
I	$\frac{\sqrt{3}}{6}V_\alpha-\frac{1}{2}V_\beta$	$\left(\frac{1}{2}-\frac{\sqrt{3}}{6}\right)(V_\alpha-V_\beta)$	$\frac{\sqrt{3}}{6}V_\alpha+\left(\frac{1}{2}-\frac{\sqrt{3}}{3}\right)V_\beta$	$\frac{\sqrt{3}}{3}V_\beta$
II	$\left(\frac{1}{2}-\frac{\sqrt{3}}{6}\right)(V_\alpha-V_\beta)$	$\frac{\sqrt{3}}{6}V_\alpha+\left(\frac{1}{2}-\frac{\sqrt{3}}{3}\right)V_\beta$	$\frac{\sqrt{3}}{6}V_\alpha-\left(\frac{1}{2}-\frac{\sqrt{3}}{3}\right)V_\beta$	$-\frac{\sqrt{3}}{6}V_\alpha+\frac{1}{2}V_\beta$
III	$\frac{1}{2}V_\alpha-\frac{\sqrt{3}}{6}V_\beta$	$-\left(\frac{1}{2}-\frac{\sqrt{3}}{3}\right)V_\alpha+\frac{\sqrt{3}}{6}V_\beta$	$\left(\frac{1}{2}-\frac{\sqrt{3}}{3}\right)V_\alpha+\frac{\sqrt{3}}{6}V_\beta$	$-\left(\frac{1}{2}-\frac{\sqrt{3}}{6}\right)(V_\alpha-V_\beta)$
IV	$\frac{\sqrt{3}}{3}V_\alpha$	$\left(\frac{1}{2}-\frac{\sqrt{3}}{3}\right)V_\alpha+\frac{\sqrt{3}}{6}V_\beta$	$-\left(\frac{1}{2}-\frac{\sqrt{3}}{6}\right)(V_\alpha-V_\beta)$	$-\frac{1}{2}V_\alpha+\frac{\sqrt{3}}{6}V_\beta$
V	$\frac{1}{2}V_\alpha+\frac{\sqrt{3}}{6}V_\beta$	$-\left(\frac{1}{2}-\frac{\sqrt{3}}{6}\right)(V_\alpha-V_\beta)$	$-\left(\frac{1}{2}-\frac{\sqrt{3}}{3}\right)V_\alpha+\frac{\sqrt{3}}{6}V_\beta$	$-\frac{\sqrt{3}}{3}V_\alpha$
VI	$\frac{\sqrt{3}}{6}V_\alpha+\frac{1}{2}V_\beta$	$-\left(\frac{1}{2}-\frac{\sqrt{3}}{3}\right)V_\alpha+\frac{\sqrt{3}}{6}V_\beta$	$\left(\frac{1}{2}-\frac{\sqrt{3}}{3}\right)V_\alpha+\frac{\sqrt{3}}{6}V_\beta$	$-\frac{1}{2}V_\alpha-\frac{\sqrt{3}}{6}V_\beta$
VII	$-\left(\frac{1}{2}-\frac{\sqrt{3}}{3}\right)V_\alpha+\frac{\sqrt{3}}{6}V_\beta$	$\left(\frac{1}{2}-\frac{\sqrt{3}}{3}\right)V_\alpha+\frac{\sqrt{3}}{6}V_\beta$	$-\left(\frac{1}{2}-\frac{\sqrt{3}}{6}\right)(V_\alpha-V_\beta)$	$-\frac{\sqrt{3}}{6}V_\alpha-\frac{1}{2}V_\beta$
VIII	$\frac{\sqrt{3}}{3}V_\beta$	$-\frac{\sqrt{3}}{6}V_\alpha+\left(\frac{1}{2}-\frac{\sqrt{3}}{3}\right)V_\beta$	$-\left(\frac{1}{2}-\frac{\sqrt{3}}{6}\right)(V_\alpha+V_\beta)$	$\left(\frac{1}{2}-\frac{\sqrt{3}}{3}\right)V_\alpha-\frac{\sqrt{3}}{6}V_\beta$
IX	$-\frac{\sqrt{3}}{6}V_\alpha+\frac{1}{2}V_\beta$	$-\left(\frac{1}{2}-\frac{\sqrt{3}}{6}\right)(V_\alpha+V_\beta)$	$\left(\frac{1}{2}-\frac{\sqrt{3}}{3}\right)V_\alpha-\frac{\sqrt{3}}{6}V_\beta$	$-\frac{\sqrt{3}}{3}V_\beta$

续表

扇区	作用时间			
	T_1	T_2	T_3	T_4
X	$-\frac{1}{2}V_\alpha+\frac{\sqrt{3}}{6}V_\beta$	$\left(\frac{1}{2}-\frac{\sqrt{3}}{3}\right)V_\alpha-\frac{\sqrt{3}}{6}V_\beta$	$-\frac{\sqrt{3}}{6}V_\alpha+\left(\frac{1}{2}-\frac{\sqrt{3}}{3}\right)V_\beta$	$\frac{\sqrt{3}}{6}V_\alpha-\frac{1}{2}V_\beta$
XI	$-\frac{\sqrt{3}}{3}V_\alpha$	$-\frac{\sqrt{3}}{6}V_\alpha+\left(\frac{1}{2}-\frac{\sqrt{3}}{3}\right)V_\beta$	$-\left(\frac{1}{2}-\frac{\sqrt{3}}{6}\right)(V_\alpha+V_\beta)$	$\frac{1}{2}V_\alpha-\frac{\sqrt{3}}{6}V_\beta$
XII	$-\frac{\sqrt{3}}{6}V_\alpha+\left(\frac{1}{2}-\frac{\sqrt{3}}{3}\right)V_\beta$	$-\left(\frac{1}{2}-\frac{\sqrt{3}}{6}\right)(V_\alpha+V_\beta)$	$\left(\frac{1}{2}-\frac{\sqrt{3}}{3}\right)V_\alpha-\frac{\sqrt{3}}{6}V_\beta$	$\frac{\sqrt{3}}{3}V_\alpha$
XIII	$-\frac{1}{2}V_\alpha-\frac{\sqrt{3}}{6}V_\beta$	$\left(\frac{1}{2}-\frac{\sqrt{3}}{6}\right)(V_\alpha-V_\beta)$	$\frac{\sqrt{3}}{6}V_\alpha+\left(\frac{1}{2}-\frac{\sqrt{3}}{3}\right)V_\beta$	$\frac{\sqrt{3}}{6}V_\alpha-\left(\frac{1}{2}-\frac{\sqrt{3}}{3}\right)V_\beta$
XIV	$-\frac{\sqrt{3}}{6}V_\alpha-\frac{1}{2}V_\beta$	$\frac{\sqrt{3}}{6}V_\alpha+\left(\frac{1}{2}-\frac{\sqrt{3}}{3}\right)V_\beta$	$\frac{\sqrt{3}}{6}V_\alpha-\left(\frac{1}{2}-\frac{\sqrt{3}}{3}\right)V_\beta$	$\frac{1}{2}V_\alpha+\frac{\sqrt{3}}{6}V_\beta$
XV	$-\frac{\sqrt{3}}{3}V_\beta$	$\frac{\sqrt{3}}{6}V_\alpha-\left(\frac{1}{2}-\frac{\sqrt{3}}{3}\right)V_\beta$	$\left(\frac{1}{2}-\frac{\sqrt{3}}{6}\right)(V_\alpha-V_\beta)$	$\frac{\sqrt{3}}{6}V_\alpha+\frac{1}{2}V_\beta$

9.2.3 开关序列优化

通常 SVPWM 算法电压矢量作用顺序主要根据两条原则。首先，PWM 波形要中心对称，不对称的波形会引入偶次谐波，难以硬件实现；其次，每个 PWM 周期内功率器件的开关次数要尽可能少，以减小开关损耗。

基于九开关变换器的四矢量 SVPWM 算法由于开关信号逻辑的特殊性，如果四矢量全部从 $\alpha\beta$ 子空间 12 个最内层电压矢量中选择，则在满足 PWM 波形中心对称的前提下，采样周期内各扇区上开关管通断 3 次，中开关管通断 5 次，下开关管通断 2 次，9 个开关管共通断 10 次，以第 I 扇区为例，如图 9-10 所示，其他扇区依次类推。该算法的缺点在于电压利用率不高，且中开关管通断频繁，会导致故障率升高。

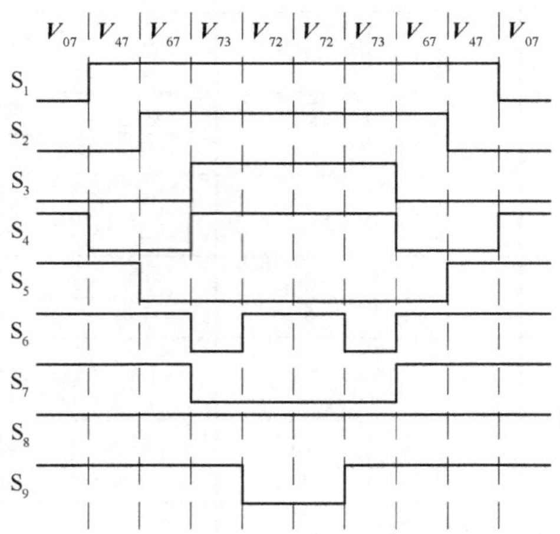

图 9-10　基于最内层电压矢量第 I 扇区的开关管导通顺序

本章提出的 SVPWM 算法，在满足 PWM 波形中心对称的前提下，采样周期内各扇区上的 9 个开关管共通断 8 次，有效降低了开关管通断频率。第 I 扇区代表夹角为 30°的扇区，第 II 扇区代表夹角为 15°的扇区，以这两个扇区为例，如图 9-11 所示。

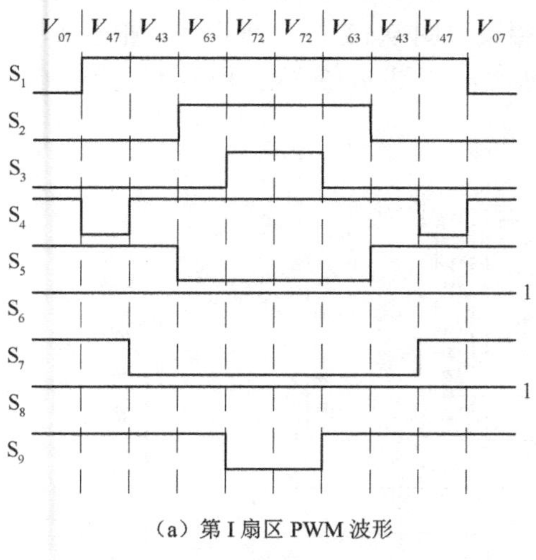

（a）第 I 扇区 PWM 波形

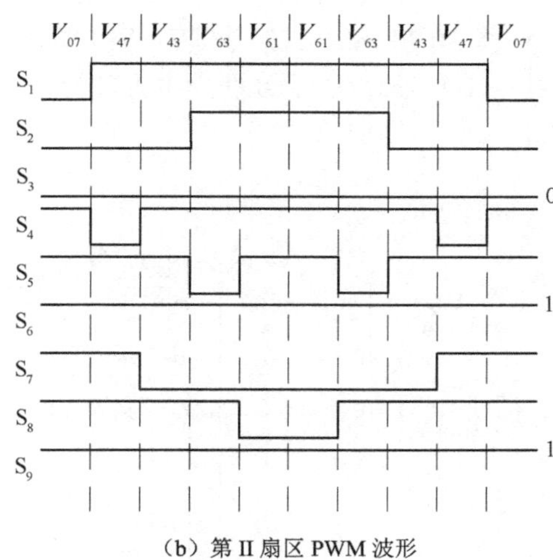

（b）第 II 扇区 PWM 波形

图 9-11　SVPWM 算法的开关管导通顺序

从图 9-11 中可以看出，第 I 扇区和第 II 扇区的 PWM 波形中心对称。第 I 扇区的开关管 S_6、S_8 一直处于导通状态，开关管 S_1、S_2、S_3、S_5、S_7、S_9 通断 1 次，开关管 S_4 通断 2 次。第 II 扇区的开关管 S_6、S_9 一直处于导通状态，开关管 S_3 一直处于断开状态，开关管 S_1、S_2、S_7、S_8 通断 1 次，开关管 S_4、S_5 通断 2 次。为了进一步对比，表 9-6 中列出了 15 个扇区的开关管最佳开关顺序，仅列出开关周期前半段的开关顺序，后半段的开关顺序与此相反。

表 9-6　15 个扇区的开关管最佳开关顺序

扇区	开关顺序					通断次数	扇区	开关顺序					通断次数
I	V_{07}	V_{47}	V_{43}	V_{63}	V_{72}	8	IX	V_{07}	V_{17}	V_{35}	V_{34}	V_{74}	8
II	V_{07}	V_{47}	V_{43}	V_{63}	V_{61}	8	X	V_{07}	V_{17}	V_{16}	V_{34}	V_{74}	8
III	V_{07}	V_{43}	V_{63}	V_{61}	V_{71}	8	XI	V_{07}	V_{17}	V_{16}	V_{56}	V_{74}	8
IV	V_{07}	V_{27}	V_{63}	V_{61}	V_{71}	8	XII	V_{07}	V_{17}	V_{16}	V_{56}	V_{52}	8
V	V_{07}	V_{27}	V_{25}	V_{61}	V_{71}	8	XIII	V_{07}	V_{16}	V_{56}	V_{52}	V_{72}	8
VI	V_{07}	V_{27}	V_{25}	V_{35}	V_{71}	8	XIV	V_{07}	V_{47}	V_{56}	V_{52}	V_{72}	8
VII	V_{07}	V_{27}	V_{25}	V_{35}	V_{34}	8	XV	V_{07}	V_{47}	V_{43}	V_{52}	V_{72}	8
VIII	V_{07}	V_{25}	V_{35}	V_{34}	V_{74}	8							

由以上分析可知，本章提出的 SVPWM 算法有效降低了桥臂开关管的通断次数，尤其是中开关管。有些开关管一直处于导通状态，无须定时器控制，易于数字化实现。

9.2.4　仿真结果与分析

为验证基于九开关变换器的双 Y 移 30°PMSM 四矢量 SVPWM 算法的有效性，在 MATLAB/ Simulink 环境下搭建驱动模型，如图 9-12 所示。

双 Y 移 30°PMSM 参数：定子电阻 R_s=1Ω，定子漏感 L_s=0.83mH，主电感平均值 L_{sm}=1.17mH，主电感二次谐波幅值 L_{rs}=－0.46mH，转子磁链 Ψ_f=0.1Wb，转动惯量 J=0.02g · m^2，

极对数 P=2。负载转矩 T_L=1N·m，直流电压 V_{dc}=300V。根据图 9-12 搭建基于九开关变换器的双 Y 移 30°PMSM 四矢量 SVPWM 算法的驱动模型。图 9-13（a）所示为六相电流波形，图 9-13（b）、（c）所示分别为电磁转矩波形和转速波形，图 9-13（d）所示为定子磁链矢量轨迹。

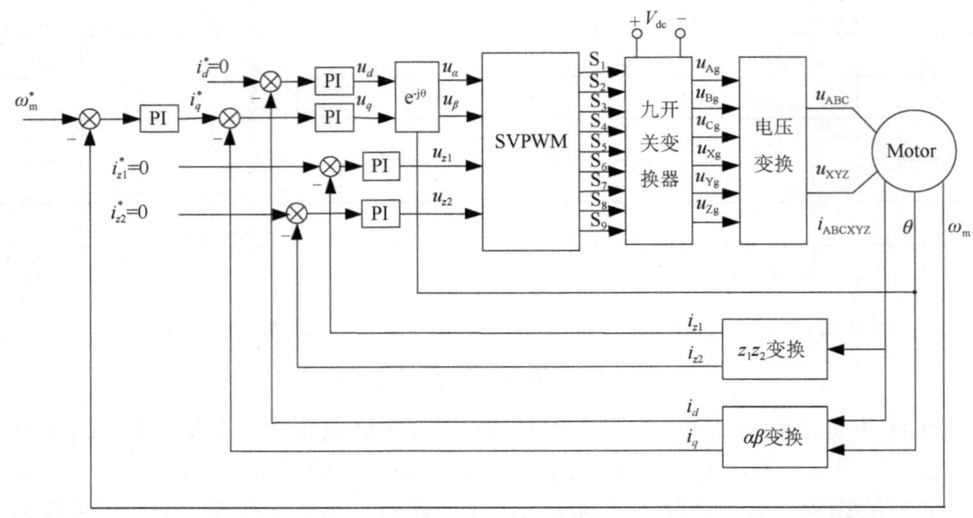

图 9-12　基于九开关变换器的双 Y 移 30°PMSM 四矢量 SVPWM 算法的驱动模型

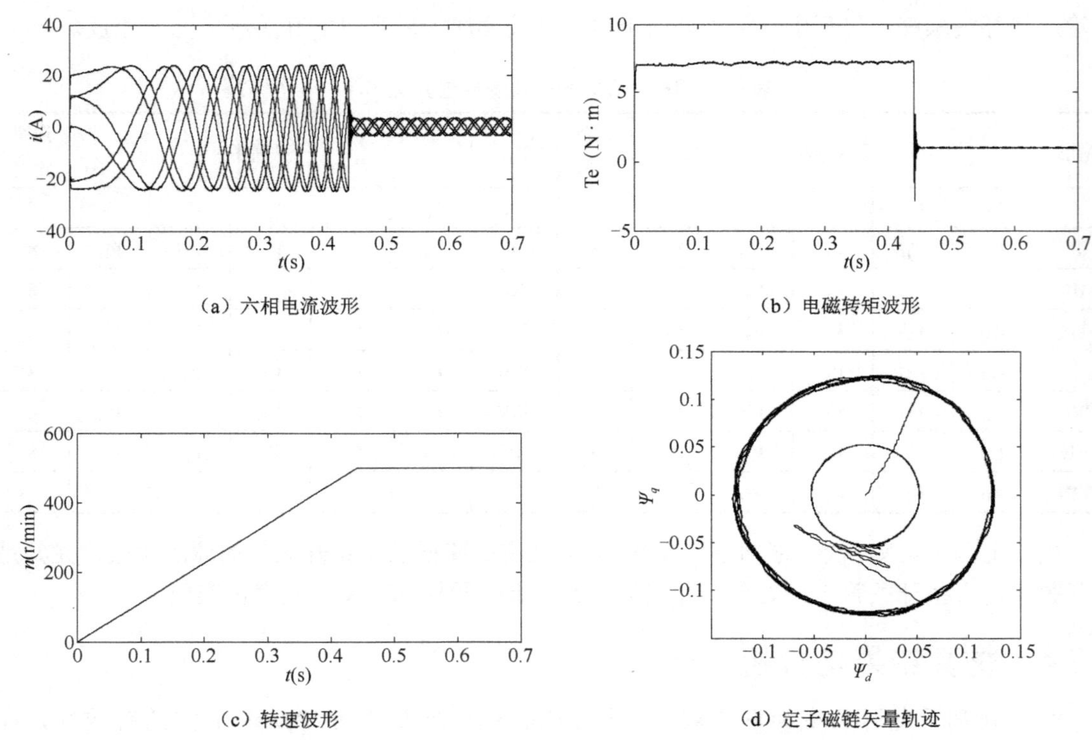

（a）六相电流波形

（b）电磁转矩波形

（c）转速波形

（d）定子磁链矢量轨迹

图 9-13　双 Y 移 30°PMSM 仿真波形

从图 9-13 中可以看出，电机启动后，六相电流迅速增大，随着电机转速趋于稳定，电流周期缩短。稳定后，电机每相电流相差 30°。电磁转矩、转速波形符合电机正常运转时的情形，并且稳定后，电磁转矩、转速波形趋于平稳。定子磁链矢量轨迹保持圆形，且采样周期 T_s 越小，轨迹越接近圆形。

9.3　基于九开关变换器的对称六相 PMSM 的三矢量 SVPWM 算法

对称六相 PMSM 与双 Y 移 30°PMSM 均采用基于九开关变换器的 SVPWM 算法控制，但其设计思路存在差异。本节专门对基于九开关变换器的对称六相 PMSM 三矢量 SVPWM 算法进行分析、研究。

9.3.1　九开关变换器电压矢量

基于九开关变换器的对称六相 PMSM 电压矢量定义（见表 9-1），结合图 9-1 与图 9-5，可得电压矢量在 $\alpha\beta$ 子空间和 z_1z_2 子空间中的位置，如图 9-14 所示。

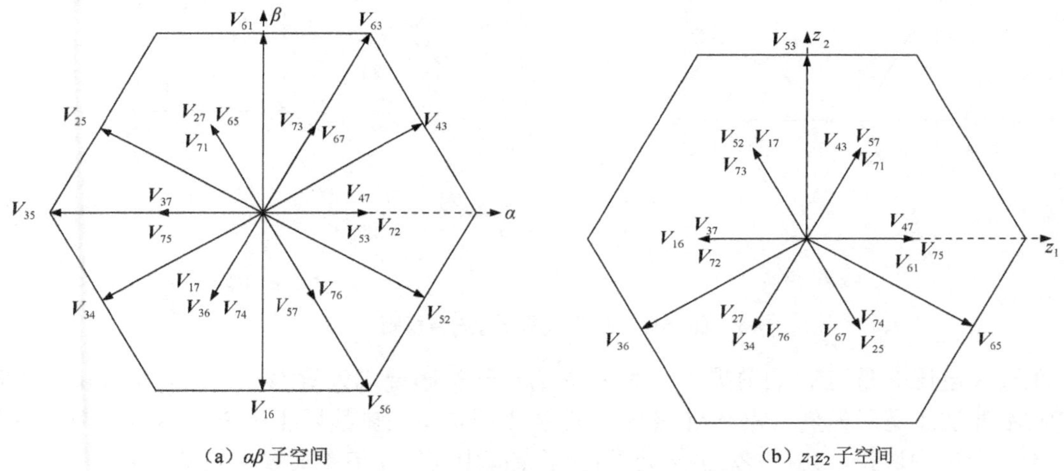

（a）$\alpha\beta$ 子空间　　　　（b）z_1z_2 子空间

图 9-14　基于九开关变换器的对称六相 PMSM 电压矢量

电压矢量在 $\alpha\beta$ 子空间分为 3 层，分别为最外层、中间层和最内层，在 z_1z_2 子空间分为 2 层，分别为最外层和最内层。$\alpha\beta$ 子空间最外层电压矢量 $\boldsymbol{V}_{35}$、$\boldsymbol{V}_{56}$、$\boldsymbol{V}_{63}$ 对应 z_1z_2 子空间零矢量，$\alpha\beta$ 子空间中间层电压矢量 $\boldsymbol{V}_{16}$、$\boldsymbol{V}_{25}$、$\boldsymbol{V}_{34}$、$\boldsymbol{V}_{43}$、$\boldsymbol{V}_{52}$、$\boldsymbol{V}_{61}$ 对应 z_1z_2 子空间最内层电压矢量，$\alpha\beta$ 子空间最内层电压矢量 $\boldsymbol{V}_{17}$、$\boldsymbol{V}_{27}$、$\boldsymbol{V}_{37}$、$\boldsymbol{V}_{47}$、$\boldsymbol{V}_{57}$、$\boldsymbol{V}_{67}$、$\boldsymbol{V}_{71}$、$\boldsymbol{V}_{72}$、$\boldsymbol{V}_{73}$、$\boldsymbol{V}_{74}$、$\boldsymbol{V}_{75}$、$\boldsymbol{V}_{76}$ 对应 z_1z_2 子空间最内层电压矢量。$\alpha\beta$ 子空间最内层电压矢量 $\boldsymbol{V}_{36}$、$\boldsymbol{V}_{53}$、$\boldsymbol{V}_{65}$ 对应 z_1z_2 子空间最外层电压矢量。

$\alpha\beta$ 子空间最外层电压矢量的幅值为

$$V_{\max}=\frac{2}{3}V_{\mathrm{dc}}\approx 0.667V_{\mathrm{dc}} \tag{9-10}$$

$\alpha\beta$ 子空间中间层电压矢量（z_1z_2 子空间最外层电压矢量）的幅值为

$$\begin{aligned}V_{\mathrm{mid}}&=\frac{2}{3}V_{\mathrm{dc}}\cos 30^{\circ}\\&\approx 0.577V_{\mathrm{dc}}\end{aligned} \tag{9-11}$$

$\alpha\beta$ 子空间最内层电压矢量（z_1z_2 子空间最内层电压矢量）的幅值为

$$V_{\min} = \frac{1}{3}V_{\mathrm{dc}} \approx 0.333V_{\mathrm{dc}} \tag{9-12}$$

9.3.2 三矢量 SVPWM 算法

无论是采用 3 个还是 4 个电压矢量来完成对 1 个 $\alpha\beta$ 子空间参考矢量的合成，电压矢量 $\boldsymbol{V}_{36}$、$\boldsymbol{V}_{53}$、$\boldsymbol{V}_{65}$ 均不适合作为 $\alpha\beta$ 子空间参考矢量的合成矢量。原因有两点：一是电压矢量 $\boldsymbol{V}_{36}$、$\boldsymbol{V}_{53}$、$\boldsymbol{V}_{65}$ 在 $\alpha\beta$ 子空间处于最内层，幅值最小，电压利用率不高。在 z_1z_2 子空间处于最外层，幅值最大，z_1z_2 子空间模型相当于一个 RL 串联电路，电流由定子电阻和自漏感决定，而电阻和自漏感普遍较小，导致很小的电压就会引起较大的谐波电流，增加定子损耗。二是没有合适的电压矢量与 $\boldsymbol{V}_{36}$、$\boldsymbol{V}_{53}$、$\boldsymbol{V}_{65}$ 匹配，以电压矢量 $\boldsymbol{V}_{36}$ 为例，如图 9-15 所示。

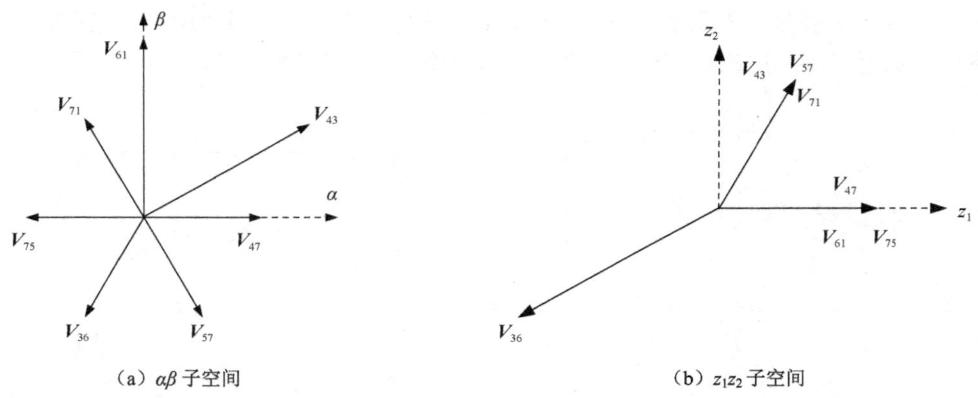

（a）$\alpha\beta$ 子空间　（b）z_1z_2 子空间

图 9-15　电压矢量 $\boldsymbol{V}_{36}$ 选择规则

在选择电压矢量 $\boldsymbol{V}_{36}$ 的前提下，为了使 z_1z_2 子空间合成矢量为零，无论是采用三矢量 SVPWM 算法还是四矢量 SVPWM 算法，其中 2 个电压矢量都只能从 $\boldsymbol{V}_{43}$、$\boldsymbol{V}_{57}$、$\boldsymbol{V}_{71}$，以及 $\boldsymbol{V}_{47}$、$\boldsymbol{V}_{61}$、$\boldsymbol{V}_{75}$ 中选择。$\boldsymbol{V}_{43}$、$\boldsymbol{V}_{61}$ 虽然处于 $\alpha\beta$ 子空间中间层，但距离参考矢量较远。其余 4 个电压矢量位于 $\alpha\beta$ 子空间最内层，如果选择其中 2 个作为参考矢量的合成矢量，则 $\alpha\beta$ 子空间 3 个最内层电压矢量会降低电压利用率，故以上 6 个电压矢量均不适合作为 $\alpha\beta$ 子空间参考矢量的合成矢量。电压矢量 $\boldsymbol{V}_{53}$、$\boldsymbol{V}_{65}$ 的分析方法依次类推。

传统 SVPWM 算法需要 4 个电压矢量来完成对 1 个 $\alpha\beta$ 子空间参考矢量的合成。将 $\alpha\beta$ 子空间划分为 12 个扇区，每个扇区的夹角都为 30°，第 I 扇区为 0°～30°，其他扇区依次类推，如图 9-16 所示。

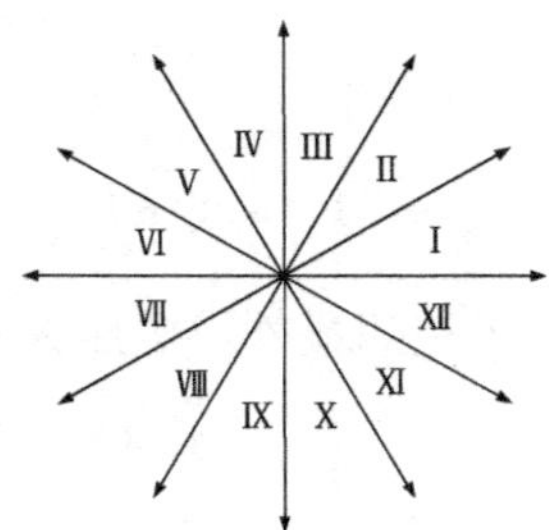

图 9-16　四矢量 SVPWM 算法扇区划分

选择距离扇区最近的 4 个电压矢量用于合成参考矢量。以第 I 扇区为例，选择中间层电压矢量 $\boldsymbol{V}_{43}$、$\boldsymbol{V}_{52}$，以及最内层电压矢量 $\boldsymbol{V}_{67}$、$\boldsymbol{V}_{72}$，其余扇区均选择 2 个中间层电压矢量及 2 个最内层电压矢量，如表 9-7 所示。

表 9-7　扇区与电压矢量的对应关系

扇区	电压矢量				扇区	电压矢量			
I	V_{52}	V_{72}	V_{43}	V_{67}	VII	V_{25}	V_{75}	V_{34}	V_{17}
II	V_{72}	V_{43}	V_{67}	V_{61}	VIII	V_{75}	V_{34}	V_{17}	V_{16}
III	V_{43}	V_{73}	V_{61}	V_{27}	IX	V_{34}	V_{74}	V_{16}	V_{57}
IV	V_{73}	V_{61}	V_{27}	V_{25}	X	V_{74}	V_{16}	V_{57}	V_{52}
V	V_{61}	V_{71}	V_{25}	V_{37}	XI	V_{16}	V_{76}	V_{52}	V_{47}
VI	V_{71}	V_{25}	V_{37}	V_{34}	XII	V_{76}	V_{52}	V_{47}	V_{43}

根据各合成矢量与参考矢量在 $\alpha\beta$ 子空间和 z_1z_2 子空间中的投影，列出如式（9-9）所示的四元一次方程组。通过离线计算，可得电压矢量的作用时间，如表 9-8 所示。

表 9-8　电压矢量的作用时间

扇区	作用时间			
	T_1	T_2	T_3	T_4
I	$\frac{1}{2}V_\alpha-\frac{\sqrt{3}}{2}V_\beta$	$\frac{\sqrt{3}}{3}V_\beta$	$\frac{\sqrt{3}}{3}V_\beta$	$\frac{1}{2}V_\alpha-\frac{\sqrt{3}}{6}V_\beta$
II	$\frac{\sqrt{3}}{3}V_\beta$	$\frac{1}{2}V_\alpha-\frac{\sqrt{3}}{6}V_\beta$	$\frac{1}{2}V_\alpha-\frac{\sqrt{3}}{6}V_\beta$	$-\frac{1}{2}V_\alpha+\frac{\sqrt{3}}{2}V_\beta$
III	V_α	$-\frac{1}{2}V_\alpha+\frac{\sqrt{3}}{6}V_\beta$	$-\frac{1}{2}V_\alpha+\frac{\sqrt{3}}{6}V_\beta$	$\frac{1}{2}V_\alpha+\frac{\sqrt{3}}{6}V_\beta$
IV	$-\frac{1}{2}V_\alpha+\frac{\sqrt{3}}{6}V_\beta$	$\frac{1}{2}V_\alpha+\frac{\sqrt{3}}{6}V_\beta$	$\frac{1}{2}V_\alpha+\frac{\sqrt{3}}{6}V_\beta$	$-V_\alpha$
V	$\frac{1}{2}V_\alpha+\frac{\sqrt{3}}{2}V_\beta$	$-\frac{1}{2}V_\alpha-\frac{\sqrt{3}}{6}V_\beta$	$-\frac{1}{2}V_\alpha-\frac{\sqrt{3}}{6}V_\beta$	$\frac{\sqrt{3}}{3}V_\beta$
VI	$-\frac{1}{2}V_\alpha-\frac{\sqrt{3}}{6}V_\beta$	$\frac{\sqrt{3}}{3}V_\beta$	$\frac{\sqrt{3}}{3}V_\beta$	$-\frac{1}{2}V_\alpha-\frac{\sqrt{3}}{2}V_\beta$
VII	$-\frac{1}{2}V_\alpha+\frac{\sqrt{3}}{2}V_\beta$	$-\frac{\sqrt{3}}{3}V_\beta$	$-\frac{\sqrt{3}}{3}V_\beta$	$-\frac{1}{2}V_\alpha+\frac{\sqrt{3}}{6}V_\beta$
VIII	$-\frac{\sqrt{3}}{3}V_\beta$	$-\frac{1}{2}V_\alpha+\frac{\sqrt{3}}{6}V_\beta$	$-\frac{1}{2}V_\alpha+\frac{\sqrt{3}}{6}V_\beta$	$\frac{1}{2}V_\alpha-\frac{\sqrt{3}}{2}V_\beta$
IX	$-V_\alpha$	$\frac{1}{2}V_\alpha-\frac{\sqrt{3}}{6}V_\beta$	$\frac{1}{2}V_\alpha-\frac{\sqrt{3}}{6}V_\beta$	$-\frac{1}{2}V_\alpha-\frac{\sqrt{3}}{6}V_\beta$
X	$\frac{1}{2}V_\alpha-\frac{\sqrt{3}}{6}V_\beta$	$-\frac{1}{2}V_\alpha-\frac{\sqrt{3}}{6}V_\beta$	$-\frac{1}{2}V_\alpha-\frac{\sqrt{3}}{6}V_\beta$	V_α
XI	$-\frac{1}{2}V_\alpha-\frac{\sqrt{3}}{2}V_\beta$	$\frac{1}{2}V_\alpha+\frac{\sqrt{3}}{6}V_\beta$	$\frac{1}{2}V_\alpha+\frac{\sqrt{3}}{6}V_\beta$	$-\frac{\sqrt{3}}{3}V_\beta$
XII	$\frac{1}{2}V_\alpha+\frac{\sqrt{3}}{6}V_\beta$	$-\frac{\sqrt{3}}{3}V_\beta$	$-\frac{\sqrt{3}}{3}V_\beta$	$\frac{1}{2}V_\alpha+\frac{\sqrt{3}}{2}V_\beta$

传统四矢量 SVPWM 算法有两大缺点：一是电压利用率不高。四矢量分别从中间层和最内层电压矢量中选择，最外层电压矢量 $\boldsymbol{V}_{36}$、$\boldsymbol{V}_{53}$、$\boldsymbol{V}_{65}$ 并未得到很好的利用。二是九开关变换器通断过于频繁，在 9.4.3 节将具体讨论。

根据图 9-14，最外层电压矢量 $\boldsymbol{V}_{35}$、$\boldsymbol{V}_{56}$、$\boldsymbol{V}_{63}$ 在 $\alpha\beta$ 子空间的幅值最大，在 z_1z_2 子空间的幅

值却为 0。如果选择电压矢量 $\boldsymbol{V}_{35}$、$\boldsymbol{V}_{56}$、$\boldsymbol{V}_{63}$ 其中之一，则只需再选择 2 个在 z_1z_2 子空间的幅值相同、方向相反的电压矢量，用 3 个电压矢量即可完成对 1 个 $\alpha\beta$ 子空间参考矢量的合成。

相比四矢量 SVPWM 算法，本章提出的三矢量 SVPWM 算法能够最大限度地提高电压利用率，降低开关通断频率。三矢量 SVPWM 算法将 $\alpha\beta$ 子空间划分为 6 个扇区，每个扇区的夹角都为 60°，第 I 扇区为 0°～60°，其他扇区依次类推，如图 9-17 所示。

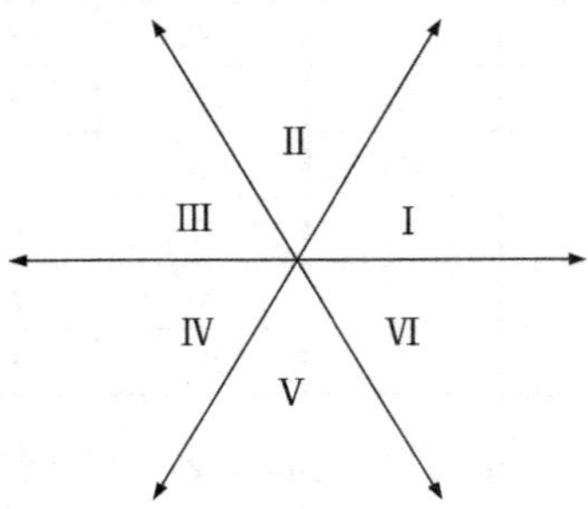

图 9-17　三矢量 SVPWM 算法扇区划分

对于第 I 扇区，首先确定距离扇区最近的最外层电压矢量 $\boldsymbol{V}_{63}$，其余 2 个电压矢量选择中间层电压矢量 $\boldsymbol{V}_{52}$ 和最内层电压矢量 $\boldsymbol{V}_{67}$，二者在 z_1z_2 子空间的幅值相同、方向相反。其余扇区选择的合成矢量如表 9-9 所示。

表 9-9　扇区与电压矢量的对应关系

扇区	电压矢量			扇区	电压矢量		
I	$\boldsymbol{V}_{52}$	$\boldsymbol{V}_{67}$	$\boldsymbol{V}_{63}$	IV	$\boldsymbol{V}_{75}$	$\boldsymbol{V}_{35}$	$\boldsymbol{V}_{16}$
II	$\boldsymbol{V}_{73}$	$\boldsymbol{V}_{63}$	$\boldsymbol{V}_{25}$	V	$\boldsymbol{V}_{34}$	$\boldsymbol{V}_{57}$	$\boldsymbol{V}_{56}$
III	$\boldsymbol{V}_{61}$	$\boldsymbol{V}_{37}$	$\boldsymbol{V}_{35}$	VI	$\boldsymbol{V}_{76}$	$\boldsymbol{V}_{56}$	$\boldsymbol{V}_{43}$

根据各合成矢量与参考矢量在 $\alpha\beta$ 子空间和 z_1z_2 子空间中的投影，列出三元一次方程组，通过求解该方程组可以得到 3 个电压矢量的作用时间：

$$\begin{bmatrix} u_{1\alpha k} & u_{2\alpha k} & u_{3\alpha k} \\ u_{1\beta k} & u_{2\beta k} & u_{3\beta k} \\ u_{1z_1k} & u_{2z_1k} & u_{3z_1k} \end{bmatrix}\begin{bmatrix} T_1 \\ T_2 \\ T_3 \end{bmatrix}=T_s\begin{bmatrix} V_\alpha^* \\ V_\beta^* \\ 0 \end{bmatrix} \tag{9-13}$$

式中，T_1、T_2、T_3 为表 9-9 中对应电压矢量的作用时间；T_s、k、V_α^*、V_β^*的定义同式（9-9）。式（9-13）求解较为简单，因为 $\alpha\beta$ 子空间中间层电压矢量和最内层电压矢量的作用时间相同。为了加快系统计算速度，离线计算必不可少。电压矢量的作用时间如表 9-10 所示。

表 9-10　电压矢量的作用时间

扇区	作用时间		
	T_1	T_2	T_3
I	$\frac{1}{2}V_\alpha-\frac{\sqrt{3}}{6}V_\beta$	$\frac{1}{2}V_\alpha-\frac{\sqrt{3}}{6}V_\beta$	$\frac{\sqrt{3}}{3}V_\beta$
II	$-\frac{1}{2}V_\alpha+\frac{\sqrt{3}}{6}V_\beta$	$\frac{1}{2}V_\alpha+\frac{\sqrt{3}}{6}V_\beta$	$-\frac{1}{2}V_\alpha+\frac{\sqrt{3}}{6}V_\beta$
III	$\frac{\sqrt{3}}{3}V_\beta$	$\frac{\sqrt{3}}{3}V_\beta$	$-\frac{1}{2}V_\alpha-\frac{\sqrt{3}}{6}V_\beta$

续表

扇区	作用时间		
	T_1	T_2	T_3
IV	$-\frac{\sqrt{3}}{3}V_\beta$	$-\frac{1}{2}V_\alpha+\frac{\sqrt{3}}{6}V_\beta$	$-\frac{\sqrt{3}}{3}V_\beta$
V	$-\frac{1}{2}V_\alpha-\frac{\sqrt{3}}{6}V_\beta$	$-\frac{1}{2}V_\alpha-\frac{\sqrt{3}}{6}V_\beta$	$\frac{1}{2}V_\alpha-\frac{\sqrt{3}}{6}V_\beta$
VI	$\frac{1}{2}V_\alpha+\frac{\sqrt{3}}{6}V_\beta$	$-\frac{\sqrt{3}}{3}V_\beta$	$\frac{1}{2}V_\alpha+\frac{\sqrt{3}}{6}V_\beta$

9.3.3　开关序列优化

PWM 波形要保持中心对称，不对称的波形会增加输出电压的偶次谐波，不利于硬件实现。在保持波形对称的同时，尽量降低开关管的通断频率，减小开关损耗。

相比传统四矢量 SVPWM 算法，三矢量 SVPWM 算法节省了一个电压矢量，开关管通断频率相对较低。以四矢量 SVPWM 算法第 I、II 扇区和三矢量 SVPWM 算法第 I 扇区为例进行说明，如图 9-18 和图 9-19 所示。

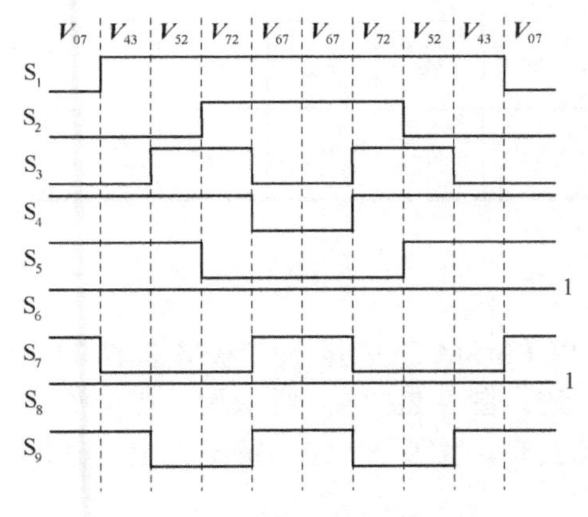

（a）第 I 扇区 PWM 波形

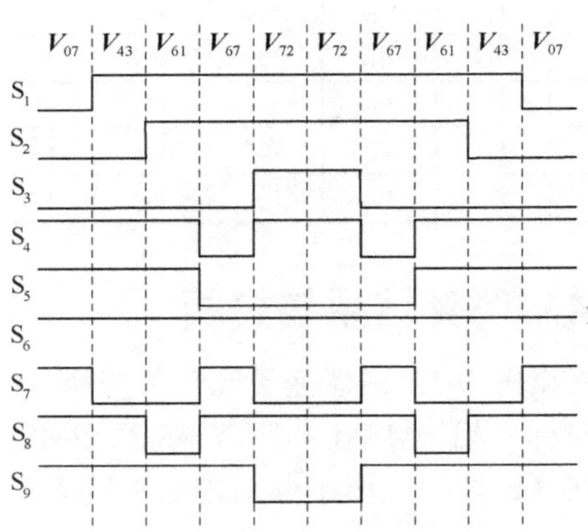

（b）第 II 扇区 PWM 波形

图 9-18　四矢量 SVPWM 算法的开关管导通顺序

图 9-19　三矢量 SVPWM 算法第 I 扇区的开关管导通顺序

选择合适的开关顺序可以让各扇区开关管电平转换最小化，减小开关损耗。在采样周期相同的条件下，三矢量 SVPWM 算法第 I 扇区采样周期内 9 个开关管共通断 10 次，相比之下，四矢量 SVPWM 算法第 I 扇区采样周期内 9 个开关管共通断 10 次，第 II 扇区共通断 12 次，开关损耗明显增加。为了进一步对比，表 9-11 中列出了两种算法最佳开关顺序和开关管通断次数，仅列出开关周期前半段的开关顺序，后半段的开关顺序与此相反。

表 9-11　开关管最佳开关顺序比较

扇区	四矢量 SVPWM 算法					通断次数	扇区	三矢量 SVPWM 算法				通断次数
I	V_{07}	V_{43}	V_{52}	V_{72}	V_{67}	10	I	V_{07}	V_{52}	V_{63}	V_{67}	10
II	V_{07}	V_{43}	V_{61}	V_{67}	V_{72}	12						
III	V_{07}	V_{27}	V_{43}	V_{61}	V_{73}	12	II	V_{07}	V_{25}	V_{63}	V_{73}	8
IV	V_{07}	V_{27}	V_{25}	V_{61}	V_{73}	10						
V	V_{07}	V_{25}	V_{37}	V_{71}	V_{61}	12	III	V_{07}	V_{37}	V_{35}	V_{61}	10
VI	V_{07}	V_{25}	V_{34}	V_{37}	V_{71}	12						
VII	V_{07}	V_{17}	V_{25}	V_{34}	V_{75}	12	IV	V_{07}	V_{16}	V_{35}	V_{75}	8
VIII	V_{07}	V_{17}	V_{16}	V_{34}	V_{75}	10						
IX	V_{07}	V_{57}	V_{16}	V_{34}	V_{74}	12	V	V_{07}	V_{34}	V_{56}	V_{57}	10
X	V_{07}	V_{16}	V_{52}	V_{57}	V_{74}	12						
XI	V_{07}	V_{16}	V_{52}	V_{47}	V_{76}	12	VI	V_{07}	V_{43}	V_{56}	V_{76}	8
XII	V_{07}	V_{47}	V_{43}	V_{52}	V_{76}	10						

9.3.4　仿真结果与分析

根据图 9-12 搭建基于九开关变换器的对称六相 PMSM 三矢量 SVPWM 算法的驱动模型。对称六相 PMSM 与双 Y 移 30°PMSM 参数一致。图 9-20（a）所示为六相电流波形，图 9-20（b）、（c）所示分别为电磁转矩波形和转速波形，图 9-20（d）所示为定子磁链矢量轨迹。

从图 9-20 中可以看出，电机启动时，六相电流迅速增大，随着电机转速趋于稳定，电流迅速减小，每相电流相差 60°。电机转速超调量不大，稳定后，电机转速维持在 503r/min。电机启动后，电磁转矩较大，稳定后，电磁转矩趋于稳态，且谐波含量明显降低。电机启动后，定子磁链矢量轨迹趋于圆形，但轨迹谐波含量较高，电机转速稳定后，轨迹谐波含量明显降低。

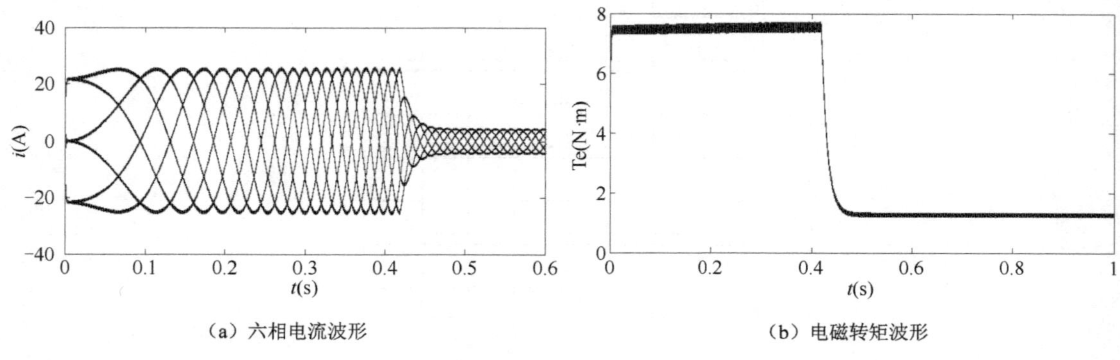

（a）六相电流波形　　（b）电磁转矩波形

图 9-20　对称六相 PMSM 仿真波形

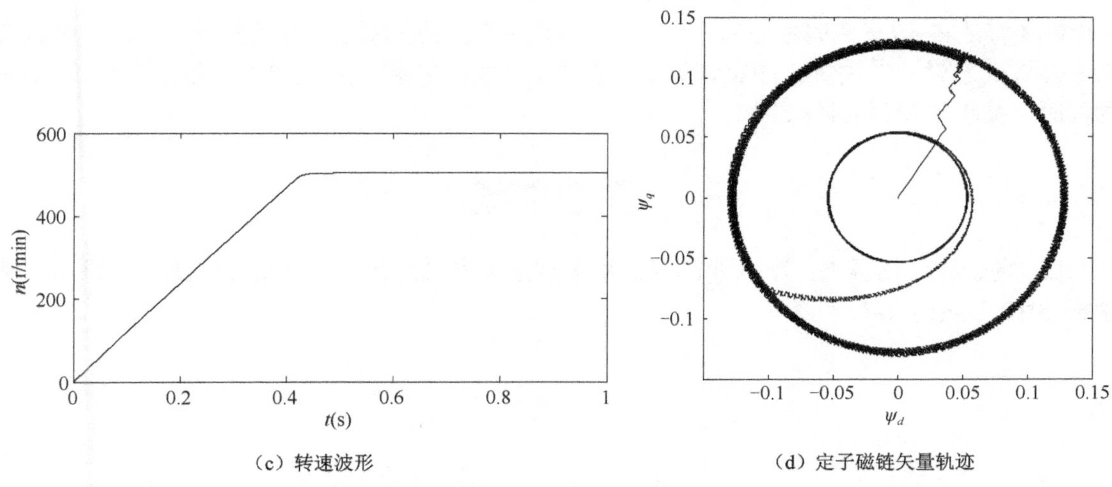

（c）转速波形　　（d）定子磁链矢量轨迹

图 9-20　对称六相 PMSM 仿真波形（续）

图 9-21（a）、（b）所示分别为九开关变换器 A 相、B 相输出电压实验波形，以及 X 相、Y 相输出电压实验波形，图 9-21（c）、（d）所示分别为九开关变换器 A 相与中性点 N 输出电压实验波形，以及 X 相与中性点 N' 输出电压实验波形。

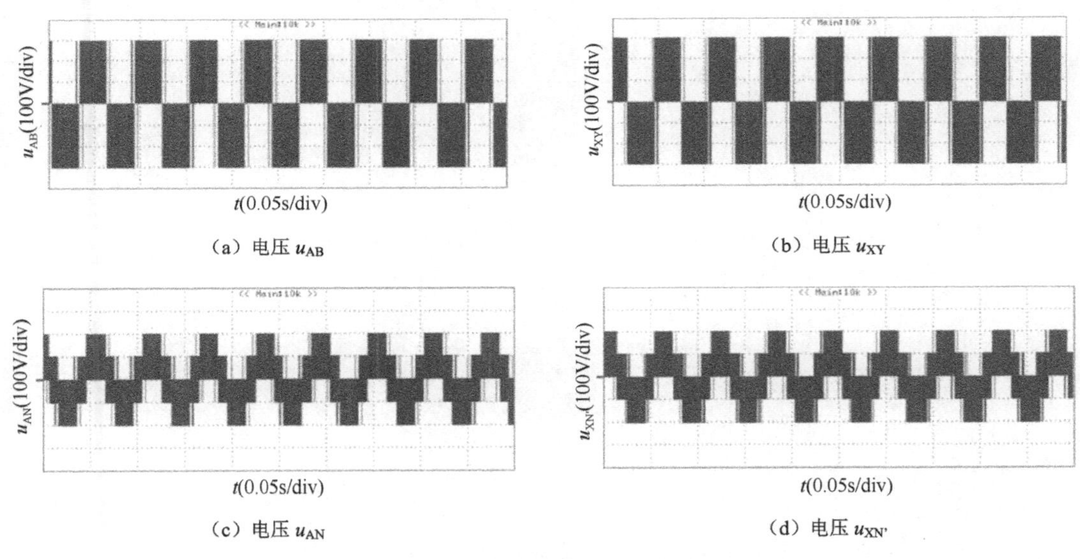

（a）电压 u_{AB}　　（b）电压 u_{XY}

（c）电压 u_{AN}　　（d）电压 $u_{XN'}$

图 9-21　九开关变换器输出电压实验波形

9.4　本章小结

本章针对双 Y 移 30°PMSM 和对称六相 PMSM 分别提出了两种基于九开关变换器的 SVPWM 算法。因为两种六相 PMSM 电压矢量在 $\alpha\beta$ 子空间和 z_1z_2 子空间中的位置不同，故 SVPWM 算法设计方法不同。双 Y 移 30°PMSM 的四矢量 SVPWM 算法将 $\alpha\beta$ 子空间划分为 15 个扇区，选取距离参考矢量最近的 4 个电压矢量合成参考矢量。通过将 30°的扇区划分为 2 个 15°的扇区，可以有效提高电压利用率。PWM 波形在满足中心对称的同时，采样周期内每个扇区 9 个开关管共通断 8 次，降低了中间开关管通断频率。对称六相 PMSM 的三矢量

SVPWM 算法将 $\alpha\beta$ 子空间划分为 6 个扇区，选取 3 个电压矢量合成参考矢量。相比传统四矢量 SVPWM 算法，三矢量 SVPWM 算法节省了 1 个电压矢量，在最大限度地提高电压利用率的同时，减小了开关损耗。

参考文献

[1] 杨金波，杨贵杰，李铁才. 双三相永磁同步电机的建模与矢量控制[J]. 电机与控制学报 2010，14(6): 1-7.

第 10 章　基于自适应趋近律的六相 PMSM 调速系统

传统PI控制策略无法摆脱对电机模型和参数的依赖，难以满足舰船、飞行器等军事装备对电机高性能控制算法的要求，具有一定的局限性。为提高电机控制性能，国内外学者做了大量的研究工作，提出了诸多高性能控制算法。其中，滑模变结构控制算法对外部干扰及内部参数变化具有不敏感性和极好的鲁棒性，控制算法简单，动态性能优异，能够较好地满足军事装备对电机高性能控制算法的要求。此外，该算法还具备动态响应速度快、谐波含量低、滑动模态下自适应性强、稳定范围宽等优点[1-2]。不过该算法也存在缺点，在理想状态下，电机控制系统在结构控制力度无限强、切换频率无限高时不会产生抖振。但在实际情况下，受到切换开关不理想及各种动作延迟等因素的影响，系统切换频率无法达到无限大，导致电机控制系统产生抖振。抖振会激励系统未建模高频部分，引发高频振荡，给工程应用带来不小的挑战。为解决这一难题，各国学者都做出了很大的努力，提出的代表性方法有边界层法[3]、准滑模方法[4-6]、高阶滑模方法[7]及动态滑模方法等。

高为炳先生为克服滑模运动抖振问题，提出了指数趋近律方法，通过调节趋近律参数，增强电机控制系统的动态性能，减小抖振，但指数趋近律方法无法从根本上消除系统抖振。为进一步加快趋近速度，抑制系统抖振，本章针对基于九开关变换器的对称六相PMSM调速系统，提出一种基于自适应趋近律的滑模控制方法。自适应趋近律综合了幂次趋近律和变速趋近律的优点，当系统状态距离滑模面较远时，幂次项起主要作用，保证趋近速度足够快。当系统状态变量距离滑模面较近时，变速项起主要作用，随着系统状态变量自适应调节滑模面参数，直至系统状态轨迹运行到稳定点。自适应趋近律具有二阶滑模特性，系统状态变量可在有限时间内到达滑模面。当系统出现有界外部干扰时，系统状态及其导数可快速收敛到平衡点附近的邻域内。对于双 Y 移 30°PMSM 和对称六相 PMSM，调速系统设计方法相同，故本章仅针对基于九开关变换器的对称六相PMSM建立电机调速系统数学模型，设计基于自适应趋近律的滑模控制器，并给出具体设计步骤。

10.1　自适应趋近律控制性能分析

10.1.1　自适应趋近律的提出

文献[8]提出了幂次趋近律，其数学表达式为

$$\dot{s} = -k\left|s\right|^{\alpha}\operatorname{sgn}(s) \tag{10-1}$$

式中，$k > 0$；$0 < \alpha < 1$。假设滑模面初始状态 $s(0) > 0$，则有

$$\frac{\mathrm{d}s}{\mathrm{d}t}\dot{s} = -ks^{\alpha} \tag{10-2}$$

可求得系统状态轨迹从初始状态运行到滑模面的作用时间为

$$t=\frac{1}{k(1-\alpha)}s(0)^{1-\alpha} \tag{10-3}$$

根据式（10-3），当系统状态距离滑模面较远时，幂次趋近律具有较快的趋近速度，但距离滑模面较近时，趋近速度降低，导致到达时间过长，不利于控制器设计。

文献[10]提出了变速趋近律，其数学表达式为

$$\dot{s}=-\varepsilon|x|\operatorname{sgn}(s) \tag{10-4}$$

式中，$\varepsilon>0$。变速趋近律滑模区域宽度随着系统状态变量x的变化而变化，即随着x减小，滑模区域宽度逐渐减小，最后收敛至平衡点。但如果ε较大，当系统状态到达滑模面时，x较大，则会导致系统抖振较大；如果ε较小，则会导致系统到达时间过长。这两种情形均不利于控制器设计。

本章在幂次趋近律和变速趋近律的基础上，提出了一种自适应趋近律，其数学表达式为

$$\dot{s}=-k_1|s|^{\alpha}\operatorname{sgn}(s)-\varepsilon'\operatorname{sgn}(s) \tag{10-5}$$

式中，$k_1>0$；$\alpha>0$；$\varepsilon'=k_2\tan\mathrm{sig}|x|$，$k_2>0$，$\tan\mathrm{sig}|x|=\dfrac{1-\mathrm{e}^{-|x|}}{1+\mathrm{e}^{-|x|}}$。$\tan\mathrm{sig}x$是双曲正切函数，变化范围为(−1,1)，性质与S型函数类似。因为$\tan\mathrm{sig}x$关于原点对称，所以仅给出第Ⅰ象限的图形，如图10-1所示。

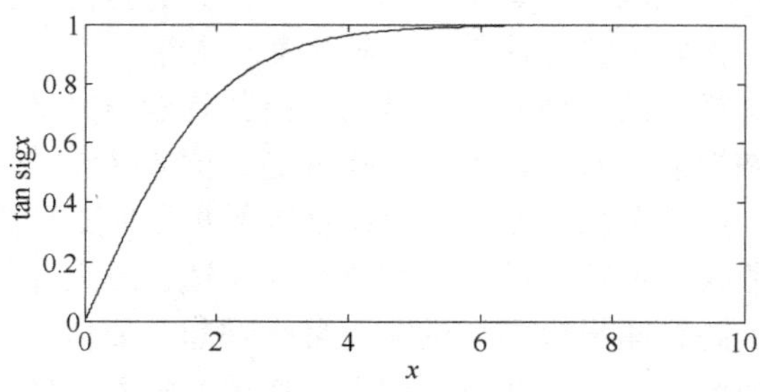

图10-1　双曲正切函数曲线

自适应趋近律由$-k_1|s|^{\alpha}\operatorname{sgn}(s)$和$-\varepsilon'\operatorname{sgn}(s)$两部分组成。其中，$-k_1|s|^{\alpha}\operatorname{sgn}(s)$是幂次项，$-\varepsilon'\operatorname{sgn}(s)$是变速项。当系统状态变量$x$距离滑模面较远时，$-k_1|s|^{\alpha}\operatorname{sgn}(s)$起主要作用，且$\lim\limits_{x\to\infty}\varepsilon'=k_2\lim\limits_{x\to\infty}\dfrac{1-\mathrm{e}^{-|x|}}{1+\mathrm{e}^{-|x|}}=k_2$，保证趋近速度足够快。当系统状态变量运动轨迹距离滑模面较近时，$-k_1|s|^{\alpha}\operatorname{sgn}(s)$趋于零，$-\varepsilon'\operatorname{sgn}(s)$起主要作用。随着系统状态变量运动轨迹在滑模面上运动，ε'随着x的减小而减小，直至轨迹运动到稳定点，此时

$$\lim_{x\to0}\frac{\varepsilon'}{x}=k_2\lim_{x\to0}\frac{1-\mathrm{e}^{-|x|}}{\left(1+\mathrm{e}^{-|x|}\right)x} \tag{10-6}$$

假设初始状态$x>0$，对式（10-6）的分子和分母进行求导，可得

$$\begin{aligned}\lim_{x\to0}\frac{\varepsilon'}{x}&=k_2\lim_{x\to0}\frac{\mathrm{e}^{-x}}{1+(1-x)\mathrm{e}^{-x}}\\&=\frac{1}{2}k_2\end{aligned} \tag{10-7}$$

根据式（10-7），ε' 在原点附近可收敛至 $\frac{1}{2}k_2 x$。这样设计趋近律采用变速趋近律的优点，保证滑模运动最后收敛至原点。

10.1.2 滑模特性分析

滑模状态存在的前提是自适应趋近律满足到达条件，即

$$s\dot{s} < 0 \tag{10-8}$$

设 Lyapunov 函数 $V = \frac{1}{2}s^2$，对其求导，可得

$$\dot{V} = s\dot{s} = -k_1 |s|^{\alpha+1} - \varepsilon' |s| \tag{10-9}$$

由于自适应趋近律参数 $\varepsilon' > 0$，所以 $\dot{V} < 0$，满足到达条件。

定理 10.1 对于式（10-5）给出的自适应趋近律，系统状态变量可在有限时间内到达滑模面，即在有限时间内收敛至 $s = \dot{s} = 0$。

证明：假设初始位置 $s(0) > 1$，分两个阶段对到达时间进行证明。

（1）$s(0) \to s = 1$。此阶段的 $-k_1 |s|^\alpha \operatorname{sgn}(s)$ 远大于 $-\varepsilon' \operatorname{sgn}(s)$，忽略 $-\varepsilon' \operatorname{sgn}(s)$ 的影响，即

$$\frac{\mathrm{d}s}{\mathrm{d}t} = -k_1 s^\alpha \tag{10-10}$$

对其积分，可得

$$\int_{s(0)}^{1} s^{-\alpha} \mathrm{d}s = \int_0^{t_1} -k_1 \mathrm{d}t \tag{10-11}$$

求得

$$t_1 = \frac{1 - s(0)^{1-\alpha}}{k_1(\alpha - 1)} \tag{10-12}$$

（2）$s = 1 \to s = 0$。此阶段的 $-\varepsilon' \operatorname{sgn}(s)$ 远大于 $-k_1 |s|^\alpha \operatorname{sgn}(s)$，忽略 $-k_1 |s|^\alpha \operatorname{sgn}(s)$ 的影响，即

$$\frac{\mathrm{d}s}{\mathrm{d}t} = -k_2 \tan\operatorname{sig}|x| \tag{10-13}$$

对其积分，可得

$$\int_1^0 \mathrm{d}s = \int_0^{t_2} -k_2 \tan\operatorname{sig}|x| \mathrm{d}t \tag{10-14}$$

求得

$$t_2 = \frac{1}{k_2 \tan\operatorname{sig}|x|} \tag{10-15}$$

由此可得，系统状态变量到达滑模面的总时间为

$$t' = t_1 + t_2 = \frac{1 - s(0)^{1-\alpha}}{k_1(\alpha - 1)} + \frac{1}{k_2 \tan\operatorname{sig}|x|} \tag{10-16}$$

假设第二阶段的系统状态变量 x 位于 $(|x_{\min}|, |x_{\max}|)$，并且前面的推导均忽略了次要因素，则有

$$t < \frac{1 - s(0)^{1-\alpha}}{k_1(\alpha - 1)} + \frac{1}{k_2 \tan\operatorname{sig}|x_{\min}|} \tag{10-17}$$

由此可见，系统状态变量可在有限时间内到达滑模面。

10.1.3 趋近律干扰稳态界分析

当系统出现不确定有界干扰时，s 和 $\dot{s}$ 不会收敛于原点，而是收敛于原点附近的邻域。为了证明这一命题，首先需要对系统出现干扰后的趋近律 $\dot{s}$ 进行重新定义。

定义系统为

$$\dot{x} = Ax + Bu \tag{10-18}$$

式中，x 为系统状态变量，$x \in \mathbf{R}^n$；u 为系统输入，$u \in \mathbf{R}$。对滑模面函数 s 求导，可得

$$\begin{aligned}\dot{s} &= \frac{\partial s}{\partial x}(Ax + Bu) \\ &= \frac{\partial s}{\partial x}Ax + \frac{\partial s}{\partial x}Bu\end{aligned} \tag{10-19}$$

假设 $\frac{\partial s}{\partial x}B$ 非奇异，根据式（10-5），可得控制作用 u 为

$$u = \left(\frac{\partial s}{\partial x}B\right)^{-1}\left(-k_1|s|^{\alpha}\operatorname{sgn}(s) - \varepsilon'\operatorname{sgn}(s) - \frac{\partial s}{\partial x}Ax\right) \tag{10-20}$$

当系统受到干扰 $d(t)$ 时，式（10-19）变为

$$\dot{s} = \frac{\partial s}{\partial x}Ax + \frac{\partial s}{\partial x}Bu + \frac{\partial s}{\partial x}d(t) \tag{10-21}$$

设 $d'(t) = \frac{\partial s}{\partial x}d(t)$，将式（10-20）代入式（10-21）可得

$$\dot{s} = -k_1|s|^{\alpha}\operatorname{sgn}(s) - \varepsilon'\operatorname{sgn}(s) + d'(t) \tag{10-22}$$

引理 10.1[9] 令 $x \in \mathbf{D} \subset \mathbf{R}^n$，$\dot{s}, f: \mathbf{R}^n \to \mathbf{R}^n$ 为定义在平衡点领域 D 内的连续函数，假设存在连续函数 V 满足以下条件，则函数 s 关于平衡点有限时间收敛。

（1）V 是正定的。

（2）$\dot{V}$ 除平衡点外是负定的。

（3）存在实数 $\varepsilon > 0$，$\lambda > 0$ 和邻域 $N \subset \mathbf{D}$，使得 $\dot{V} + \varepsilon V^{\lambda} \leqslant 0$。

定理 10.2 对于式（10-22），假设干扰 $d'(t)$ 有界，即 $|d'(t)| < \gamma, \gamma > 0$，则 s 和 $\dot{s}$ 可在有限时间内收敛到以下领域：

$$|s| \leqslant \left(\frac{\gamma}{k_1}\right)^{\frac{1}{\alpha}} \tag{10-23}$$

$$|\dot{s}| \leqslant 2\gamma \tag{10-24}$$

证明：选取 Lyapunov 函数 $V = \frac{1}{2}s^2$，对其求导，可得

$$\begin{aligned}\dot{V} &= s\dot{s} \\ &= -k_1|s|^{\alpha+1} - \varepsilon'|s| + s \cdot d'(t) \\ &\leqslant -k_1|s|^{\alpha+1} - \varepsilon'|s| + |s| \cdot |d'(t)| \\ &= -\varepsilon'|s| - |s|\left(k_1|s|^{\alpha} - |d'(t)|\right)\end{aligned} \tag{10-25}$$

由于 $|s| = \sqrt{2}V^{\frac{1}{2}}$，将其代入式（10-25）可得

$$\dot{V}+\sqrt{2}\varepsilon' V^{\frac{1}{2}} \leqslant -|s|\left(k_1|s|^{\alpha}-|d'(t)|\right) \tag{10-26}$$

由于$\varepsilon'>0$，根据引理 10.1，若想证明函数关于平衡点在有限时间内收敛，则需要证明

$$k_1|s|^{\alpha} \geqslant |d'(t)| \tag{10-27}$$

因为干扰$d'(t)$有界，如果满足$k_1|s|^{\alpha} \geqslant \gamma$，则$\dot{V}+\sqrt{2}\varepsilon' V^{\frac{1}{2}} \leqslant 0$，系统可在有限时间内收敛，因此区域

$$|s| \leqslant \left(\frac{\gamma}{k_1}\right)^{\frac{1}{\alpha}} \tag{10-28}$$

能够保证在有限时间内收敛。

将式（10-28）代入式（10-22）可得

$$\begin{aligned}|\dot{s}| &\leqslant k_1|s|^{\alpha}+\varepsilon'+|d'(t)| \\ &\leqslant 2\gamma+\varepsilon'\end{aligned} \tag{10-29}$$

因为在平衡点附近$\varepsilon' \approx 0$，所以可得

$$|\dot{s}| \leqslant 2\gamma \tag{10-30}$$

由此，定理 10.2 得证。

10.1.4　趋近律比较

考虑线性系统

$$\begin{bmatrix}\dot{x}_1 \\ \dot{x}_2\end{bmatrix}=\begin{bmatrix}0 & 1 \\ 1 & 1\end{bmatrix}\begin{bmatrix}x_1 \\ x_2\end{bmatrix}+\begin{bmatrix}0 \\ 1\end{bmatrix}u \tag{10-31}$$

系统初始状态为$\begin{bmatrix}x_{10} \\ x_{20}\end{bmatrix}=\begin{bmatrix}10 \\ 0\end{bmatrix}$，设滑模面函数$s=cx_1+x_2$，$c$=10。

本节主要对三种趋近律进行比较。

（1）指数趋近律：

$$\dot{s}=-ks-\varepsilon\,\mathrm{sgn}(s), k=10, \varepsilon=10 \tag{10-32}$$

（2）幂次趋近律：

$$\dot{s}=-k|s|^{\alpha}\mathrm{sgn}(s), k=10, \alpha=2 \tag{10-33}$$

（3）自适应趋近律：

$$\dot{s}=-k_1|s|^{\alpha}\mathrm{sgn}(s)-\varepsilon'\mathrm{sgn}(s) \tag{10-34}$$

式中，k_1=10；α=2；$\varepsilon'=k_2\tan\mathrm{sig}|x_1|$；$k_2$=10；$\tan\mathrm{sig}|x_1|=\dfrac{1-\mathrm{e}^{-|x_1|}}{1+\mathrm{e}^{-|x_1|}}$。

针对三种趋近律进行仿真实验，可得s和x_1的收敛曲线，如图 10-2 和图 10-3 所示。通过将s轴区间放大，可以进一步观察各趋近律在靠近滑模面时的趋近速度和稳态精度。

根据图 10-2 和图 10-3，指数趋近律不仅收敛速度慢，而且到达滑模面后有较明显的抖振。幂次趋近律在距离滑模面较远时，收敛速度较快，不足之处在于靠近滑模面时，收敛速度缓慢。自适应趋近律的收敛速度快于其他趋近律，而且在到达滑模面后，能够根据系统状态变量x_1自适应调节系统抖振，最终收敛于系统平衡点。

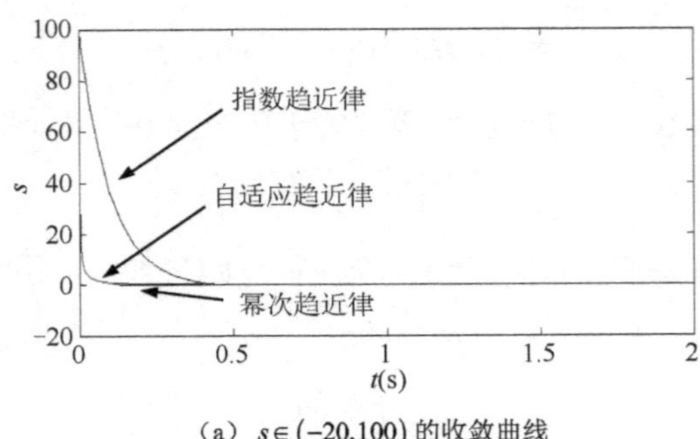

（a） $s\in(-20,100)$ 的收敛曲线

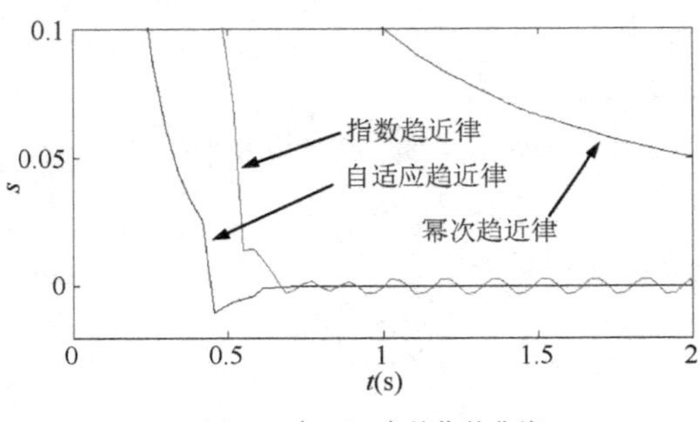

（b） $s\in(-0.02,1)$ 的收敛曲线

图 10-2　s 的收敛曲线

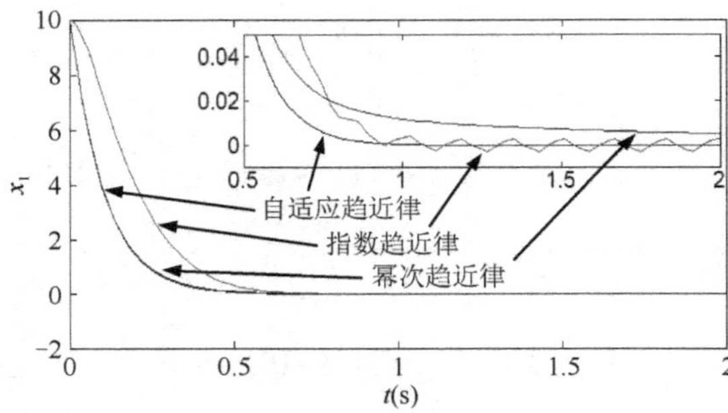

图 10-3　x_1 的收敛曲线

考虑系统存在干扰 $d'(t)=10\sin(10t)+6\cos(5t)$，为了验证定理 10.2 的正确性，对系统进行仿真，如图 10-4 和图 10-5 所示。

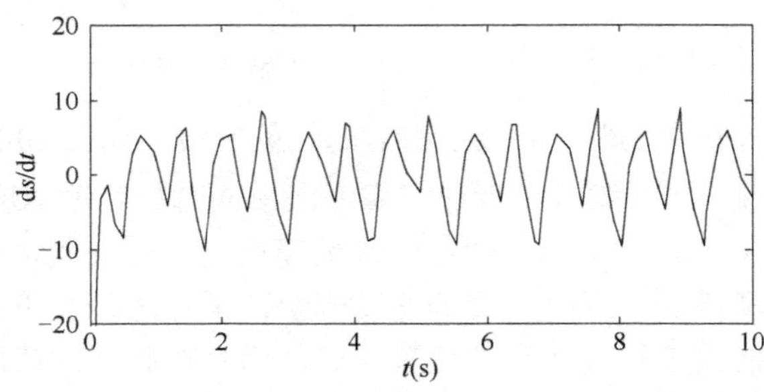

图 10-4　受到干扰后的 $\dot{s}$ 收敛曲线

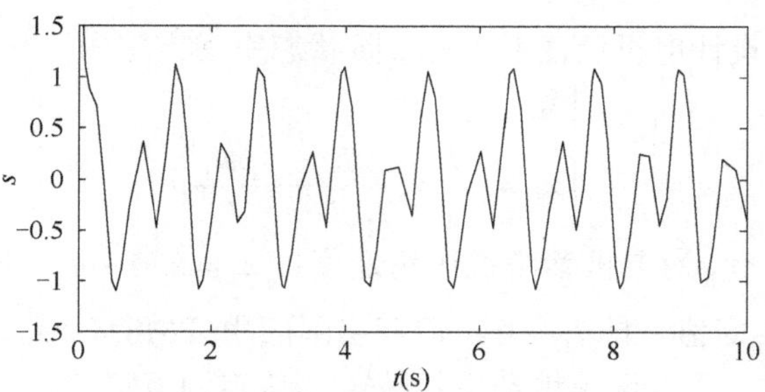

图 10-5　受到干扰后的 s 收敛曲线

由于 $|d'(t)| < 14.5 = \gamma$，将其代入式（10-23）和式（10-24），可得 $|s| \leqslant 1.2$，$|\dot{s}| \leqslant 29$。由图 10-4 和图 10-5 可知，稳态界满足要求。故当系统受到有界外部干扰时，s 和 $\dot{s}$ 会收敛于原点附近的邻域。

10.2　基于自适应趋近律的对称六相 PMSM 调速控制器设计

10.2.1　调速系统数学模型

假设转子上没有阻尼绕组，忽略定子、转子铁芯磁阻，不计磁滞损耗和涡流损耗，励磁磁场和电枢反应磁场在气隙中均为正弦分布。采用 i_d=0 的转子磁场定向控制策略，建立基于旋转坐标系下的电机模型，可得对称六相 PMSM 的定子电压方程为

$$\begin{cases} u_d = R_s i_d - \omega_e L_q i_q + L_d \dfrac{\mathrm{d}i_d}{\mathrm{d}t} \\ u_q = R_s i_q + \omega_e L_d i_d + \omega_e \psi_f + L_q \dfrac{\mathrm{d}i_q}{\mathrm{d}t} \end{cases} \tag{10-35}$$

式中，u_d、u_q 为 d、q 轴电压分量；i_d、i_q 为 d、q 轴电流分量；R_s 为定子电阻；L_d、L_q 为 d、q 轴定子电感；ω_e 为转子电角速度；ψ_f 为转子磁链。

本节采用磁场定向控制策略，即 i_d=0，此时旋转坐标系下的电磁转矩表达式为

$$\begin{aligned} T_e &= 3p\left[\psi_f i_q + \left(L_d - L_q\right) i_d i_q\right] \\ &= 3p\psi_f i_q \end{aligned} \tag{10-36}$$

式中，T_e 为电磁转矩；p 为电机极对数。

运动方程为

$$T_e - T_L = J\frac{\mathrm{d}\omega_m}{\mathrm{d}t} + B\omega_m \tag{10-37}$$

式中，T_L 为负载转矩；J 为转动惯量；ω_m 为转子机械角速度；B 为阻尼系数。

根据式（10-36）和式（10-37）可得机械运动方程为

$$\dot{\omega}_m + \frac{B}{J}\omega_m + \frac{T_L}{J} = \frac{3p\psi_f}{J} i_q \tag{10-38}$$

10.2.2　控制器设计

设计滑模控制器的首要步骤在于寻找合适的滑模面，在滑模面的基础上设计控制器。

根据式（10-38），设计电机调速系统的二阶状态空间方程为

$$\begin{cases} \dot{x}_1 = x_2 \\ \dot{x}_2 = -\dfrac{B}{J}x_2 + \dfrac{\dot{T}_L}{J} - \dfrac{3p\psi_f}{J}u \end{cases} \tag{10-39}$$

式中，$x_1 = \omega_{ref} - \omega_m$，$\omega_{ref}$ 为电机参考机械角速度；$x_2 = \dot{x}_1 = -\dot{\omega}_m$；$u = \dot{i}_q$。理想条件下，一般认为负载转矩 T_L 为恒定值，即 $\dot{T}_L = 0$，但在实际应用 PMSM 时，负载转矩 T_L 是不断变化的，尤其在负载突变时，不能简单地把负载转矩 T_L 认定为恒定值。

对于滑模控制器，线性滑模面是最常用的几种滑模面之一。设计线性滑模面：

$$s = cx_1 + x_2 \tag{10-40}$$

对式（10-40）求导，可得

$$\begin{aligned} \dot{s} &= c\dot{x}_1 + \dot{x}_2 \\ &= cx_2 - \frac{B}{J}x_2 + \frac{\dot{T}_L}{J} - \frac{3p\psi_f}{J}u \\ &= \left(c - \frac{B}{J}\right)x_2 + \frac{\dot{T}_L}{J} - \frac{3p\psi_f}{J}u \end{aligned} \tag{10-41}$$

整理可得控制作用 u 为

$$u = \frac{J}{3p\psi_f}\left(c - \frac{B}{J}\right)x_2 + \frac{1}{3p\psi_f}\dot{T}_L - \frac{J}{3p\psi_f}\dot{s} \tag{10-42}$$

对两端积分，可得

$$i_q = \int u\mathrm{d}t = \frac{J}{3p\psi_f}\left(c - \frac{B}{J}\right)x_1 + \frac{1}{3p\psi_f}T_L - \frac{J}{3p\psi_f}s \tag{10-43}$$

将式（10-5）代入式（10-43）可得

$$\begin{aligned} i_q &= \frac{J}{3p\psi_f}\left(c - \frac{B}{J}\right)x_1 + \frac{1}{3p\psi_f}T_L + \frac{J}{3p\psi_f}\int\left[k_1|s|^{\alpha}\operatorname{sgn}(s) + \varepsilon'\operatorname{sgn}(s)\right]\mathrm{d}t \\ &= \frac{J}{3p\psi_f}\left(c - \frac{B}{J}\right)(\omega_{ref} - \omega_m) + \frac{1}{3p\psi_f}T_L + \frac{J}{3p\psi_f}\int\left[k_1|s|^{\alpha}\operatorname{sgn}(s) + \varepsilon'\operatorname{sgn}(s)\right]\mathrm{d}t \end{aligned} \tag{10-44}$$

系统控制器输出包含积分环节，可以消除稳态误差，提高系统精度。但采用式（10-40）的线性滑模面，系统容易受到负载转矩突变的影响。根据式（10-39），当负载转矩 T_L 突变时，负载转矩变化量 $\dot{T}_L$ 突变为较大值，进而影响调速系统的二阶状态空间方程的稳定性，不利于控制器设计。

基于上述原因，设计积分滑模面：

$$s = x_1 + c\int x_1\mathrm{d}t \tag{10-45}$$

对式（10-45）求导，可得

$$\begin{aligned} \dot{s} &= \dot{x}_1 + cx_1 \\ &= -\dot{\omega}_m + c(\omega_{ref} - \omega_m) \\ &= \frac{B}{J}\omega_m + \frac{T_L}{J} - \frac{3p\psi_f}{J}i_q + c(\omega_{ref} - \omega_m) \\ &= \left(\frac{B}{J} - c\right)\omega_m + c\omega_{ref} + \frac{T_L}{J} - \frac{3p\psi_f}{J}i_q \end{aligned} \tag{10-46}$$

整理可得控制器输出 i_q 为

$$i_q = \frac{J}{3p\psi_{\mathrm{f}}}\left(\frac{B}{J} - c\right)\omega_{\mathrm{m}} + \frac{cJ}{3p\psi_{\mathrm{f}}}\omega_{\mathrm{ref}} + \frac{1}{3p\psi_{\mathrm{f}}}T_{\mathrm{L}} - \frac{J}{3p\psi_{\mathrm{f}}}\dot{s} \tag{10-47}$$

将式（10-5）代入式（10-47）可得

$$i_q = \frac{J}{3p\psi_{\mathrm{f}}}\left(\frac{B}{J} - c\right)\omega_{\mathrm{m}} + \frac{cJ}{3p\psi_{\mathrm{f}}}\omega_{\mathrm{ref}} + \frac{1}{3p\psi_{\mathrm{f}}}T_{\mathrm{L}} + \frac{J}{3p\psi_{\mathrm{f}}}\left[k_1|s|^{\alpha}\operatorname{sgn}(s) + \varepsilon'\operatorname{sgn}(s)\right] \tag{10-48}$$

式（10-48）为基于自适应趋近律的对称六相 PMSM 调速系统控制器输出，其作为电机 q 轴电流控制器输入的给定值，电机实际电流通过跟踪控制器输入给定值，进而输出 q 轴电压 u_q。

设计 q 轴电流控制器积分滑模面为

$$s_q = \mathrm{e}_q + c_1\int \mathrm{e}_q \mathrm{d}t \tag{10-49}$$

式中，$\mathrm{e}_q = i_q - i_{q1}$，$i_{q1}$ 为电机六相电流按照矢量空间解耦变换的 q 轴电流分量；$c_1 > 0$。对式（10-49）求导，并将式（10-35）代入可得

$$\begin{aligned}
\dot{s}_q &= \dot{\mathrm{e}}_q + c_1\mathrm{e}_q \\
&= \dot{i}_q - \dot{i}_{q1} + c_1\left(i_q - i_{q1}\right) \\
&= \dot{i}_q + c_1 i_q - \frac{1}{L_q}\left(u_q - R_{\mathrm{s}}i_{q1} - \omega_{\mathrm{e}}L_d i_{d1} - \omega_{\mathrm{e}}\psi_{\mathrm{f}}\right) - c_1 i_{q1} \\
&= \dot{i}_q + c_1 i_q + \left(\frac{R_{\mathrm{s}}}{L_q} - c_1\right)i_{q1} + \omega_{\mathrm{e}}\frac{L_d}{L_q}i_{d1} + \frac{1}{L_q}\omega_{\mathrm{e}}\psi_{\mathrm{f}} - \frac{1}{L_q}u_q
\end{aligned} \tag{10-50}$$

将式（10-5）代入式（10-50）可得

$$\begin{aligned}
-k_1\left|s_q\right|^{\alpha}\operatorname{sgn}(s_q) - \varepsilon'\operatorname{sgn}(s_q) = \dot{i}_q + c_1 i_q + \left(\frac{R_{\mathrm{s}}}{L_q} - c_1\right)i_{q1} + \\
\omega_{\mathrm{e}}\frac{L_d}{L_q}i_{d1} + \frac{1}{L_q}\omega_{\mathrm{e}}\psi_{\mathrm{f}} - \frac{1}{L_q}u_q
\end{aligned} \tag{10-51}$$

根据式（10-51），求得电流控制器 q 轴输出电压为

$$\begin{aligned}
u_q = {} & L_q\dot{i}_q + c_1 L_q i_q + \left(R_{\mathrm{s}} - c_1 L_q\right)i_{q1} + \omega_{\mathrm{e}}L_d i_{d1} + \omega_{\mathrm{e}}\psi_{\mathrm{f}} + \\
& k_1 L_q\left|s_q\right|^{\alpha}\operatorname{sgn}(s_q) + \varepsilon' L_q\operatorname{sgn}(s_q)
\end{aligned} \tag{10-52}$$

同理，设计 d 轴电流控制器积分滑模面为

$$s_d = \mathrm{e}_d + c_2\int \mathrm{e}_d \mathrm{d}t \tag{10-53}$$

式中，$\mathrm{e}_d = -i_{d1}$，i_{d1} 为电机六相电流按照矢量空间解耦变换的 d 轴电流分量；$c_2 > 0$。对式（10-53）求导，并将式（10-35）代入可得

$$\begin{aligned}
\dot{s}_d &= \dot{\mathrm{e}}_d + c_2\mathrm{e}_d = -\dot{i}_{d1} - c_2 i_{d1} = -\frac{1}{L_d}\left(u_d - R_{\mathrm{s}}i_{d1} + \omega_{\mathrm{e}}L_q i_{q1}\right) - c_2 i_{d1} \\
&= -\frac{1}{L_d}u_d + \left(\frac{R_{\mathrm{s}}}{L_d} - c_2\right)i_{d1} - \omega_{\mathrm{e}}\frac{L_q}{L_d}i_{q1}
\end{aligned} \tag{10-54}$$

将式（10-5）代入式（10-54）可得

$$-k_1\left|s_d\right|^{\alpha}\operatorname{sgn}(s_d)-\varepsilon'\operatorname{sgn}(s_d)=-\frac{1}{L_d}u_d+\left(\frac{R_s}{L_d}-c_2\right)i_{d1}-\omega_e\frac{L_q}{L_d}i_{q1} \tag{10-55}$$

根据式（10-55），求得电流控制器 d 轴输出电压为

$$u_d=\left(R_s-c_2L_d\right)i_{d1}-\omega_e L_q i_{q1}+k_1L_d\left|s_d\right|^{\alpha}\operatorname{sgn}(s_d)+\varepsilon' L_d\operatorname{sgn}(s_d) \tag{10-56}$$

式（10-56）和式（10-52）为电流控制器 d、q 轴输出电压。将电流控制器 d、q 轴输出电压从旋转坐标系变换到静止坐标系，可得 α、β 轴电压 V_α^*、V_β^*，即第 3 章所研究的基于九开关变换器的 SVPWM 算法参考矢量在 $\alpha\beta$ 子空间上的投影。

10.2.3 仿真结果与分析

为验证基于自适应趋近律的对称六相 PMSM 调速系统的有效性，在 MATLAB/Simulink 环境下搭建电机驱动模型，如图 10-6 所示。

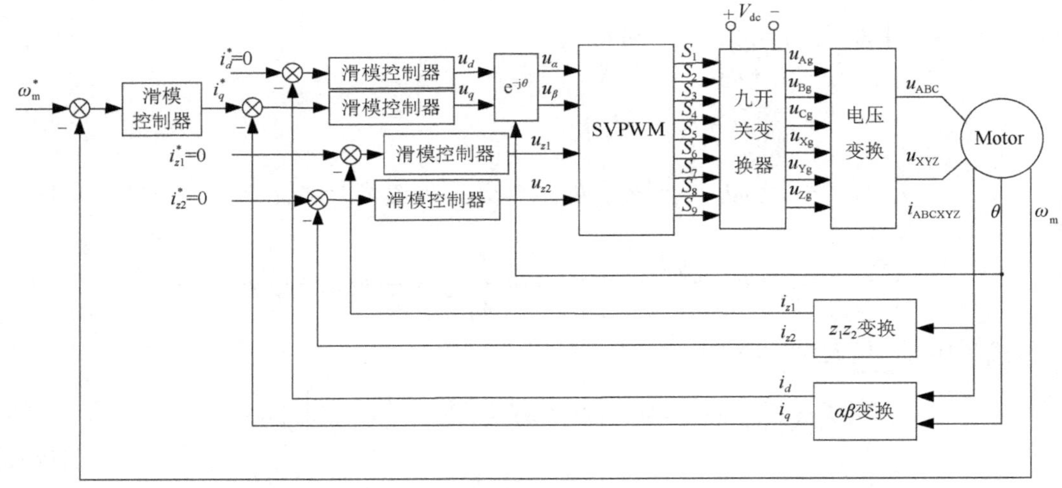

图 10-6　电机调速系统框图

将基于自适应趋近律的对称六相 PMSM 调速系统与基于指数趋近律的对称六相 PMSM 调速系统进行比较，可得系统启动后的转速、电磁转矩、电流 i_q 及 A 相电流波形，如图 10-7 所示。系统启动后的电压 u_α、u_β 及电流 i_α、i_β 波形如图 10-8 所示。其中，滑模面参数 c=5；指数趋近律参数 k=10，ε=5；自适应趋近律参数 k_1=10，k_2=5，α=1.2。

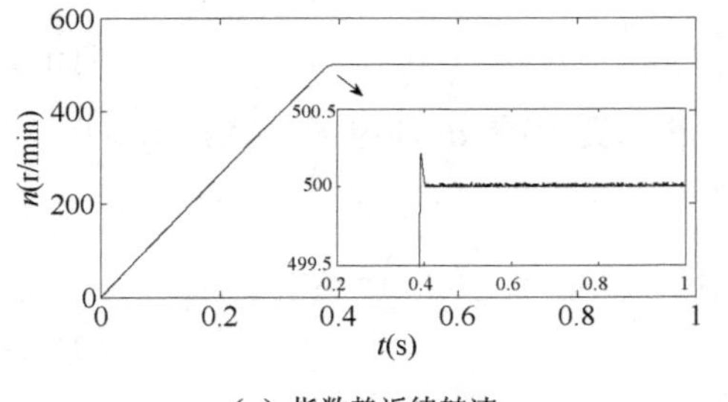

（a）指数趋近律转速

（b）自适应趋近律转速

图 10-7　转速、电磁转矩、电流 i_q 及 A 相电流波形

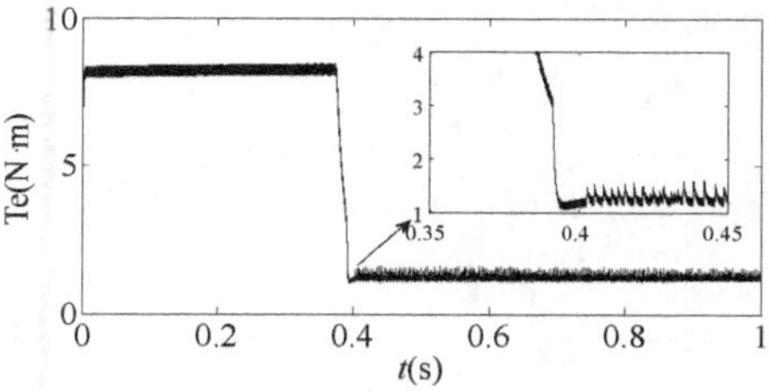

（c）指数趋近律电磁转矩 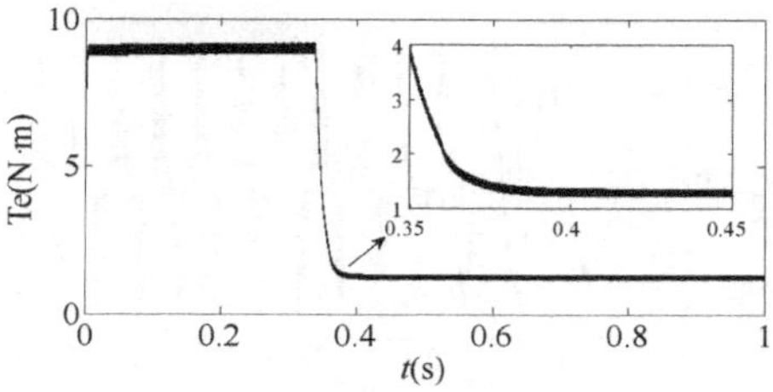　　　　（d）自适应趋近律电磁转矩

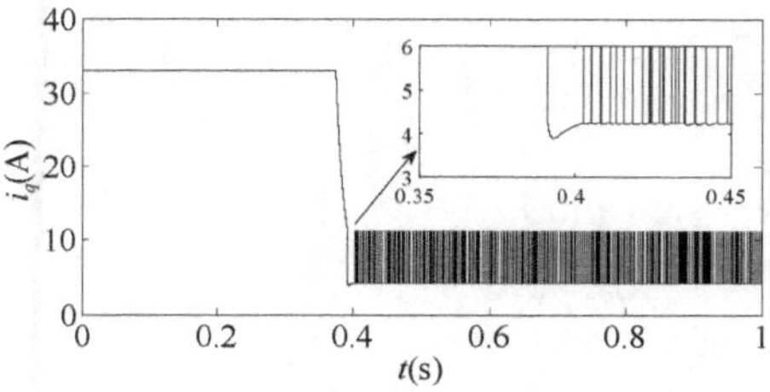

（e）指数趋近律电流 i_q 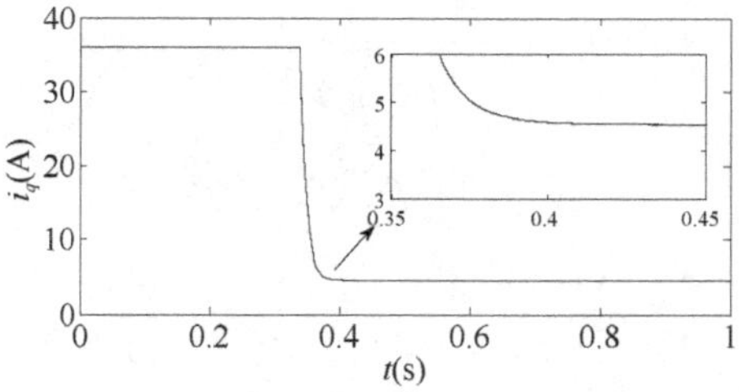　　　　（f）自适应趋近律电流 i_q

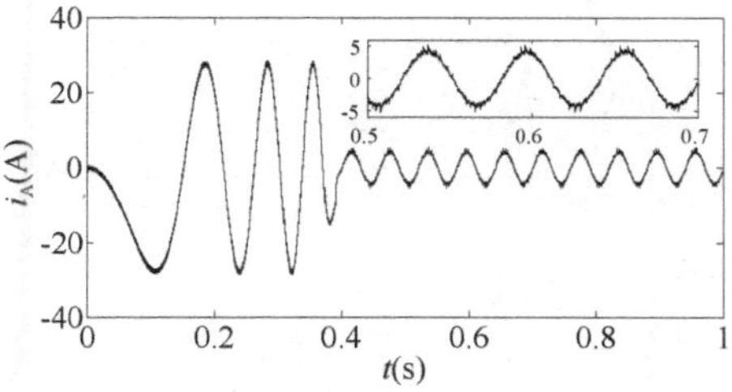

（g）指数趋近律 A 相电流 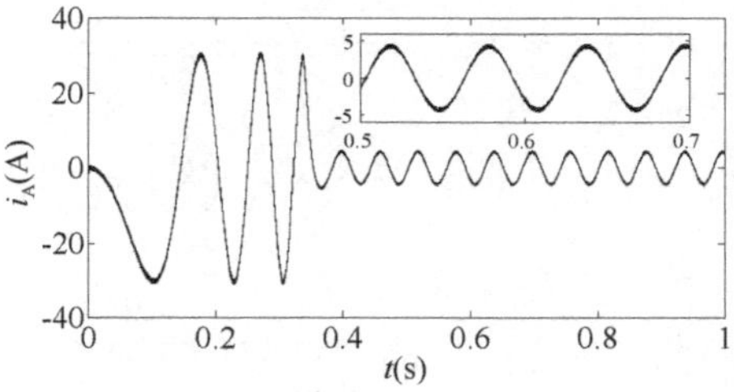　　　　（h）自适应趋近律 A 相电流

图 10-7　转速、电磁转矩、电流 i_q 及 A 相电流波形（续）

从图 10-7 中可以看出，指数趋近律调速系统转速动态调节时间较长，超调量较大，且到达稳态后转速波动较大。电磁转矩、电流 i_q 超调量较大，且到达稳态后波动较大。A 相电流稳态性能略显不足。

自适应趋近律调速系统转速动态调节时间短，超调量小，稳态性能良好。电磁转矩、电流 i_q 超调量较小，到达稳态时过渡光滑，波动较小。A 相电流稳态性能良好。

从图 10-8 中可以看出，指数趋近律调速系统电压 u_α、u_β 波动很大，导致电流 i_α、i_β 稳态性能不足。而自适应趋近律调速系统电压 u_α、u_β 波动较小，电流 i_α、i_β 稳态性能良好，说明电机具有良好的电磁转矩和转速，与图 10-7 所示的电磁转矩、转速波形相符。

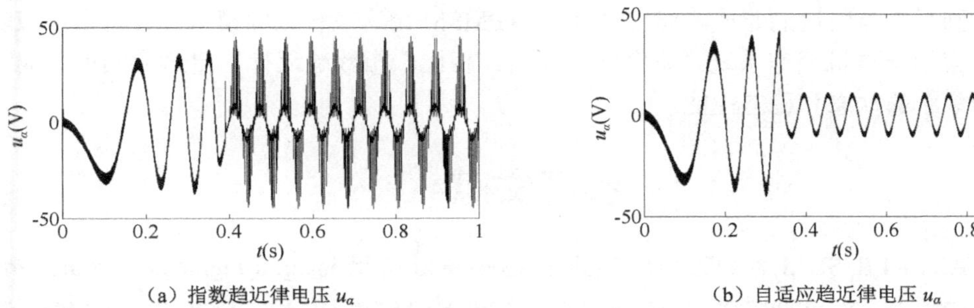

（a）指数趋近律电压 u_α　　　　（b）自适应趋近律电压 u_α

图 10-8　电压 u_α、u_β 及电流 i_α、i_β 波形

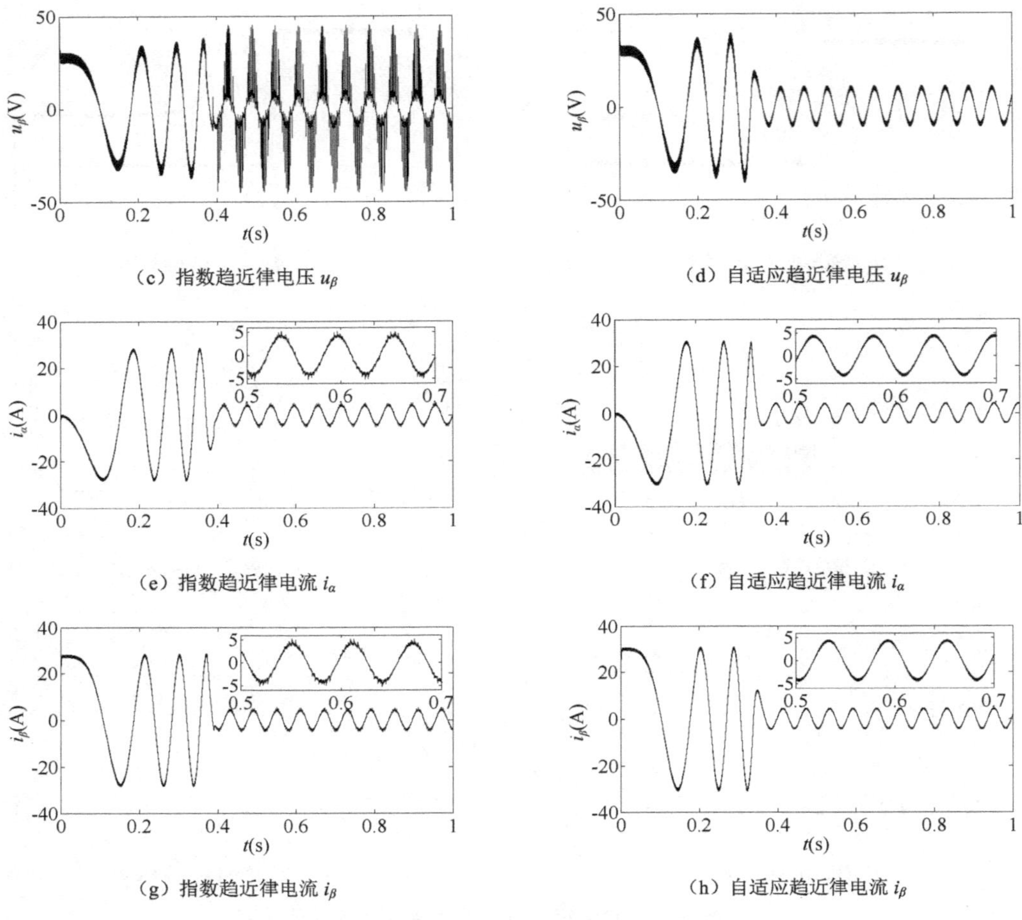

（c）指数趋近律电压 u_β

（d）自适应趋近律电压 u_β

（e）指数趋近律电流 i_α

（f）自适应趋近律电流 i_α

（g）指数趋近律电流 i_β

（h）自适应趋近律电流 i_β

图 10-8　电压 u_α、u_β 及电流 i_α、i_β 波形（续）

10.3　本章小结

本章针对基于九开关变换器的对称六相 PMSM 调速系统，提出了一种基于自适应趋近律的滑模控制方法。自适应趋近律具有幂次趋近律和变速趋近律的优点，当系统状态变量距离滑模面较远时，提高了系统的快速性。当系统状态变量距离滑模面较近时，随着系统状态变量自适应调节滑模面参数，直至系统状态轨迹运行到稳定点。自适应趋近律具有二阶滑模特性，系统状态可在有限时间内到达滑模面。当系统受到有界外部干扰时，系统状态及其导数可快速收敛到平衡点附近的邻域。建立对称六相 PMSM 调速系统数学模型，并将自适应趋近律控制方法应用于电机调速系统。研究结果表明，相比于指数趋近律，自适应趋近律能够有效提高调速系统的动态和稳态性能。

参考文献

[1] İLYAS EKER, ŞULE A AKINAL. Sliding mode control with integral augmented sliding surface: design and experimental application to an electromechanical system[J]. Electrical Engineering, 2008,

90(3): 189-197.

[2] PLESTAN F, MOULAY E, GLUMINEAU A, et al. Robust output feedback sampling control based on second-order sliding mode[J]. Automatica, 2010, 46(6): 1096-1100.

[3] LIAN R J. Adaptive self-organizing fuzzy sliding-mode radial basis-function neural-network controller for robotic systems[J]. IEEE Transactions on Industrial Electronics, 2013, 61(3): 1493-1503.

[4] SLOTINE J J E, LI W. 应用非线性控制[M]. 程代展，等译. 北京：机械工业出版社，2006.

[5] LEVANT A. Universal single-input-single-output (SISO) sliding-mode controllers with finite-time convergence[J]. IEEE Transactions on Automatic Control, 2001, 46(9): 1447-1451.

[6] LAGHROUCHE S, PLESTAN F, GLUMINEAU A. Higher order sliding mode control based on integral sliding mode[J]. Automatica, 2007, 43(3): 531-537.

[7] DEFOORT, MICHAEL, THIERRY, et al. A novel higher order sliding mode control scheme[J]. Systems & Control Letters, 2009, 58(2): 102-108.

[8] 高为炳. 变结构控制的理论及设计方法[M]. 北京：科学出版社，1996.

[9] 宋立忠，温洪，姚琼荟. 离散变结构控制系统的变速趋近律[J]. 海军工程大学学报，1999(3): 18-23.

[10] MARKS G, SHTESSEL Y, GRATT H, et al. Effects of high order sliding mode guidance and observers on hit-to-kill interceptions[C]. AIAA Guidance, Navigation, and Control Conference and Exhibit, 2006.

第 11 章　基于改进非奇异终端滑模的六相 PMSM 无位置传感器控制

对于六相 PMSM 调速系统，电机转子位置和速度提取至关重要。通常来说，采用光电编码器等测量仪器可以准确得到电机转子位置和速度，但测量仪器受外部环境影响，会出现精度下降等问题。尤其是航空航天领域，对电机转速测量系统的精度要求较高，光电编码器等测量仪器应用受限。为了解决仪器受限等问题，无位置传感器技术应运而生。常用的无位置传感器方法有滑模观测方法、卡尔曼滤波方法及磁链估计方法等[1,2]。其中，滑模观测方法对系统参数变化和外部干扰不敏感，具有较强的鲁棒性，因而得到了广泛应用。

基于传统滑模观测方法的无位置传感器由于符号函数的原因，需要低通滤波器对反电动势滤波，容易出现相位延迟问题，影响转子位置精度。基于非奇异终端滑模控制的无位置传感器，通过选用连续函数替代符号函数，保证系统观测值在有限时间内跟踪电机反电动势，解决了相位延迟问题[3]。上述方法是通过电机的定子电压、电流来估计反电动势的，而定子电压、电流在电机低速或零速运行下，观测精度低，难以满足观测方法的要求。解决方法是通过给电机定子一个旋转磁场，待定子电压、电流满足观测要求时，将基于滑模控制的无位置传感器接入电机调速系统[4]。此时，滑模控制器的电流观测值尽快地跟踪系统实际输出电流，但基于非奇异终端滑模控制的无位置传感器，存在收敛速度慢等缺点。为加快系统收敛速度，减小抖振，本章提出一种基于改进非奇异终端滑模的无位置传感器控制方法。详细阐述了非奇异快速终端滑模面的缺点，分析了改进非奇异终端滑模面参数的意义，理论证明了系统状态从到达滑模面至收敛到平衡点的作用时间是有限的。针对基于九开关变换器的对称六相 PMSM，设计基于改进非奇异终端滑模的无位置传感器，并给出具体设计步骤。

11.1　基于传统滑模观测方法的无位置传感器设计

基于传统滑模观测方法的无位置传感器设计简单，易于实现。通过符号函数实现对电机转子位置的估计，其设计原理如图 11-1 所示。下面给出具体设计流程。

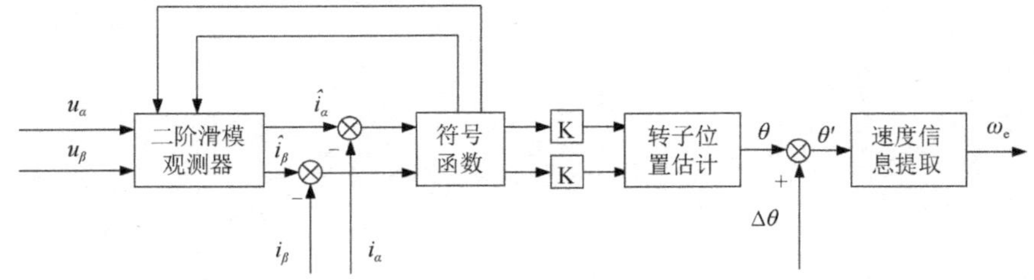

图 11-1　基于传统滑模观测方法的无位置传感器的设计原理

11.1.1　观测器设计

假设转子没有阻尼绕组，忽略定子、转子铁芯磁阻，不计磁滞损耗和涡流损耗，励磁磁场和电枢反应磁场在气隙中均为正弦分布，忽略主电感二次谐波幅值，d 轴、q 轴电枢反应相等。求得电机在静止坐标系下的定子电压方程为

$$\begin{cases}\dfrac{\mathrm{d}i_\alpha}{\mathrm{d}t}=-\dfrac{R_\mathrm{s}}{L}i_\alpha+\dfrac{1}{L}u_\alpha-\dfrac{1}{L}e_\alpha\\ \dfrac{\mathrm{d}i_\beta}{\mathrm{d}t}=-\dfrac{R_\mathrm{s}}{L}i_\beta+\dfrac{1}{L}u_\beta-\dfrac{1}{L}e_\beta\end{cases}\tag{11-1}$$

式中，u_α、u_β为 α、β 轴电压分量；i_α、i_β为 α、β 轴电流分量；R_s为定子电阻；L为定子电感；e_α、e_β为电机反电动势

$$\begin{cases}e_\alpha=-\psi_\mathrm{f}\omega_\mathrm{e}\sin\theta\\ e_\beta=\psi_\mathrm{f}\omega_\mathrm{e}\cos\theta\end{cases}\tag{11-2}$$

其中ω_e为转子电角速度；ψ_f为转子磁链；θ为转子磁链与定子侧 A 相轴线夹角。

根据式（11-1）和式（11-2），静止坐标系的定子电压方程包含电机转子位置。为获得电机转子位置，设计滑模观测器：

$$\begin{cases}\dfrac{\mathrm{d}\hat{i}_\alpha}{\mathrm{d}t}=-\dfrac{R_\mathrm{s}}{L}\hat{i}_\alpha+\dfrac{1}{L}u_\alpha-\dfrac{K}{L}\mathrm{sgn}\left(\hat{i}_\alpha-i_\alpha\right)\\ \dfrac{\mathrm{d}\hat{i}_\beta}{\mathrm{d}t}=-\dfrac{R_\mathrm{s}}{L}\hat{i}_\beta+\dfrac{1}{L}u_\beta-\dfrac{K}{L}\mathrm{sgn}\left(\hat{i}_\beta-i_\beta\right)\end{cases}\tag{11-3}$$

式中，$\hat{i}_\alpha$、$\hat{i}_\beta$为电流i_α、i_β的观测值；$K>0$。

通过式（11-1）和式（11-3），设计观测误差方程：

$$\begin{cases}\dfrac{\mathrm{d}\tilde{i}_\alpha}{\mathrm{d}t}=-\dfrac{R_\mathrm{s}}{L}\tilde{i}_\alpha+\dfrac{1}{L}e_\alpha-\dfrac{K}{L}\mathrm{sgn}\left(\tilde{i}_\alpha\right)\\ \dfrac{\mathrm{d}\tilde{i}_\beta}{\mathrm{d}t}=-\dfrac{R_\mathrm{s}}{L}\tilde{i}_\beta+\dfrac{1}{L}e_\beta-\dfrac{K}{L}\mathrm{sgn}\left(\tilde{i}_\beta\right)\end{cases}\tag{11-4}$$

式中，$\tilde{i}_\alpha$、$\tilde{i}_\beta$为电流观测误差，$\tilde{i}_\alpha=\hat{i}_\alpha-i_\alpha$，$\tilde{i}_\beta=\hat{i}_\beta-i_\beta$。为提高系统控制性能，选择滑模面为

$$\begin{cases}s_\alpha=\tilde{i}_\alpha\\ s_\beta=\tilde{i}_\beta\end{cases}\tag{11-5}$$

选择合适的控制律，使系统在有限时间内到达滑模面，此时 $s_\alpha=s_\beta=0$，代入式（11-4）可得

$$\begin{cases}e_\alpha=K\,\mathrm{sgn}\left(\tilde{i}_\alpha\right)\\ e_\beta=K\,\mathrm{sgn}\left(\tilde{i}_\beta\right)\end{cases}\tag{11-6}$$

通过式（11-6）可以得到电机的反电动势。由于符号函数属于离散量，因此求得的反电动势属于不连续量，需要低通滤波器对其进行滤波。

11.1.2　稳定性分析

定义 Lyapunov 函数为

$$\begin{cases} V_\alpha = \dfrac{1}{2}s_\alpha^2 \\ V_\beta = \dfrac{1}{2}s_\beta^2 \end{cases} \tag{11-7}$$

对式（11-7）求导，并将式（5-4）代入可得

$$\begin{aligned} \dot{V}_\alpha &= s_\alpha \dot{s}_\alpha \\ &= \tilde{i}_\alpha\left[-\frac{R_s}{L}\tilde{i}_\alpha + \frac{1}{L}e_\alpha - \frac{K}{L}\operatorname{sgn}\left(\tilde{i}_\alpha\right)\right] \\ &= -\frac{R_s}{L}\tilde{i}_\alpha^{\ 2} + \frac{1}{L}e_\alpha\tilde{i}_\alpha - \frac{K}{L}\left|\tilde{i}_\alpha\right| \\ &\leqslant -\frac{R_s}{L}\tilde{i}_\alpha^{\ 2} + \frac{1}{L}\left(\left|e_\alpha\right| - K\right)\left|\tilde{i}_\alpha\right| \end{aligned} \tag{11-8}$$

同理求得$\dot{V}_\beta$为

$$\dot{V}_\beta \leqslant -\frac{R_s}{L}\tilde{i}_\beta^{\ 2} + \frac{1}{L}\left(\left|e_\beta\right| - K\right)\left|\tilde{i}_\beta\right| \tag{11-9}$$

由式（11-8）和式（11-9）可知，若K满足

$$K \geqslant \max\left(\left|e_\alpha\right|, \left|e_\beta\right|\right) \tag{11-10}$$

则系统满足 Lyapunov 稳定性条件。

11.1.3 转子位置与速度信息提取

根据式（11-6），传统滑模观测器的反电动势e_α、e_β满足

$$\theta = -\arctan\left(\frac{e_\alpha}{e_\beta}\right) \tag{11-11}$$

可得到电机转子位置。但低通滤波器会导致电机反电动势出现相位延迟，给电机转子位置精度带来一定影响，因此需要对电机转子位置进行相位补偿。补偿大小由滤波器截止频率决定，补偿后的电机转子位置为

$$\theta' = \theta + \Delta\theta \tag{11-12}$$

式中，θ'为补偿后的电机转子位置。

得到电机转子位置后，对其求导可得电机转速表达式[5]为

$$\omega_e = \frac{d\theta'}{dt} \tag{11-13}$$

11.2 改进非奇异终端滑模控制

11.2.1 问题提出

考虑二阶非线性单输入单输出（SISO）系统

$$\begin{cases} \dot{x}_1 = x_2 \\ \dot{x}_2 = f(x) + g(x) + b(x)u \\ y = x_1 \end{cases} \tag{11-14}$$

式中，$x\in[x_1,x_2]^{\mathrm{T}}$ 为系统状态；$u\in\mathbf{R}$ 为系统输入；$y\in\mathbf{R}$ 为系统输出；$f(x)$ 与 $b(x)$ 为非线性函数，$b(x)\neq 0$；$g(x)$ 为系统不确定量及外部干扰，满足 $|g(x)|<l_g$，$l_g>0$。

对于式（11-14）所示的二阶 SISO 系统，滑模控制算法一般选用传统线性滑模面：

$$s=ce_1+e_2 \tag{11-15}$$

式中，$e_1=x_1-x_{\mathrm{d}}$ 为跟踪误差；x_{d} 为控制目标；$e_2=\dot{e}_1$；$c>0$。当系统状态轨迹到达滑模面时，有

$$\dot{e}_1=-ce_1 \tag{11-16}$$

由式（11-16）可知，系统状态从到达滑模面至到达平衡点的过程是以指数形式收敛的，这意味着系统状态只能无限趋近于平衡点，无法真正到达平衡点。

终端滑模控制方法能够保证系统状态在有限时间内到达滑模面，继而在有限时间内收敛到平衡点，但终端滑模控制存在奇异性问题。为克服终端滑模奇异性问题，Feng Y 等[6]提出了一种非奇异终端滑模控制算法（NTSM），其滑模面 s 和控制作用 u 的数学表达式为

$$s=e_1+\frac{1}{\beta}e_2^{p/q} \tag{11-17}$$

$$u=-\frac{1}{b(x)}\left[f(x)-\ddot{x}_{\mathrm{d}}+\frac{\beta q}{p}e_2^{2-p/q}+\left(l_g+\eta\right)\mathrm{sgn}(s)\right] \tag{11-18}$$

式中，$\beta>0$；$\eta>0$；p、q 为奇数且满足 $1<q<p<2q$。当系统状态轨迹到达滑模面时，有

$$\dot{e}_1=-\left(\beta e_1\right)^{q/p} \tag{11-19}$$

由式（11-19）可知，指数项 $q/p<1$，当系统状态到达滑模面且距离平衡点较远时，收敛速度慢于相同参数的线性滑模面。

为克服以上缺点，Yang L 等[7]提出了一种非奇异快速终端滑模控制方法（NFTSM），其滑模面 s 和控制作用 u 的数学表达式为

$$s=e_1+\frac{1}{\alpha}e_1^{g/h}+\frac{1}{\beta}e_2^{p/q} \tag{11-20}$$

$$u=-\frac{1}{b(x)}\left[f(x)-\ddot{x}_{\mathrm{d}}+\frac{\beta q}{p}\left(1+\frac{g}{\alpha h}e_1^{g/h-1}\right)e_2^{2-p/q}+\left(l_g+\eta\right)\mathrm{sgn}(s)\right] \tag{11-21}$$

式中，g、h、p、q 为正奇数且满足 $g/h>p/q$；$\alpha>0$。当系统状态到达滑模面且距离平衡点较远时，e_1 的高次项起主要作用，有

$$\dot{e}_1=-\left(\frac{\beta}{\alpha}e_1^{g/h}\right)^{q/p} \tag{11-22}$$

收敛速度快于 NTSM。当系统状态到达滑模面且距离平衡点较近时，忽略 e_1 的高次项，收敛速度近似等于 NTSM。

虽然 NFTSM 克服了 NTSM 系统状态远离平衡点时，收敛速度较慢的缺点，但 NFTSM 缺点明显。对式（11-20）求导，并将式（11-14）和式（11-21）代入求得趋近速度 $\dot{s}$ 为

$$\dot{s}=\frac{p}{\beta q}e_2^{p/q-1}\left[g(x)-(l_g+\eta)\mathrm{sgn}(s)\right] \tag{11-23}$$

根据式（11-23），在参数相同的情况下，NFTSM 从初始状态到达滑模面的趋近速度与

NTSM 的趋近速度相等。由于滑模面 s 存在 e_1 的高次项，NFTSM 的初始状态 $s(0)$大于 NTSM 初始状态，因此 NFTSM 到达滑模面的时间长于 NTSM 到达滑模面的时间。尤其是对于跟踪误差较大的系统，e_1 的高次项会极大地增加初始状态 $s(0)$与滑模面之间的距离。

11.2.2 改进非奇异终端滑模面

对于 NTSM，选择较大的非线性增益 η 可以加快趋近速度 $\dot{s}$，但会影响系统稳态精度，造成较大抖振，甚至激发系统未建模部分，引发高频振荡。同样，选择较小的滑模面参数 β 可以加快趋近速度 $\dot{s}$，但有两个缺点：一是会影响系统稳态精度，二是当系统状态到达滑模面且距离平衡点较远时，收敛速度较为缓慢。

为加快滑模控制系统的收敛速度，本节提出一种改进 NTSM，其滑模面定义为

$$s = e_1 + \frac{1}{\beta} \cdot \frac{r\left|x_1 - x_1(0)\right| + 1}{r\left|x_1 - x_1(0)\right| + \alpha} e_2^{p/q} \tag{11-24}$$

式中，$e_1 = x_1 - x_{\rm d}$ 为跟踪误差，$x_{\rm d}$ 为控制目标；$e_2 = \dot{e}_1$；$\beta > 0$；$r > 0$；$0 < \alpha < 1$；p、q 为奇数且满足 $1 < q < p < 2q$；$x_1(0)$ 为系统初始状态。

定理 11.1 对于式（11-14）所示的系统，选择式（11-24）所示的改进 NTSM，控制作用为

$$u = -\frac{1}{b(x)}\left\{ f(x) - \ddot{x}_{\rm d} + \frac{q}{p} \cdot \frac{r\left|x_1 - x_1(0)\right| + \alpha}{r\left|x_1 - x_1(0)\right| + 1}\left\{ -\frac{r(1-\alpha)\left|x_2\right|}{\left[r\left|x_1 - x_1(0)\right| + \alpha\right]^2} e_2 + \right.\right.$$
$$\left.\left. \beta e_2^{2-p/q} \right\} + \left(l_g + \eta\right)\operatorname{sgn}(s) \right\} \tag{11-25}$$

则系统可在有限时间内到达滑模面。

证明：定义 Lyapunov 函数为

$$V = \frac{1}{2}s^2 \tag{11-26}$$

对式（11-26）求导，可得

$$\begin{aligned}
\dot{V} &= s\dot{s} \\
&= s\left\{ \dot{e}_1 + \frac{1}{\beta}\left\{ -\frac{r(1-\alpha)\left|\dot{x}_1\right|}{\left[r\left|x_1 - x_1(0)\right| + \alpha\right]^2} e_2^{p/q} + \frac{p}{q} \cdot \frac{r\left|x_1 - x_1(0)\right| + 1}{r\left|x_1 - x_1(0)\right| + \alpha} e_2^{p/q-1}\dot{e}_2 \right\}\right\} \\
&= s\left\{ e_2 + \frac{1}{\beta}\left\{ -\frac{r(1-\alpha)\left|x_2\right|}{\left[r\left|x_1 - x_1(0)\right| + \alpha\right]^2} e_2^{p/q} + \frac{p}{q} \cdot \frac{r\left|x_1 - x_1(0)\right| + 1}{r\left|x_1 - x_1(0)\right| + \alpha} e_2^{p/q-1}\left[f(x) + \right.\right.\right. \\
&\qquad \left.\left.\left. g(x) + b(x)u - \ddot{x}_{\rm d} \right]\right\}\right\} \\
&= s\left\{ e_2 + \frac{e_2^{p/q-1}}{\beta}\left\{ -\frac{r(1-\alpha)\left|x_2\right|}{\left[r\left|x_1 - x_1(0)\right| + \alpha\right]^2} e_2 + \frac{p}{q} \cdot \frac{r\left|x_1 - x_1(0)\right| + 1}{r\left|x_1 - x_1(0)\right| + \alpha}\left[f(x) + g(x) + \right.\right.\right. \\
&\qquad \left.\left.\left. b(x)u - \ddot{x}_{\rm d} \right]\right\}\right\}
\end{aligned} \tag{11-27}$$

将式（11-25）代入可得

$$\begin{aligned}\dot{V}&=s\frac{pe_2^{p/q-1}}{\beta q}\cdot\frac{r\left|x_1-x_1(0)\right|+1}{r\left|x_1-x_1(0)\right|+\alpha}\left[g(x)-\left(l_g+\eta\right)\mathrm{sgn}(s)\right]\\&\leqslant\frac{pe_2^{p/q-1}}{\beta q}\cdot\frac{r\left|x_1-x_1(0)\right|+1}{r\left|x_1-x_1(0)\right|+\alpha}\left\{\left[\left|g(x)\right|-l_g\right]\left|s\right|-\eta\left|s\right|\right\}\end{aligned}\tag{11-28}$$

因为$\left|g(x)\right|<l_g$，推导出$\dot{V}\leqslant 0$，系统满足 Lyapunov 稳定性条件，可在有限时间内到达滑模面。

由式（11-28）可知，系统趋近速度$\dot{s}$为

$$\begin{aligned}\dot{s}&=\frac{pe_2^{p/q-1}}{\beta q}\cdot\frac{r\left|x_1-x_1(0)\right|+1}{r\left|x_1-x_1(0)\right|+\alpha}\left[g(x)-\left(l_g+\eta\right)\mathrm{sgn}(s)\right]\\&=\frac{pe_2^{p/q-1}}{\left(\beta\dfrac{r\left|x_1-x_1(0)\right|+\alpha}{r\left|x_1-x_1(0)\right|+1}\right)q}\left[g(x)-\left(l_g+\eta\right)\mathrm{sgn}(s)\right]\end{aligned}\tag{11-29}$$

通过与 NTSM 进行比较，本节设计的改进 NTSM 相当于根据系统状态 x_1 自适应调节参数 β。根据式（11-29），随着状态 x_1 向平衡点靠近，调节参数 α，使系统维持较快的趋近速度，缩短到达时间。当系统状态到达滑模面时，收敛到平衡点的速度近似等于 NTSM 的收敛速度，且收敛到平衡点的曲线更为光滑。此外，改进 NTSM 的参数 α 有两个作用：一是防止终端滑模控制出现奇异性问题；二是 α 的大小决定着系统初始状态的收敛速度。参数 r 只有一个作用：r 的大小决定着系统具有较快趋近速度的滑模面范围。

定理 11.2　对于式（11-14）所示的系统，选择式（11-24）所示的改进 NTSM，则系统从到达滑模面的状态 $x_1(t_r)$至收敛到平衡点 $x_{\mathrm{d}}=0$ 的时间是有限的。

证明：当系统状态到达滑模面时，有

$$\begin{aligned}s&=e_1+\frac{1}{\beta}\cdot\frac{r\left|x_1-x_1(0)\right|+1}{r\left|x_1-x_1(0)\right|+\alpha}e_2^{p/q}\\&=x_1-x_{\mathrm{d}}+\frac{1}{\beta}\cdot\frac{r\left|x_1-x_1(0)\right|+1}{r\left|x_1-x_1(0)\right|+\alpha}\dot{x}_1^{p/q}\\&=x_1+\frac{1}{\beta}\cdot\frac{r\left|x_1-x_1(0)\right|+1}{r\left|x_1-x_1(0)\right|+\alpha}\dot{x}_1^{p/q}=0\end{aligned}\tag{11-30}$$

整理可得

$$\frac{\mathrm{d}x_1}{\mathrm{d}t}=-\beta^{q/p}x_1^{q/p}\left[\frac{r\left|x_1-x_1(0)\right|+\alpha}{r\left|x_1-x_1(0)\right|+1}\right]^{q/p}\tag{11-31}$$

对两端积分，得

$$\begin{aligned}\int_{x_1(t_r)}^{x_{\mathrm{d}}}\frac{\mathrm{d}x_1}{x_1^{q/p}}&=-\beta^{q/p}\int_0^t\left[\frac{r\left|x_1-x_1(0)\right|+\alpha}{r\left|x_1-x_1(0)\right|+1}\right]^{q/p}\mathrm{d}t\leqslant-\beta^{q/p}\int_0^t\frac{r\left|x_1-x_1(0)\right|+\alpha}{r\left|x_1-x_1(0)\right|+1}\mathrm{d}t\\&=-\alpha\beta^{q/p}\int_0^t\frac{\dfrac{r}{\alpha}\left|x_1-x_1(0)\right|+1}{r\left|x_1-x_1(0)\right|+1}\mathrm{d}t\leqslant-\alpha\beta^{q/p}t\end{aligned}\tag{11-32}$$

因为系统状态平衡点 $x_{\mathrm{d}}=0$，所以

$$t \leqslant \frac{p}{\alpha\beta^{q/p}(p-q)} x_1(t_r)^{1-q/p} \tag{11-33}$$

由此，定理 11.2 得证。

根据式（11-14）所示的系统，系统不确定量及外部干扰 $g(x)$是有界的，即$|g(x)| < l_g$。但在实际生产生活中，$g(x)$是不断变化的，很难测量上确界 l_g，且若上确界 l_g 测量不精准，则会影响系统稳态精度，造成较大抖振，甚至激发系统未建模部分，引发高频振荡。

为了克服不确定量及外部干扰 $g(x)$对控制系统的影响，本节以系统状态和外部干扰 $g(x)$为对象，设计一种带有干扰的滑模观测器。

定理 11.3 对于式（11-14）所示的系统，选择式（11-24）所示的改进 NTSM，设计干扰观测器：

$$\begin{cases} \dot{\hat{x}}_2 = f(x) + \hat{g}(x) + b(x)u + l_1\tilde{x}_2 \\ \dot{\hat{g}}(x) = l_2\tilde{x}_2 \end{cases} \tag{11-34}$$

式中，$l_1 > 0$；$l_2 > 0$；$\hat{x}_2$、$\hat{g}(x)$为系统状态 x_2、外部干扰 $g(x)$的估计值；$\tilde{x}_2 = x_2 - \hat{x}_2$为系统状态观测误差。选择控制作用为

$$u = -\frac{1}{b(x)}\left\{ f(x) - \ddot{x}_{\mathrm{d}} + \frac{q}{p}\cdot\frac{r|x_1 - x_1(0)| + \alpha}{r|x_1 - x_1(0)| + 1}\left\{ -\frac{r(1-\alpha)|x_2|}{\left[r|x_1 - x_1(0)| + \alpha\right]^2} e_2 + \beta e_2^{2-p/q} \right\} + \hat{g}(x) + \eta\,\mathrm{sgn}(s) \right\} \tag{11-35}$$

式中，$\eta = |\tilde{g}(x)| + \lambda$，$\lambda$为正数。系统滑动模态是渐近稳定的。

证明：定义 Lyapunov 函数为

$$V = \frac{1}{2}s^2 + \frac{1}{2l_2}\tilde{g}(x)^2 + \frac{1}{2}\tilde{x}_2^2 \tag{11-36}$$

式中，$\tilde{g}(x) = g(x) - \hat{g}(x)$为系统外部干扰观测误差。对式（11-36）求导，可得

$$\begin{aligned} \dot{V} &= s\dot{s} + \frac{1}{l_2}\tilde{g}(x)\dot{\tilde{g}}(x) + \tilde{x}_2\dot{\tilde{x}}_2 \\ &= s\dot{s} + \frac{1}{l_2}\tilde{g}(x)\left[\dot{g}(x) - \dot{\hat{g}}(x)\right] + \tilde{x}_2\left(\dot{x}_2 - \dot{\hat{x}}_2\right) \end{aligned} \tag{11-37}$$

假设 $g(x)$为慢时变信号，化简式（11-37），并将式（11-14）和式（11-34）代入可得

$$\begin{aligned} \dot{V} &= s\dot{s} - \frac{1}{l_2}\tilde{g}(x)\dot{\hat{g}}(x) + \tilde{x}_2\left(\dot{x}_2 - \dot{\hat{x}}_2\right) \\ &= s\dot{s} - \frac{1}{l_2}\tilde{g}(x)\dot{\hat{g}}(x) + \tilde{x}_2\left[g(x) - \hat{g}(x) - l_1\tilde{x}_2\right] \\ &= s\dot{s} - \tilde{g}(x)\tilde{x}_2 + \tilde{x}_2\left[\tilde{g}(x) - l_1\tilde{x}_2\right] \\ &= s\dot{s} - l_1\tilde{x}_2^2 \end{aligned} \tag{11-38}$$

将式（11-35）代入可得

$$\dot{V} = s\frac{pe_2^{p/q-1}}{\beta q}\cdot\frac{r|x_1 - x_1(0)| + 1}{r|x_1 - x_1(0)| + \alpha}\left[g(x) - \hat{g}(x) - \eta\,\mathrm{sgn}(s)\right] - l_1\tilde{x}_2^2 \tag{11-39}$$

定义$\delta(t) = \dfrac{pe_2^{p/q-1}}{\beta q}\cdot\dfrac{r|x_1 - x_1(0)| + 1}{r|x_1 - x_1(0)| + \alpha} > 0$，则

$$\dot{V}=s\delta(t)\left[g(x)-\hat{g}(x)-\eta\,\mathrm{sgn}(s)\right]-l_1\tilde{x}_2^2\leqslant\delta(t)|s|\left[\left|\tilde{g}(x)\right|-\eta\right]-l_1\tilde{x}_2^2 \tag{11-40}$$

$\eta=\left|\tilde{g}(x)\right|+\lambda$，代入式（11-40）可得

$$\dot{V}\leqslant-\lambda\delta(t)|s|-l_1\tilde{x}_2^2\leqslant 0 \tag{11-41}$$

由此，定理 11.3 得证。

采用带有外部干扰的滑模观测器，克服了外部干扰 $g(x)$难以测量的缺点，增强了系统抗干扰能力，减小了抖振。

11.2.3　控制性能分析

以二阶系统为例，说明改进 NTSM 相比于 NTSM 的优点。二阶系统状态方程为

$$\begin{cases}\dot{x}_1=x_2\\ \dot{x}_2=0.2\sin(20t)+u\end{cases} \tag{11-42}$$

参数 p=5，q=3，α=0.1，r=0.05，β=10，η=20，初始状态 $x_1(0)$=500。滑模面 s 和系统状态 x_1 如图 11-2 和图 11-3 所示。

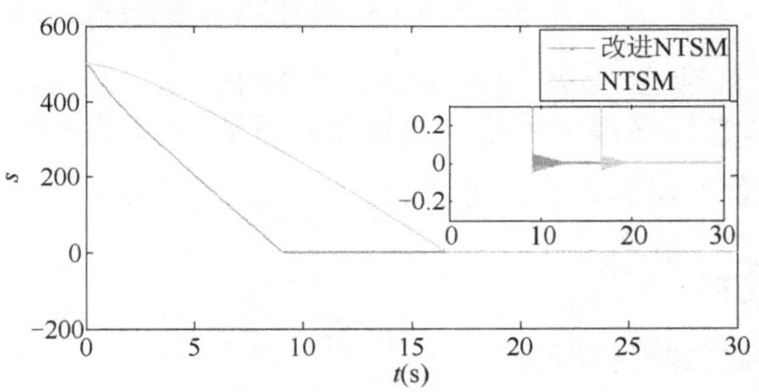

图 11-2　滑模面 s

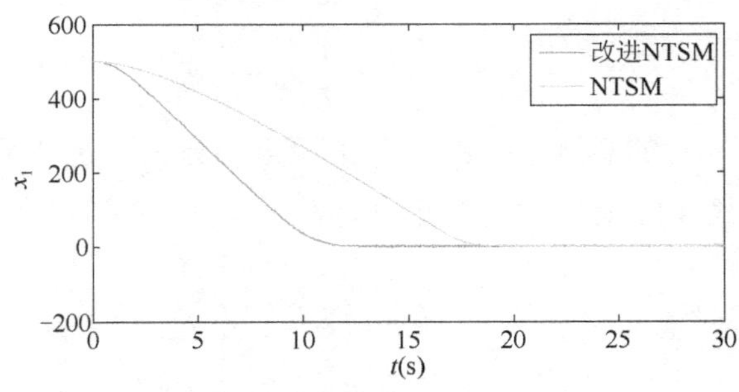

图 11-3　系统状态 x_1

从图 11-2 和图 11-3 中可以看出，改进 NTSM 拥有更快的趋近速度，到达滑模面时的抖振近似等于 NTSM。改进 NTSM 从到达滑模面至到达平衡点的时间为 3.54s，NTSM 为 2.75s，前者收敛到平衡点的曲线更为光滑，符合前面的理论推导。

11.3　基于改进非奇异终端滑模控制的无位置传感器设计

基于传统滑模观测方法的无位置传感器通过引入符号函数，在线估计电机反电动势。由于符号函数的原因，电机反电动势属于不连续量，需要低通滤波器对其进行滤波。低通滤波

器会导致电机反电动势出现相位延迟，给电机转子位置精度带来影响。因此，需要对电机转子位置进行相位补偿。但在实际生产生活中，需要根据不同类型的电机制作相应的补偿数据，工作量较大。

为克服上述缺点，选用连续函数替代符号函数的方法应运而生。将无位置传感器接入电机调速系统后，基于非奇异终端滑模控制的无位置传感器能够保证系统观测值在有限时间内跟踪电机反电动势，但收敛速度缓慢。为加快系统收敛速度，减小抖振，本节提出一种基于改进非奇异终端滑模控制的无位置传感器，其设计原理如图 11-4 所示。

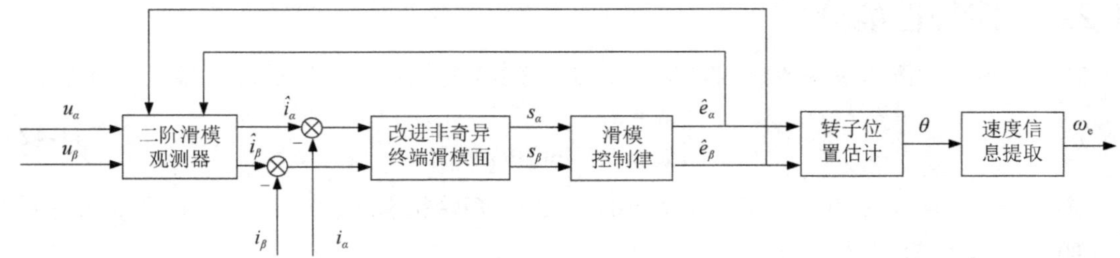

图 11-4　基于改进非奇异终端滑模控制的无位置传感器的设计原理

首先根据电压 u_α、u_β 建立二阶滑模观测器，得到电流 i_α、i_β 的观测值，通过与电流 i_α、i_β 进行比较，设计改进非奇异终端滑模面。根据滑模面设计滑模控制律 $\hat{e}_\alpha$、$\hat{e}_\beta$，在线估计电机反电动势 e_α、e_β。下面给出具体设计方法。

11.3.1　控制器设计

根据式（11-1）构建二阶滑模观测器：

$$\begin{cases}\dfrac{\mathrm{d}\hat{i}_\alpha}{\mathrm{d}t}=-\dfrac{R_\mathrm{s}}{L}\hat{i}_\alpha+\dfrac{1}{L}u_\alpha-\dfrac{1}{L}\hat{e}_\alpha\\[2ex]\dfrac{\mathrm{d}\hat{i}_\beta}{\mathrm{d}t}=-\dfrac{R_\mathrm{s}}{L}\hat{i}_\beta+\dfrac{1}{L}u_\beta-\dfrac{1}{L}\hat{e}_\beta\end{cases}\tag{11-43}$$

式中，$\hat{i}_\alpha$、$\hat{i}_\beta$ 为电流 i_α、i_β 的观测值；$\hat{e}_\alpha$、$\hat{e}_\beta$ 为反电动势 e_α、e_β 的观测值。

根据式（11-1）和式（11-43）求得观测误差方程为

$$\begin{cases}\dfrac{\mathrm{d}\tilde{i}_\alpha}{\mathrm{d}t}=-\dfrac{R_\mathrm{s}}{L}\tilde{i}_\alpha+\dfrac{1}{L}e_\alpha-\dfrac{1}{L}\hat{e}_\alpha\\[2ex]\dfrac{\mathrm{d}\tilde{i}_\beta}{\mathrm{d}t}=-\dfrac{R_\mathrm{s}}{L}\tilde{i}_\beta+\dfrac{1}{L}e_\beta-\dfrac{1}{L}\hat{e}_\beta\end{cases}\tag{11-44}$$

式中，$\tilde{i}_\alpha$、$\tilde{i}_\beta$ 为电流观测误差，$\tilde{i}_\alpha=\hat{i}_\alpha-i_\alpha$，$\tilde{i}_\beta=\hat{i}_\beta-i_\beta$。

根据 11.2 节，改进非奇异终端滑模系统可加快系统收敛速度，减小抖振。设计改进非奇异终端滑模面为

$$\begin{cases}s_\alpha=\tilde{i}_\alpha+\dfrac{1}{\beta}\cdot\dfrac{r\left|\hat{i}_\alpha\right|+1}{r\left|\hat{i}_\alpha\right|+\alpha}\dot{\tilde{i}}_\alpha^{\,p/q}\\[3ex]s_\beta=\tilde{i}_\beta+\dfrac{1}{\beta}\cdot\dfrac{r\left|\hat{i}_\beta\right|+1}{r\left|\hat{i}_\beta\right|+\alpha}\dot{\tilde{i}}_\beta^{\,p/q}\end{cases}\tag{11-45}$$

滑模面参数定义见 11.2.2 节。

在选择改进非奇异终端滑模面的基础上，设计控制律 $\hat{e}_\alpha$、$\hat{e}_\beta$ 为

$$\begin{cases} \hat{e}_\alpha = -R_s\tilde{i}_\alpha + L\int\left\{\dfrac{q}{p}\cdot\dfrac{r\left|\hat{i}_\alpha\right|+\alpha}{r\left|\hat{i}_\alpha\right|+1}\left\{-\dfrac{r(1-\alpha)\left|\dot{\hat{i}}_\alpha\right|}{\left[r\left|\hat{i}_\alpha\right|+\alpha\right]^2}\dot{\tilde{i}}_\alpha+\beta\dot{\tilde{i}}_\alpha^{\ 2-p/q}\right\}+\left(l_g+\eta\right)\mathrm{sgn}\left(s_\alpha\right)\right\}\mathrm{d}t \\ \hat{e}_\beta = -R_s\tilde{i}_\beta + L\int\left\{\dfrac{q}{p}\cdot\dfrac{r\left|\hat{i}_\beta\right|+\alpha}{r\left|\hat{i}_\beta\right|+1}\left\{-\dfrac{r(1-\alpha)\left|\dot{\hat{i}}_\beta\right|}{\left[r\left|\hat{i}_\beta\right|+\alpha\right]^2}\dot{\tilde{i}}_\beta+\beta\dot{\tilde{i}}_\beta^{\ 2-p/q}\right\}+\left(l_g+\eta\right)\mathrm{sgn}\left(s_\beta\right)\right\}\mathrm{d}t \end{cases} \tag{11-46}$$

式中，$l_g \geqslant \dfrac{1}{L}\max\left(\left|\dot{e}_\alpha\right|,\left|\dot{e}_\beta\right|\right)$；$\eta>0$。控制系统在 Lyapunov 定义下是渐近稳定的。

11.3.2 稳定性分析

定义 Lyapunov 函数为

$$\begin{cases} V_\alpha = \dfrac{1}{2}s_\alpha^2 \\ V_\beta = \dfrac{1}{2}s_\beta^2 \end{cases} \tag{11-47}$$

对式（11-47）求导，并将式（11-44）代入可得

$$\begin{aligned} \dot{V}_\alpha = s_\alpha\dot{s}_\alpha &= s_\alpha\left\{\dot{\tilde{i}}_\alpha+\frac{1}{\beta}\left\{-\frac{r(1-\alpha)\left|\dot{\hat{i}}_\alpha\right|}{\left[r\left|\hat{i}_\alpha\right|+\alpha\right]^2}\dot{\tilde{i}}_\alpha^{\ p/q}+\frac{p}{q}\cdot\frac{r\left|\hat{i}_\alpha\right|+1}{r\left|\hat{i}_\alpha\right|+\alpha}\dot{\tilde{i}}_\alpha^{\ p/q-1}\ddot{\tilde{i}}_\alpha\right\}\right\} \\ &= s_\alpha\left\{\dot{\tilde{i}}_\alpha+\frac{1}{\beta}\left\{-\frac{r(1-\alpha)\left|\dot{\hat{i}}_\alpha\right|}{\left[r\left|\hat{i}_\alpha\right|+\alpha\right]^2}\dot{\tilde{i}}_\alpha^{\ p/q}+\frac{p}{q}\cdot\frac{r\left|\hat{i}_\alpha\right|+1}{r\left|\hat{i}_\alpha\right|+\alpha}\dot{\tilde{i}}_\alpha^{\ p/q-1}\left[-\frac{R_s}{L}\dot{\tilde{i}}_\alpha+\frac{1}{L}\dot{e}_\alpha-\frac{1}{L}\dot{\hat{e}}_\alpha\right]\right\}\right\} \end{aligned} \tag{11-48}$$

将式（11-46）代入式（11-48）可得

$$\begin{aligned} \dot{V}_\alpha &= s_\alpha\left\{\frac{p}{q}\cdot\frac{r\left|\hat{i}_\alpha\right|+1}{r\left|\hat{i}_\alpha\right|+\alpha}\dot{\tilde{i}}_\alpha^{\ p/q-1}\left[-\left(l_g+\eta\right)\mathrm{sgn}\left(s_\alpha\right)+\frac{1}{L}\dot{e}_\alpha\right]\right\} \\ &= \frac{p}{q}\cdot\frac{r\left|\hat{i}_\alpha\right|+1}{r\left|\hat{i}_\alpha\right|+\alpha}\dot{\tilde{i}}_\alpha^{\ p/q-1}\left[-\left(l_g+\eta\right)\left|s_\alpha\right|+\frac{1}{L}s_\alpha\dot{e}_\alpha\right] \\ &\leqslant \frac{p}{q}\cdot\frac{r\left|\hat{i}_\alpha\right|+1}{r\left|\hat{i}_\alpha\right|+\alpha}\dot{\tilde{i}}_\alpha^{\ p/q-1}\left[-\left(l_g+\eta\right)\left|s_\alpha\right|+\frac{1}{L}\left|s_\alpha\right|\left|\dot{e}_\alpha\right|\right] \\ &= \frac{p\left|s_\alpha\right|}{Lq}\cdot\frac{r\left|\hat{i}_\alpha\right|+1}{r\left|\hat{i}_\alpha\right|+\alpha}\dot{\tilde{i}}_\alpha^{\ p/q-1}\left[-\eta+\left(\frac{1}{L}\left|\dot{e}_\alpha\right|-l_g\right)\right] \end{aligned} \tag{11-49}$$

同理，求得

$$\dot{V}_\beta \leqslant \frac{p|s_\beta|}{Lq}\cdot\frac{r|\hat{i}_\beta|+1}{r|\hat{i}_\beta|+\alpha}\dot{\hat{i}}_\beta^{\,p/q-1}\left[-\eta+\left(\frac{1}{L}|\dot{e}_\beta|-l_g\right)\right] \tag{11-50}$$

因为$l_g \geqslant \frac{1}{L}\max\left(|\dot{e}_\alpha|,|\dot{e}_\beta|\right)$，$\eta>0$，推导出

$$\begin{cases}\dot{V}_\alpha<0\\ \dot{V}_\beta<0\end{cases} \tag{11-51}$$

系统满足 Lyapunov 稳定性条件。当系统状态到达滑模面且收敛至平衡点时，有

$$\begin{cases}e_\alpha=\hat{e}_\alpha\\ e_\beta=\hat{e}_\beta\end{cases} \tag{11-52}$$

系统观测值可在有限时间内跟踪电机反电动势。从式（11-6）和式（11-46）中可以看出，二者均含有符号函数。正是因为符号函数，系统才具有强鲁棒性，但符号函数会影响稳态精度，造成较大抖振，甚至激发系统未建模部分，引发高频振荡。本节所采用的控制律采用积分环节，有效抑制了系统抖振。

通过式（11-52）求得电机转子位置后，对其求导，可得电机转速表达式为

$$\omega_e=\frac{d\theta}{dt} \tag{11-53}$$

11.3.3 仿真结果与分析

为验证基于改进非奇异终端滑模的无位置传感器控制方法的有效性，在 MATLAB/Simulink 环境下搭建电机驱动模型，如图 11-5 所示。

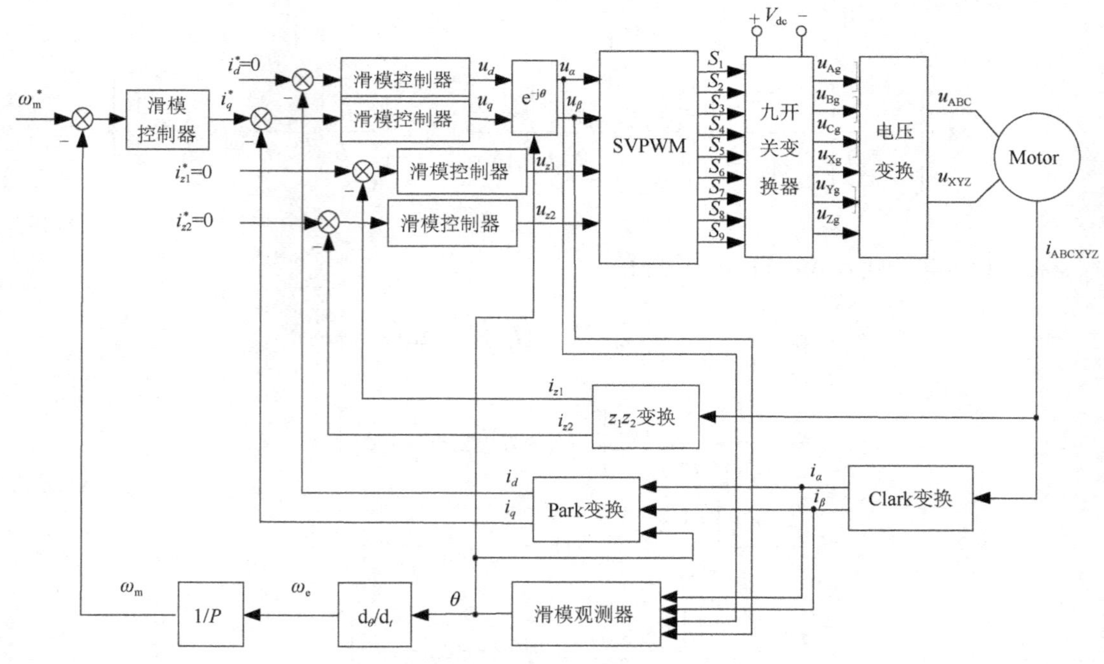

图 11-5　无位置传感器控制系统框图

假设电机启动 0.05s 后，定子电压、电流满足观测要求，将基于滑模控制的无位置传感器

接入电机调速系统。图 11-6 所示为电机 α、β 轴实际输出电流，图 11-7 所示为传统滑模观测器 α、β 轴电流观测误差，图 11-8 所示为非奇异终端滑模观测器 α、β 轴电流观测值与观测误差，图 11-9 所示为改进非奇异终端滑模观测器 α、β 轴电流观测值与观测误差，图 11-10 所示为三种滑模观测器转速估计值比较。

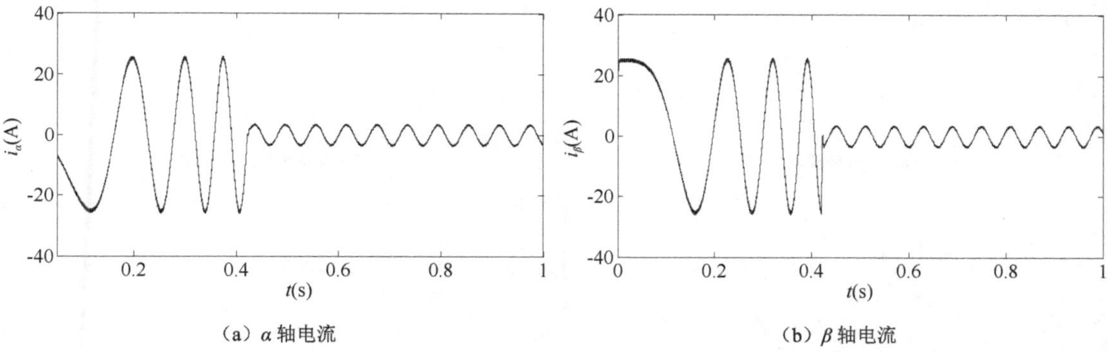

（a）α 轴电流　　（b）β 轴电流

图 11-6　电机 α、β 轴实际输出电流

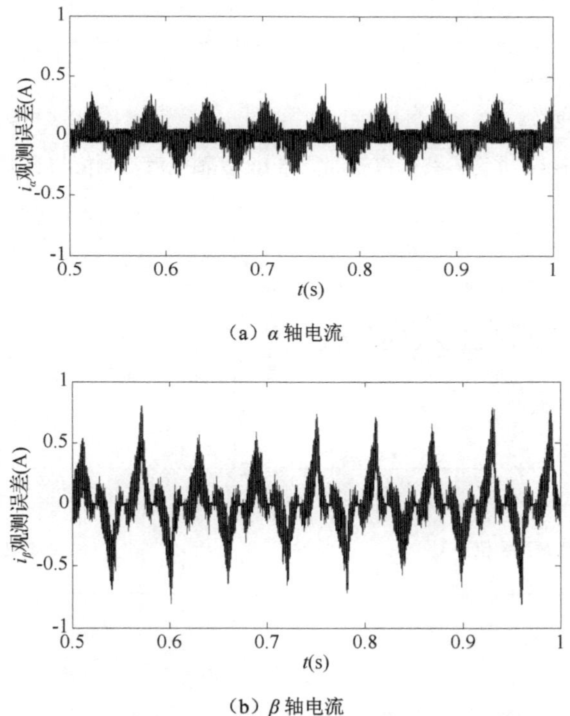

（a）α 轴电流

（b）β 轴电流

图 11-7　传统滑模观测器 α、β 轴电流观测误差

传统滑模观测器由于引入符号函数，因此稳态时的电流观测误差远大于非奇异终端滑模观测器和改进非奇异终端滑模观测器稳态时的电流观测误差，观测精度较低。从图 11-8 和图 11-9 中可以看出，非奇异终端滑模观测器和改进非奇异终端滑模观测器 α、β 轴电流观测值均能跟踪电机实际输出电流。不同之处在于，非奇异终端滑模观测器 α、β 轴电流观测值的收敛速度较慢，而改进非奇异终端滑模观测器 α、β 轴电流观测值的收敛速度较快，进而可以更快地收敛至平衡点。

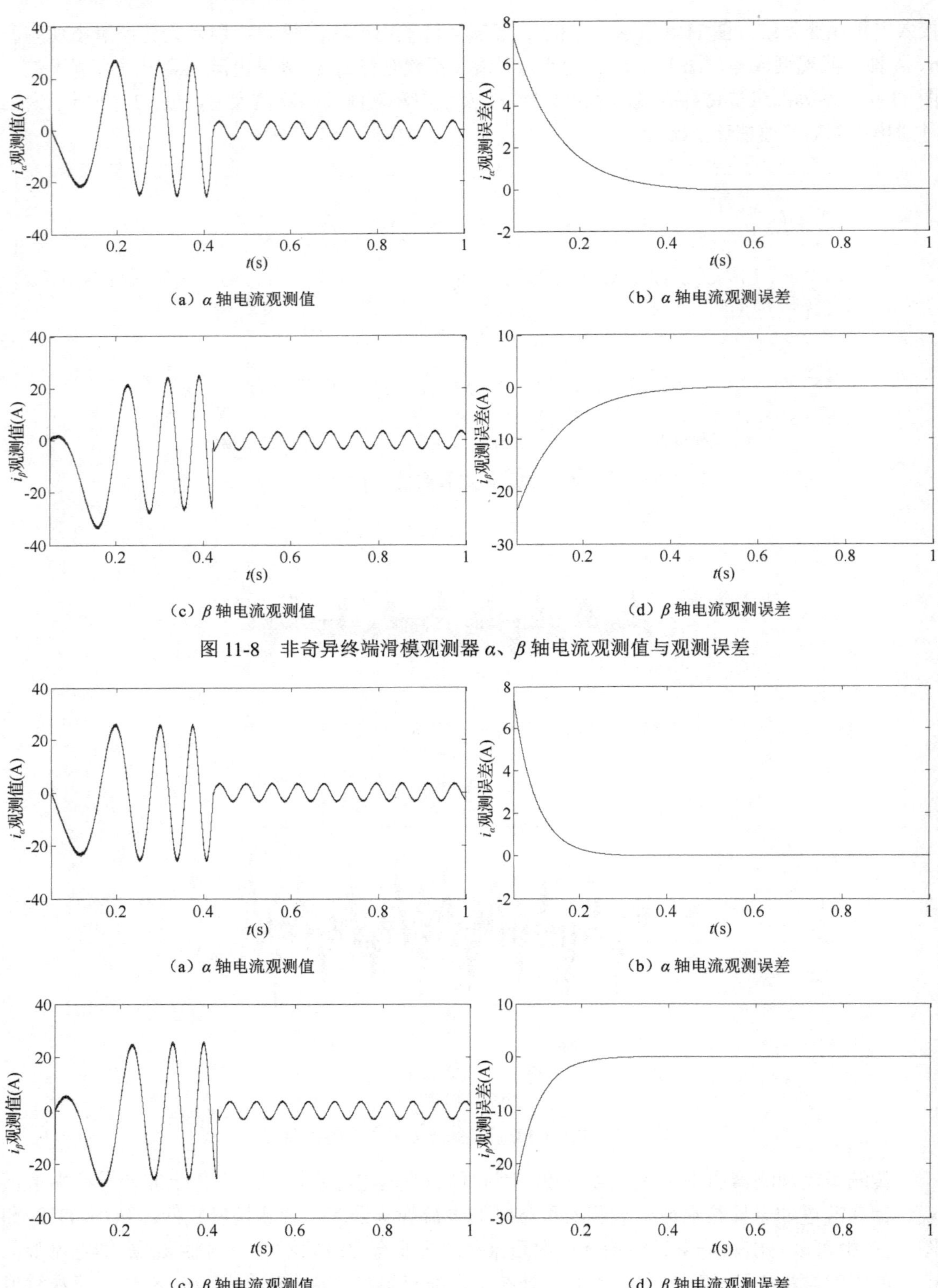

（a）α 轴电流观测值

（b）α 轴电流观测误差

（c）β 轴电流观测值

（d）β 轴电流观测误差

图 11-8　非奇异终端滑模观测器 α、β 轴电流观测值与观测误差

（a）α 轴电流观测值

（b）α 轴电流观测误差

（c）β 轴电流观测值

（d）β 轴电流观测误差

图 11-9　改进非奇异终端滑模观测器 α、β 轴电流观测值与观测误差

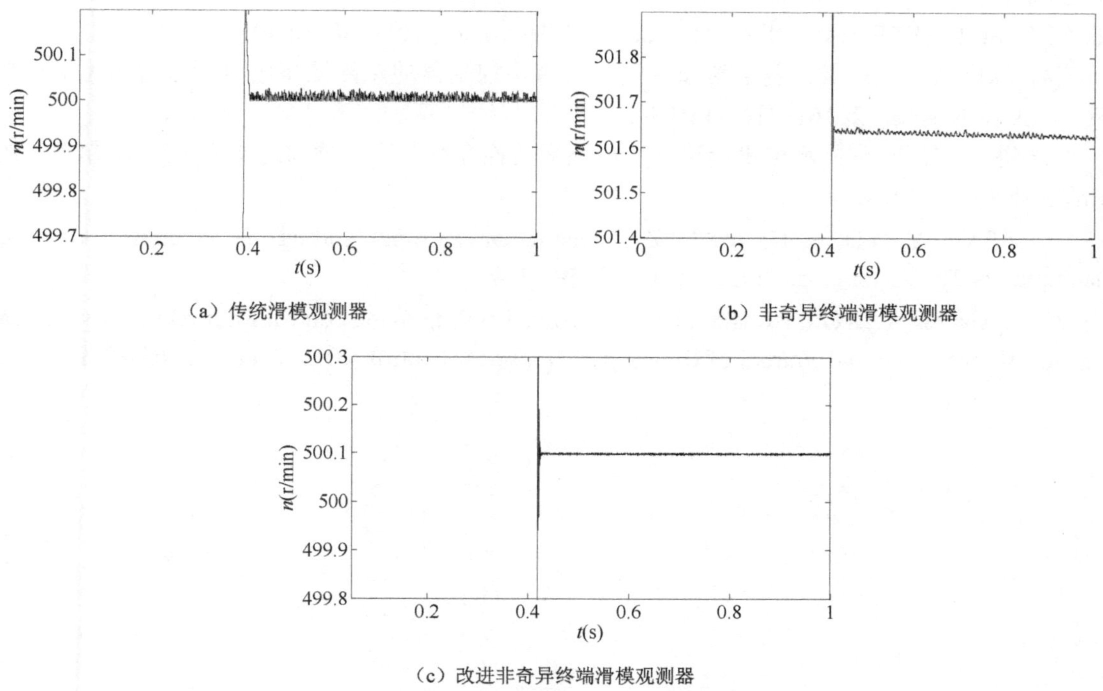

（a）传统滑模观测器

（b）非奇异终端滑模观测器

（c）改进非奇异终端滑模观测器

图 11-10　三种滑模观测器转速估计值比较

从图 11-10 中可以看出，传统滑模观测器电机转速抖振较大，稳态性能不好。相比于非奇异终端滑模观测器，改进非奇异终端滑模观测器在保持较快收敛速度的同时，电机转速抖振更小，稳态性能更好。

11.4　本章小结

首先对传统滑模观测器进行了研究，并指出了传统滑模观测器存在的不足。基于非奇异终端滑模控制的无位置传感器能够解决传统滑模观测器相位延迟的问题，但存在收敛速度慢等缺点。针对这一缺点，本章提出一种基于改进非奇异终端滑模控制的无位置传感器。该方法相当于根据系统状态自适应调节滑模面参数，并分析改进非奇异终端滑模面参数的意义。理论证明，系统状态从到达滑模面至收敛到平衡点的作用时间是有限的。在改进非奇异终端滑模面的基础上，针对基于九开关变换器的对称六相 PMSM，设计无位置传感器控制方法。研究结果表明，相比于非奇异终端滑模控制方法，改进非奇异终端滑模控制方法能够有效加快观测系统收敛速度，减小抖振。

参考文献

[1] 肖烨然，刘刚，宋欣达，等. 基于改进滑模观测器的永磁同步电机无位置传感器 I/F 起动方法[J]. 电力自动化设备，2015, 35(8): 95-102.

[2] 邱忠才，郭冀岭，王斌，等. 基于卡尔曼滤波滑模变结构转子位置观测器的 PMSM 无差拍控制[J]. 电机与控制学报，2014, 18(4): 60-65.

[3] KIM H, SON J, LEE J. A high-speed sliding-mode observer for the sensorless speed control

of a PMSM[J]. IEEE Transactions on Industrial Electronics, 2011, 58(9): 4069-4077.

[4] 陈思溢，皮佑国. 基于滑模观测器与滑模控制器的永磁同步电机无位置传感器控制[J]. 电工技术学报，2016，31(12): 108-117.

[5] 张晓光. 永磁同步电机调速系统滑模变结构控制若干关键问题研究[D]. 哈尔滨：哈尔滨工业大学，2014.

[6] FENG Y, YU X H, MAN Z. Nonsingular terminal sliding mode control of rigid manipulators[J]. Automatica, 2002, 38(12): 2159-2167.

[7] YANG L, YANG J. Nonsingular fast terminal sliding mode control for nonlinear dynamical systems[J]. International Journal of Robust and Nonlinear control, 2011, 21(16): 1865-1879.

第 12 章　六相 PMSM 逆变器开路故障诊断方法

六相 PMSM 通过九开关变换器驱动，变换器开关数目众多，在系统高频运行时，开关损耗随之升高。九开关变换器的优点在于，通过中间三个开关管的复用实现对电机的驱动。但中间开关管负担较重，对功率变换阶段的故障敏感，开关管开路故障频繁。当故障发生时，首先要对故障开关管位置进行诊断、隔离，然后针对故障开关管进行容错控制，保证系统正常运行。因此，开关管故障的检测和定位显得尤为重要。

本章分别在双 Y 移 30°PMSM 和对称六相 PMSM 逻辑动态模型的基础上，提出一种九开关变换器开关管开路故障诊断方法。在考虑开关管 PWM 死区调制的情形下，定义电机绕组端对地电压与开关管通断之间的逻辑关系，建立电机相电压与九开关变换器开关管通断信号的对应关系，进而推导出电机驱动系统逻辑动态模型，实现混杂系统连续时间变量与离散事件变量的统一。通过逻辑动态模型提供的电压先验信息与含有故障信息的电压实际输出进行比较，提取故障信息，可对任一开关管开路故障或同一桥臂两开关管同时开路故障进行准确定位。

12.1　混杂系统与逻辑动态模型

混杂系统（Hybrid System）特指某一类离散事件系统与连续时间系统混合在一起，互相交织、互相影响的系统。不同于连续时间系统随时间变化，离散事件系统顾名思义，是由事件触发的系统。二者相互渗透，使系统作为一个整体以离散方式运动，并最终演化为连续状态。由此可见，混杂系统结合了两种系统的特性，具有复杂的动态性能。

相比于离散事件系统与连续时间系统，混杂系统具有如下显著特点。

（1）系统中含有不同类型的变量。既包含离散事件系统的事件变量，又包含连续时间系统的时间变量，二者相辅相成，互相影响。

（2）系统分为不同状态空间，事件使系统从一个状态空间跃升到另一个状态空间，状态空间内部由时间驱使，系统呈现循环变化。

（3）系统内部变量超过规定值，会触发离散事件，使系统变换状态或失去功效。

六相 PMSM 驱动系统为典型的混杂系统。九开关变换器开关管通过逻辑信号不断打开或闭合，在直流母线电压不能短路，不考虑逆变器死区的情况下，共有 27 种开关方式，体现了混杂系统的离散事件特性。在某一开关方式下，电机定子电压、电流、反电动势等连续量随时间变化，体现了混杂系统的连续时间特性。

针对电机驱动系统这种典型的混杂系统，需要对其进行数学建模，即建立电机逻辑动态模型。电机逻辑动态模型的建立步骤如下。

（1）针对混杂系统中的连续时间部分，建立状态空间方程。

（2）对混杂系统中的离散事件部分，建立逻辑命题$\xi \in \{\xi_1, \xi_2, \cdots, \xi_n\}$，命题由$\chi \in \{0,1\}$表示。将混杂系统中的离散事件通过逻辑变量，建立与连续时间变量的耦合关系。

（3）将连续时间变量与逻辑变量引入电机驱动系统的状态空间方程，用一个电机逻辑动态模型同时表示混杂系统中的离散事件变量和连续时间变量。

12.2 双 Y 移 30° PMSM 逆变器开路故障诊断方法

12.2.1 电机逻辑动态模型的建立

双 Y 移 30°PMSM 驱动系统由九开关变换器、双 Y 移 30°PMSM、数字控制器及直流输入环节组成，如图 12-1 所示。

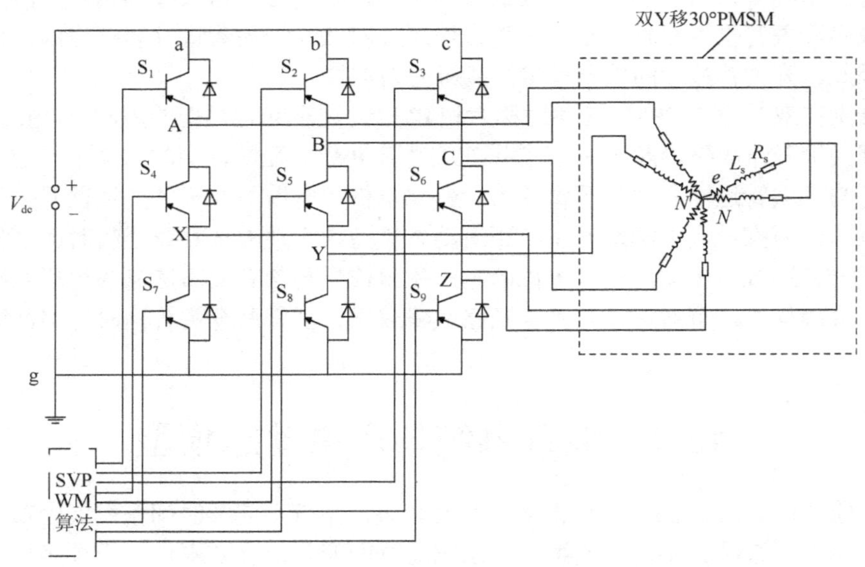

图 12-1　双 Y 移 30°PMSM 驱动系统

双 Y 移 30°PMSM 驱动系统是典型的混杂系统。电机具有两个独立的中性点N、N'，A、B、C 相与中性点N对应，X、Y、Z 相与中性点N'对应。列出电机在六相静止坐标系下的数学模型为

$$\boldsymbol{u}_s = \boldsymbol{R}_s \boldsymbol{i}_s + \frac{\mathrm{d}\left(\boldsymbol{L}_s \boldsymbol{i}_s\right)}{\mathrm{d}t} + \boldsymbol{e}_s \tag{12-1}$$

式中，$\boldsymbol{u}_s = \left[u_{AN}, u_{BN}, u_{CN}, u_{XN'}, u_{YN'}, u_{ZN'}\right]^T$为电机定子绕组六相电压；$\boldsymbol{i}_s = \left[i_A, i_B, i_C, i_X, i_Y, i_Z\right]^T$为六相电流；$\boldsymbol{R}_s$、$\boldsymbol{L}_s$分别为电机电阻矩阵和电感矩阵；$\boldsymbol{e}_s$为电机反电动势矩阵。

九开关变换器开关管通过逻辑信号的通断，给双 Y 移 30°PMSM 供电。开关管通断相当于离散事件变量，电机六相电压相当于连续时间变量。如果将开关管信号通过逻辑编程代入式（12-1），则可建立离散事件变量与连续时间变量的耦合关系，为后面建立逻辑动态模型打下基础。

由于电机绕组为双星型连接且具有不同的中性点，可得电机六相电压之间的关系为

$$\begin{cases} u_{\mathrm{AN}} + u_{\mathrm{BN}} + u_{\mathrm{CN}} = 0 \\ u_{\mathrm{XN'}} + u_{\mathrm{YN'}} + u_{\mathrm{ZN'}} = 0 \end{cases} \tag{12-2}$$

根据图 12-1 可得电机六相电压与电机定子绕组接线端对地电压之间的关系为

$$\begin{cases} u_{\mathrm{AN}} = u_{\mathrm{Ag}} - u_{\mathrm{Ng}} \\ u_{\mathrm{BN}} = u_{\mathrm{Bg}} - u_{\mathrm{Ng}} \\ u_{\mathrm{CN}} = u_{\mathrm{Cg}} - u_{\mathrm{Ng}} \\ u_{\mathrm{XN'}} = u_{\mathrm{Xg}} - u_{\mathrm{N'g}} \\ u_{\mathrm{YN'}} = u_{\mathrm{Yg}} - u_{\mathrm{N'g}} \\ u_{\mathrm{ZN'}} = u_{\mathrm{Zg}} - u_{\mathrm{N'g}} \end{cases} \tag{12-3}$$

将式（12-3）代入式（12-2）可得电机两个独立中性点对地电压的表达式为

$$\begin{cases} u_{\mathrm{Ng}} = \dfrac{1}{3}\left(u_{\mathrm{Ag}} + u_{\mathrm{Bg}} + u_{\mathrm{Cg}}\right) \\ u_{\mathrm{N'g}} = \dfrac{1}{3}\left(u_{\mathrm{Xg}} + u_{\mathrm{Yg}} + u_{\mathrm{Zg}}\right) \end{cases} \tag{12-4}$$

将式（12-4）代入式（12-3）可得

$$\begin{bmatrix} u_{\mathrm{AN}} \\ u_{\mathrm{BN}} \\ u_{\mathrm{CN}} \\ u_{\mathrm{XN'}} \\ u_{\mathrm{YN'}} \\ u_{\mathrm{ZN'}} \end{bmatrix} = \frac{1}{3} \begin{bmatrix} 2 & -1 & -1 & 0 & 0 & 0 \\ -1 & 2 & -1 & 0 & 0 & 0 \\ -1 & -1 & 2 & 0 & 0 & 0 \\ 0 & 0 & 0 & 2 & -1 & -1 \\ 0 & 0 & 0 & -1 & 2 & -1 \\ 0 & 0 & 0 & -1 & -1 & 2 \end{bmatrix} \begin{bmatrix} u_{\mathrm{Ag}} \\ u_{\mathrm{Bg}} \\ u_{\mathrm{Cg}} \\ u_{\mathrm{Xg}} \\ u_{\mathrm{Yg}} \\ u_{\mathrm{Zg}} \end{bmatrix} \tag{12-5}$$

根据式（12-5），从数学模型上看，双 Y 移 30°PMSM 六相电压相当于两个 PMSM 各自独立工作产生的三相电压，但两个三相电压之间互有关联。从图 12-1 中可以看出，电压 u_{Ag}、u_{Xg} 的大小取决于开关管 S_1、S_4、S_7 的通断，电压 u_{Bg}、u_{Yg} 的大小取决于开关管 S_2、S_5、S_8 的通断，电压 u_{Cg}、u_{Zg} 的大小取决于开关管 S_3、S_6、S_9 的通断。

为了进一步研究定子绕组接线端对地电压与开关管通断之间的关系，首先需要定义开关管信号和定子绕组电流方向。定义 S=1 为开关管导通，S=0 为开关管关断，η=1 为定子绕组电流从绕组端流入中性点，η=0 为电流从中性点流入绕组端。以 A 相桥臂为例进行分析，在理想情况下，忽略开关管 PWM 死区调制，电压 u_{Ag}、u_{Xg} 的大小与定子绕组电流方向无关。电压 u_{Ag} 的大小取决于开关管 S_4、S_7 信号先进行与非运算，再与开关管 S_1 信号进行与运算，即当 S_1=0，S_4=1，S_7=1 时，u_{Ag}=0；当 S_1=1，S_4=0，S_7=1 时，$u_{\mathrm{Ag}}=V_{\mathrm{dc}}$；当 S_1=1，S_4=1，S_7=0 时，$u_{\mathrm{Ag}}=V_{\mathrm{dc}}$。电压 u_{Xg} 的大小取决于开关管 S_1、S_4 信号先进行与运算，再与开关管 S_7 信号进行非运算后的结果进行与运算，即当 S_1=0，S_4=1，S_7=1 时，u_{Xg}=0；当 S_1=1，S_4=0，S_7=1 时，u_{Xg}=0；当 S_1=1，S_4=1，S_7=0 时，$u_{\mathrm{Xg}}=V_{\mathrm{dc}}$。

在实际应用中，九开关变换器由于开关频率高，有必要在 PWM 波形中设置死区，以防直流电压出现短路。对于九开关变换器，死区设置有 4 种情况：①S_1=0，S_4=0，S_7=1；②S_1=1，S_4=0，S_7=0；③S_1=0，S_4=1，S_7=0；④S_1=0，S_4=0，S_7=0。其中，情况①对 A 相输出口来说是死区设置，对 X 相输出口来说不是死区设置；情况②对 A 相输出口来说不是死区设置，对 X 相输出口来说是死区设置；情况③、④对 A 相、X 相输出口来说均是死区设置。根据A相、X相电流方向，每种情况又分为4个部分，故一共有16种死区设置方式。以η_A=1，η_X=0为例，如图12-2所示。

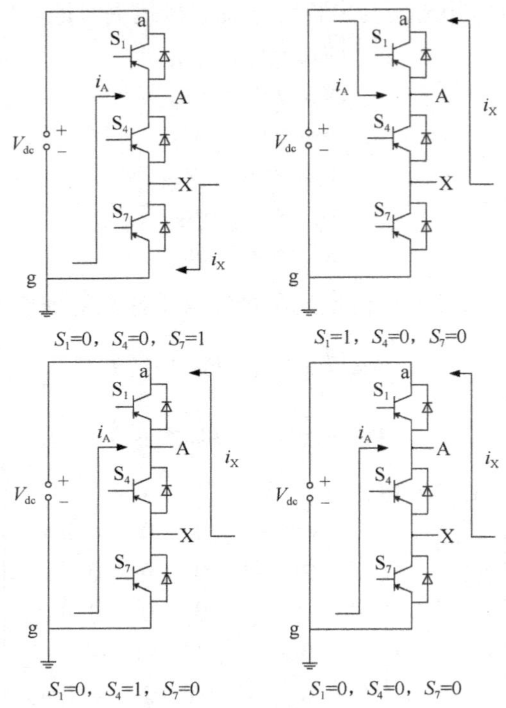

图12-2　η_A=1，η_X=0情况下，A相电流方向

电压u_{Ag}首先取决于A相输出口上下开关管通断情况，遇到逆变器死区时，根据A相电流方向确定电压u_{Ag}的大小，同理求得同一桥臂电压u_{Xg}的大小。在考虑开关管PWM死区调制的情况下，可得A相、X相绕组接线端对地电压，如表12-1所示。

表12-1　A相、X相绕组接线端对地电压

	S_1	S_4	S_7	η_A	η_X	u_{Ag}	u_{Xg}		S_1	S_4	S_7	η_A	η_X	u_{Ag}	u_{Xg}
1	0	1	1	×	×	0	0	11	1	0	0	0	0	V_{dc}	V_{dc}
2	1	0	1	×	×	V_{dc}	0	12	0	1	0	1	1	0	0
3	1	1	0	×	×	V_{dc}	V_{dc}	13	0	1	0	1	0	0	V_{dc}
4	0	0	1	1	1	0	0	14	0	1	0	0	1	V_{dc}	0
5	0	0	1	1	0	0	0	15	0	1	0	0	0	V_{dc}	V_{dc}
6	0	0	1	0	1	V_{dc}	0	16	0	0	0	1	1	0	0
7	0	0	1	0	0	V_{dc}	0	17	0	0	0	1	0	0	V_{dc}
8	1	0	0	1	1	V_{dc}	0	18	0	0	0	0	1	V_{dc}	0
9	1	0	0	1	0	V_{dc}	V_{dc}	19	0	0	0	0	0	V_{dc}	V_{dc}
10	1	0	0	0	1	V_{dc}	0								

根据表12-1推导出A相、X相绕组接线端对地电压u_{Ag}、u_{Xg}的表达式为

$$
\begin{cases}
u_{\mathrm{Ag}} = V_{\mathrm{dc}} \cdot \varepsilon_1 = V_{\mathrm{dc}} \cdot \overline{S_4 S_7}\left(S_1 + \overline{S_1 \eta_{\mathrm{A}}}\right) \\
u_{\mathrm{Xg}} = V_{\mathrm{dc}} \cdot \varepsilon_4 = V_{\mathrm{dc}} \cdot \overline{S_7}\left(S_1 S_4 + \overline{S_1 S_4 \eta_{\mathrm{X}}}\right)
\end{cases} \tag{12-6}
$$

同理，推导出 B 相、C 相、Y 相、Z 相绕组接线端对地电压 u_{Bg}、u_{Cg}、u_{Yg}、u_{Zg} 的表达式为

$$
\begin{cases}
u_{\mathrm{Bg}} = V_{\mathrm{dc}} \cdot \varepsilon_2 = V_{\mathrm{dc}} \cdot \overline{S_5 S_8}\left(S_2 + \overline{S_2 \eta_{\mathrm{B}}}\right) \\
u_{\mathrm{Cg}} = V_{\mathrm{dc}} \cdot \varepsilon_3 = V_{\mathrm{dc}} \cdot \overline{S_6 S_9}\left(S_3 + \overline{S_3 \eta_{\mathrm{C}}}\right) \\
u_{\mathrm{Yg}} = V_{\mathrm{dc}} \cdot \varepsilon_5 = V_{\mathrm{dc}} \cdot \overline{S_8}\left(S_2 S_5 + \overline{S_2 S_5 \eta_{\mathrm{Y}}}\right) \\
u_{\mathrm{Zg}} = V_{\mathrm{dc}} \cdot \varepsilon_6 = V_{\mathrm{dc}} \cdot \overline{S_9}\left(S_3 S_6 + \overline{S_3 S_6 \eta_{\mathrm{Z}}}\right)
\end{cases} \tag{12-7}
$$

将式（12-7）代入式（12-5）可得

$$
\begin{bmatrix} u_{\mathrm{AN}} \\ u_{\mathrm{BN}} \\ u_{\mathrm{CN}} \\ u_{\mathrm{XN'}} \\ u_{\mathrm{YN'}} \\ u_{\mathrm{ZN'}} \end{bmatrix}
= \frac{1}{3} V_{\mathrm{dc}}
\begin{bmatrix}
2 & -1 & -1 & 0 & 0 & 0 \\
-1 & 2 & -1 & 0 & 0 & 0 \\
-1 & -1 & 2 & 0 & 0 & 0 \\
0 & 0 & 0 & 2 & -1 & -1 \\
0 & 0 & 0 & -1 & 2 & -1 \\
0 & 0 & 0 & -1 & -1 & 2
\end{bmatrix}
\begin{bmatrix}
\overline{S_4 S_7}\left(S_1 + \overline{S_1 \eta_{\mathrm{A}}}\right) \\
\overline{S_5 S_8}\left(S_2 + \overline{S_2 \eta_{\mathrm{B}}}\right) \\
\overline{S_6 S_9}\left(S_3 + \overline{S_3 \eta_{\mathrm{C}}}\right) \\
\overline{S_7}\left(S_1 S_4 + \overline{S_1 S_4 \eta_{\mathrm{X}}}\right) \\
\overline{S_8}\left(S_2 S_5 + \overline{S_2 S_5 \eta_{\mathrm{Y}}}\right) \\
\overline{S_9}\left(S_3 S_6 + \overline{S_3 S_6 \eta_{\mathrm{Z}}}\right)
\end{bmatrix} \tag{12-8}
$$

将式（12-8）代入式（12-1）可得电机在六相静止坐标系下的状态空间方程为

$$
\begin{bmatrix} \dot{i}_{\mathrm{A}} \\ \dot{i}_{\mathrm{B}} \\ \dot{i}_{\mathrm{C}} \\ \dot{i}_{\mathrm{X}} \\ \dot{i}_{\mathrm{Y}} \\ \dot{i}_{\mathrm{Z}} \end{bmatrix}
= -\boldsymbol{L}_{\mathrm{s}}^{-1}\left(\boldsymbol{R}_{\mathrm{s}} + \dot{\boldsymbol{L}}_{\mathrm{s}}\right)
\begin{bmatrix} i_{\mathrm{A}} \\ i_{\mathrm{B}} \\ i_{\mathrm{C}} \\ i_{\mathrm{X}} \\ i_{\mathrm{Y}} \\ i_{\mathrm{Z}} \end{bmatrix}
- \boldsymbol{L}_{\mathrm{s}}^{-1}
\begin{bmatrix} e_{\mathrm{A}} \\ e_{\mathrm{B}} \\ e_{\mathrm{C}} \\ e_{\mathrm{X}} \\ e_{\mathrm{Y}} \\ e_{\mathrm{Z}} \end{bmatrix}
+ \frac{1}{3} V_{\mathrm{dc}}
\begin{bmatrix}
2 & -1 & -1 & 0 & 0 & 0 \\
-1 & 2 & -1 & 0 & 0 & 0 \\
-1 & -1 & 2 & 0 & 0 & 0 \\
0 & 0 & 0 & 2 & -1 & -1 \\
0 & 0 & 0 & -1 & 2 & -1 \\
0 & 0 & 0 & -1 & -1 & 2
\end{bmatrix}
\begin{bmatrix}
\overline{S_4 S_7}\left(S_1 + \overline{S_1 \eta_{\mathrm{A}}}\right) \\
\overline{S_5 S_8}\left(S_2 + \overline{S_2 \eta_{\mathrm{B}}}\right) \\
\overline{S_6 S_9}\left(S_3 + \overline{S_3 \eta_{\mathrm{C}}}\right) \\
\overline{S_7}\left(S_1 S_4 + \overline{S_1 S_4 \eta_{\mathrm{X}}}\right) \\
\overline{S_8}\left(S_2 S_5 + \overline{S_2 S_5 \eta_{\mathrm{Y}}}\right) \\
\overline{S_9}\left(S_3 S_6 + \overline{S_3 S_6 \eta_{\mathrm{Z}}}\right)
\end{bmatrix} \tag{12-9}
$$

式（12-9）为双 Y 移 30°PMSM 驱动系统逻辑动态模型。将六相电压通过开关管信号逻辑变量表示，实现混杂系统中连续时间变量与离散事件变量的统一。

矢量空间解耦变换表达式为

$$
\begin{bmatrix} u_\alpha \\ u_\beta \end{bmatrix}
= \frac{1}{3}
\begin{bmatrix}
1 & -\frac{1}{2} & -\frac{1}{2} & \frac{\sqrt{3}}{2} & -\frac{\sqrt{3}}{2} & 0 \\
0 & \frac{\sqrt{3}}{2} & -\frac{\sqrt{3}}{2} & \frac{1}{2} & \frac{1}{2} & -1
\end{bmatrix}
\begin{bmatrix} u_{\mathrm{AN}} \\ u_{\mathrm{BN}} \\ u_{\mathrm{CN}} \\ u_{\mathrm{XN'}} \\ u_{\mathrm{YN'}} \\ u_{\mathrm{ZN'}} \end{bmatrix} \tag{12-10}
$$

将式（12-8）代入式（12-10）可得

$$\begin{bmatrix} u_\alpha \\ u_\beta \end{bmatrix} = \frac{1}{3}V_{\mathrm{dc}} \begin{bmatrix} 1 & -\frac{1}{2} & -\frac{1}{2} & \frac{\sqrt{3}}{2} & -\frac{\sqrt{3}}{2} & 0 \\ 0 & \frac{\sqrt{3}}{2} & -\frac{\sqrt{3}}{2} & \frac{1}{2} & \frac{1}{2} & -1 \end{bmatrix} \begin{bmatrix} \overline{S_4 S_7}\left(S_1 + \overline{S_1}\eta_{\mathrm{A}}\right) \\ \overline{S_5 S_8}\left(S_2 + \overline{S_2}\eta_{\mathrm{B}}\right) \\ \overline{S_6 S_9}\left(S_3 + \overline{S_3}\eta_{\mathrm{C}}\right) \\ \overline{S_7}\left(S_1 S_4 + \overline{S_1 S_4}\eta_{\mathrm{X}}\right) \\ \overline{S_8}\left(S_2 S_5 + \overline{S_2 S_5}\eta_{\mathrm{Y}}\right) \\ \overline{S_9}\left(S_3 S_6 + \overline{S_3 S_6}\eta_{\mathrm{Z}}\right) \end{bmatrix} \tag{12-11}$$

当九开关变换器开关管出现开路故障时，开关管所在桥臂两个输出口电压发生变化，导致电压 u_α、u_β 相对于正常状态出现畸变。由此可见，开关管开路故障时，故障信息包含在电压 u_α、u_β 中。通过比较电压 u_α、u_β 在正常情况下与开路故障情况下的电压残差，提取故障信息，可准确定位故障开关管。

12.2.2 逆变器开路故障诊断方法

当九开关变换器开关管处于正常工作状态时，基于逻辑动态模型输出电压跟踪电压实际输出之间的电压残差为零。当开关管开路故障时，基于逻辑动态模型输出电压与电压实际输出之间的电压残差包含开关管故障信息。通过提取故障信息，可对任一开关管开路故障或同一桥臂两个开关管同时开路故障进行准确定位。

九开关变换器开关管出现开路故障时，系统输出离散量定义为 $\varepsilon|_{S_x=0}$， S_x 代表故障开关管的位置。以 a 桥臂开关管开路故障为例进行说明。

（1）某一开关管开路故障。

当开关管 S_1 开路故障时，电压实际输出出现畸变，系统实际输出电压离散量 $\varepsilon_1|_{S_1=0}$、$\varepsilon_4|_{S_1=0}$ 分别为

$$\begin{cases} \varepsilon_1|_{S_1=0} = \overline{S_4 S_7 \eta_{\mathrm{A}}} \\ \varepsilon_4|_{S_1=0} = \overline{S_7}\eta_{\mathrm{X}} \end{cases} \tag{12-12}$$

根据式（12-11）和式（12-12）可得电压残差 E_α、E_β 分别为

$$\begin{cases} E_\alpha = \frac{1}{3}V_{\mathrm{dc}}\left(\varepsilon_1 - \varepsilon_1|_{S_1=0}\right) + \frac{\sqrt{3}}{6}V_{\mathrm{dc}}\left(\varepsilon_4 - \varepsilon_4|_{S_1=0}\right) \\ \quad = \frac{1}{3}V_{\mathrm{dc}} \cdot S_1\overline{S_4 S_7}\eta_{\mathrm{A}} + \frac{\sqrt{3}}{6}V_{\mathrm{dc}} \cdot S_1 S_4 \overline{S_7}\eta_{\mathrm{X}} \\ E_\beta = \frac{1}{6}V_{\mathrm{dc}}\left(\varepsilon_4 - \varepsilon_4|_{S_1=0}\right) \\ \quad = \frac{1}{6}V_{\mathrm{dc}} \cdot S_1 S_4 \overline{S_7}\eta_{\mathrm{X}} \end{cases} \tag{12-13}$$

由 12.2.1 节分析可知，S_1、S_4、S_7、η_{A}、η_{X} 分别为离散量，在 0、1 之间取值，故电压残差 E_α、E_β 同样为离散量。根据式（12-13）可得电压残差 E_α 为 0、$\sqrt{3}V_{\mathrm{dc}}/6$、$V_{\mathrm{dc}}/3$、$(2+\sqrt{3})V_{\mathrm{dc}}/6$，电压残差 E_β 为 0、$V_{\mathrm{dc}}/6$。

当开关管 S_4 开路故障时，系统实际输出电压离散量 $\varepsilon_1|_{S_4=0}$、$\varepsilon_4|_{S_4=0}$ 分别为

$$\begin{cases} \varepsilon_1|_{S_4=0} = S_1 + \overline{S_1 \eta_A} \\ \varepsilon_4|_{S_4=0} = \overline{S_7 \eta_X} \end{cases} \tag{12-14}$$

根据式（12-11）和式（12-14）可得电压残差 E_α、E_β 分别为

$$\begin{cases} E_\alpha = \dfrac{1}{3}V_{dc}\left(\varepsilon_1 - \varepsilon_1|_{S_4=0}\right) + \dfrac{\sqrt{3}}{6}V_{dc}\left(\varepsilon_4 - \varepsilon_4|_{S_4=0}\right) \\ \quad = -\dfrac{1}{3}V_{dc}\cdot\left[S_4S_7\left(S_1+\overline{S_1\eta_A}\right)\right] + \dfrac{\sqrt{3}}{6}V_{dc}\cdot S_1S_4\overline{S_7}\eta_X \\ E_\beta = \dfrac{1}{6}V_{dc}\left(\varepsilon_4 - \varepsilon_4|_{S_4=0}\right) \\ \quad = \dfrac{1}{6}V_{dc}\cdot S_1S_4\overline{S_7}\eta_X \end{cases} \tag{12-15}$$

由式（12-15）可知，当 S_1 取 1，S_4 取 1，S_7 取 0，η_X 取 1 时，电压残差 E_α 为 $\sqrt{3}V_{dc}/6$，无论 S_1、S_4、S_7、η_A、η_X 如何取值，电压残差 E_α 均不可能为 $-\left(2-\sqrt{3}\right)V_{dc}/6$。故电压残差 E_α 为 $-V_{dc}/3$、0、$\sqrt{3}V_{dc}/6$，电压残差 E_β 为 0、$V_{dc}/6$。

当开关管 S_7 开路故障时，系统实际输出电压离散量 $\varepsilon_1|_{S_7=0}$、$\varepsilon_4|_{S_7=0}$ 分别为

$$\begin{cases} \varepsilon_1|_{S_7=0} = S_1 + \overline{S_1 \eta_A} \\ \varepsilon_4|_{S_7=0} = S_1S_4 + \overline{S_1 S_4 \eta_X} \end{cases} \tag{12-16}$$

根据式（12-11）和式（12-16）可得电压残差 E_α、E_β 分别为

$$\begin{cases} E_\alpha = \dfrac{1}{3}V_{dc}\left(\varepsilon_1 - \varepsilon_1|_{S_7=0}\right) + \dfrac{\sqrt{3}}{6}V_{dc}\left(\varepsilon_4 - \varepsilon_4|_{S_7=0}\right) \\ \quad = -\dfrac{1}{3}V_{dc}\cdot S_4S_7\left(S_1+\overline{S_1\eta_A}\right) - \dfrac{\sqrt{3}}{6}V_{dc}\cdot S_7\left(S_1S_4+\overline{S_1S_4\eta_X}\right) \\ E_\beta = \dfrac{1}{6}V_{dc}\left(\varepsilon_4 - \varepsilon_4|_{S_7=0}\right) = -\dfrac{1}{6}V_{dc}\cdot S_7\left(S_1S_4+\overline{S_1S_4\eta_X}\right) \end{cases} \tag{12-17}$$

由式（12-17）可知，电压残差 E_α 为 $-\left(2+\sqrt{3}\right)V_{dc}/6$、$-V_{dc}/3$、$-\sqrt{3}V_{dc}/6$、0，电压残差 E_β 为 $-V_{dc}/6$、0。

同理，求得开关管 S_2、S_3、S_5、S_6、S_8、S_9 开路故障时的电压残差，如表 12-2 所示。

表 12-2　某一开关管开路故障时的电压残差

故障开关管	E_α	E_β
S_1	0、$\frac{\sqrt{3}}{6}V_{dc}$、$\frac{1}{3}V_{dc}$、$\frac{2+\sqrt{3}}{6}V_{dc}$	0、$\frac{1}{6}V_{dc}$
S_2	$-\frac{1+\sqrt{3}}{6}V_{dc}$、$-\frac{\sqrt{3}}{6}V_{dc}$、$-\frac{1}{6}V_{dc}$、0	0、$\frac{1}{6}V_{dc}$、$\frac{\sqrt{3}}{6}V_{dc}$、$\frac{1+\sqrt{3}}{6}V_{dc}$
S_3	$-\frac{1}{6}V_{dc}$、0	$-\frac{2+\sqrt{3}}{6}V_{dc}$、$-\frac{1}{3}V_{dc}$、$-\frac{\sqrt{3}}{6}V_{dc}$、0
S_4	$-\frac{1}{3}V_{dc}$、0、$\frac{\sqrt{3}}{6}V_{dc}$	0、$\frac{1}{6}V_{dc}$
S_5	$-\frac{\sqrt{3}}{6}V_{dc}$、0、$\frac{1}{6}V_{dc}$	$-\frac{\sqrt{3}}{6}V_{dc}$、0、$\frac{1}{6}V_{dc}$

续表

故障开关管	E_α	E_β
S_6	0、$\frac{1}{6}V_{dc}$	$-\frac{1}{3}V_{dc}$、0、$\frac{\sqrt{3}}{6}V_{dc}$
S_7	$-\frac{2+\sqrt{3}}{6}V_{dc}$、$-\frac{1}{3}V_{dc}$、$-\frac{\sqrt{3}}{6}V_{dc}$、0	$-\frac{1}{6}V_{dc}$、0
S_8	0、$\frac{1}{6}V_{dc}$、$\frac{\sqrt{3}}{6}V_{dc}$、$\frac{1+\sqrt{3}}{6}V_{dc}$	$-\frac{1+\sqrt{3}}{6}V_{dc}$、$-\frac{\sqrt{3}}{6}V_{dc}$、$-\frac{1}{6}V_{dc}$、0
S_9	0、$\frac{1}{6}V_{dc}$	0、$\frac{\sqrt{3}}{6}V_{dc}$、$\frac{1}{3}V_{dc}$、$\frac{2+\sqrt{3}}{6}V_{dc}$

（2）同一桥臂两个开关管同时开路故障。

当开关管 S_1、S_4 同时开路故障时，系统实际输出电压离散量 $\varepsilon_1|_{S_1S_4=0}$、$\varepsilon_4|_{S_1S_4=0}$ 分别为

$$\begin{cases}\varepsilon_1|_{S_1S_4=0}=\overline{\eta_A}\\ \varepsilon_4|_{S_1S_4=0}=\overline{S_7\eta_X}\end{cases}\tag{12-18}$$

根据式（12-11）和式（12-18）可得电压残差 E_α、E_β 分别为

$$\begin{cases}E_\alpha=\frac{1}{3}V_{dc}\left(\varepsilon_1-\varepsilon_1|_{S_1S_4=0}\right)+\frac{\sqrt{3}}{6}V_{dc}\left(\varepsilon_4-\varepsilon_4|_{S_1S_4=0}\right)\\ \quad=\frac{1}{3}V_{dc}\cdot\left[\overline{S_4S_7}\left(S_1+\overline{S_1\eta_A}\right)-\overline{\eta_A}\right]+\frac{\sqrt{3}}{6}V_{dc}\cdot S_1S_4\overline{S_7}\eta_X\\ E_\beta=\frac{1}{6}V_{dc}\left(\varepsilon_4-\varepsilon_4|_{S_1S_4=0}\right)=\frac{1}{6}V_{dc}\cdot S_1S_4\overline{S_7}\eta_X\end{cases}\tag{12-19}$$

由式（12-19）可知，当 S_1 取 1，S_4 取 1，S_7 取 0，η_X 取 1 时，电压残差 E_α 为

$$E_\alpha=\frac{1}{3}V_{dc}\cdot\left(1-\overline{\eta_A}\right)+\frac{\sqrt{3}}{6}V_{dc}\tag{12-20}$$

因为 η_A 为离散量，在 0、1 之间取值，电压残差 E_α 不可能为 $-\left(2-\sqrt{3}\right)V_{dc}/6$。故电压残差 E_α 为 $-V_{dc}/3$、0、$\sqrt{3}V_{dc}/6$、$V_{dc}/3$、$\left(2+\sqrt{3}\right)V_{dc}/6$，电压残差 E_β 为 0、$V_{dc}/6$。

当开关管 S_1、S_7 同时开路故障时，系统实际输出电压离散量 $\varepsilon_1|_{S_1S_7=0}$、$\varepsilon_4|_{S_1S_7=0}$ 分别为

$$\begin{cases}\varepsilon_1|_{S_1S_7=0}=\overline{\eta_A}\\ \varepsilon_4|_{S_1S_7=0}=\overline{\eta_X}\end{cases}\tag{12-21}$$

根据式（12-11）和式（12-21）可得电压残差 E_α、E_β 分别为

$$\begin{cases}E_\alpha=\frac{1}{3}V_{dc}\left(\varepsilon_1-\varepsilon_1|_{S_1S_7=0}\right)+\frac{\sqrt{3}}{6}V_{dc}\left(\varepsilon_4-\varepsilon_4|_{S_1S_7=0}\right)\\ \quad=\frac{1}{3}V_{dc}\cdot\left[\overline{S_4S_7}\left(S_1+\overline{S_1\eta_A}\right)-\overline{\eta_A}\right]+\frac{\sqrt{3}}{6}V_{dc}\cdot\left[\overline{S_7}\left(S_1S_4+\overline{S_1S_4\eta_X}\right)-\overline{\eta_X}\right]\\ E_\beta=\frac{1}{6}V_{dc}\left(\varepsilon_4-\varepsilon_4|_{S_1S_7=0}\right)\\ \quad=\frac{1}{6}V_{dc}\cdot\left[\overline{S_7}\left(S_1S_4+\overline{S_1S_4\eta_X}\right)-\overline{\eta_X}\right]\end{cases}\tag{12-22}$$

由式（12-22）可知，电压残差 E_α 为 $-\left(2+\sqrt{3}\right)V_{dc}/6$、$-V_{dc}/3$、$-\sqrt{3}V_{dc}/6$、

$-\left(2-\sqrt{3}\right)V_{dc}/6$、0、$\left(2-\sqrt{3}\right)V_{dc}/6$、$\sqrt{3}V_{dc}/6$、$V_{dc}/3$、$\left(2+\sqrt{3}\right)V_{dc}/6$，电压残差 E_β 为 $-V_{dc}/6$、0、$V_{dc}/6$。

当开关管 S4、S7 同时开路故障时，系统实际输出电压离散量 $\varepsilon_1|_{S_4S_7=0}$、$\varepsilon_4|_{S_4S_7=0}$ 分别为

$$\begin{cases}\varepsilon_1|_{S_4S_7=0}=S_1+\overline{\overline{S_1}\eta_A}\\ \varepsilon_4|_{S_4S_7=0}=\overline{\eta_X}\end{cases} \tag{12-23}$$

根据式（12-11）和式（12-23）可得电压残差 E_α、E_β 分别为

$$\begin{cases}E_\alpha=\dfrac{1}{3}V_{dc}\left(\varepsilon_1-\varepsilon_1|_{S_4S_7=0}\right)+\dfrac{\sqrt{3}}{6}V_{dc}\left(\varepsilon_4-\varepsilon_4|_{S_4S_7=0}\right)\\ \quad=-\dfrac{1}{3}V_{dc}\cdot S_4S_7\left(S_1+\overline{\overline{S_1}\eta_A}\right)+\dfrac{\sqrt{3}}{6}V_{dc}\cdot\left[\overline{S_7}\left(S_1S_4+\overline{\overline{S_1}S_4\eta_X}\right)-\overline{\eta_X}\right]\\ E_\beta=\dfrac{1}{6}V_{dc}\left(\varepsilon_4-\varepsilon_4|_{S_4S_7=0}\right)=\dfrac{1}{6}V_{dc}\cdot\left[\overline{S_7}\left(S_1S_4+\overline{\overline{S_1}S_4\eta_X}\right)-\overline{\eta_X}\right]\end{cases} \tag{12-24}$$

由式（12-24）可知，电压残差 E_α 为 $-\left(2+\sqrt{3}\right)V_{dc}/6$、$-V_{dc}/3$、$-\sqrt{3}V_{dc}/6$、$-\left(2-\sqrt{3}\right)V_{dc}/6$、0、$\sqrt{3}V_{dc}/6$，电压残差 E_β 为 $-V_{dc}/6$、0、$V_{dc}/6$。

同理，求得 b 桥臂、c 桥臂两个开关管同时开路故障时的电压残差，如表 12-3 所示。

表 12-3　同一桥臂两个开关管同时开路故障时的电压残差

故障开关管	E_α	E_β
S1、S4	$-\frac{1}{3}V_{dc}$、0、$\frac{\sqrt{3}}{6}V_{dc}$、$\frac{1}{3}V_{dc}$、$\frac{2+\sqrt{3}}{6}V_{dc}$	0、$\frac{1}{6}V_{dc}$
S1、S7	$-\frac{2+\sqrt{3}}{6}V_{dc}$、$-\frac{1}{3}V_{dc}$、$-\frac{\sqrt{3}}{6}V_{dc}$、$-\frac{2-\sqrt{3}}{6}V_{dc}$、0、$\frac{2-\sqrt{3}}{6}V_{dc}$、$\frac{\sqrt{3}}{6}V_{dc}$、$\frac{1}{3}V_{dc}$、$\frac{2+\sqrt{3}}{6}V_{dc}$	$-\frac{1}{6}V_{dc}$、0、$\frac{1}{6}V_{dc}$
S4、S7	$-\frac{2+\sqrt{3}}{6}V_{dc}$、$-\frac{1}{3}V_{dc}$、$-\frac{\sqrt{3}}{6}V_{dc}$、$-\frac{2-\sqrt{3}}{6}V_{dc}$、0、$\frac{\sqrt{3}}{6}V_{dc}$	$-\frac{1}{6}V_{dc}$、0、$\frac{1}{6}V_{dc}$
S2、S5	$-\frac{1+\sqrt{3}}{6}V_{dc}$、$-\frac{\sqrt{3}}{6}V_{dc}$、$-\frac{1}{6}V_{dc}$、0、$\frac{1}{6}V_{dc}$	$-\frac{\sqrt{3}}{6}V_{dc}$、0、$\frac{1}{6}V_{dc}$、$\frac{\sqrt{3}}{6}V_{dc}$、$\frac{1+\sqrt{3}}{6}V_{dc}$
S2、S8	$-\frac{1+\sqrt{3}}{6}V_{dc}$、$-\frac{\sqrt{3}}{6}V_{dc}$、$-\frac{1}{6}V_{dc}$、$\frac{1-\sqrt{3}}{6}V_{dc}$、0、$\frac{\sqrt{3}-1}{6}V_{dc}$、$\frac{1}{6}V_{dc}$、$\frac{\sqrt{3}}{6}V_{dc}$、$\frac{1+\sqrt{3}}{6}V_{dc}$	$-\frac{1+\sqrt{3}}{6}V_{dc}$、$-\frac{\sqrt{3}}{6}V_{dc}$、$-\frac{1}{6}V_{dc}$、$\frac{1-\sqrt{3}}{6}V_{dc}$、0、$\frac{\sqrt{3}-1}{6}V_{dc}$、$\frac{1}{6}V_{dc}$、$\frac{\sqrt{3}}{6}V_{dc}$、$\frac{1+\sqrt{3}}{6}V_{dc}$
S5、S8	$-\frac{\sqrt{3}}{6}V_{dc}$、$\frac{1-\sqrt{3}}{6}V_{dc}$、0、$\frac{1}{6}V_{dc}$、$\frac{\sqrt{3}}{6}V_{dc}$、$\frac{1+\sqrt{3}}{6}V_{dc}$	$-\frac{1+\sqrt{3}}{6}V_{dc}$、$-\frac{\sqrt{3}}{6}V_{dc}$、$-\frac{1}{6}V_{dc}$、$\frac{1-\sqrt{3}}{6}V_{dc}$、0、$\frac{1}{6}V_{dc}$
S3、S6	$-\frac{1}{6}V_{dc}$、0、$\frac{1}{6}V_{dc}$	$-\frac{2+\sqrt{3}}{6}V_{dc}$、$-\frac{1}{3}V_{dc}$、$-\frac{\sqrt{3}}{6}V_{dc}$、0、$\frac{\sqrt{3}}{6}V_{dc}$
S3、S9	$-\frac{1}{6}V_{dc}$、0、$\frac{1}{6}V_{dc}$	$-\frac{2+\sqrt{3}}{6}V_{dc}$、$-\frac{1}{3}V_{dc}$、$-\frac{\sqrt{3}}{6}V_{dc}$、$-\frac{2-\sqrt{3}}{6}V_{dc}$、0、$\frac{2-\sqrt{3}}{6}V_{dc}$、$\frac{\sqrt{3}}{6}V_{dc}$、$\frac{1}{3}V_{dc}$、$\frac{2+\sqrt{3}}{6}V_{dc}$
S6、S9	0、$\frac{1}{6}V_{dc}$	$-\frac{2+\sqrt{3}}{6}V_{dc}$、$-\frac{1}{3}V_{dc}$、$-\frac{\sqrt{3}}{6}V_{dc}$、$-\frac{2-\sqrt{3}}{6}V_{dc}$、0、$\frac{2-\sqrt{3}}{6}V_{dc}$、$\frac{\sqrt{3}}{6}V_{dc}$、$\frac{1}{3}V_{dc}$、$\frac{2+\sqrt{3}}{6}V_{dc}$

12.2.3 仿真结果与分析

为验证双 Y 移 30°PMSM 逆变器开路故障诊断方法的有效性，分别以开关管 S_1 开路故障和 a 桥臂开关管 S_1、S_4 同时开路故障为例，进行仿真验证。其中，图 12-3 所示为 0.5s 时刻开关管 S_1 开路故障时的电机电流波形，图 12-4 所示为 0.5s 时刻开关管 S_1 开路故障时的电机实际输出电压 u_α 波形，图 12-5 所示为 0.5s 时刻开关管 S_1 开路故障时的电机实际输出电压 u_β 波形，图 12-6 所示为 0.5s 时刻开关管 S_1 开路故障时的电压残差波形。图 12-7 为 0.5s 时刻开关管 S_1、S_4 同时开路故障时的电机电流波形，图 12-8 所示为 0.5s 时刻开关管 S_1、S_4 同时开路故障时的电机实际输出电压 u_α 波形，图 12-9 所示为 0.5s 时刻开关管 S_1、S_4 同时开路故障时的电机实际输出电压 u_β 波形，图 12-10 所示为 0.5s 时刻开关管 S_1、S_4 同时开路故障时的电压残差波形。

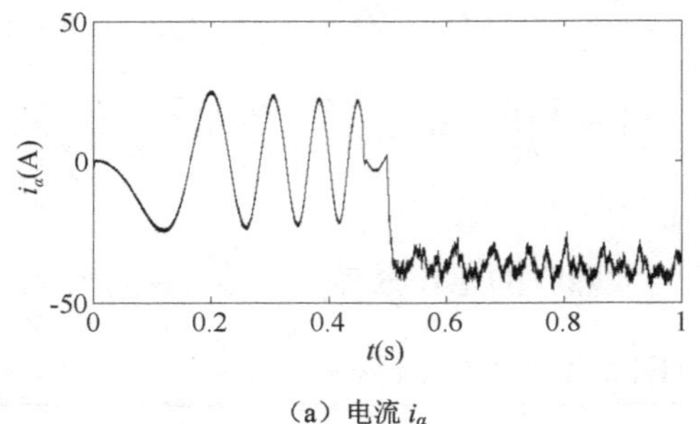

（a）电流 i_α

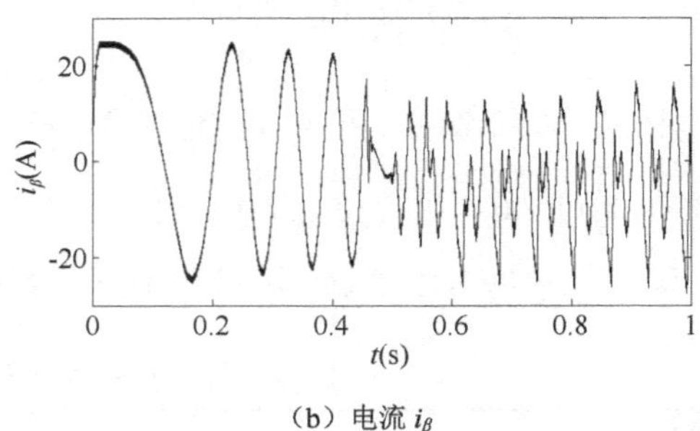

（b）电流 i_β

图 12-3 0.5s 时刻开关管 S_1 开路故障时的电机电流波形

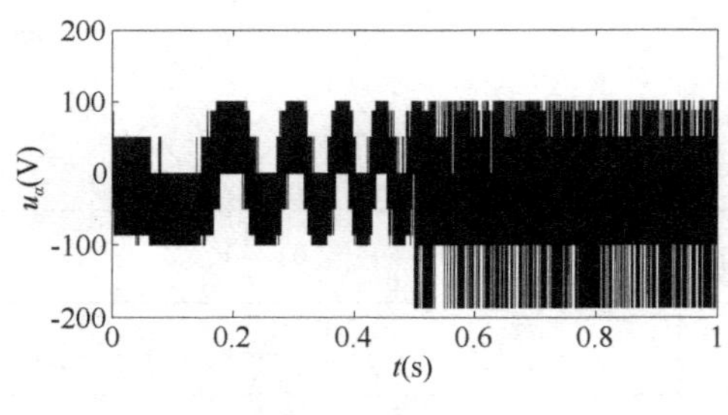

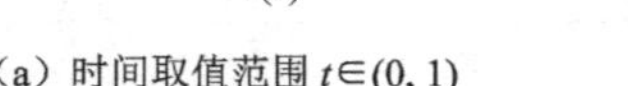

（a）时间取值范围 $t \in (0, 1)$

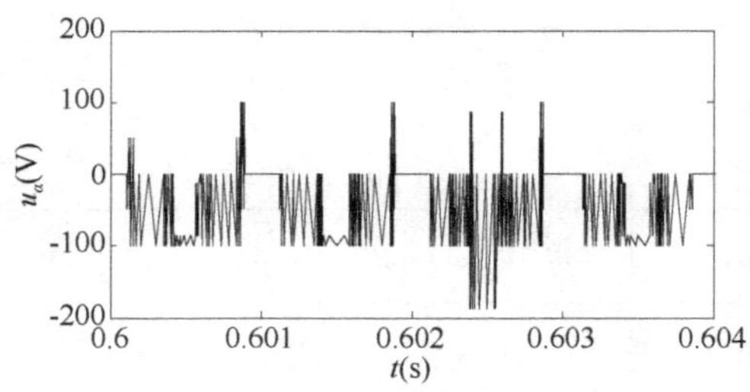

（b）时间取值范围 $t \in (0.6, 0.604)$

图 12-4 0.5s 时刻开关管 S_1 开路故障时的电机实际输出电压 u_α 波形

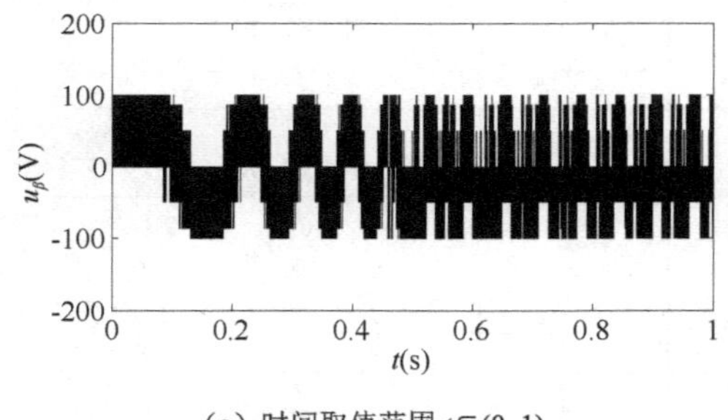

（a）时间取值范围 $t \in (0, 1)$

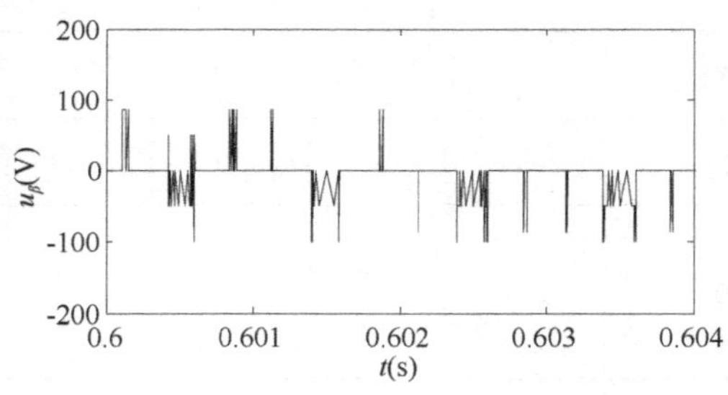

（b）时间取值范围 $t \in (0.6, 0.604)$

图 12-5 0.5s 时刻开关管 S_1 开路故障时的电机实际输出电压 u_β 波形

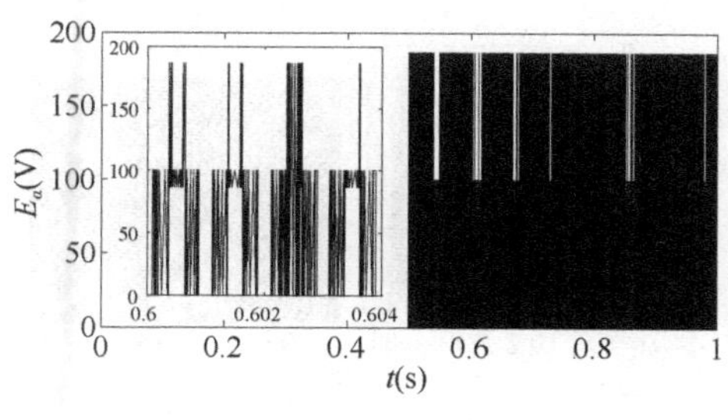

（a）电压残差 E_α

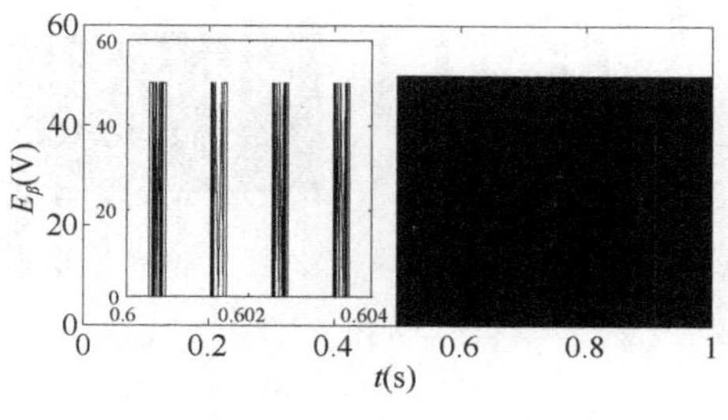

（b）电压残差 E_β

图 12-6　0.5s 时刻开关管 S_1 开路故障时的电压残差波形

电机正常启动后，在 0.5s 时刻开关管 S_1 开路故障，电机电流 i_α、i_β 出现畸变，电机实际输出电压 u_α、u_β 为离散量。将基于逻辑动态模型输出电压与电压实际输出进行比较，可得电压残差 E_α 为 0、86.6、100、186.6，电压残差 E_β 为 0、50，符合表 12-2 给出的开关管 S_1 开路故障的情况。

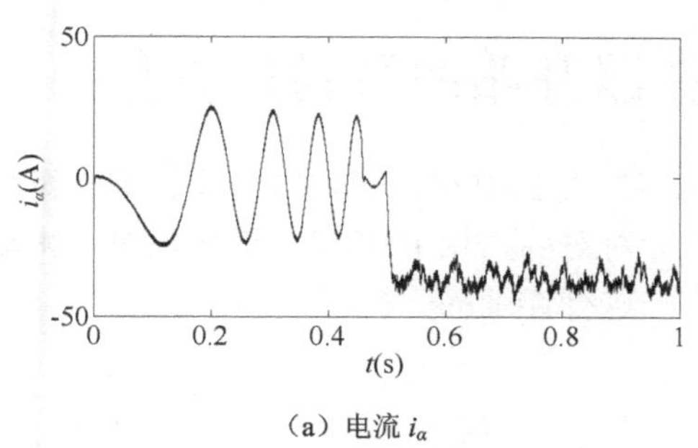

（a）电流 i_α

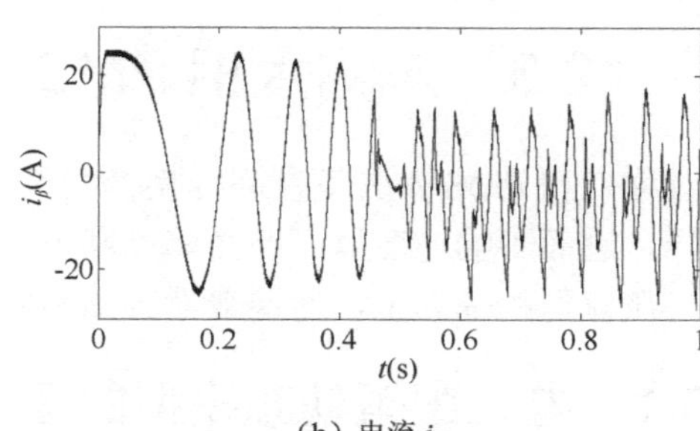

（b）电流 i_β

图 12-7　0.5s 时刻开关管 S_1、S_4 同时开路故障时的电机电流波形

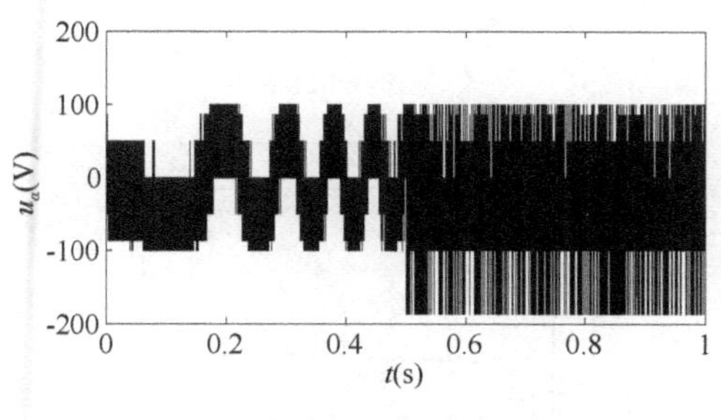

（a）时间取值范围 $t\in(0, 1)$

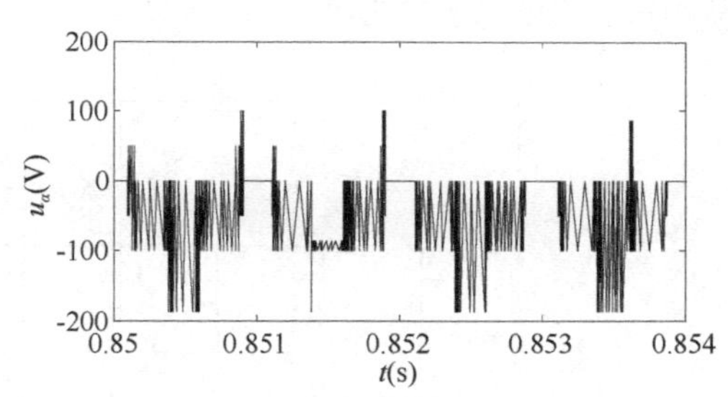

（b）时间取值范围 $t\in(0.85, 0.854)$

图 12-8　0.5s 时刻开关管 S_1、S_4 同时开路故障时的电机实际输出电压 u_α 波形

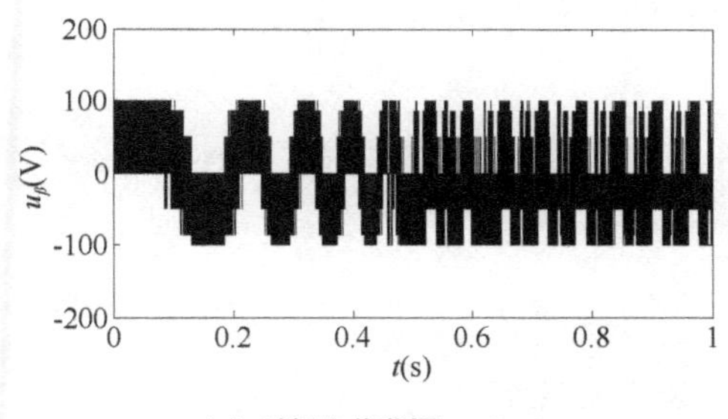

（a）时间取值范围 $t\in(0, 1)$

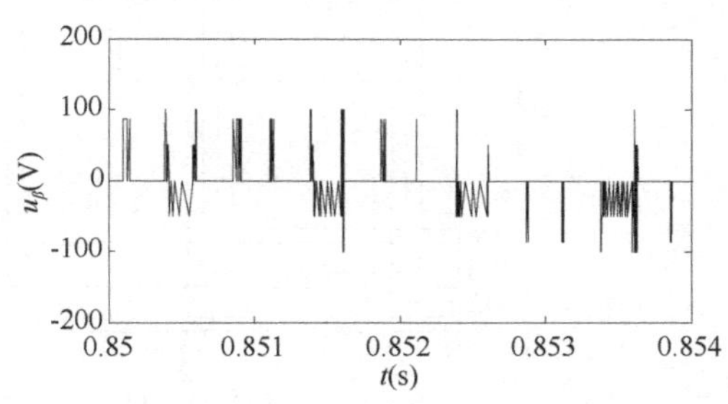

（b）时间取值范围 $t\in(0.85, 0.854)$

图 12-9　0.5s 时刻开关管 S_1、S_4 同时开路故障时的电机实际输出电压 u_β 波形

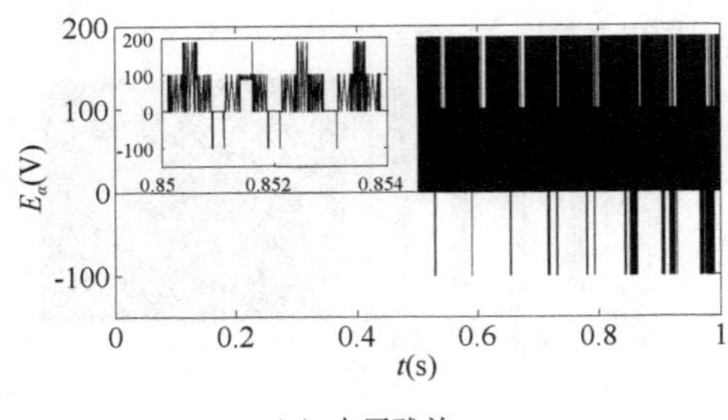

（a）电压残差 E_α

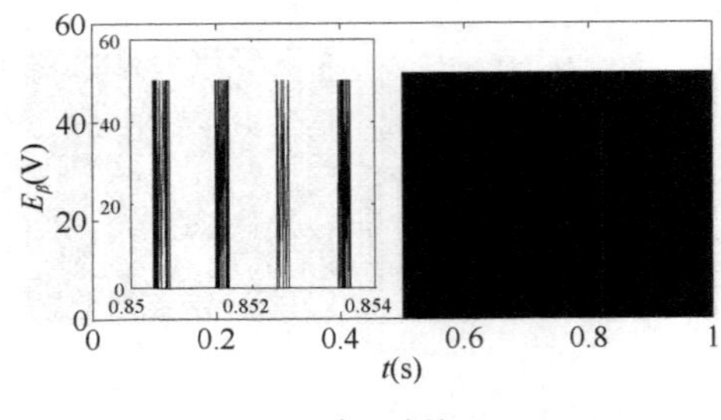

（b）电压残差 E_β

图 12-10　0.5s 时刻开关管 S_1、S_4 同时开路故障时的电压残差波形

电机正常启动后，在 0.5s 时刻开关管 S_1、S_4 同时开路故障，电机电流 i_α、i_β 出现畸变，电机实际输出电压 u_α、u_β 为离散量。将基于逻辑动态模型输出电压与电压实际输出进行比较，可得电压残差 E_α 为-100、0、86.6、100、186.6，电压残差 E_β 为 0、50，符合表 12-3 给出的开关管 S_1、S_4 同时开路故障的情况。

12.3　对称六相 PMSM 逆变器开路故障诊断方法

对称六相 PMSM 矢量空间变换模型不同于双 Y 移 30°PMSM，导致电机逻辑动态模型存在差异，进而影响逆变器开路故障诊断方法。本节针对对称六相 PMSM，给出电机逻辑动态模型。在模型的基础上，对逆变器开路故障诊断方法进行详细的分析。

12.3.1　电机逻辑动态模型的建立

对称六相 PMSM 驱动系统由九开关变换器、对称六相 PMSM、数字控制器及直流输入环节组成，如图 12-11 所示。

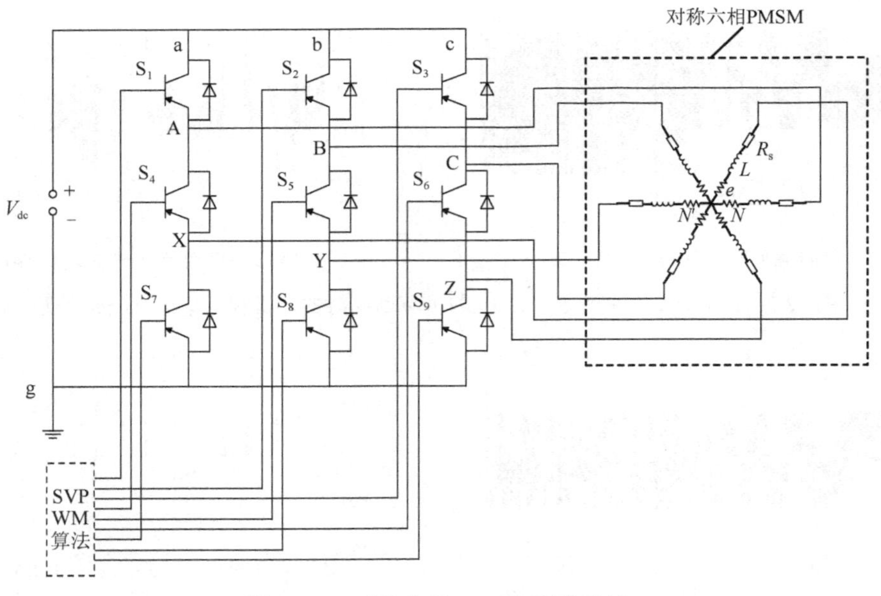

图 12-11　对称六相 PMSM 驱动系统

双 Y 移 30°PMSM、对称六相 PMSM 驱动系统均由九开关变换器驱动。不同之处在于，

二者的定子绕组结构不同。根据图 12-11，列出矢量空间解耦变换表达式为

$$\begin{bmatrix} u_\alpha \\ u_\beta \end{bmatrix} = \frac{1}{3}\begin{bmatrix} 1 & -\frac{1}{2} & -\frac{1}{2} & \frac{1}{2} & -1 & \frac{1}{2} \\ 0 & \frac{\sqrt{3}}{2} & -\frac{\sqrt{3}}{2} & \frac{\sqrt{3}}{2} & 0 & -\frac{\sqrt{3}}{2} \end{bmatrix}\begin{bmatrix} u_{\mathrm{AN}} \\ u_{\mathrm{BN}} \\ u_{\mathrm{CN}} \\ u_{\mathrm{XN'}} \\ u_{\mathrm{YN'}} \\ u_{\mathrm{ZN'}} \end{bmatrix} \tag{12-25}$$

将式（12-8）代入式（12-25）可得

$$\begin{bmatrix} u_\alpha \\ u_\beta \end{bmatrix} = \frac{1}{3}V_{\mathrm{dc}}\begin{bmatrix} 1 & -\frac{1}{2} & -\frac{1}{2} & \frac{1}{2} & -1 & \frac{1}{2} \\ 0 & \frac{\sqrt{3}}{2} & -\frac{\sqrt{3}}{2} & \frac{\sqrt{3}}{2} & 0 & -\frac{\sqrt{3}}{2} \end{bmatrix}\begin{bmatrix} \overline{S_4 S_7}\left(S_1 + \overline{S_1 \eta_{\mathrm{A}}}\right) \\ \overline{S_5 S_8}\left(S_2 + \overline{S_2 \eta_{\mathrm{B}}}\right) \\ \overline{S_6 S_9}\left(S_3 + \overline{S_3 \eta_{\mathrm{C}}}\right) \\ \overline{S_7}\left(S_1 S_4 + \overline{S_1 S_4 \eta_{\mathrm{X}}}\right) \\ \overline{S_8}\left(S_2 S_5 + \overline{S_2 S_5 \eta_{\mathrm{Y}}}\right) \\ \overline{S_9}\left(S_3 S_6 + \overline{S_3 S_6 \eta_{\mathrm{Z}}}\right) \end{bmatrix} \tag{12-26}$$

开关管开路故障时，故障信息包含在电压 u_α、u_β 中。通过比较电压 u_α、u_β 在正常情况下与开路故障情况下的电压残差，提取故障信息，可准确定位故障开关管。

12.3.2　逆变器开路故障诊断方法

当九开关变换器开关管开路故障时，基于逻辑动态模型输出电压与电压实际输出之间的电压残差包含开关管故障信息。通过提取故障信息，可对任一开关管开路故障或同一桥臂两个开关管同时开路故障进行准确定位。

当九开关变换器开关管开路故障时，系统离散输出量定义为 $\varepsilon|_{S_x=0}$， S_x 代表故障开关管的位置。以 a 桥臂开关管开路故障为例进行说明。

（1）某一开关管开路故障。

当开关管 S_1 开路故障时，系统实际输出电压离散量为 $\varepsilon_1|_{S_1=0}$ 和 $\varepsilon_4|_{S_1=0}$， 离散量取值见 12.2.2 节。根据式（12-12）和式（12-26）可得电压残差 E_α、E_β 分别为

$$\begin{cases} E_\alpha = \frac{1}{3}V_{\mathrm{dc}}\left(\varepsilon_1 - \varepsilon_1|_{S_1=0}\right) + \frac{1}{6}V_{\mathrm{dc}}\left(\varepsilon_4 - \varepsilon_4|_{S_1=0}\right) \\ \quad = \frac{1}{3}V_{\mathrm{dc}} \cdot S_1\overline{S_4 S_7}\eta_{\mathrm{A}} + \frac{1}{6}V_{\mathrm{dc}} \cdot S_1 S_4 \overline{S_7}\eta_{\mathrm{X}} \\ E_\beta = \frac{\sqrt{3}}{6}V_{\mathrm{dc}}\left(\varepsilon_4 - \varepsilon_4|_{S_1=0}\right) \\ \quad = \frac{\sqrt{3}}{6}V_{\mathrm{dc}} \cdot S_1 S_4 \overline{S_7}\eta_{\mathrm{X}} \end{cases} \tag{12-27}$$

由式（12-27）可知，电压残差 E_α 为 0、$V_{\mathrm{dc}}/6$、$V_{\mathrm{dc}}/3$、$V_{\mathrm{dc}}/2$，电压残差 E_β 为 0、$\sqrt{3}V_{\mathrm{dc}}/6$。

当开关管 S_4 开路故障时，系统实际输出电压离散量为 $\varepsilon_1|_{S_4=0}$ 和 $\varepsilon_4|_{S_4=0}$。根据式（12-14）

和式（12-26）可得电压残差 E_α、E_β 分别为

$$\begin{cases} E_\alpha = \dfrac{1}{3}V_{\text{dc}}\left(\varepsilon_1 - \varepsilon_1|_{S_4=0}\right) + \dfrac{1}{6}V_{\text{dc}}\left(\varepsilon_4 - \varepsilon_4|_{S_4=0}\right) \\ \quad = -\dfrac{1}{3}V_{\text{dc}} \cdot S_4 S_7\left(S_1 + \overline{S_1 \eta_{\text{A}}}\right) + \dfrac{1}{6}V_{\text{dc}} \cdot S_1 S_4 \overline{S_7} \eta_{\text{X}} \\ E_\beta = \dfrac{\sqrt{3}}{6}V_{\text{dc}}\left(\varepsilon_4 - \varepsilon_4|_{S_4=0}\right) = \dfrac{\sqrt{3}}{6}V_{\text{dc}} \cdot S_1 S_4 \overline{S_7} \eta_{\text{X}} \end{cases} \tag{12-28}$$

由式（12-28）可知，当 S_1 取 1，S_4 取 1，S_7 取 0，η_{X} 取 1 时，电压残差 E_α 为 $V_{\text{dc}}/6$，无论 S_1、S_4、S_7、η_{A}、η_{X} 如何取值，电压残差 E_α 均不可能为 $-V_{\text{dc}}/6$。故电压残差 E_α 为 $-V_{\text{dc}}/3$、0、$V_{\text{dc}}/6$，电压残差 E_β 为 0、$\sqrt{3}V_{\text{dc}}/6$。

当开关管 S_7 开路故障时，系统实际输出电压离散量为 $\varepsilon_1|_{S_7=0}$ 和 $\varepsilon_4|_{S_7=0}$。根据式（12-16）和式（12-26）可得电压残差 E_α、E_β 分别为

$$\begin{cases} E_\alpha = \dfrac{1}{3}V_{\text{dc}}\left(\varepsilon_1 - \varepsilon_1|_{S_7=0}\right) + \dfrac{1}{6}V_{\text{dc}}\left(\varepsilon_4 - \varepsilon_4|_{S_7=0}\right) \\ \quad = -\dfrac{1}{3}V_{\text{dc}} \cdot S_4 S_7\left(S_1 + \overline{S_1 \eta_{\text{A}}}\right) - \dfrac{1}{6}V_{\text{dc}} \cdot S_7\left(S_1 S_4 + \overline{S_1 S_4 \eta_{\text{X}}}\right) \\ E_\beta = \dfrac{\sqrt{3}}{6}V_{\text{dc}}\left(\varepsilon_4 - \varepsilon_4|_{S_7=0}\right) \\ \quad = -\dfrac{\sqrt{3}}{6}V_{\text{dc}} \cdot S_7\left(S_1 S_4 + \overline{S_1 S_4 \eta_{\text{X}}}\right) \end{cases} \tag{12-29}$$

由式（12-29）可知，电压残差 E_α 为 $-V_{\text{dc}}/2$、$-V_{\text{dc}}/3$、$-V_{\text{dc}}/6$、0，电压残差 E_β 为 $-\sqrt{3}V_{\text{dc}}/6$、0。

同理，求得开关管 S_2、S_3、S_5、S_6、S_8、S_9 开路故障时电压残差，如表 12-4 所示。

表 12-4　某一开关管开路故障时的电压残差

故障开关管	E_α	E_β
S_1	0、$\frac{1}{6}V_{\text{dc}}$、$\frac{1}{3}V_{\text{dc}}$、$\frac{1}{2}V_{\text{dc}}$	0、$\frac{\sqrt{3}}{6}V_{\text{dc}}$
S_2	$-\frac{1}{2}V_{\text{dc}}$、$-\frac{1}{3}V_{\text{dc}}$、$-\frac{1}{6}V_{\text{dc}}$、0	0、$\frac{\sqrt{3}}{6}V_{\text{dc}}$
S_3	$-\frac{1}{6}V_{\text{dc}}$、0、$\frac{1}{6}V_{\text{dc}}$	$-\frac{\sqrt{3}}{3}V_{\text{dc}}$、$-\frac{\sqrt{3}}{6}V_{\text{dc}}$、0
S_4	$-\frac{1}{3}V_{\text{dc}}$、0、$\frac{1}{6}V_{\text{dc}}$	0、$\frac{\sqrt{3}}{6}V_{\text{dc}}$
S_5	$-\frac{1}{3}V_{\text{dc}}$、0、$\frac{1}{6}V_{\text{dc}}$	$-\frac{\sqrt{3}}{6}V_{\text{dc}}$、0
S_6	0、$\frac{1}{6}V_{\text{dc}}$	$-\frac{\sqrt{3}}{6}V_{\text{dc}}$、0、$\frac{\sqrt{3}}{6}V_{\text{dc}}$
S_7	$-\frac{1}{2}V_{\text{dc}}$、$-\frac{1}{3}V_{\text{dc}}$、$-\frac{1}{6}V_{\text{dc}}$、0	$-\frac{\sqrt{3}}{6}V_{\text{dc}}$、0
S_8	0、$\frac{1}{6}V_{\text{dc}}$、$\frac{1}{3}V_{\text{dc}}$、$\frac{1}{2}V_{\text{dc}}$	$-\frac{\sqrt{3}}{6}V_{\text{dc}}$、0
S_9	$-\frac{1}{6}V_{\text{dc}}$、0、$\frac{1}{6}V_{\text{dc}}$	0、$\frac{\sqrt{3}}{6}V_{\text{dc}}$、$\frac{\sqrt{3}}{3}V_{\text{dc}}$

（2）同一桥臂两个开关管同时开路故障。

当开关管 S_1、S_4 同时开路故障时，系统实际输出电压离散量为 $\varepsilon_1|_{S_1S_4=0}$ 和 $\varepsilon_4|_{S_1S_4=0}$。根据式（12-18）和式（12-26）可得电压残差 E_α、E_β 分别为

$$\begin{cases} E_\alpha = \dfrac{1}{3}V_{dc}\left(\varepsilon_1 - \varepsilon_1|_{S_1S_4=0}\right) + \dfrac{1}{6}V_{dc}\left(\varepsilon_4 - \varepsilon_4|_{S_1S_4=0}\right) \\ \quad = \dfrac{1}{3}V_{dc}\cdot\left[\overline{S_4S_7}\left(S_1+\overline{\overline{S_1}\eta_A}\right) - \overline{\eta_A}\right] + \dfrac{1}{6}V_{dc}\cdot S_1S_4\overline{S_7}\eta_X \\ E_\beta = \dfrac{\sqrt{3}}{6}V_{dc}\left(\varepsilon_4 - \varepsilon_4|_{S_1S_4=0}\right) = \dfrac{\sqrt{3}}{6}V_{dc}\cdot S_1S_4\overline{S_7}\eta_X \end{cases} \tag{12-30}$$

由式（12-30）可知，当 S_1 取 1，S_4 取 1，S_7 取 0，η_X 取 1 时，电压残差 E_α 为

$$E_\alpha = \frac{1}{3}V_{dc}\cdot\left(1-\overline{\eta_A}\right) + \frac{1}{6}V_{dc} \tag{12-31}$$

因为 η_A 为离散量，在 0、1 之间取值，电压残差 E_α 不可能为 $-V_{dc}/6$。故电压残差 E_α 为 $-V_{dc}/3$、0、$V_{dc}/6$、$V_{dc}/3$、$V_{dc}/2$，电压残差 E_β 为 0、$\sqrt{3}V_{dc}/6$。

当开关管 S_1、S_7 同时开路故障时，系统实际输出电压离散量为 $\varepsilon_1|_{S_1S_7=0}$ 和 $\varepsilon_4|_{S_1S_7=0}$。根据式（12-21）和式（12-26）可得电压残差 E_α、E_β 分别为

$$\begin{cases} E_\alpha = \dfrac{1}{3}V_{dc}\left(\varepsilon_1 - \varepsilon_1|_{S_1S_7=0}\right) + \dfrac{1}{6}V_{dc}\left(\varepsilon_4 - \varepsilon_4|_{S_1S_7=0}\right) \\ \quad = \dfrac{1}{3}V_{dc}\cdot\left[\overline{S_4S_7}\left(S_1+\overline{\overline{S_1}\eta_A}\right) - \overline{\eta_A}\right] + \dfrac{1}{6}V_{dc}\cdot\left[\overline{S_7}\left(S_1S_4+\overline{\overline{S_1S_4}\eta_X}\right) - \overline{\eta_X}\right] \\ E_\beta = \dfrac{\sqrt{3}}{6}V_{dc}\left(\varepsilon_4 - \varepsilon_4|_{S_1S_7=0}\right) \\ \quad = \dfrac{\sqrt{3}}{6}V_{dc}\cdot\left[\overline{S_7}\left(S_1S_4+\overline{\overline{S_1S_4}\eta_X}\right) - \overline{\eta_X}\right] \end{cases} \tag{12-32}$$

由式（12-32）可知，电压残差 E_α 为 $-V_{dc}/2$、$-V_{dc}/3$、$-V_{dc}/6$、0、$V_{dc}/6$、$V_{dc}/3$、$V_{dc}/2$，电压残差 E_β 为 $-\sqrt{3}V_{dc}/6$、0、$\sqrt{3}V_{dc}/6$。

当开关管 S_4、S_7 同时开路故障时，系统实际输出电压离散量为 $\varepsilon_1|_{S_4S_7=0}$ 和 $\varepsilon_4|_{S_4S_7=0}$。根据式（12-23）和式（12-26）可得电压残差 E_α、E_β 分别为

$$\begin{cases} E_\alpha = \dfrac{1}{3}V_{dc}\left(\varepsilon_1 - \varepsilon_1|_{S_4S_7=0}\right) + \dfrac{1}{6}V_{dc}\left(\varepsilon_4 - \varepsilon_4|_{S_4S_7=0}\right) \\ \quad = -\dfrac{1}{3}V_{dc}\cdot S_4S_7\left(S_1+\overline{\overline{S_1}\eta_A}\right) + \dfrac{1}{6}V_{dc}\cdot\left[\overline{S_7}\left(S_1S_4+\overline{\overline{S_1S_4}\eta_X}\right) - \overline{\eta_X}\right] \\ E_\beta = \dfrac{\sqrt{3}}{6}V_{dc}\left(\varepsilon_4 - \varepsilon_4|_{S_4S_7=0}\right) \\ \quad = \dfrac{\sqrt{3}}{6}V_{dc}\cdot\left[\overline{S_7}\left(S_1S_4+\overline{\overline{S_1S_4}\eta_X}\right) - \overline{\eta_X}\right] \end{cases} \tag{12-33}$$

由式（12-33）可知，电压残差 E_α 为 $-V_{dc}/2$、$-V_{dc}/3$、$-V_{dc}/6$、0、$V_{dc}/6$，电压残差 E_β 为 $-\sqrt{3}V_{dc}/6$、0、$\sqrt{3}V_{dc}/6$。

同理，可求得 b 桥臂、c 桥臂两个开关管同时开路故障时的电压残差，如表 12-5 所示。

表 12-5　同一桥臂两个开关管同时开路故障时的电压残差

故障开关管	E_α	E_β
S_1、S_4	$-\frac{1}{3}V_{dc}$、0、$\frac{1}{6}V_{dc}$、$\frac{1}{3}V_{dc}$、$\frac{1}{2}V_{dc}$	0、$\frac{\sqrt{3}}{6}V_{dc}$
S_1、S_7	$-\frac{1}{2}V_{dc}$、$-\frac{1}{3}V_{dc}$、$-\frac{1}{6}V_{dc}$、0、$\frac{1}{6}V_{dc}$、$\frac{1}{3}V_{dc}$、$\frac{1}{2}V_{dc}$	$-\frac{\sqrt{3}}{6}V_{dc}$、0、$\frac{\sqrt{3}}{6}V_{dc}$
S_4、S_7	$-\frac{1}{2}V_{dc}$、$-\frac{1}{3}V_{dc}$、$-\frac{1}{6}V_{dc}$、0、$\frac{1}{6}V_{dc}$	$-\frac{\sqrt{3}}{6}V_{dc}$、0、$\frac{\sqrt{3}}{6}V_{dc}$
S_2、S_5	$-\frac{1}{2}V_{dc}$、$-\frac{1}{3}V_{dc}$、$-\frac{1}{6}V_{dc}$、0、$\frac{1}{6}V_{dc}$	$-\frac{\sqrt{3}}{6}V_{dc}$、0、$\frac{\sqrt{3}}{6}V_{dc}$
S_2、S_8	$-\frac{1}{2}V_{dc}$、$-\frac{1}{3}V_{dc}$、$-\frac{1}{6}V_{dc}$、0、$\frac{1}{6}V_{dc}$、$\frac{1}{3}V_{dc}$、$\frac{1}{2}V_{dc}$	$-\frac{\sqrt{3}}{6}V_{dc}$、0、$\frac{\sqrt{3}}{6}V_{dc}$
S_5、S_8	$-\frac{1}{3}V_{dc}$、$-\frac{1}{6}V_{dc}$、0、$\frac{1}{6}V_{dc}$、$\frac{1}{3}V_{dc}$、$\frac{1}{2}V_{dc}$	$-\frac{\sqrt{3}}{6}V_{dc}$、0
S_3、S_6	$-\frac{1}{6}V_{dc}$、0、$\frac{1}{6}V_{dc}$	$-\frac{\sqrt{3}}{3}V_{dc}$、$-\frac{\sqrt{3}}{6}V_{dc}$、0、$\frac{\sqrt{3}}{6}V_{dc}$
S_3、S_9	$-\frac{1}{3}V_{dc}$、$-\frac{1}{6}V_{dc}$、0、$\frac{1}{6}V_{dc}$、$\frac{1}{3}V_{dc}$	$-\frac{\sqrt{3}}{3}V_{dc}$、$-\frac{\sqrt{3}}{6}V_{dc}$、0、$\frac{\sqrt{3}}{6}V_{dc}$、$\frac{\sqrt{3}}{3}V_{dc}$
S_6、S_9	$-\frac{1}{6}V_{dc}$、0、$\frac{1}{6}V_{dc}$、$\frac{1}{3}V_{dc}$	$-\frac{\sqrt{3}}{6}V_{dc}$、0、$\frac{\sqrt{3}}{6}V_{dc}$、$\frac{\sqrt{3}}{3}V_{dc}$

从表 12-5 中可以看出，开关管 S_4、S_7 同时开路故障与开关管 S_2、S_5 同时开路故障，开关管 S_1、S_7 同时开路故障与开关管 S_2、S_8 同时开路故障，这两种情况的电压残差相同。故当提取到这两种情况的故障信息时，需要进一步甄别故障开关管。

12.3.3　仿真结果与分析

为验证对称六相 PMSM 逆变器开路故障诊断方法的有效性，分别以开关管 S_1 开路故障或 c 桥臂开关管 S_3、S_6 同时开路故障为例，进行仿真验证。其中，图 12-12 所示为 0.5s 时刻开关管 S_1 开路故障时的电机电流波形，图 12-13 所示为 0.5s 时刻开关管 S_1 开路故障时的电机实际输出电压 u_α 波形，图 12-14 所示为 0.5s 时刻开关管 S_1 开路故障时的电机实际输出电压 u_β 波形，图 12-15 所示为 0.5s 时刻开关管 S_1 开路故障时的电压残差波形。图 12-16 所示为 0.5s 时刻开关管 S_3、S_6 同时开路故障时的电机电流波形，图 12-17 所示为 0.5s 时刻开关管 S_3、S_6 同时开路故障时的电机实际输出电压 u_α 波形，图 12-18 所示为 0.5s 时刻开关管 S_3、S_6 同时开路故障时的电机实际输出电压 u_β 波形，图 12-19 所示为 0.5s 时刻开关管 S_3、S_6 同时开路故障时的电压残差波形。

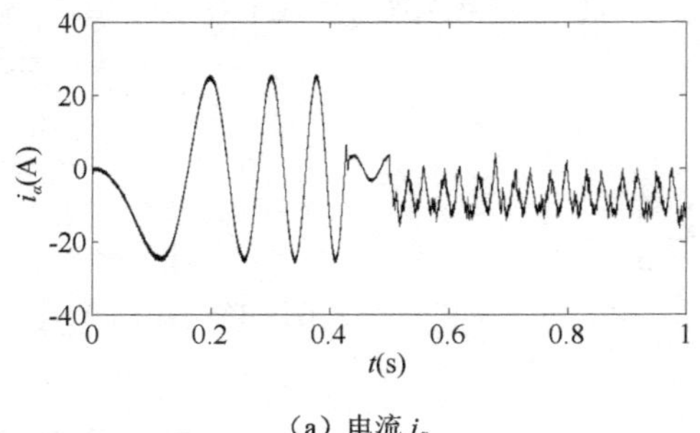

（a）电流 i_α

（b）电流 i_β

图 12-12　0.5s 时刻开关管 S_1 开路故障时的电机电流波形

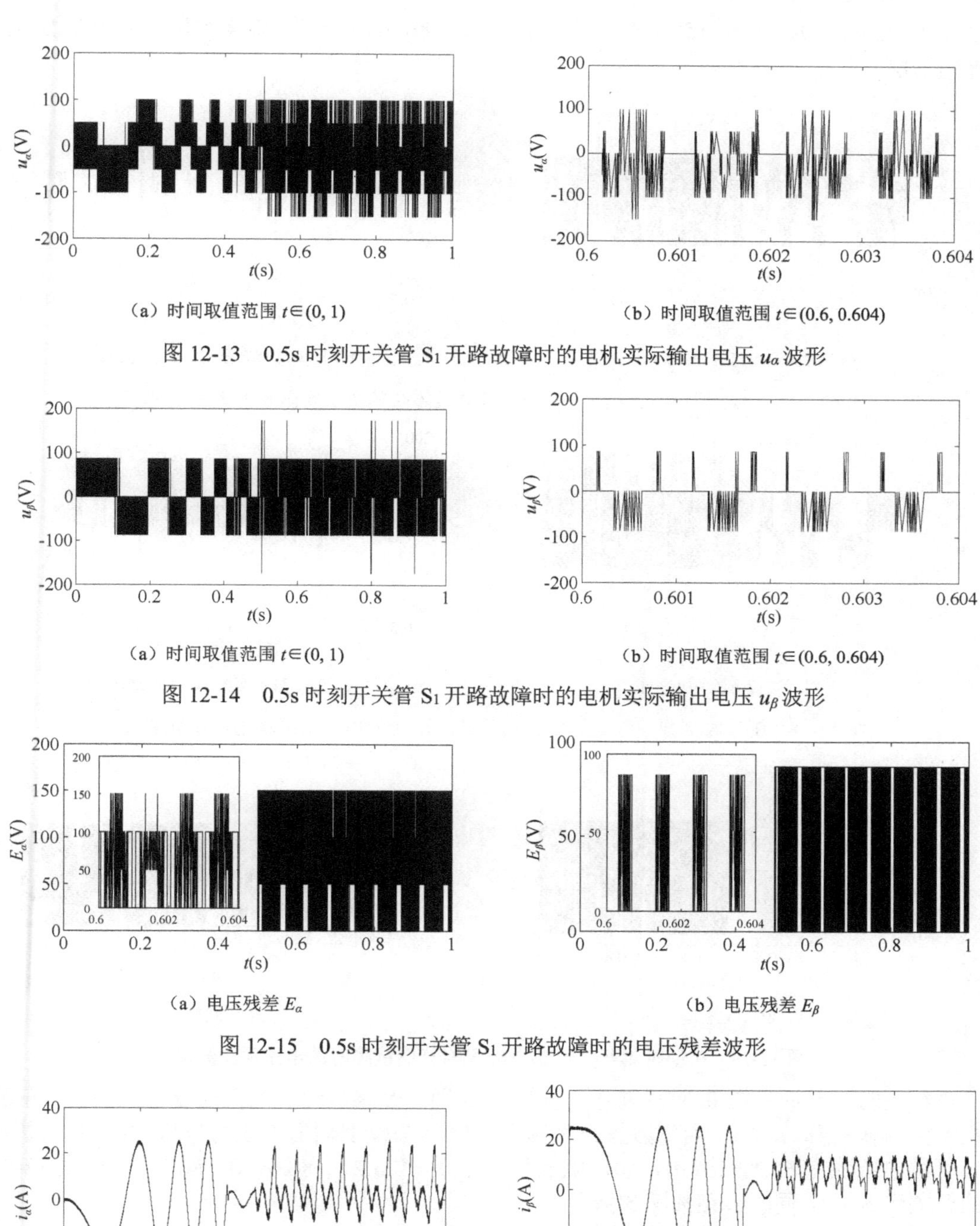

（a）时间取值范围 $t\in(0, 1)$　　（b）时间取值范围 $t\in(0.6, 0.604)$

图 12-13　0.5s 时刻开关管 S_1 开路故障时的电机实际输出电压 u_α 波形

（a）时间取值范围 $t\in(0, 1)$　　（b）时间取值范围 $t\in(0.6, 0.604)$

图 12-14　0.5s 时刻开关管 S_1 开路故障时的电机实际输出电压 u_β 波形

（a）电压残差 E_α　　（b）电压残差 E_β

图 12-15　0.5s 时刻开关管 S_1 开路故障时的电压残差波形

（a）电流 i_α　　（b）电流 i_β

图 12-16　0.5s 时刻开关管 S_3、S_6 同时开路故障时的电机电流波形

电机正常启动后，在 0.5s 时刻开关管 S_1 开路故障，电机电流 i_α、i_β 出现畸变，电机实际输出电压 u_α、u_β 为离散量。将基于逻辑动态模型输出电压与电压实际输出进行比较，可得电

压残差 E_α 为 0、50、100、150，电压残差 E_β 为 0、86.6，符合表 12-4 给出的开关管 S_1 开路故障的情况。

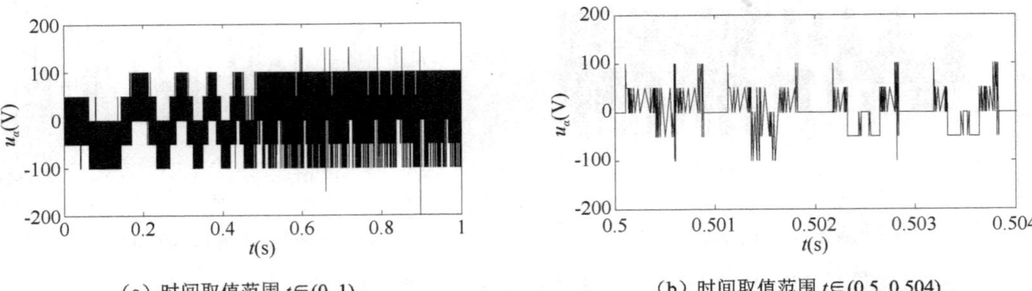

（a）时间取值范围 $t\in(0, 1)$　　（b）时间取值范围 $t\in(0.5, 0.504)$

图 12-17　0.5s 时刻开关管 S_3、S_6 同时开路故障时的电机实际输出电压 u_α 波形

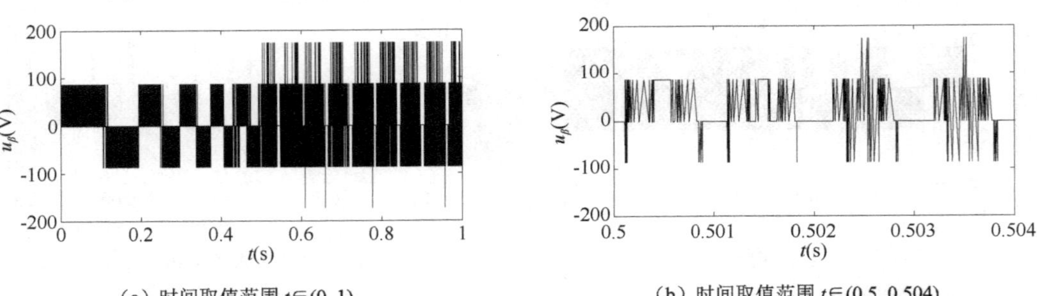

（a）时间取值范围 $t\in(0, 1)$　　（b）时间取值范围 $t\in(0.5, 0.504)$

图 12-18　0.5s 时刻开关管 S_3、S_6 同时开路故障时的电机实际输出电压 u_β 波形

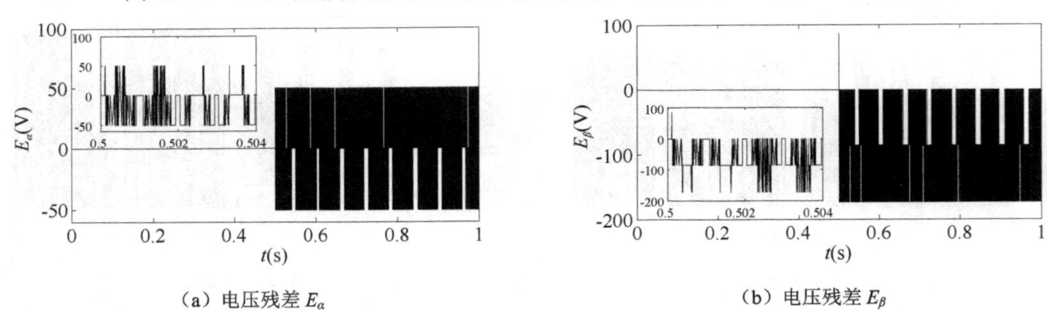

（a）电压残差 E_α　　（b）电压残差 E_β

图 12-19　0.5s 时刻开关管 S_3、S_6 同时开路故障时的电压残差波形

电机正常启动后，在 0.5s 时刻开关管 S_3、S_6 同时开路故障，电机电流 i_α、i_β 出现畸变，电机实际输出电压 u_α、u_β 为离散量。将基于逻辑动态模型输出电压与电压实际输出进行比较，可得电压残差 E_α 为−50、0、50，电压残差 E_β 为−173.2、−86.6、0、86.6，符合表 12-5 给出的开关管 S_3、S_6 同时开路故障的情况。

12.4　本章小结

本章分别在双 Y 移 30°PMSM 和对称六相 PMSM 驱动系统逻辑动态模型的基础上，提出了一种九开关变换器开关管开路故障诊断方法。建立电机相电压与开关管通断之间的逻辑关系，推导出电机驱动系统逻辑动态模型。通过比较逻辑动态模型提供的电压先验信息与含有故障信息的电压实际输出，可对任一开关管开路故障或同一桥臂两个开关管同时开路故障进行准确定位。仿真结果证明了方法的有效性。